大鼠组织彩色图谱

王宏伟 周变华 杨国栋 著

DASHU
ZUZHI
CAISE TUPU

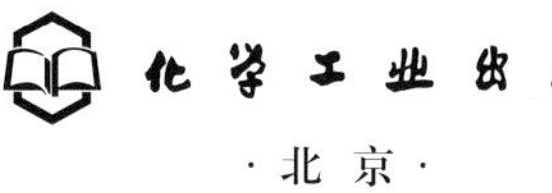

化学工业出版社
·北京·

图书在版编目（CIP）数据

大鼠组织彩色图谱/王宏伟，周变华，杨国栋著. 北京：化学工业出版社，2018.9

ISBN 978-7-122-32662-1

Ⅰ.①大… Ⅱ.①王…②周…③杨… Ⅲ.①鼠科-动物组织学-图谱 Ⅳ.①Q959.837-64

中国版本图书馆CIP数据核字（2018）第157417号

责任编辑：邵桂林　　　　装帧设计：张　辉

责任校对：王素芹

出版发行：化学工业出版社（北京市东城区青年湖南街13号　邮政编码100011）

印　　装：北京瑞禾彩色印刷有限公司

787mm×1092mm　1/16　印张14½　字数360千字　2018年9月北京第1版第1次印刷

购书咨询：010-64518888（传真：010-64519686）　售后服务：010-64518899

网　　址：http://www.cip.com.cn

凡购买本书，如有缺损质量问题，本社销售中心负责调换。

定　　价：98.00元

前言

实验动物科学在现代生命科学领域占有极其重要的地位，已形成一门独立的综合性基础科学门类。一方面，实验动物科学作为生命科学研究的重要基础，直接为医学、动物学以及农学等众多领域提供基础保障，作为一门科学，实验动物科学的提高和发展，又会把许多领域课题的研究引入新的境地。另一方面，实验动物是现代科学技术的重要组成部分，是生命科学的基础和必不可少的条件，是衡量一个学科研究水平的重要标志。

大鼠（RAT），属于脊椎动物门、哺乳纲、啮齿目、鼠科、家鼠属、褐家鼠变种，在生命科学研究中占据着重要的地位。由于大鼠体型大小适中，繁殖能力强，易于饲养和管理，且给药容易，采样方便，实验结果误差小，被广泛应用于毒理学、药理学、遗传学、营养学、内分泌学、行为学、神经学、肿瘤学、免疫学等医学和生命科学研究的多个领域。了解大鼠的组织学知识，有助于疾病研究及防治。

近年来，随着实验动物科学的迅速发展，使得大鼠研究价值已经不仅仅局限于生命科学领域，而且广泛地与许多领域科学实验研究紧密地联系在一起，成为保证现代科学实验研究的一个必不可少的条件。随着大鼠在各学科研究中的更多应用，亟需一部大鼠组织学研究图谱。为此，我们组织编写了《大鼠组织彩色图谱》一书。本书收录11个系统及器官的220余幅全真彩色图片，突出展示大鼠被皮系统、运动系统、消化系统、呼吸系统、泌尿系统、生殖系统、心血管系统、免疫系统、神经系统、内分泌器官和感觉器官等独特的组织学特点，可为在校大中专院校学生和科研工作者提供一定的理论与实践指导。

本书收录的实物彩色图片直观、形象、生动，解说性的文字通俗易懂，是一本图文并茂的科普书籍和工具书，通过结合临床实践，使读者意识到所学的知识在实践中的作用与价值，增强他们认识和理解大鼠组织结构的乐趣。本书重点强调大鼠组织学结构特点，能帮助读者综合地了解大鼠科学知识，适用于科研、生产及教学等多种用途。

本书由河南科技大学动物科技学院王宏伟、周变华和杨国栋老师撰写。同时，在读本科生柳苹参与了图书编排工作。

图谱编撰是一项艰巨的系统性工作，尽管作者付出最大的努力与辛劳，鉴于水平及时间有限，不妥之处在所难免，敬请专家学者及广大读者批评指正，以期在以后的工作中不断改进。

本书受到河南科技大学“青年学术技术带头人”项目资助。

著者

2018年5月

目 录

第一章

大鼠概述

大鼠（RAT），学名Rattus norvegicus，在生物学分类上属于脊椎动物门、哺乳纲、啮齿目、鼠科、家鼠属、褐家鼠变种。原分布于亚洲中部和前苏联部分温暖的地区。18世纪中叶，欧洲首次将野生大鼠用于实验研究，其后，经过长期的人工饲养、培育，于20世纪初，成功培育出遗传性状稳定的Wistar大鼠，并在此基础上培育出SD大鼠，以及多种近交系品种。由于大鼠体型大小适中，繁殖能力强，易于饲养和管理，且给药容易，采样方便，实验结果误差小，被广泛应用于毒理学、药理学、遗传学、营养学、内分泌学、行为学、神经学、肿瘤学、免疫学等医学和生命科学研究的多个领域。

一、大鼠分类

大鼠的主要品种和品系包括远交系大鼠、近交系大鼠和突变系大鼠。

（一）远交系大鼠

包括Wistar大鼠和SD大鼠。

1.Wistar大鼠

Wistar大鼠由美国费城Wistar研究所于20世纪初培育而成，其被毛呈白色，具有头部宽、耳朵较长、尾长小于身长等特征，同时具有性周期稳定，繁殖力强，产仔多，生长发育快，性情温顺，对传染性疾病抵抗力强等特点。在药理学、毒理学以及生物制品研究中广泛应用。该大鼠是目前世界上使用最广泛的品种之一。

2.SD大鼠

SD大鼠为Sprague Dawley大鼠的缩写，被毛为白色，由美国科学家于1925年在Wistar大鼠基础上培育而成。该大鼠头部较Wistar大鼠长，尾长接近身长，生长发育较Wistar大鼠快，产仔多，对呼吸道疾病抵抗力强，性情温顺，对性激素较敏感等。常用于毒理学、内分泌学、安全性试验和营养学等方面的研究。

（二）近交系大鼠

近交系大鼠主要包括LEW、F344、ACI等3个品系的大鼠。

1.LEW大鼠

由Wistar大鼠培育而成，被毛为白色。此类大鼠血清中甲状腺素、生长激素和胰岛素含量较高，容易诱发过敏性关节炎、过敏性脑脊髓炎、自身免疫复合物血管性肾炎等疾病。该大鼠肿瘤发病率高，且移植的多种肿瘤能够生长，主要用于相关疾病的研究。

2.F344大鼠

为Fisher大鼠的缩写，由哥伦比亚大学肿瘤研究所Curtis于1920年培育而成。其被毛呈白色，平均寿命2～3年，具有原发和继发脾红细胞免疫反应性低的特性，血清胰岛素含量较低。该品系大鼠甲状腺瘤、乳腺癌、脑垂体腺瘤和睾丸间质细胞瘤等肿瘤发病率高，主要用于苯酮尿症的模型动物，也可作为周边视网膜退化的模型动物。经诱导可发生膀胱癌、食道癌和卵巢癌，常用于相关癌症的研究。

3.ACI大鼠

被毛为黑色，但腹部和脚呈白色，由哥伦比亚大学肿瘤研究所Curtis和Dunning于1926年培育而成。该品系大鼠自发肿瘤发病率高，特别是睾丸肿瘤发病率高，且易发生先天性畸形。平均寿命2～3年。其仔鼠矮小，繁殖能力差，胚胎死亡率高。该品系大鼠另一种特性为血压低。主要用于肿瘤相关方面的研究。

（三）突变系

包括SHR大鼠和裸大鼠。

1.SHR大鼠

又称自发性高血压大鼠，由日本京都大学医学部Okamoto通过对其拥有的封闭群Wistar大鼠进行突变选育，于1963年成功培育出的一个品系，其被毛呈白色，生殖能力和寿命与Wistar大鼠相比无明显下降。该品系大鼠具有自发性高血压、心血管疾病发病率高的特殊性状。此类大鼠主要作为高血压模型动物用于药物筛选。

2.裸大鼠

裸大鼠由英国Rowett研究所于1953年发现并培育而成。该大鼠主要特征表现为，背毛稀少，成年鼠被毛常集中在尾根部，2～6周龄仔鼠皮肤上有棕色鳞片状物，随后变得光滑。裸大鼠发育相对缓慢，体重仅为正常大鼠的60%～70%。因裸大鼠先天胸腺缺如，T细胞功能缺陷，同种或异种皮肤移植生长期达3～4个月，对外界抗感染能力低，易患呼吸道疾病。裸大鼠对结核菌素无迟发性变态反应，血中未测出IgM和IgG，淋巴细胞转化实验为阴性；B细胞功能一般正常，NK细胞活力增强。在SPF环境下可活1～1.5年。裸大鼠主要用于肿瘤方面的研究。

二、大鼠行为和习性

1.行为

人工笼养的大鼠性情温顺，易于捉取，一般不主动咬人；但当长期散养、粗暴操作或营养缺乏时，大鼠可攻击人，或互相撕咬，甚至啃食。特别是哺乳期母鼠更具有攻击性。

大鼠切齿终生不断生长，所以大鼠喜欢啃咬硬物磨牙以维持其长度恒定。

大鼠对外界刺激很敏感，环境条件的细微变化就可引起大鼠的反应，强烈的噪声可导致大鼠恐慌、烦躁、互相撕咬，带仔母鼠可出现吃仔的现象。

2.习性

大鼠喜爱群居生活。同笼多只饲养比单只饲养的大鼠体重增长快、性情温顺、易于捉取；单个饲养的则胆小易惊、不易捕捉。

大鼠属昼伏夜出的杂食动物，白天喜欢挤在一起休息，夜间活动量大、采食多在夜间，且食性广泛。

三、大鼠繁殖特征

大鼠性发育较体发育快，2月龄大鼠性发育基本成熟。雌大鼠为全年多发情动物，性周期4～5天，分为动情前期、动情期、动情后期和动情间期。在性周期不同阶段，阴道黏膜可发生典型变化，通过做阴道涂片观察，可以推断雌性大鼠处于性周期的哪一阶段。

1.动情前期

一般维持17～21小时，涂片可见大量有核上皮细胞和少量角化上皮细胞，表明卵泡在加速生长。

2.动情期

维持9～15小时，涂片可见满视野角化上皮细胞和少量有核上皮细胞，表明此期卵泡已成熟，进入排卵期。

3.动情后期

一般维持10～14小时，涂片可见角化上皮细胞和白细胞，表明此时黄体已生成。

4.动情间期

维持60～70小时，涂片可见大量白细胞和少量黏液，表明此时黄体已退化。大鼠妊娠期为19～23天，每胎平均产仔数9～10只，胎间隔一般28～52天，但产后24小时内大鼠常出现第一次发情。哺乳期21～28天。

四、大鼠生理学特征

（一）生长发育特征

成年雄性大鼠体重300～700g，成年雌性大鼠体重200～400g。新生大鼠体重仅有5～6g，45天后体重可达180g。10周龄Wistar雄性大鼠体重可达270～300g，雌性大鼠体重可达180～270g。10周龄SD雄性大鼠体重可达300～400g，雌性大鼠体重可达180～280g。大鼠的寿命一般为2.5～3年。杂交群、远交群比近交系寿命长。

（二）一般生理特征

体温38～39℃，呼吸频率75～100次/min，心跳频率350～550次/min，心输出量40～60ml/min，通气量5.5～10.2ml/min，潮气量0.65～1.25ml，麻醉时收缩压90～140mmHg（1mmHg=133.3Pa）。以100g大鼠体重计，其基础代谢率33.5～41.8kJ/24h，饲料消耗量4～6g/24h，饮水量8～10ml/24h，尿液5～6ml/24h，血液总量6ml。大鼠适宜的温度为21～24℃，适宜的湿度为55%～65%。当空气相对湿度低于40%时，常发生坏尾症。

（三）血液学指标和生化指标

1. 血液学指标

红细胞（7.2～9.6）$\times 10^{6}$个/mm^{3}，白细胞（6.5～12.5）$\times 10^{3}$个/mm^{3}，血红蛋白12～17.5g/100ml，血小板（7～11）$\times 10^{5}$个/mm^{3}，纤维蛋白原1.4～3.0g/dl。红细胞比重1.09。

白细胞分类及所占百分比：

嗜中性粒细胞12%～25%，嗜酸性粒细胞0～6%，嗜碱性粒细胞0～0.3%，淋巴细胞70%～85%，单核细胞0～3%。

2. 血液生化指标

大鼠血液生化指标是反映大鼠健康状况的主要指标，特别是在毒理学研究中可以进行长期监视、评估大鼠的生理状况和一些主要器官的功能状态。大鼠的血液生化指标受多方面的影响，不同年龄阶段大鼠的生化指标有很大变化；雌、雄大鼠之间也存在差异，有些指标差异较大；另外，不同的饲养环境、饲料配比、温度、湿度、饲养密度和空气中的粉尘、氨气及硫化氢浓度都对大鼠的血液生化指标有一定的影响，所以，在科研实验时，一般要严格控制饲养环境条件。表1-1是2月龄Wistar大鼠和SD大鼠血液生化指标。

表 1-1　2 月龄 Wistar 大鼠和 SD 大鼠血液生化指标

血液生化指标	Wistar大鼠		SD大鼠	
	雄性	雌性	雄性	雌性
ALP/（IU/L）	232.3±28.6	158.2±20.4	220.8±32.2	142.8±21.5
ALT/（IU/L）	32.1±7.8	29.8±7.5	31.6±6.8	25.8±5.3
AST/（IU/L）	125.6±35.8	123.3±32.9	120.8±32.3	106.2±25.6
TP/（g/L）	61.5±3.5	62.8±4.1	54±2.2	52.6±2.6
ALB/（g/L）	32.3±2.4	33.5±2.8	34±2.6	30±2.3
GLB/（g/L）	25.2±1.6	20.7±1.6	23.2±1.4	22.8±1.5
A/G	1.13±0.09	1.14±0.08	1.34±0.06	1.36±0.07
TBIL/（μmol/L）	0.45±0.16	0.31±0.11	0.43±0.13	0.26±0.09
GLU/（mmol/L）	5.22±1.5	5.06±1.6	5.98±0.75	6.30±0.62
CK/（IU/L）	369.3±98.6	300.2±100.5	378.8±110.2	296.7±84.3
BUN/（mmol/L）	7.24±0.95	7.15±1.2	7.78±1.66	8.56±1.45
CREA/（μmol/L）	22.3±4.21	25.6±4.05	21.49±3.12	26.58±4.32
TG/（mmol/L）	1.32±0.38	1.10±0.25	0.57±0.13	0.51±0.12
TC/（mmol/L）	2.35±0.68	1.42±0.38	1.72±0.23	1.56±0.28
K^+/（mmol/L）	4.28±0.56	3.82±0.41	4.36±0.56	3.78±0.38
Na^+/（mmol/L）	138.2±13.5	136.6±10.1	140.4±12.2	138.5±13.7
Cl^-/（mmol/L）	101.8±8.8	98.7±5.9	103.8±7.9	100.2±5.6

五、大鼠的营养需求

大鼠属于杂食动物，对营养素缺乏比较敏感。大鼠的饲料配方一般包括：饲料粗蛋白含量≥18%，生长繁殖期饲料粗蛋白含量≥20%；粗脂肪≥4%，饲料中必需脂肪酸含量占总能量的1.3%，其中亚油酸在饲料中含量不能低于0.3%。亚油酸可在大鼠体内转化为花生四烯酸，而花生四烯酸是细胞膜的主要必需脂肪酸，是前列腺素的重要前驱物质。通常大鼠不需要补充维生素K，但要补充维生素A，维生素A缺乏可导致严重的症状。大鼠对磷和钙缺乏反应不敏感，但对镁需求较多，尤其是妊娠和哺乳期对镁需求量明显增加。无菌大鼠还应该补充维生素B_{12}。

六、大鼠在生命科学及医学中的应用

（一）生理学方面研究

1. 消化系统

大鼠无胆囊，但胆总管粗大，有利于经胆总管收集胆汁，可用于消化功能方面的研究。

2. 内分泌系统

大鼠垂体一肾上腺系统发达。垂体窝较浅，垂体摘除比较容易，可用于肾上腺、垂体、卵巢等内分泌试验，以及应激反应方面的研究。

（二）药物学研究

1. 降压药评价

大鼠常作为降压药物研究的实验动物。因为大鼠血压反应比家兔好，所以，常用它来直接描记血压。

2. 药物代谢方面研究

（1）常用于研究、评价和确定最大给药量、药物排泄速率和蓄积倾向。

（2）慢性实验确定药物的吸收、分布、排泄、剂量反应和代谢以及服药后的临床和组织学检查。

3. 毒性试验

常用于急性毒性、亚急性毒性、长期毒性和生殖毒性试验，以及药物依赖试验等方面研究。

4. 心血管新药筛选

大鼠血管阻力和血压对药物反应敏感，常用来灌流离体心脏或大鼠肢体血管，进行心血管药理学方面的研究及筛选新药。

（三）肿瘤研究

很多大鼠肿瘤可人工移植，有利于肿瘤研究。在肿瘤研究中常常使用生物、化学的方法诱发大鼠肿瘤。也可体外组织培养研究肿瘤的某些特性等。

（四）心血管疾病研究

大鼠已成为研究心血管疾病的首选动物，已培育出自发动脉硬化大鼠品系，可人工诱发肺动脉高压症、动脉粥样硬化、心肌劳损和局部缺血心脏病等疾病。大鼠尽管在代谢和结构功能方面与人类有区别，但常作为模型动物用于基础研究，

（五）营养代谢病方面的研究

大鼠对营养物质缺乏敏感，可发生典型的缺乏症状。大鼠是营养学研究使用最早、最多的实验动物，多用于蛋白质、氨基酸、维生素、钙、磷以及微量元素等营养代谢方面的研究。动脉粥样硬化、淀粉样变性、酒精中毒、非酒精性脂肪肝、十二指肠溃疡、营养不良等方面的研究都经常使用大鼠。

（六）神经及精神方面的研究

大鼠的神经系统与人类相似，可以用于高级神经活动的基础研究，如奖励和惩罚实验、饮酒实验、迷宫实验，以及神经官能症、狂躁或抑郁神经病、精神发育阻滞的研究。

（七）公共卫生方面研究

大鼠对空气污染非常敏感，因此，大鼠经常用于环境污染对人体健康造成危害相关方面的研究，如空气污染物、重金属污染物对健康的损害等。有害气体慢性中毒、尘肺等职业病，以及放射性照射对机体的危害等研究都常用大鼠作为动物模型。

（八）计划生育研究

大鼠体型比小鼠大，适宜作输卵管结扎、卵巢切除、生殖器官的损伤修复等实验，因此常用于计划生育方面的研究。

（九）老年学及老年医学研究

近几年，常用老龄大鼠（日龄一年以上）探索延缓衰老的方法、研究饮食方式和寿命的关系、研究老龄死亡的原因等。

（十）遗传学及遗传疾病研究

有些大鼠具有自发性遗传疾病，如肥胖、白内障、高血压及糖尿病等，这些疾病具有与人类相似的特征，常用大鼠制作动物模型，以探讨和揭示遗传相关疾病的发病机制。

（十一）生殖学研究

大鼠性发育成熟早、繁殖能力强、周期短，适合生殖学方面的研究，如卵巢功能测定、生殖内分泌学研究，还可以用于胎儿畸形、避孕药等方面的研究。

第二章 被皮系统

被皮系统包括皮肤和皮肤衍生物。皮肤由表皮、真皮及皮下组织构成。皮肤衍生物包括毛、皮脂腺、汗腺和乳腺等结构。皮肤具有调节体温、保护深层组织、排泄废物和感受外界刺激的作用。

第一节 皮肤

一、表皮

表皮位于皮肤的最表层，由角质化的复层扁平上皮构成。表皮较薄，雄性大鼠平均厚度23μm，雌性大鼠22μm。表皮一般由4层细胞构成，由内及外依次为基底层、棘细胞层、粒层和角质层，和高等哺乳动物比较，缺乏透明层。但唇部和脚掌的皮肤较厚，特别是趾垫处，表皮细胞有10 ～ 13层，且具有透明层。

二、真皮

真皮位于表皮的深层，真皮层主要由致密的纤维组成，且细胞含量较高，幼鼠表现最明显。沿基膜有网状纤维分布，表皮下真皮乳头层胶原纤维较细，平行表皮排列，夹杂其中的弹性纤维高度分支。网织层厚，含有彼此交织的粗大胶原纤维和少量平行表面排列的弹性纤维。此外，在血管、毛囊、皮脂腺附近也有一些网状纤维。背部皮肤较腹部的结缔组织纤维稀疏，含水量高，脂类少。全身皮肤除尾部外，在真皮和皮下组织中都有很多肥大细胞。

三、皮下组织

皮下组织位于真皮的深层，主要由疏松结缔组织构成。疏松结缔组织中有大量脂肪沉积，其中多为中度白脂肪沉积；在颈的腹侧、腋下、两肩胛骨之间，以及胸廓上口和腹股沟等部位则有棕脂肪沉淀，此类脂肪组织外观似腺体，呈淡棕色，分叶，结构致密，该类细胞脂滴分散。一般制片时，棕脂肪的细胞质中的脂肪被溶解，胞质呈现许多空泡状，细胞核位于细胞中部（见图2-1 ～图2-5）。

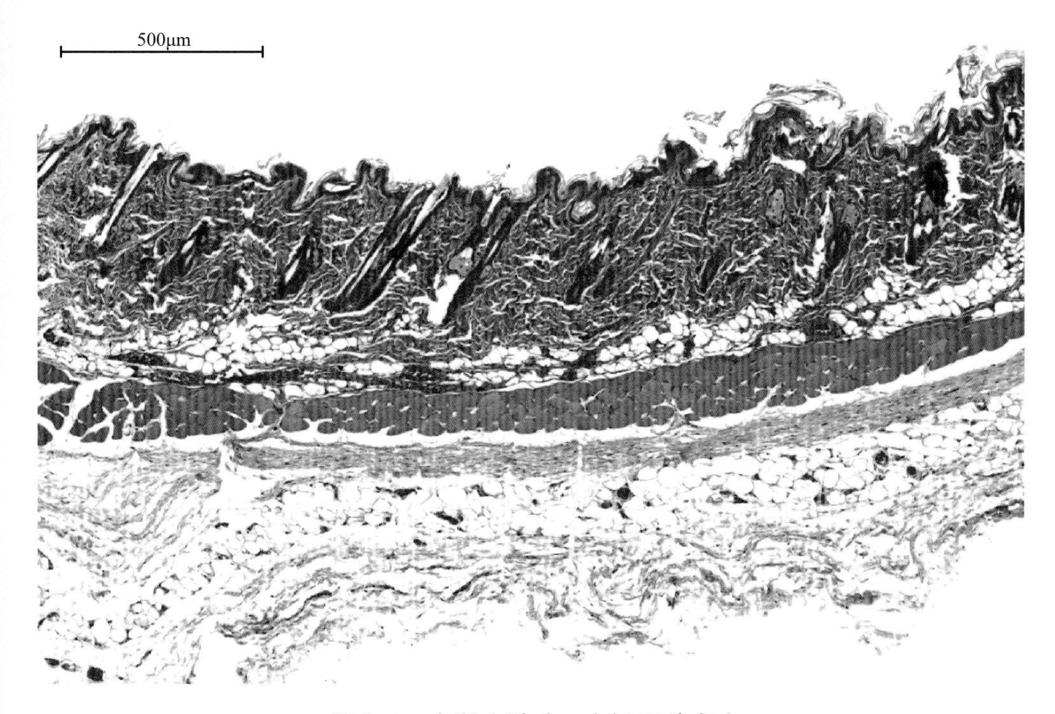

图2-1　大鼠皮肤（一）(HE染色)

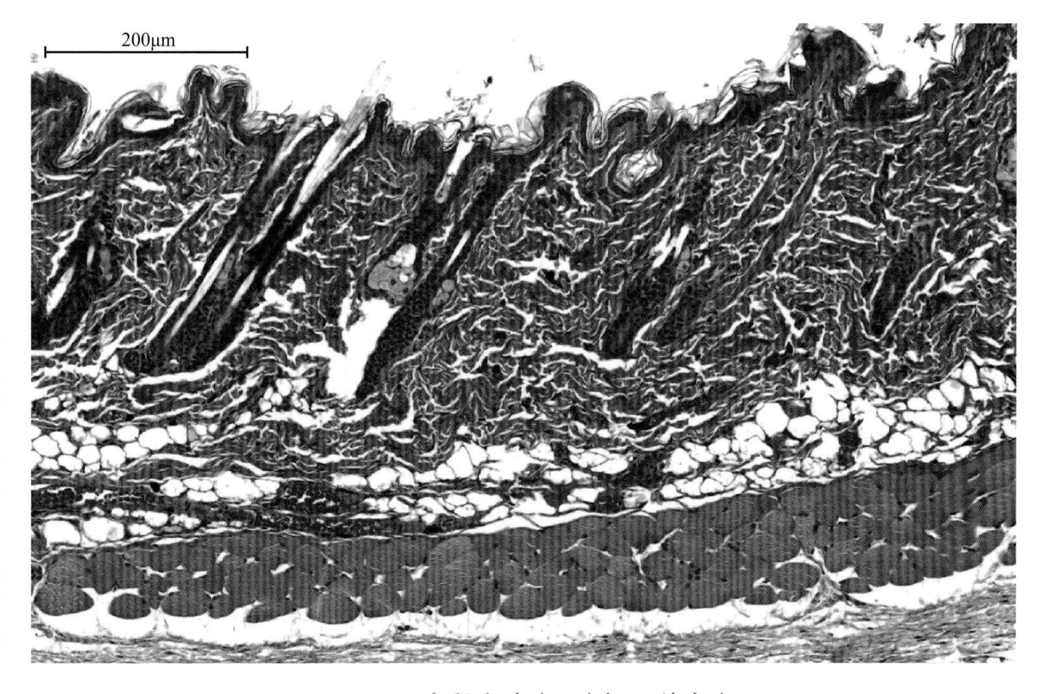

图2-2　大鼠皮肤（二）(HE染色)

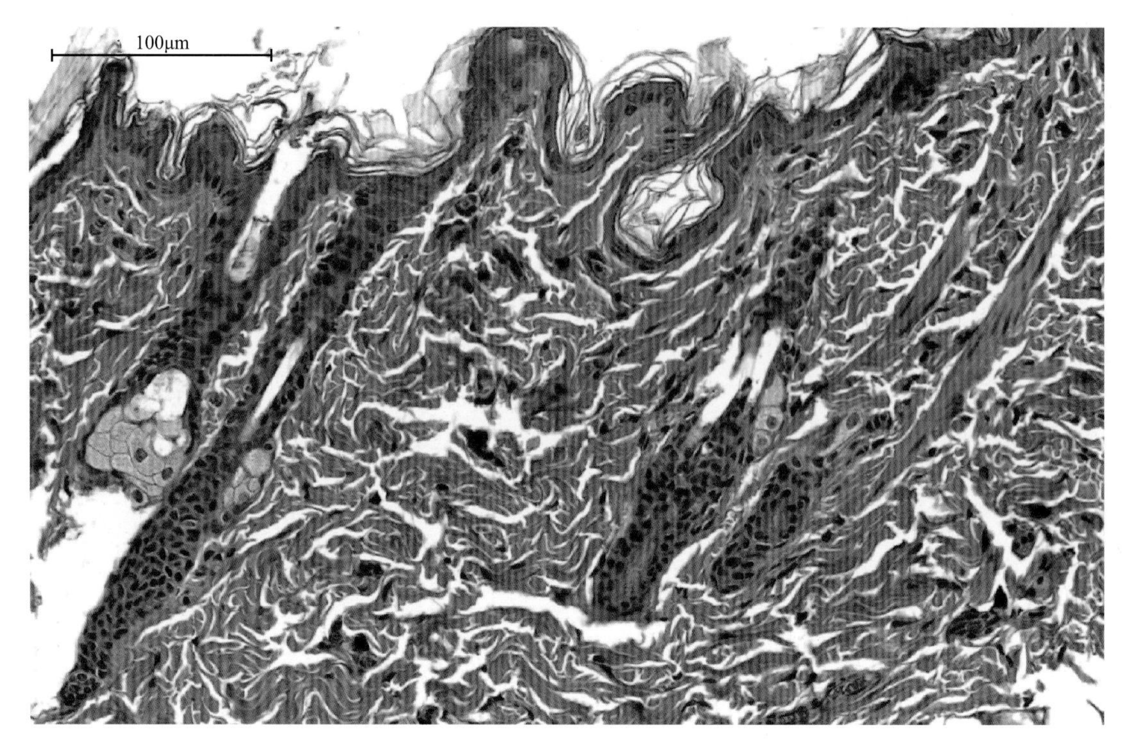

图2-3　大鼠皮肤（三）（HE染色）

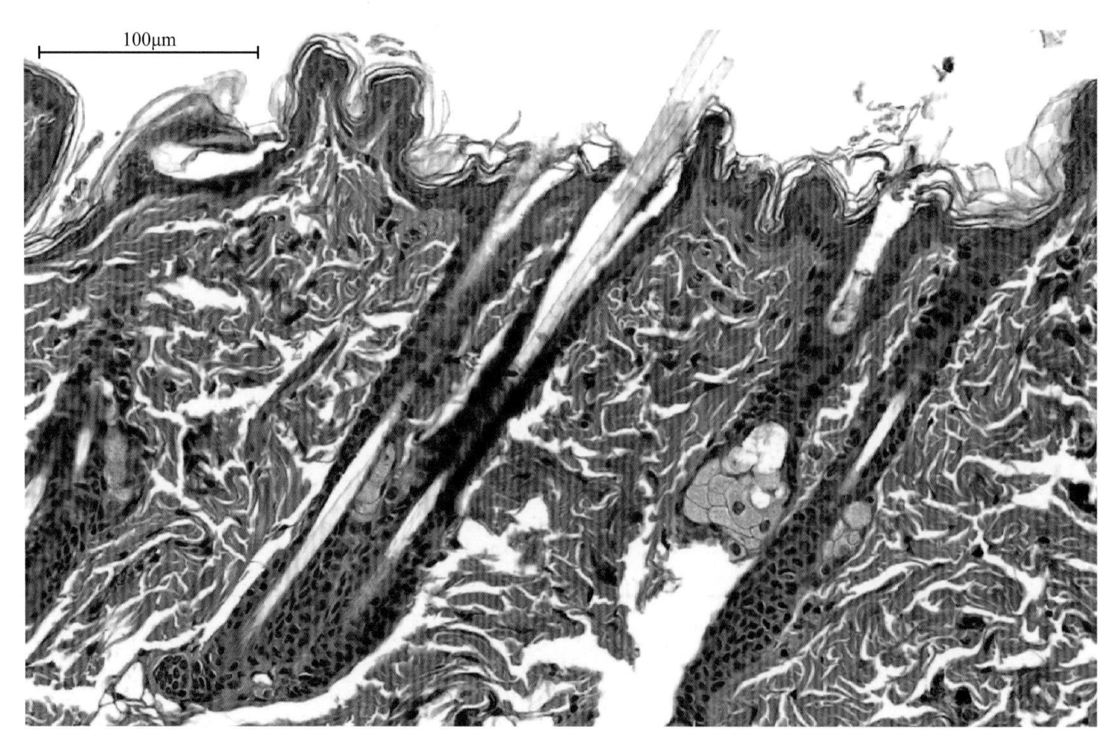

图2-4　大鼠皮肤（四）（HE染色）

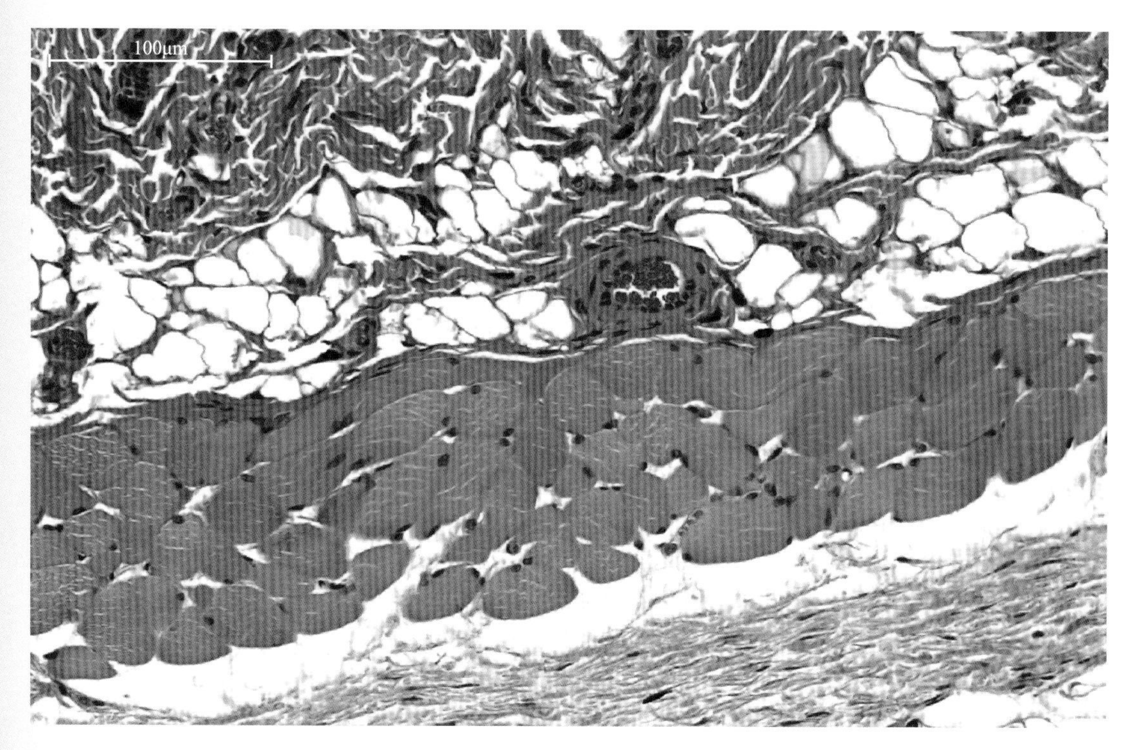

图2-5　大鼠皮肤（五）（HE染色）

第二节　皮肤的衍生物

皮肤的衍生物包括毛、皮脂腺、汗腺和乳腺等结构。

一、毛

毛分为硬毛、针毛和绒毛，每种类型的毛均由毛根和毛干两部分组成。

（一）硬毛

硬毛最长，毛根粗。硬毛又包括两种类型，一种较短，切面为椭圆形；另一种较长，切面为圆形，此种硬毛已特化为触觉感受器。

1.触须

触须是特化的硬毛，分布于一定部位，按一定的方式排列，这对大鼠确定方位起着特别重要的作用。大鼠的触须大多分布于上唇两侧，长短不一，呈水平方向排列，由鼻向后沿上唇分布，由吻端向后逐渐加长。

下唇和颊部触须排成两列，数量较少，分布较分散。此外，上眼睑以上、唇联合的后端和颏下内侧各有一对。

触须的毛干粗直，末端圆钝，毛囊较大，根鞘结缔组织的外层和内层间包埋着一个血窦，血窦由海绵窦和环状窦两部分组成。

（1）环状窦　位于上三分之一的部位，腔宽大，内壁凸入窦腔形成环状膨大。环状膨大由上皮样含水量高的结缔组织细胞构成，还有放射状排列的胶原纤维点缀插在细胞间。

（2）海绵窦　占血窦的下三分之二，其中有细胞的结缔组织小梁横过，形成海绵状。毛囊颈部的两层结缔组织鞘合并，形成圆锥形膨大，外层含有皮脂层，内部由疏松结缔组织构成。上皮根鞘除在毛根部形成膨大外，在近颈部环状窦的水平，也由于细胞层次加多和细胞体增大又呈现出一个局部膨大。毛囊的结缔组织和上皮组织之间的透明膜在两个膨大处特别厚，在颈部的膨大处存在中间地带。

2. 血液供应

触须有血液供应和丰富的神经末梢分布，其主要动脉和神经在毛囊的下三分之一处进入毛囊，动脉分出一支供应海绵窦，其余几支上行供应环状窦。血窦的两部分之间的动脉有吻合支。

3. 神经支配及其分布

不同部位的触须由来自不同的神经支配，鼻部和上唇的触须的感受神经来自眶下神经，它与毛囊骨骼肌的面神经的一小支吻合。其他部位的触须由局部的面神经、三叉神经或其他神经有关分支支配。触须的神经末梢丰富而多样，在上皮根鞘上部膨大的基层中有大量麦克氏触盘，中间部位分布有纵行的“叶状”末梢纤维，它们的扁平轴突有指状突起，通过神经膜细胞间伸入组织中。透明膜下有感受触觉的环形小体和树枝状末梢纤维，感受部位与“叶状”纤维相似，还有棒状和梭形末梢的无髓鞘神经纤维分布其间。触须的毛囊与相邻的毛囊相连，并且以来自皮肤的横纹肌纤维束与深层的皮下组织联系，在毛囊间形成复杂的网状，使触毛产生连续的摆动。毛囊颈部和圆锥中有平滑肌纤维，平滑肌可使毛囊孔扩大或缩小，借以控制触须的运动。

（二）针毛

针毛的长度约为硬毛的二分之一至四分之三，毛干和毛根都比较细，末端尖细。

（三）绒毛

绒毛的长度为硬毛的三分之一。毛囊成簇分布，平均3～9个成群聚集在一起。常见成群的毛囊中有一个大的中心毛囊被许多小毛囊包围着，大的中心毛囊一般由硬毛和针毛构成，围绕在其周围的小毛囊则形成绒毛。有的中心毛囊缺如。背部毛稀疏，一个毛囊可包含几根毛形成复合毛囊，垂直身体长轴排列成行，形成毛囊簇，一般毛囊簇周围的毛囊多属于复合毛囊，中心毛囊则偶然可见。腹部皮肤的复合毛囊较多，约占40%，背部皮肤较少，约占20%。

二、皮脂腺

皮脂腺一般都分布在毛囊周围，是简单的泡状腺，由一个或数个囊状的腺泡与一个共同的短导管构成，多数开口于毛囊，少数直接开口于表皮。在口角部、肛门、乳腺周围及包皮等处有特化的皮脂腺。

三、汗腺

大鼠的汗腺只局限于足底的皮肤，汗腺的分泌部位于真皮的深层和皮下脂肪组织，导管短而弯曲。

四、乳腺

大鼠乳腺共6对，即胸部3对，腹部1对，鼠蹊部2对，位于皮下组织中，被周围的脂肪组织包埋。

（一）乳腺的结构

1. 静止期

乳腺小叶体积较小、分叶少，每个小叶腺泡多为1～3个，腺泡腔叶狭小，乳腺导管较薄，上皮层约2～5层，间质为结缔组织，富含脂肪。

2. 妊娠期

腺体及小导管大量增生，小叶内腺泡密集，腺泡腔增大，上皮增高为单层柱状，间质结缔组织及脂肪减少。

3. 哺乳期

小叶内处于不同分泌期的腺泡和小叶内导管密集排布，腺泡上皮因分泌活动不同，呈高柱状或低柱状。停止哺乳后，腺组织逐渐退化吸收，间质结缔组织及脂肪组织增生。

（二）乳腺的功能

乳腺的功能主要是分泌乳汁，乳腺腺泡细胞从血液摄取营养物质生成乳，并分泌进入腺泡腔。乳的分泌过程包括乳前体的获得、乳的合成和乳腺分泌物的转运三个基本过程。

1. 乳前体的获得

乳的前体来源于血液，乳中的无机盐、一些蛋白及某些激素与血液中相似，而乳糖、乳脂及大部分乳蛋白与血液中成分不同，这些成分是由乳腺细胞合成的。因此，乳的生成并非物质的简单积聚，而是腺泡细胞进行了选择性吸收、浓缩与合成的过程。

2.乳的合成

乳腺分泌细胞从血液摄取原料（营养物质），并利用其合成下列主要成分。

（1）糖类　乳中的糖主要是乳糖，它由1分子葡萄糖和1分子半乳糖，通过1，4碳键连接而成。乳腺细胞中的葡萄糖来源于血液，大部分半乳糖由葡萄糖转变而来。乳糖是维持乳中渗透压的主要因素，因此泌乳量与乳糖浓度密切相关。

（2）乳脂　乳脂中97%～98%是甘油三酯，磷脂及其他成分仅占2%～3%。乳腺细胞中乳脂主要来源于血液中的葡萄糖、游离脂肪酸及乙酸和β-羟丁酸三种途径。

（3）蛋白质　乳中的蛋白质主要是酪蛋白和乳清蛋白，它们约占乳中总氮的95%，其余5%是尿素、铵盐、氨基酸等非蛋白氮。乳中大部分蛋白是利用血液游离氨基酸合成的；另外一些蛋白质，如免疫球蛋白、血清白蛋白则主要直接来源于血液。

3.乳腺分泌物的转运

是指从合成部位到达腺泡细胞膜顶端，再跨膜进入腺泡腔的过程。

4.乳分泌的调节

泌乳的活动包括泌乳的启动和泌乳的维持，在神经、内分泌的调解下与生殖功能活动相适应。

（1）泌乳的启动　泌乳的启动受神经、体液的调节，其中激素起着主导作用。妊娠期间，血中类固醇激素含量较高，催乳素维持较平稳的水平。分娩时，孕酮几乎停止分泌，催乳素含量增加。此外，分娩后，胎盘催乳素解除了对其受体的封闭作用，以及由于分娩应激和前列腺素分泌增加导致催乳素、肾上腺素皮质激素的增加，也对泌乳的发动起到一定的作用。泌乳发动的神经调节通常是与激素协同作用的。临产前乳头的摩擦、幼崽的口吮吸等刺激信息传至下丘脑，抑制催乳素释放抑制激素的分泌，促进促肾上腺皮质激素释放激素的分泌，从而使催乳素、促肾上腺皮质激素及肾上腺皮质激素的增加，进一步诱导乳的分泌。

（2）泌乳的维持　乳腺的泌乳活动开始后，有一个较长的维持泌乳的过程，多种激素、因子和神经系统调节乳腺的乳合成能力，维持泌乳。

雄性大鼠乳腺区有少量腺组织，乳头发育极差。

第三章 运动系统

大鼠的肌肉包括骨骼肌、心肌和平滑肌三种类型。其中骨骼肌主要分布在皮下、头颈部、胸、腹壁部、四肢等部位；平滑肌主要分布于腹腔内脏器官，如胃、肠、膀胱、子宫等器官。心肌分布于心脏。

第一节 骨骼肌

骨骼肌属于横纹肌，横纹肌还包括心肌与内脏横纹肌，其中骨骼肌主要分布在皮下、头颈部、胸、腹壁部、四肢等部位，根据分布的部位和作用不同，具有不同的形态特征。

一、骨骼肌的特点

骨骼肌由骨骼肌纤维组成。骨骼肌纤维呈长圆柱状，其大小因肌肉类型和所处生理状态不同而不同。其中镫骨肌纤维最短，长度不足1mm。骨骼肌收缩能力强，但收缩不能持久，其活动受意识支配，故称随意肌。

二、骨骼肌纤维的一般结构

（一）肌膜

位于骨骼肌纤维表面。

（二）细胞核

为多核细胞，核卵圆形，位于肌纤维的边缘。染色质丰富，沿核膜分布，有1～2个核仁。

（三）细胞质

又称肌浆，内有丰富的肌原纤维。肌原纤维是肌纤维中最主要的组分，呈细丝状，沿细胞的长轴平行排列，每条肌原纤维有明暗相间的横纹。由于明暗相间的横纹整齐排列在同一水平，所以整个肌纤维呈现出明暗相间的带。用铁苏木精法染色，明带着色较浅，暗带着色较深。

肌浆的基质含有肌红蛋白，肌肉组织呈现的红色与肌红蛋白有关。由于肌纤维所含的肌红蛋白不同，可分为白肌纤维和红肌纤维。肌浆内有发达的线粒体（肌粒）和高尔基复合体，它们呈纵行排列，分布在肌原纤维之间。此外，肌浆中还含有糖原颗粒和脂滴。

1.偏振光显微镜观察

（1）明带　又称I带，为单折光性或各向同性。I带中部有深色的间线，称为Z线。I带的宽度可因肌纤维的不同收缩状态而有差异。肌纤维在松弛状态下，I带宽约0.8μm，收缩时变窄，扩张时变宽。

（2）暗带　又称A带，为双折光性或各向异性。A带宽约1.5μm，且在肌纤维收缩和扩张时都保持宽度不变。

（3）H带　又称汉森带，位于A带的中部，颜色较浅。H带正中有一条深线为中线，又称M线。

（4）肌节　是肌肉收缩的形态和结构单位，为肌原纤维每两条Z线之间的部分，包括一个暗带和两个半段明带。肌节的宽度约2 ～ 3μm。

2.电镜超微观察

肌浆中含有肌原纤维、肌质网、肌红蛋白、线粒体和高尔基复合体等。

（1）肌原纤维　每条肌原纤维有许多细微的肌微丝构成。肌微丝分为肌动蛋白微丝和肌球蛋白微丝，这些肌纤维呈平行排列。其中肌动蛋白微丝由肌动蛋白分子组成，长约2μm，直径约2nm；肌球蛋白微丝由肌球蛋白分子组成，长约1.5μm，直径约1nm。

（2）肌质网　肌质网是肌浆中的特殊结构，相当于其他细胞中的内质网，但缺乏核蛋白体。肌质网的作用主要与肌纤维收缩的兴奋传导有关。

① 肌小管。构成肌质网的基础，是由薄膜构成的复杂管状系统。许多肌小管在肌原纤维表面纵列盘绕，并呈重复交替排列。覆盖在A带上的肌小管沿肌原纤维的长轴纵向排列；在H带纵向排列的肌小管彼此分支吻合，形成不规程的网状肌小管。在A带和I带的交界处，纵向排列的肌小管汇合成单条横向膨大的肌小管，形成终池。在终池内常有浓度较高的小颗粒与钙离子相结合。

② T小管。位于终池部位的肌膜呈漏斗样向内深陷称为T小管，T小管环绕每条肌原纤维，沿两条终池之间穿行，但与相邻终池不相同，三条并列的小管合成三联管。每个肌节有两个三联管。

第二节 骨骼肌的主要分布与作用

一、皮肌

皮肌是紧贴皮肤下面的一薄层肌肉，其作用为牵动皮肤。大鼠的皮肌分为头颈部的颈阔肌和躯干部的最大皮肌两部分。颈阔肌为头、颈部的一薄层皮肌，和皮下筋膜紧密相连，可分为头部、颈浅部和颈深部三部分，主要作用为牵动颈部和颜面咬肌部的皮肤，也向后拉唇联合。躯干部皮肌又称最大皮肌，覆盖在从肩部到尾根的整个胸壁、腹壁的两侧和腹面。作用为紧张时牵动躯干的皮肤。

二、头肌

包括颜面肌、眼睑肌、耳廓肌和咀嚼肌。

1. 颜面肌

包括口轮匝肌、颊肌、上唇提肌、颧肌、犬齿肌和鼻唇提肌。口轮匝肌为围绕口的环形括约肌，肌纤维环绕口走行，作用为闭口。颊肌位于上颌与下颌之间，构成口腔的侧壁，作用为提上唇。上唇提肌为一薄带状肌，作用为向后提拉上唇。颧肌细带状，作用为向后拉唇联合。犬齿肌位于面部浅层，作用为举上唇。鼻唇提肌位于犬齿肌上方，作用为开鼻孔并向后拉上唇。

2. 眼睑肌

包括眼轮匝肌和上睑提肌。其中眼轮匝肌围绕眼裂，为环状排列的括约肌，作用为关闭眼睑。上睑提肌起自眶蝶骨的视神经孔，沿上直肌辐射伸入上眼睑，止于眼轮匝肌纤维束之间，作用为提上眼睑。

3. 耳廓肌

包括盾间肌、额盾肌和颈耳肌。盾间肌很薄，横过头颅顶部，连接两耳基部。额盾肌覆盖额部，辐射状入上眼睑，部分肌纤维连到耳廓基部，其作用为举起眼睑，向前移动耳廓。颈耳肌起自颈正中线，包括前后两部分，分别止于耳廓基部的前、后方，其作用为上提并旋转外耳。

4. 咀嚼肌

包括咬肌、翼肌和二腹肌。其中咬肌包括浅咬肌浅部、浅咬肌深部、深咬肌前部和深咬肌后部，它们的起点不同，但均止于下颌骨的不同部位，它们的共同作用为关闭下颌。

颞肌起于颞窝和颧弓的内侧面，止于下颌的冠状突及下颌支内侧面，作用为关闭下颌。

翼肌分为翼外肌和翼内肌，均起自腭骨和翼骨，止于下颌骨的内侧面，其作用为关闭下颌。

二腹肌由前肌腹与后肌腹通过一短腱相连，该短腱把它们连在下颌舌骨肌上，其作用为开口，拉下颌骨向后（见图3-1 ～图3-5）。

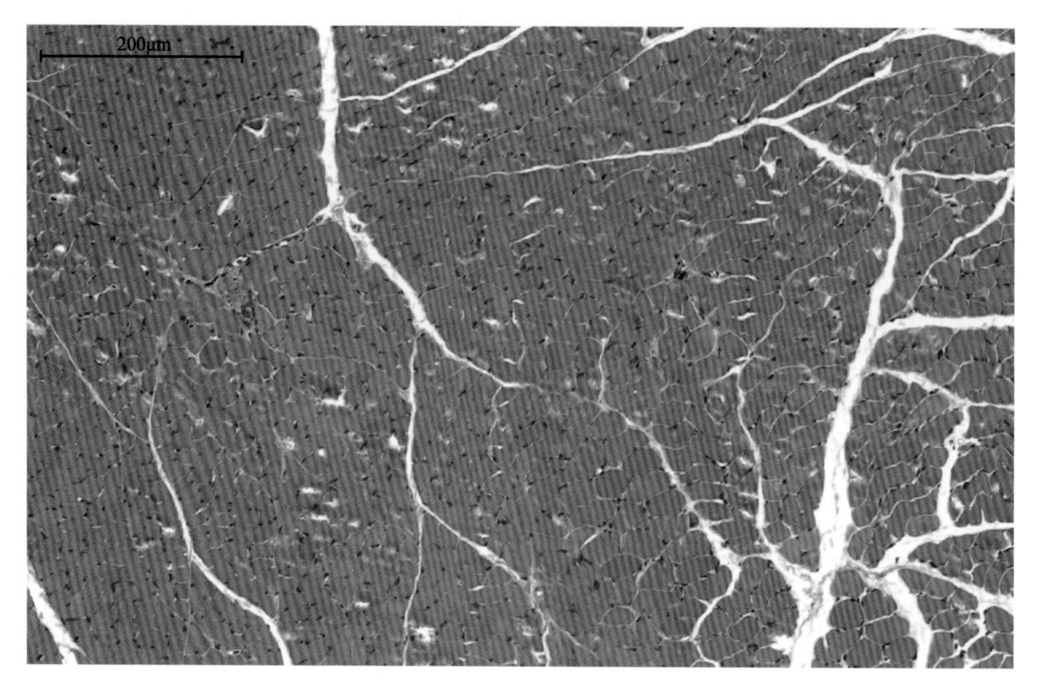

图3-1　大鼠咬肌（HE染色）

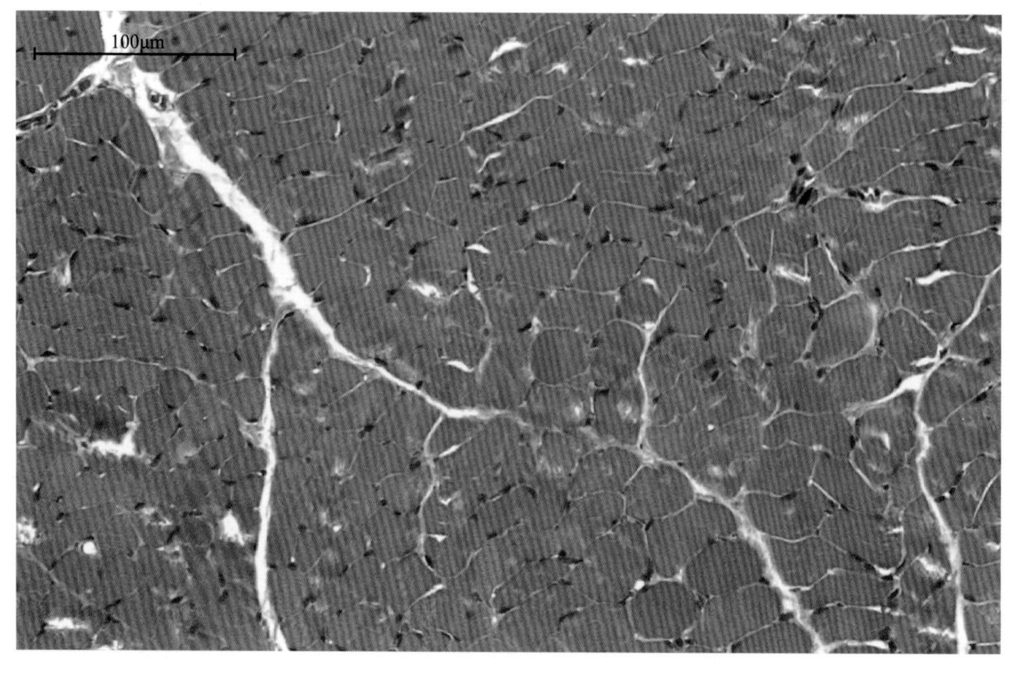

图3-2　大鼠咬肌（HE染色）

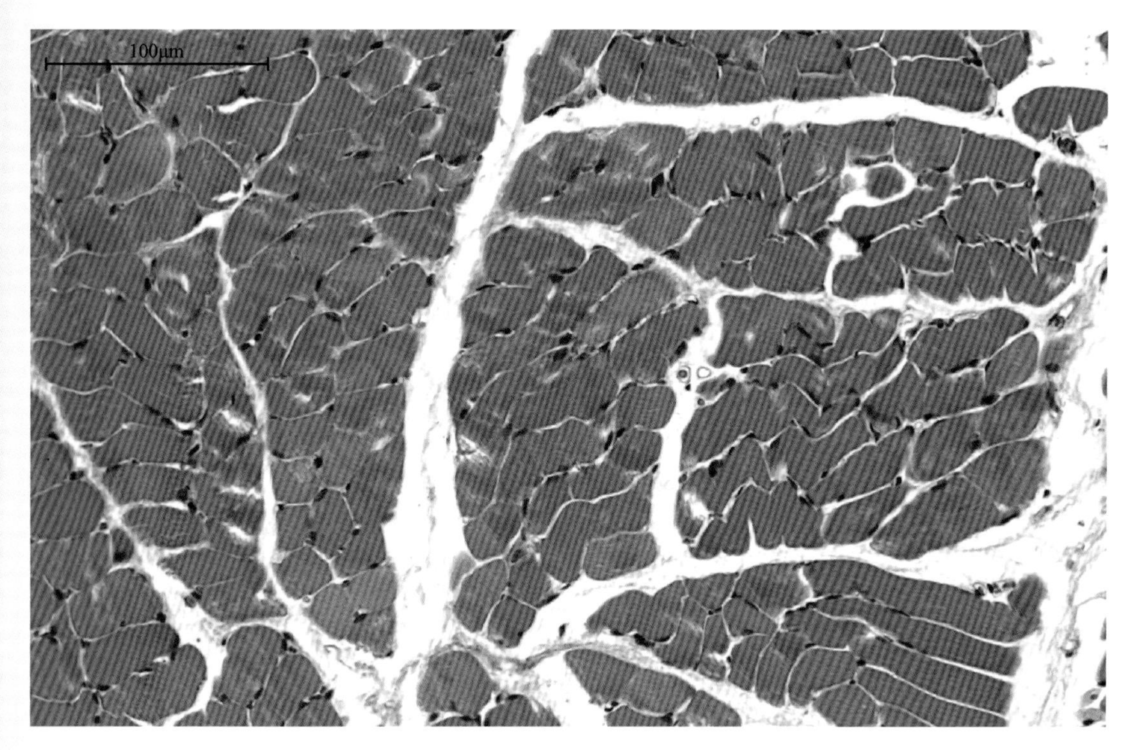

图3-3　大鼠咬肌（HE染色）

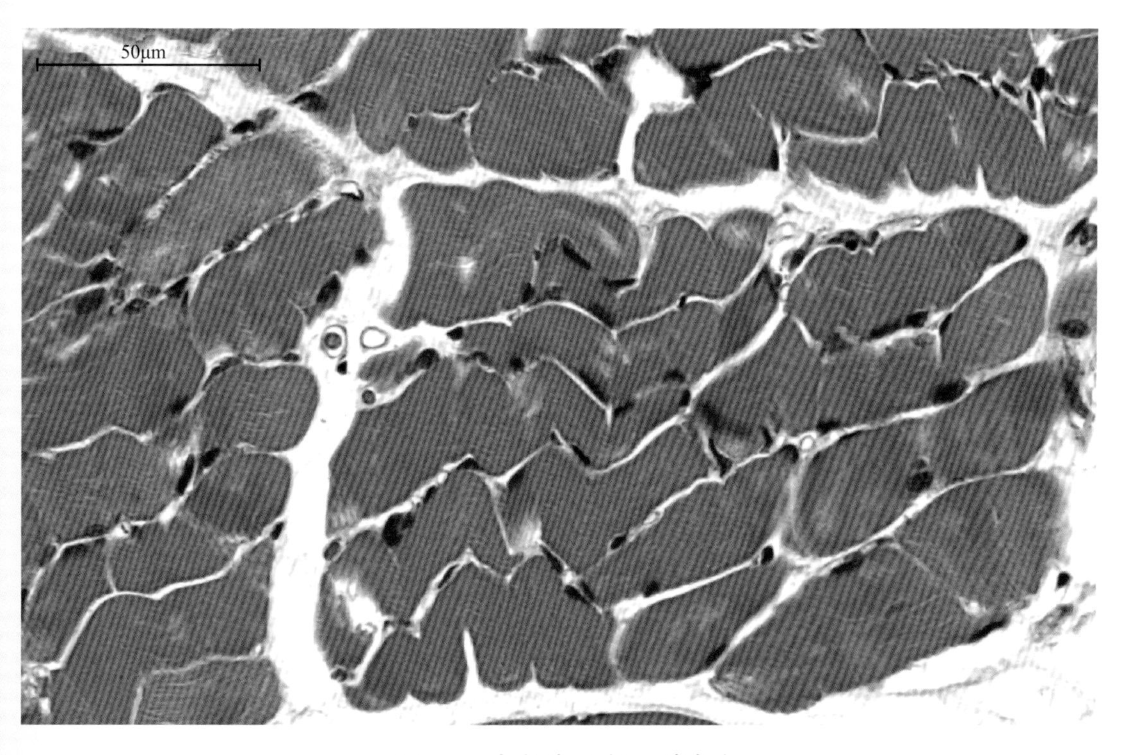

图3-4　大鼠咬肌（HE染色）

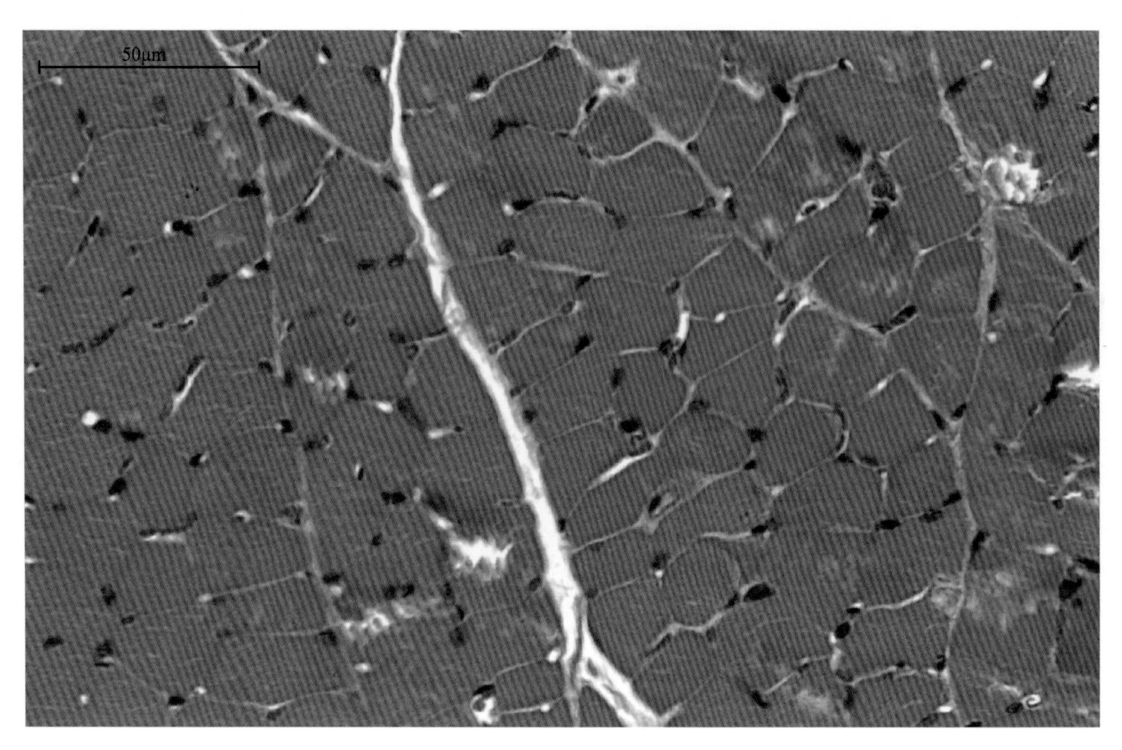

图3-5 大鼠咬肌（HE染色）

三、颈肌

颈肌包括颈侧肌、舌骨上肌、舌骨下肌、脊椎前肌和脊椎侧肌。

1. 颈侧肌

颈侧肌包括锁斜方肌、胸骨乳突肌和锁骨乳突肌。颈侧肌位于颈侧部，其作用为拉前肢向前；固定头和颈，一侧作用，使头、颈向一侧转动；双侧同时作用，可屈头和颈。

2. 舌骨上肌

舌骨上肌包括下颌横肌、下颌舌骨肌、颏舌骨肌和茎舌骨肌，它们的作用分别为上提并帮助支持舌；使口腔底部上升，并拉舌骨向前；向前拉舌骨体；上提舌骨。

3. 舌骨下肌

舌骨下肌包括胸骨舌骨肌、胸骨甲状肌、甲状舌骨肌和肩甲舌骨肌。其中胸骨舌骨肌、甲状舌骨肌和肩甲舌骨肌的作用均为向后拉舌骨，胸骨甲状肌的作用为向后拉喉头。

4. 脊椎前肌

脊椎前肌包括头背侧大直肌、头背侧小直肌、头前斜肌、头后斜肌、头侧直肌、头腹侧直肌、头长肌和颈长肌共8块肌肉。头背侧大直肌和头背侧小直肌的作用为伸头；头前斜肌的作用为伸寰枕关节，一侧作用，旋转头部。头后斜肌的作用为伸及固定寰枢关节，一侧作用，可旋转头部。头侧直肌的作用为屈寰枕关节，将头斜行移动。头腹侧直肌的作用为屈头。头长肌和颈长肌的作用均为屈颈。

5. 脊椎侧肌

脊椎侧肌包括斜角中肌和斜角背肌，作用均为屈颈，一侧作用，使颈弯向一侧。

四、躯干肌

包括脊柱背侧肌、脊柱腹侧肌、呼吸肌、腹壁肌和尾部肌。

（一）脊柱背侧肌

包括夹肌、最长肌的外侧部、最长肌的内侧部、髂肋肌、背颈棘肌、头半棘肌、多裂肌等肌群。

1. 夹肌

位于斜方肌的深层、菱形肌的背部，起于第二胸椎棘突，止于背项线和寰椎翼。作用：双侧收缩可伸颈，一侧收缩可使头和颈伸向同侧。

2. 最长肌的外侧部

包括头、寰、颈、背最长肌，头最长肌位于夹肌的深面，作用为保持头部垂直，一侧作用可使头转向外侧。寰最长肌位于头最长肌与颈最长肌之间，为一长条带状肌，其作用为拉头转向外侧。颈最长肌位于寰最长肌的外侧和颈髂肋肌的内侧，其作用为伸脊柱。背最长肌包括胸、腰最长肌，是脊柱最强大的肌肉，位于胸、腰椎棘突、横突及肋骨近端所构成的三角形空隙中，其作用为伸脊柱。

3. 最长肌的内侧部

起自腰椎和胸椎的横突和乳突，止于后几个胸椎和前几个腰椎的关节突。作用为固定脊柱；一侧作用，脊柱向一侧弯曲。

4. 髂肋肌

位于最长肌外侧，肌肉呈分节状，包括颈、胸和腰髂肋肌。

5. 背颈棘肌

起自第六腰椎，由棘突或椎骨的乳突及横突向前延伸，止于前面相邻椎骨的棘突。其作用为协同最长肌。

6. 头半棘肌

分为背部的颈二腹肌和腹部的腹肌两部分。其作用为伸头，一侧作用，转头。

7. 多裂肌

起自腰椎和胸椎的关节突和乳突。肌束平行斜向前上方延伸，止于前面相邻椎骨的棘突。其作用为固定和旋转脊柱。

（二）脊柱腹侧肌

包括腰方肌、腰小肌和髂腰肌。

1. 腰方肌

由内侧部和外侧部构成。内侧部为五个梭形肌束，每个肌束都有内腱隔，起点从胸椎10至腰椎6，止于髋臼边缘的上半部。外侧部则非常发达，起自最后肋骨的内侧面和所有腰椎横突的外侧缘，止于髂骨嵴。其作用为固定脊柱，单侧作用使脊柱向一侧偏。

2. 腰小肌

为纺锤形羽状肌，起自第二至第六腰椎椎体，以长腱止于股骨小转子；以肌肉止于髂耻粗隆。其作用为固定脊柱，拉前肢向前。

3. 髂腰肌

包括腰大肌和髂肌。腰大肌起于第四、五、六腰椎椎体和横突；髂肌起自髂骨腹面。两肌共同止于股骨小转子。其作用为拉后肢向前，并使膝关节向外旋转（见图3-6～图3-11）。

图3-6 大鼠腰肌（一）（HE染色）

图3-7　大鼠腰肌（二）（HE染色）

图3-8　大鼠腰肌（三）（HE染色）

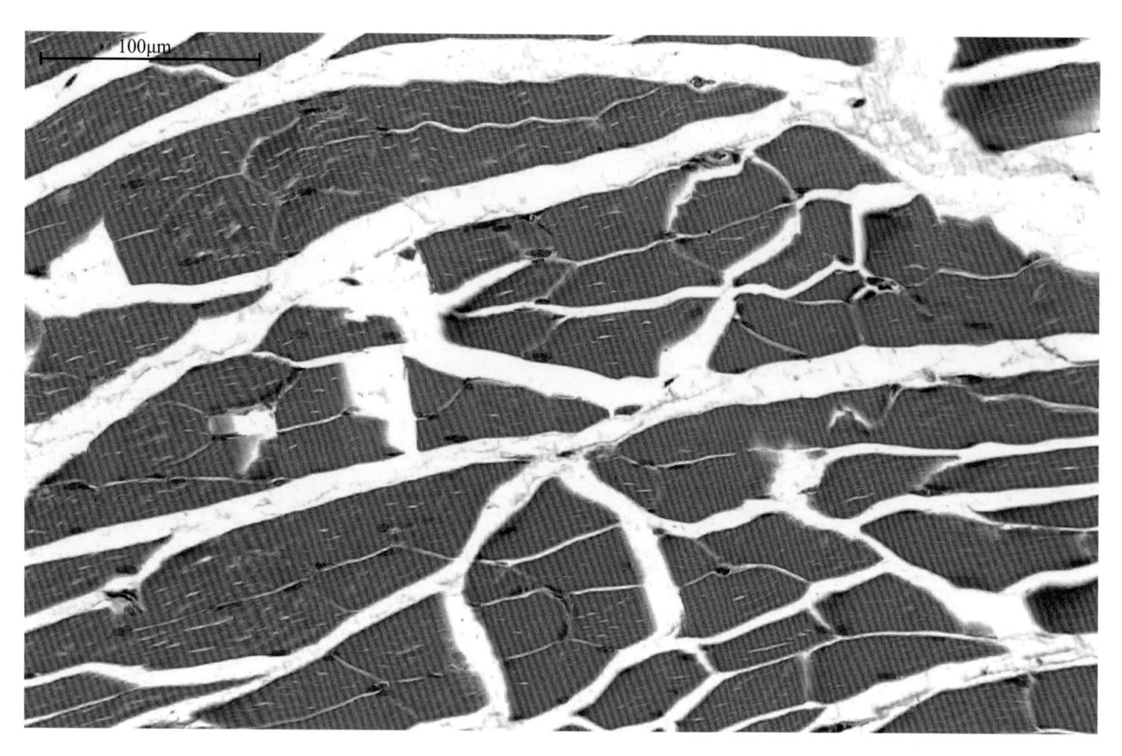

图3-9　大鼠腰肌（四）（HE染色）

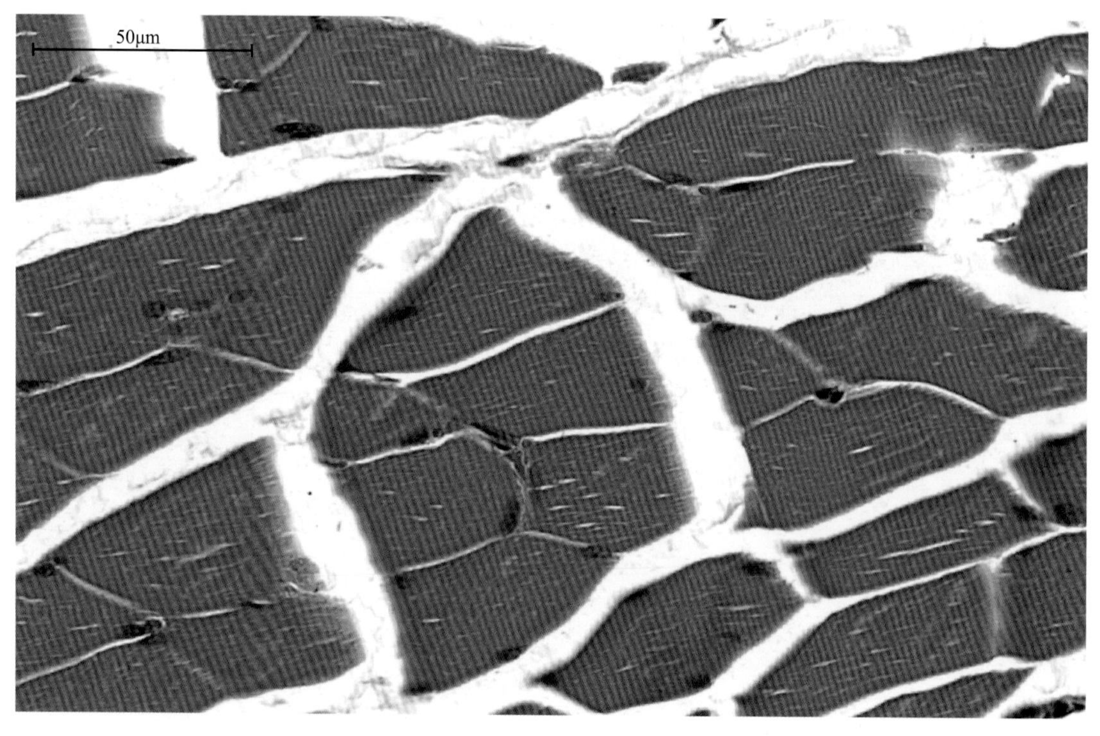

图3-10　大鼠腰肌（五）（HE染色）

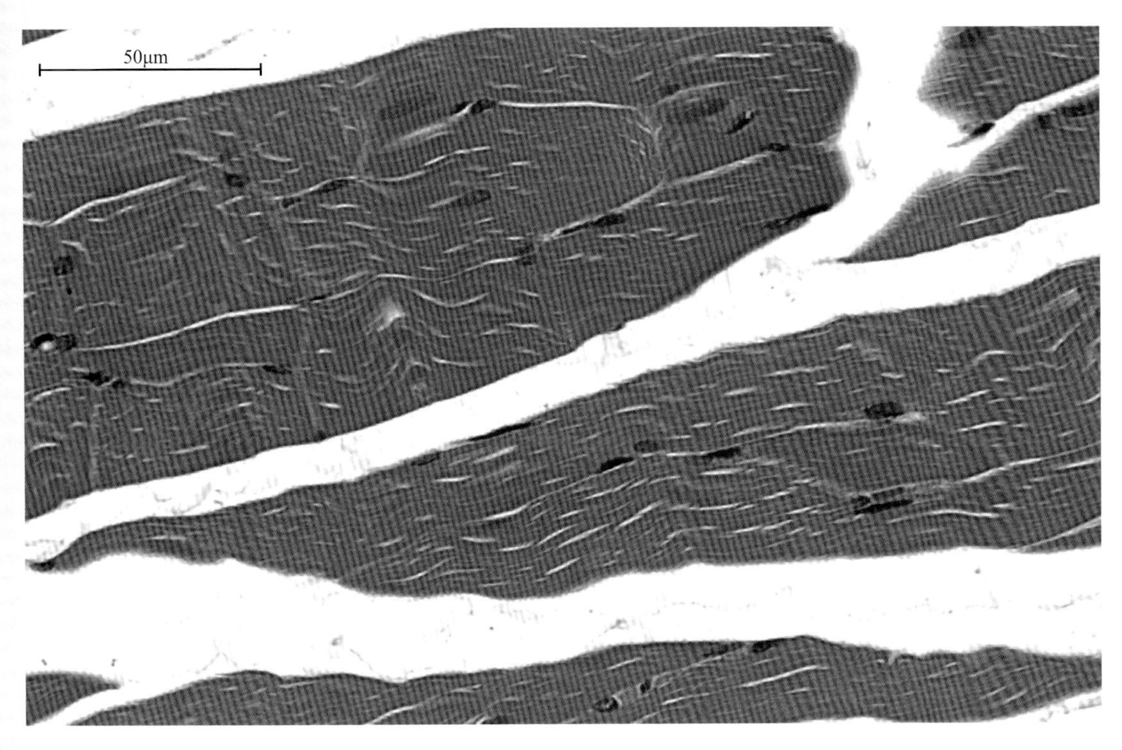

图3-11　大鼠腰肌（六）(HE染色)

（三）呼吸肌

包括背锯肌、肋间外肌、肋间内肌、肋提肌、胸直肌、胸横肌和膈。

1.背锯肌

位于斜方肌和背阔肌的深面，包括前背锯肌和后背锯肌。起自腰椎和胸椎前面的棘突，止于肋骨外侧面。前背锯肌的肌纤维向腹后方延伸，可牵引胸廓扩张；而后背锯肌的肌纤维向腹前方延伸，可牵引胸廓收缩，因此，背锯肌表现为吸气和呼气的双重功能。

2.肋间外肌

为各肋间隙浅层的薄片状肌，起自肋骨后缘，止于后一肋骨的前缘。其作用为提肋使胸廓扩张，引起吸气动作。

3.肋间内肌

位于肋间外肌的深层，起自肋骨前缘，止于前一肋骨的后缘。其肌纤维方向与肋间外肌肌纤维方向相反。作用为降肋使胸廓缩小，引起呼气动作。

4.肋提肌

位于肋骨椎端，体形较小。起自胸椎横突，向腹后方延伸，止于下一肋骨角。其作用为协同肋间外肌，助吸气。

5. 胸直肌

又称肋横肌，起自第四软肋，止于第一肋。其作用为协助吸气。

6. 胸横肌

起自胸骨，止于胸肋。其作用为拉肋骨向下，协助呼气。

7. 膈

位于胸腹腔之间，为一穹窿形的肌肉质隔膜。膈的中央部分为结缔组织的中央腱；中央部分为膈肌。膈肌分为腰部、肋部和胸骨部。其作用为：当膈肌收缩时，膈下降，胸廓增大，引起吸气动作；膈肌松弛，膈上升，胸廓缩小，引起呼气动作。

（四）腹壁肌

包括腹外斜肌、腹内斜肌、腹横肌和腹直肌。

1. 腹外斜肌

为腹壁的最外层肌肉。起自第四至第十二肋，以一宽腱止于腹白线、耻前腱和腹股沟韧带，肌纤维由背前方斜向腹后方走向。其作用为收缩腹部。

2. 腹内斜肌

位于腹内斜肌深层，起自腰背筋膜、髋结节和腹股沟韧带，肌纤维方向与腹外斜肌相反，向前止于肋弓和肋软骨。

3. 腹横肌

为腹壁肌最深的一层，与腹内斜肌紧密结合，起于膈止点后面的肋骨内面和软骨，止于腹白线。作用为收缩腹部。

4. 腹直肌

为一薄片状肌，分布于腹壁腹白线两侧，肌纤维纵行，其作用为收缩腹部。

（五）尾部肌

包括荐尾背侧中肌、荐尾背侧外肌、荐尾腹侧中肌、荐尾腹侧外肌、尾横突间肌、尾骨外肌和尾骨中肌。尾部肌主要作用为提尾、降尾、屈尾和摆尾。

五、前肢肌

包括肩带肌、肩关节肌、肘关节肌、桡尺关节肌、腕关节肌和指关节肌。

1. 肩带肌

肩带肌是与头、颈和躯干间的连接肌，包括斜方肌、颈侧肌、肩胛横肌、背阔肌、胸浅肌、胸深肌、锁骨下肌、菱形肌和腹锯肌，一部分位于浅层，另一部分位于深层。

（1）斜方肌　为扁平三角肌，分颈胸两部分，覆盖于颈胸背部和肩胛骨之间，作用为固定肩胛骨，提拉前肢向前或向后。

（2）肩胛横肌　为前宽后窄的带状肌，起自肩胛冈和肩峰，止于寰椎翼，作用为前拉肩胛骨。

（3）背阔肌　为一宽阔的三角形肌，起自第八至第十二胸椎棘突，止于肱骨近侧内端。其作用为后拉前肢并屈肩关节。

（4）胸浅肌　覆盖胸部浅层，起自锁骨内三分之一，以及第一至第六肋软骨，止于肱骨三角肌粗隆，其作用为拉前肢向前或向后。

（5）胸深肌　分为肩胛前部、肱骨部和腹部，有多个起点和止点，其作用为拉前肢向后。

（6）锁骨下肌　肌呈圆柱形，较小，起自第一肋和肋软骨，止于锁骨背面中段，作用为将锁骨拉向胸骨。

（7）菱形肌　由头、颈和胸三块扁形菱形肌构成，作用为向上方牵引肩胛骨。

2. 肩关节肌

位于肩关节周围，包括三角肌、肩胛下肌、冈上肌、冈下肌、大圆肌、小圆肌和喙肱肌。它们的主要作用为屈肩关节或伸肩关节。

3. 肘关节肌

包括肱二头肌、肱三头肌、前臂筋膜张肌、肱肌和肘肌，其共同作用为伸肘或屈肘，以及伸肩或屈肩。

4. 桡尺关节肌

包括旋前圆肌、旋前方肌和旋后肌。前两种肌肉使前臂前旋，后一种肌肉使前臂后旋。

5. 腕关节肌

包括腕桡尺伸肌、腕尺侧伸肌、腕桡尺屈肌、腕尺侧屈肌，前两者作用为伸腕关节，后两者作用为屈腕关节。

6. 指关节肌

包括指长伸肌、指长屈肌、指短肌。参与指节运动（见图3-12～图3-16）。

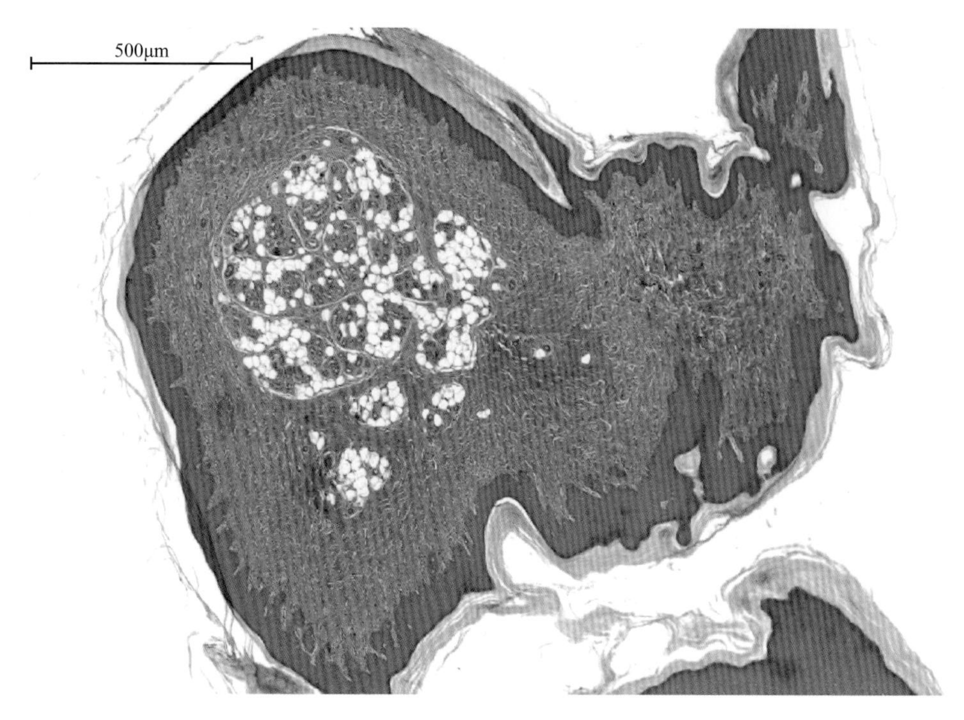

图3-12　大鼠脚掌（一）（HE染色）

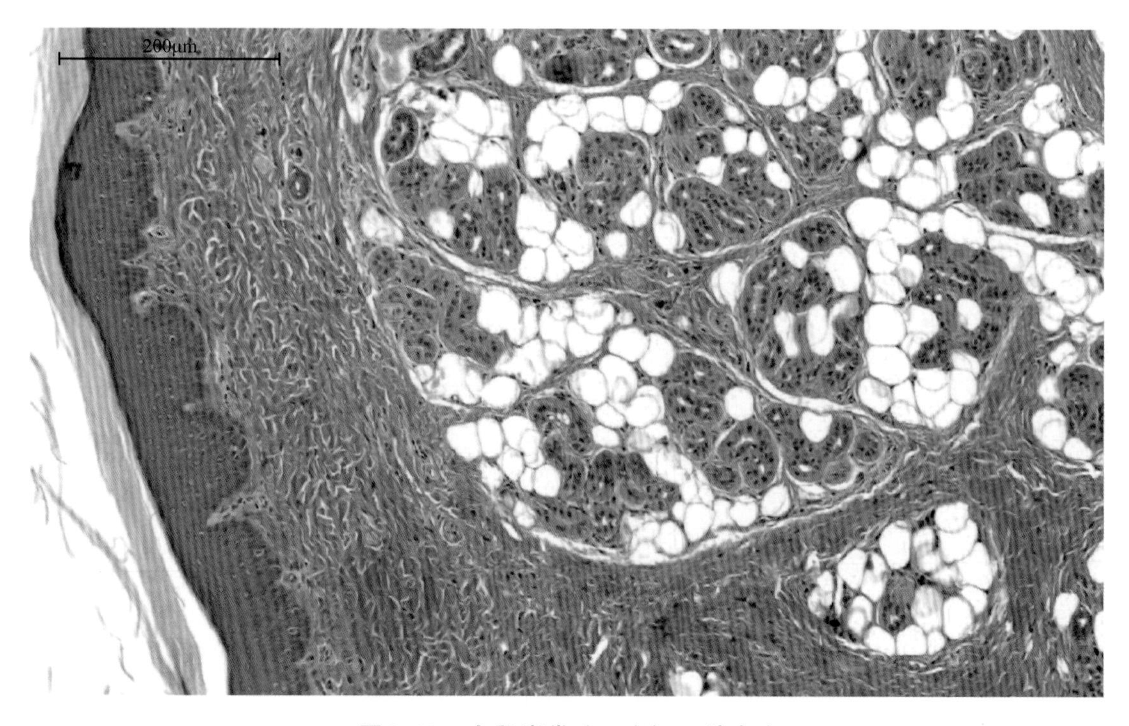

图3-13　大鼠脚掌（二）（HE染色）

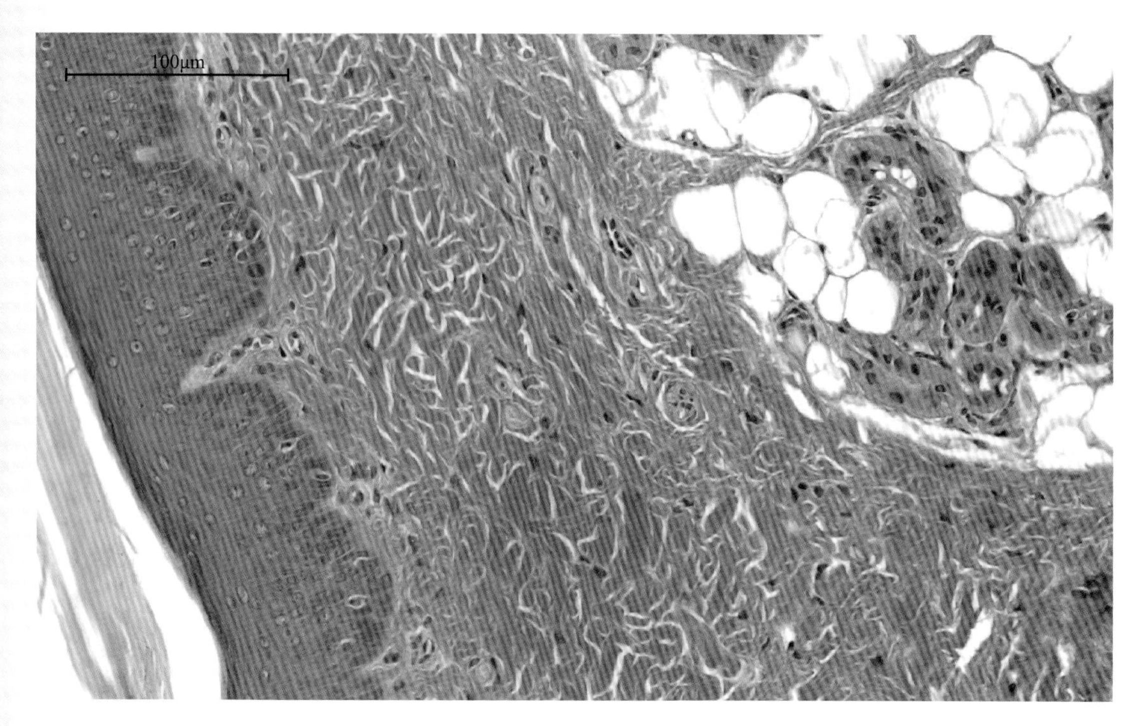

图3-14　大鼠脚掌（三）（HE染色）

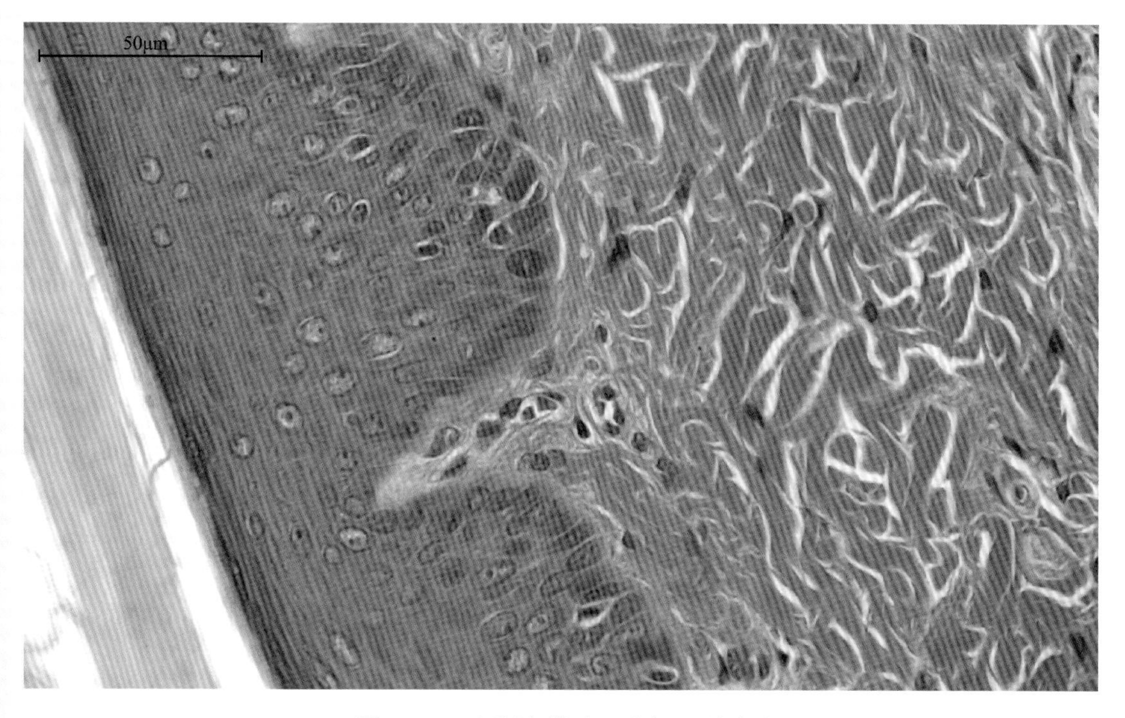

图3-15　大鼠脚掌（四）（HE染色）

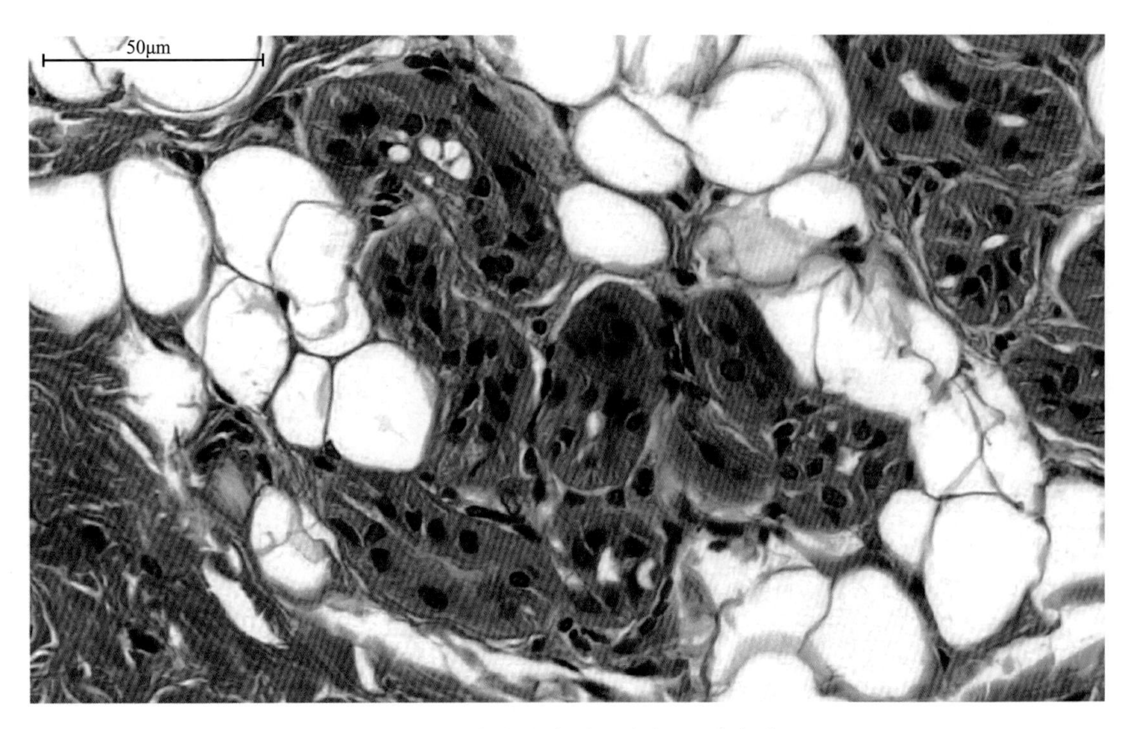

图3-16　大鼠脚掌（五）（HE染色）

六、后肢肌

后肢肌包括臀部肌、大腿内侧肌、大腿后侧肌、骨盆内肌、膝关节肌、跗关节肌和趾关节肌。

1.臀部肌

包括阔筋膜张肌、臀浅肌、臀中肌、臀深肌和梨状肌。

（1）阔筋膜张肌　位于大腿内侧面，为薄片扇形肌，起自髂骨嵴，止于大腿的阔筋膜，作用为屈髋关节。

（2）臀浅肌　为上宽下窄的薄片三角形肌，起自荐椎棘突和髂骨背缘，止于股骨第三转子，其作用为屈髋关节。

（3）臀中肌　肌肉发达，起自髂骨翼及荐椎，止于股骨大转子，其作用为伸髋关节。

（4）臀深肌　位于臀部深层，起自髂骨背、外侧面，止于股骨大转子，其作用为伸髋关节。

（5）梨状肌　起自荐椎，与臀中肌共同止于股骨大转子，其作用为伸髋关节。

2.大腿内侧肌

包括股二头肌、半腱肌和半膜肌。

（1）股二头肌　位于大腿后外侧的浅层，肌肉粗壮，上宽下窄，呈三角形，以三个头分别起自第四荐椎棘突、棘突下和坐骨结节，其作用为屈膝关节并外展后肢。

（2）半腱肌　位于大腿最后缘，起自最后荐骨和第一尾椎的棘突以及坐骨结节，止于胫骨近端内侧面，作用为伸髋关节，屈膝关节。

（3）半膜肌　位于大腿后内侧，大而厚。起于坐骨结节，止于胫骨嵴和胫骨近端内侧面，作用为屈膝关节，向后拉后肢。

3. 大腿后侧肌

包括耻骨肌、股薄肌、内收长肌、内收大肌和内收短肌。

（1）耻骨肌　为梭形小肌，位于大腿内侧，起自髂骨隆起与耻骨弓，止于股骨干内侧，作用为屈髋关节，内收后肢。

（2）股薄肌　长条薄肌。位于大腿后内侧浅层，分前、后两部分。起自骨盆联合和坐骨支，止于胫骨嵴，作用为屈膝关节，内收后肢。

（3）内收长肌　位于耻骨肌后方，为三角形小肌。起自骨盆联合前端和耻骨的髋臼支，止于股骨干内侧，作用为内收后肢。

（4）内收大肌　位于股薄肌深面，较宽厚。起自耻骨的髋臼支和耻骨联合，止于股骨干，作用为伸髋关节，内收后肢。

（5）内收短肌　位于内收大肌后方。起自耻骨的髋臼支、坐骨支内侧和耻骨联合，止于第三转子和股骨干远端。

4. 骨盆内肌

包括闭孔内肌、闭孔外肌、股方肌和孖肌。

（1）闭孔内肌　位于骨盆壁的内表面，覆盖闭孔背侧。起自坐骨内侧面，止于坐骨转子窝，作用为外旋后肢。

（2）闭孔外肌　肌肉短而厚，位于髋关节后面。起自闭孔周缘，止于坐骨转子窝，作用为内收并外旋后肢。

（3）股方肌　位于闭孔外侧下方。起自坐骨的后缘，止于股骨小转子，作用为外旋并向后拉后肢。

（4）孖肌　分为前、后两块，扇形小肌，位于闭孔内侧腱两侧，前部起自坐骨背缘的前部，止于股骨转子窝，后部起于坐骨后背缘，止于转子窝和小转子，作用为外旋后肢。

5. 膝关节肌

包括股四头肌和腘肌。

（1）股四头肌　位于股骨的背面和两侧，由股内侧肌、股外侧肌、股直肌和股中间肌四块肌肉构成。股内侧肌起于股骨颈和近端，股外侧肌起自大转子和第三转子，股直肌起自髂骨体腹面和髋臼前方的结节，股中间肌起自股骨干前面，共同止于胫骨粗隆，作用为伸膝关节，拉后肢向前。

（2）腘肌　为短肌，起自股骨外侧髁和肌窝，止于胫骨内侧面近端，作用为屈膝关节，后旋小腿。

6. 跗关节肌

包括腓肠肌和比目鱼肌两块伸肌和胫前肌、腓骨长肌和腓骨短肌三块屈肌。

腓肠肌分为内侧头和外侧头两部分，内侧头起自股骨内上髁和内豆骨；外侧头起自股骨外上髁、腓骨头和外豆骨。两头的强大的总腱为跟腱的组成部分，止于跟结节，作用为伸跗关节。

比目鱼肌位于腓肠肌外侧头靠前方的深面，以一长腱起自腓骨头，和腓肠肌共同以强腱止于跟结节，作用为伸跗关节。

胫前肌位于小腿的前外侧，起自胫骨近端的胫骨粗隆和外侧髁，其腱通过跗背侧环状韧带斜向内侧面，止于第一跖骨的近端，作用为屈跗关节并内翻足。

腓骨长肌起自胫骨外侧髁和腓骨头外侧面，止于第五跖骨基部，作用为屈跗关节并外翻足。

腓骨短肌起自腓骨干、腓骨头及骨间膜，其腱与腓骨长肌腱共同经过外髁下方，止于第五跖骨粗隆，作用为屈跗关节。

7. 趾关节肌

由多块趾长肌和多块趾短肌组成，参与趾的运动。

第四章

消化系统

消化系统由消化管和消化腺组成。消化管包括口腔、咽、食管、胃、小肠（十二指肠、空肠和回肠）、大肠（盲肠、结肠和直肠）和肛门组成；消化腺有大消化腺和小消化腺两种。大消化腺包括唾液腺、肝脏、胰腺；小消化腺散布于消化管壁内。

第一节 消化管

一、口腔

口腔是消化道的起始部分，外被唇与颊所包围，前通过口裂与外界相通，后经咽峡与咽相通。口由肉质的上下唇所包围，上唇于中线裂开，门齿外露。大鼠牙齿共16颗，每侧上、下颌各有门齿1个，臼齿3个。大鼠门齿较长，终生不断生长，因此，喜啃咬。口腔后部有硬腭和软腭。硬腭在口腔顶壁前部，此处的口腔黏膜具有许多横向的黏膜凸起；软腭位于口腔顶壁的后部，与硬腭一起构成鼻通路。鼻后孔直接通咽喉。正常大鼠口腔黏膜被覆复层鳞状上皮，表面角化，上皮下为致密结缔组织组成的固有层及肌肉，散布有黏液性和浆液性小唾液腺（见图4-1 ～图4-9）。

二、舌

舌为肌性器官，短而厚，隆起于口腔底部，前端游离，基部由舌骨支持。舌分为舌根、舌体和舌尖，舌由舌系带固定。舌表面有许多小的乳头凸起，其中分布有味蕾，味蕾主要包括丝状味蕾和菌状味蕾。菌状味蕾又可分为有孔菌状味蕾和无孔菌状味蕾，每个味蕾由若干个味细胞组成，味细胞通过顶端的纤毛深入味蕾小孔，感觉食物的味道（见图4-10 ～图4-31）。

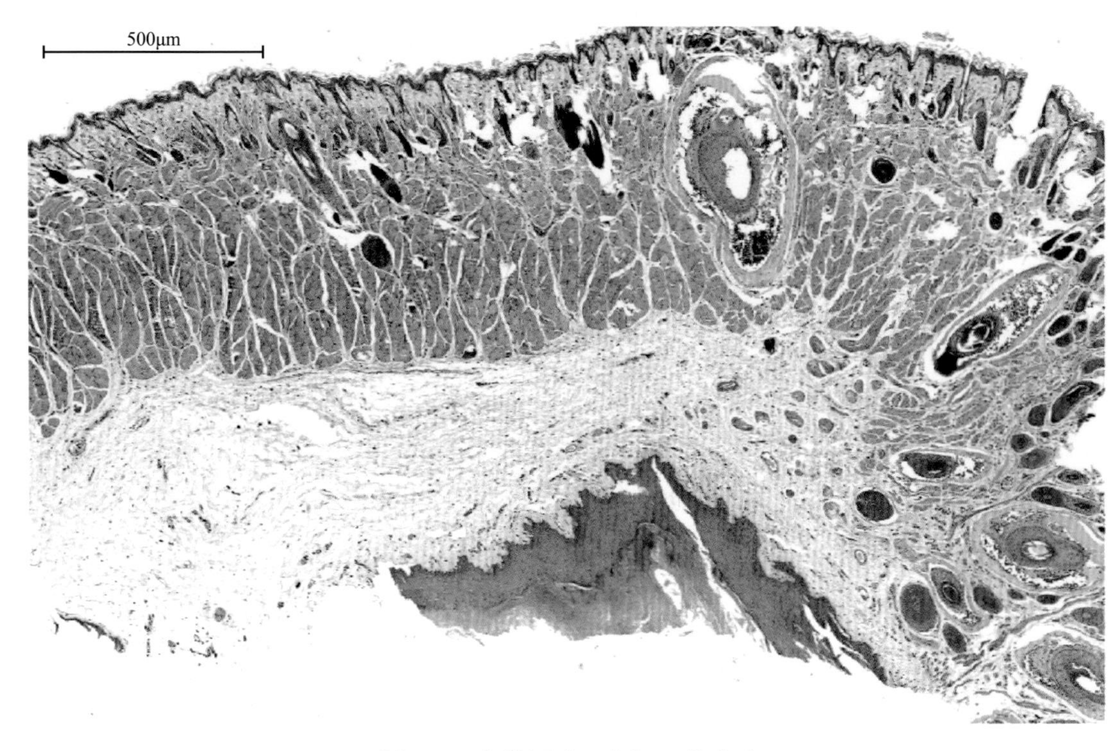

图4-1　大鼠唇（一）（HE染色）

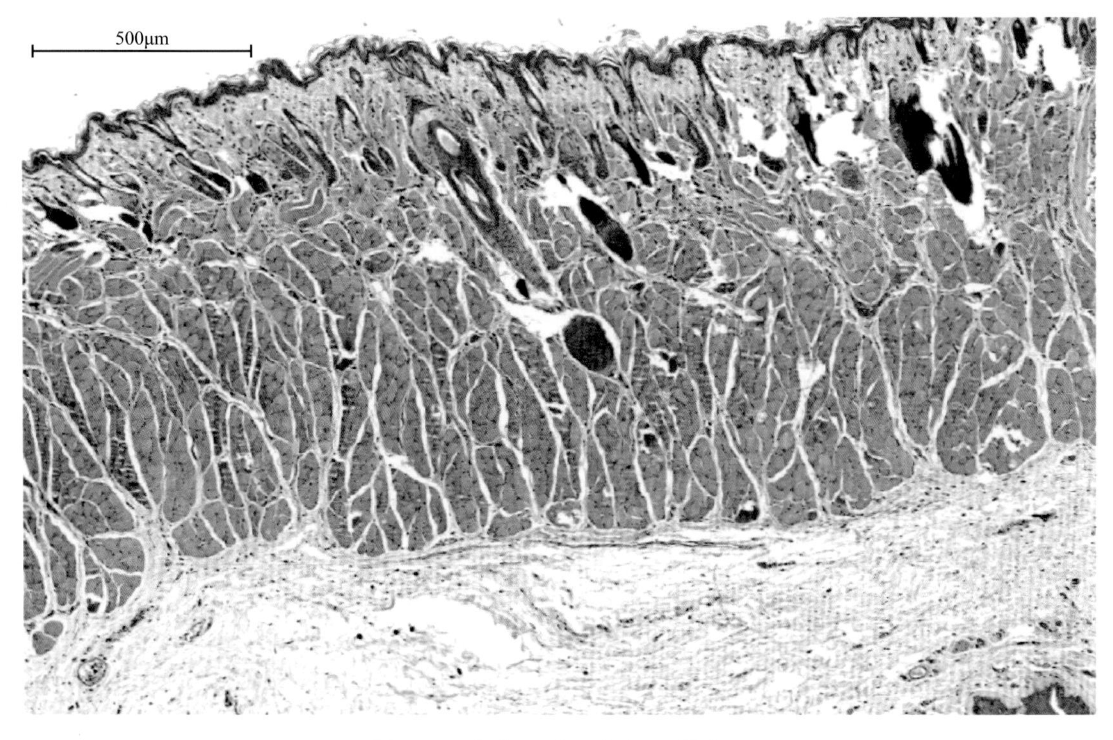

图4-2　大鼠唇（二）（HE染色）

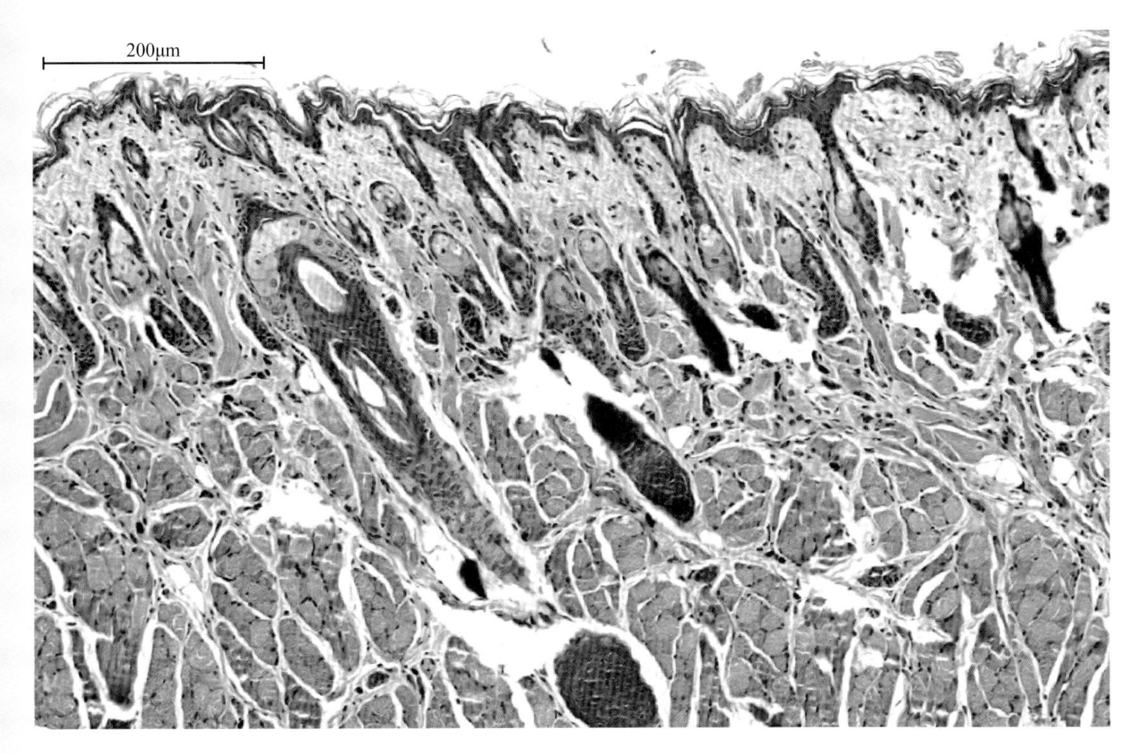

图4-3　大鼠唇（三）（HE染色）

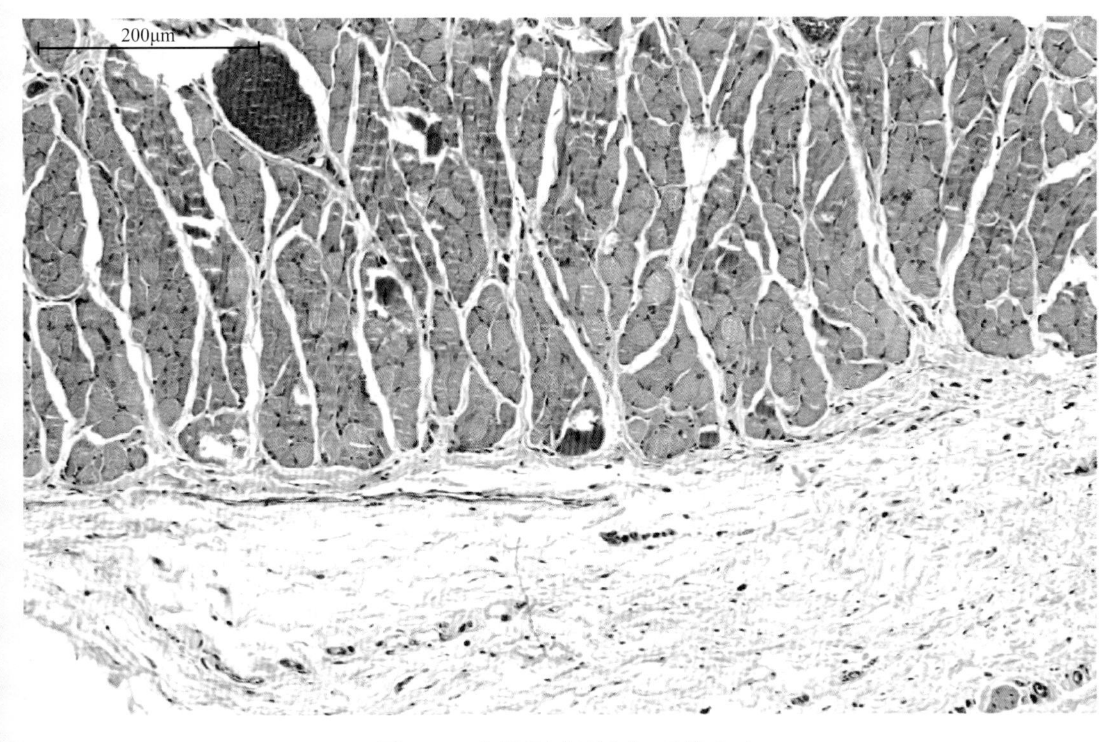

图4-4　大鼠唇（四）（HE染色）

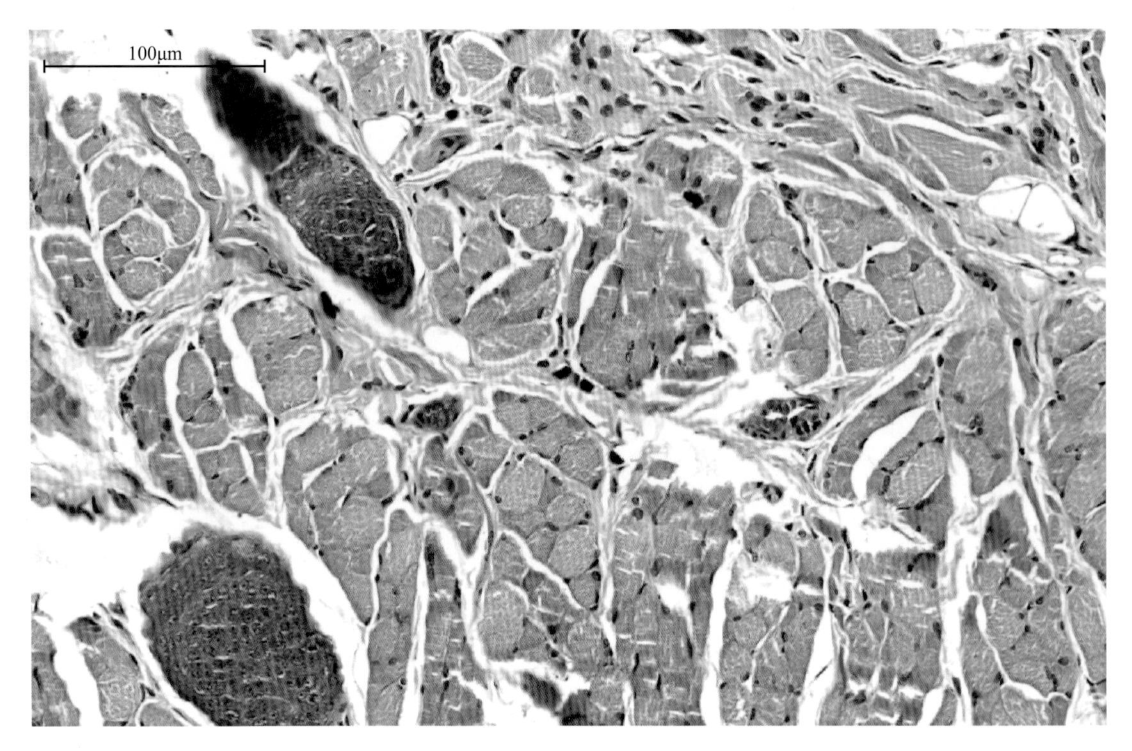

图4-5　大鼠唇（五）（HE染色）

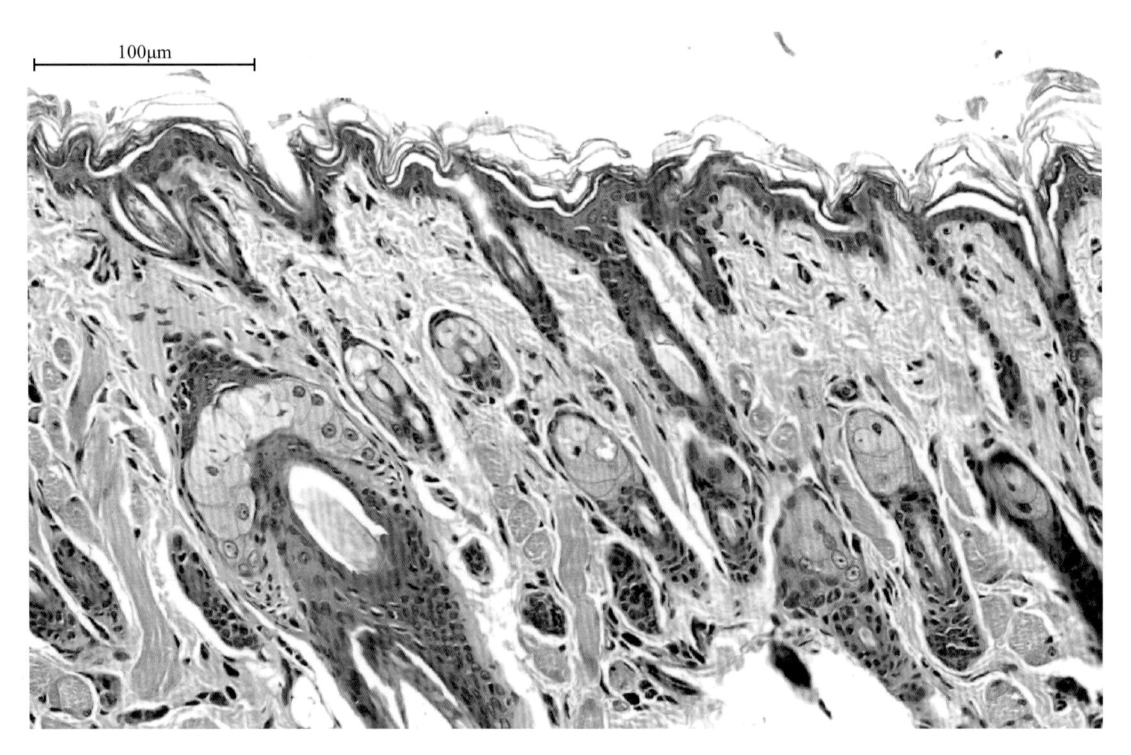

图4-6　大鼠唇（六）（HE染色）

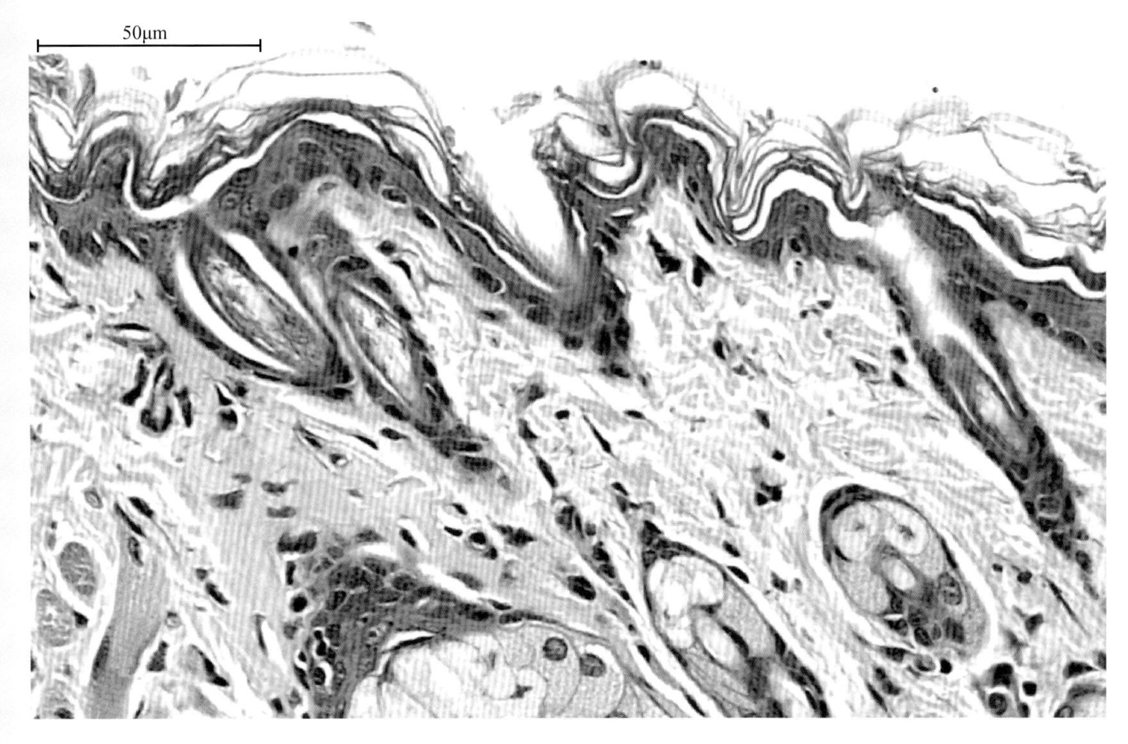

图4-7　大鼠唇（七）（HE染色）

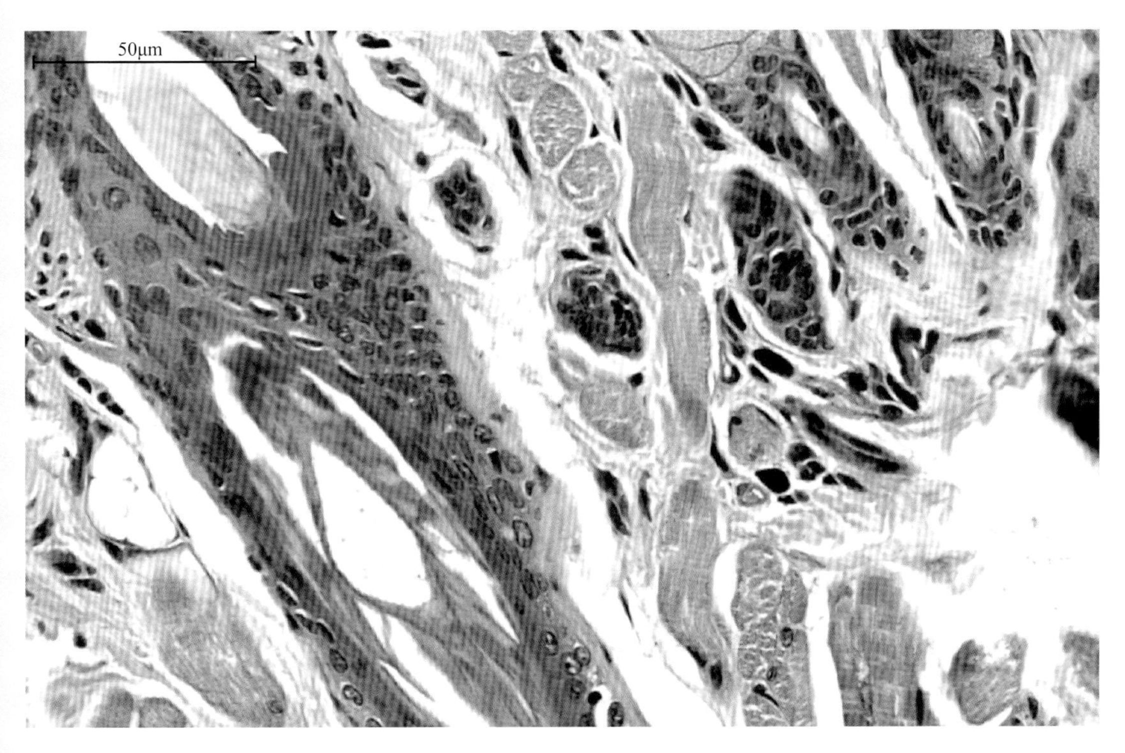

图4-8　大鼠唇（八）（HE染色）

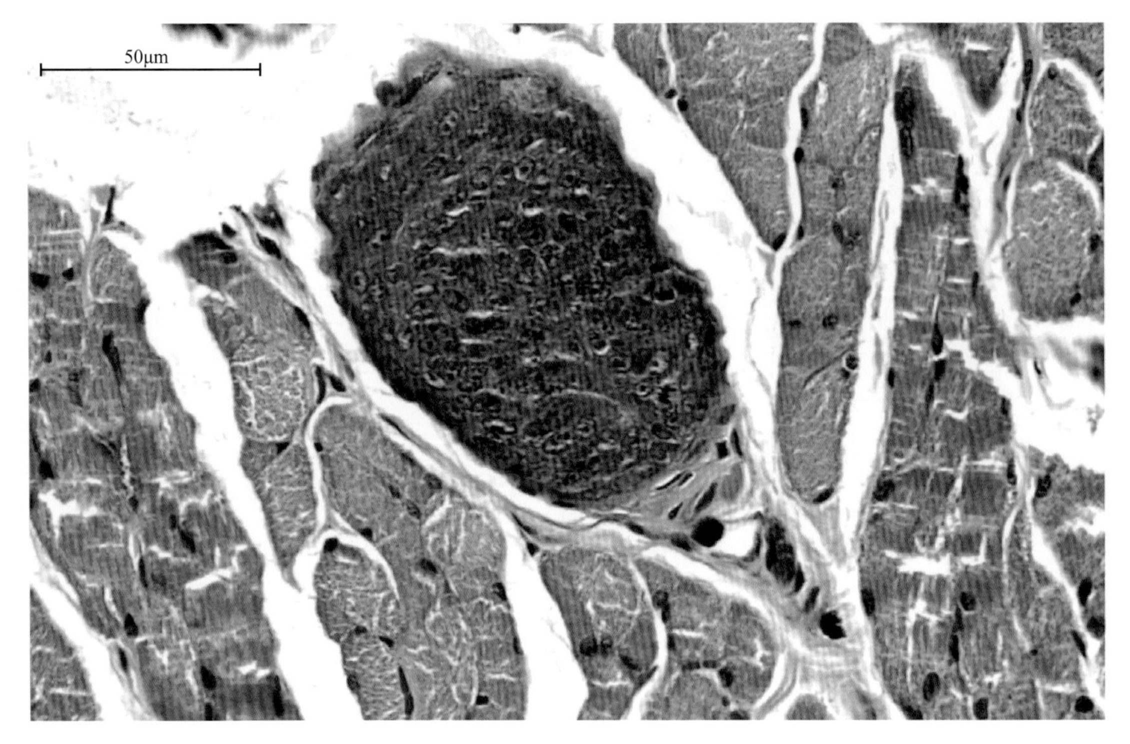

图4-9　大鼠唇（九）（HE染色）

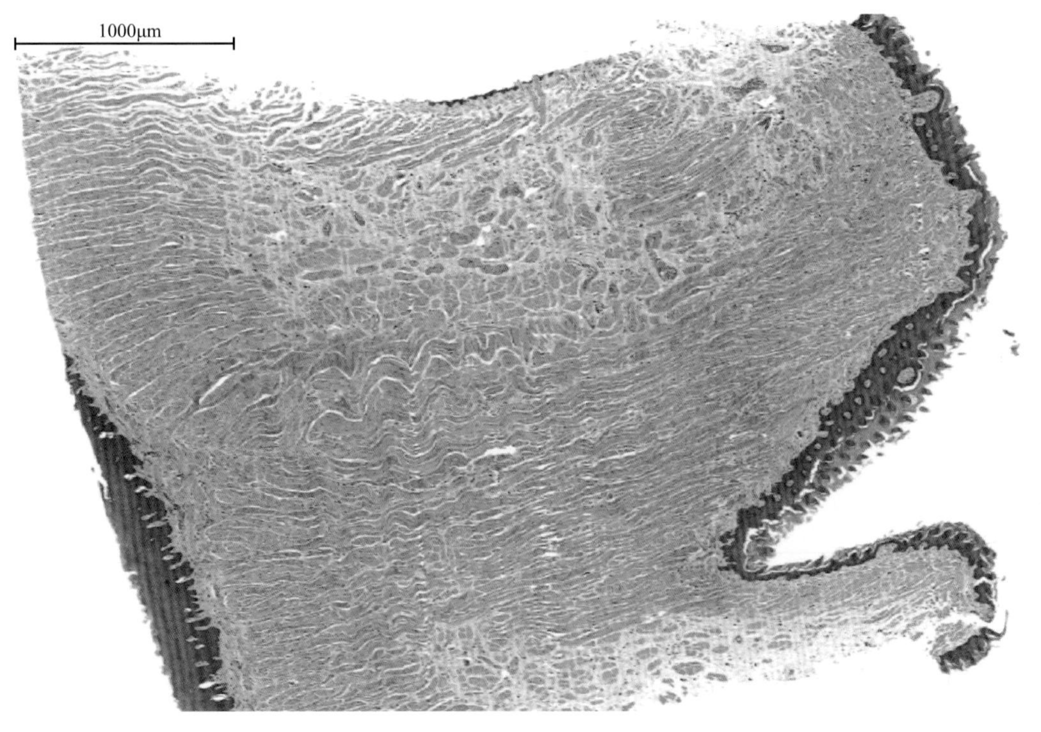

图4-10　大鼠舌尖纵切（一）（HE染色）

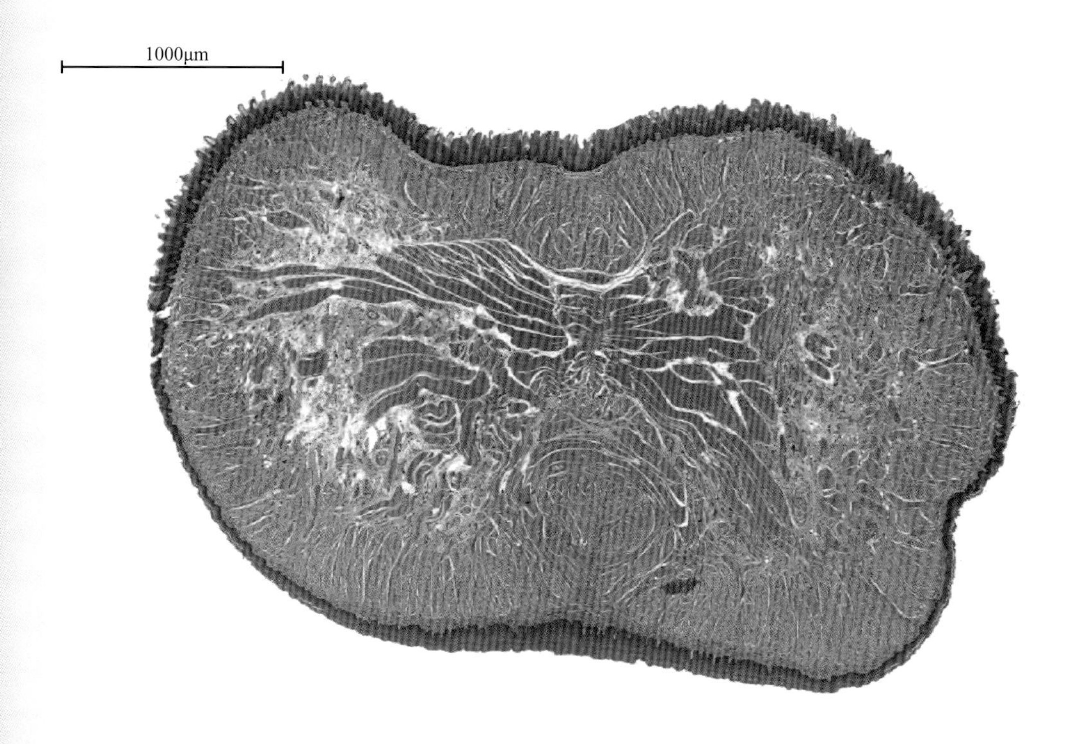

图4-11　大鼠舌尖横切（二）（HE染色）

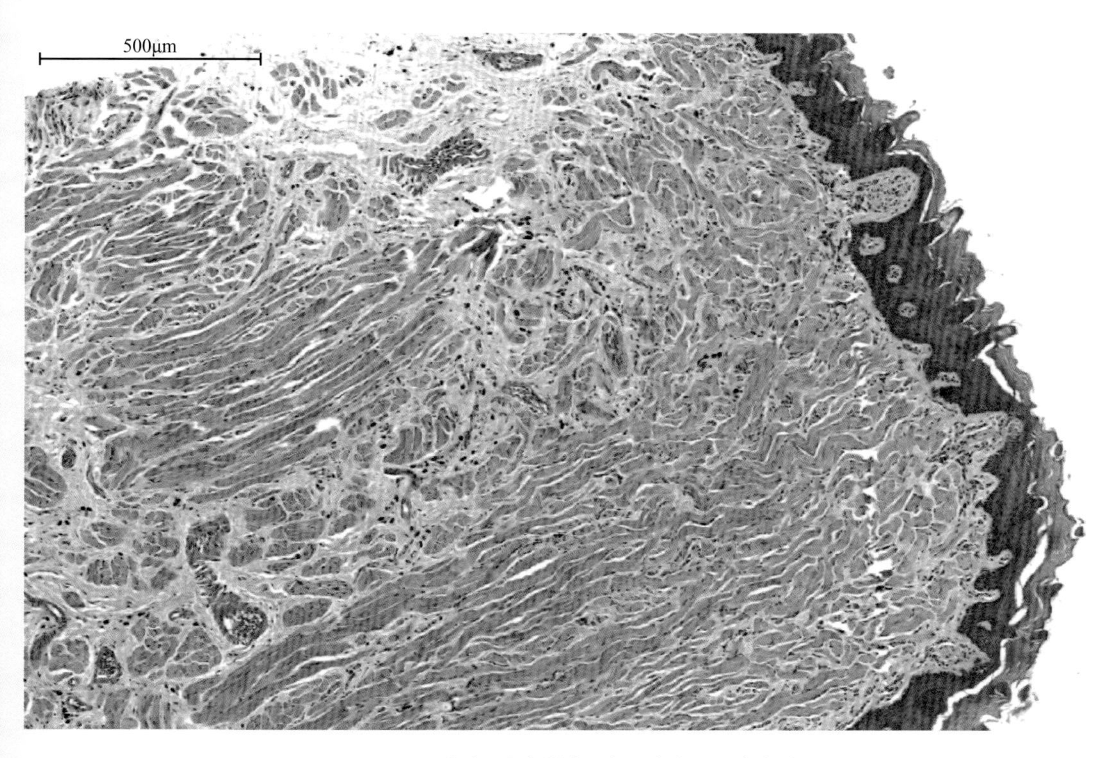

图4-12　大鼠舌尖纵切（三）（HE染色）

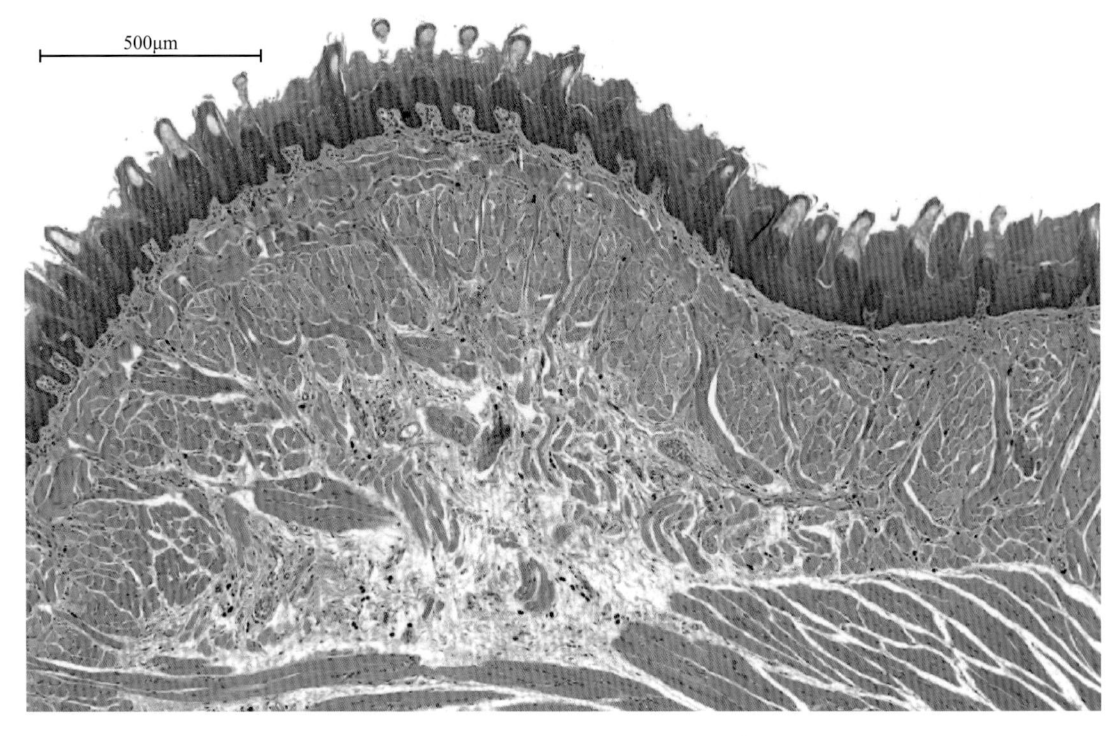

图4-13　大鼠舌尖横切（四）（HE染色）

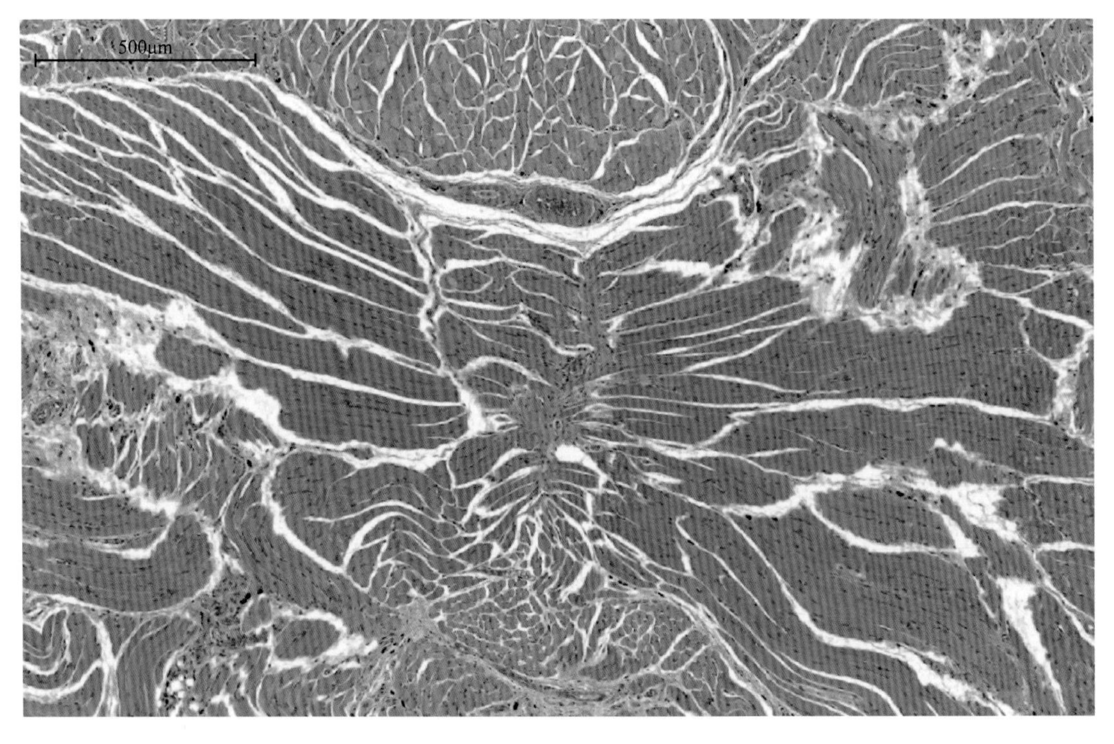

图4-14　大鼠舌尖横切（五）（HE染色）

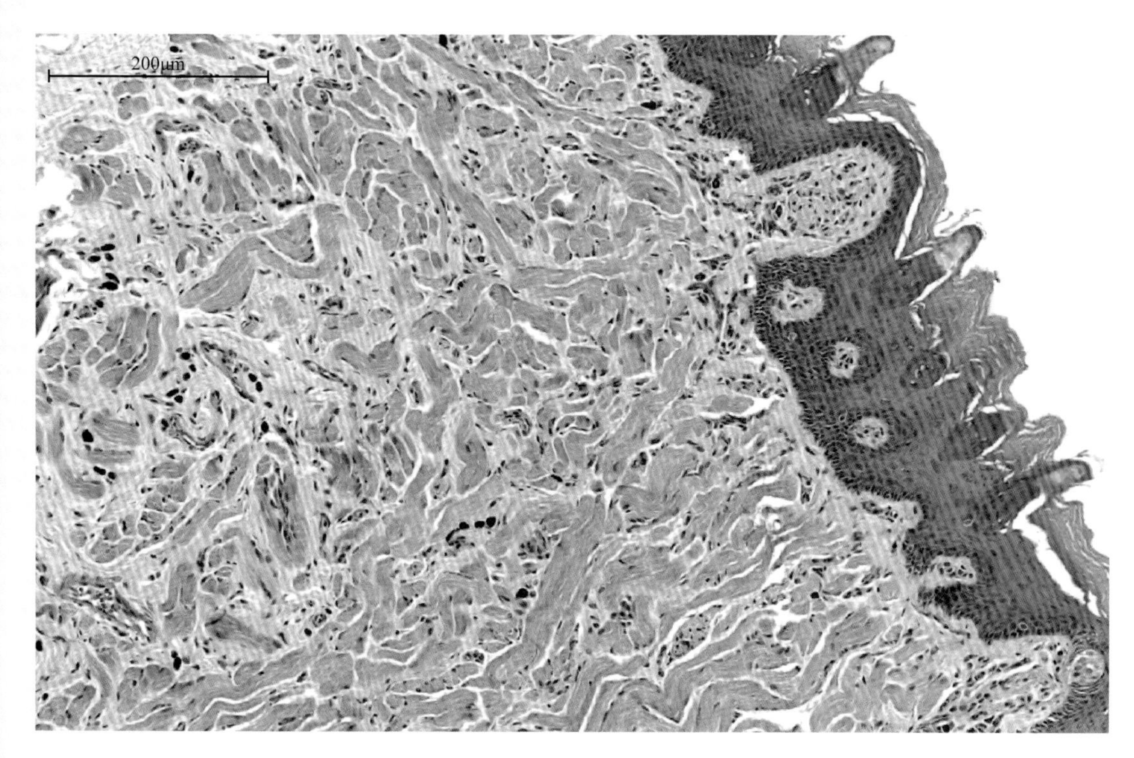

图4-15　大鼠舌尖纵切（六）（HE染色）

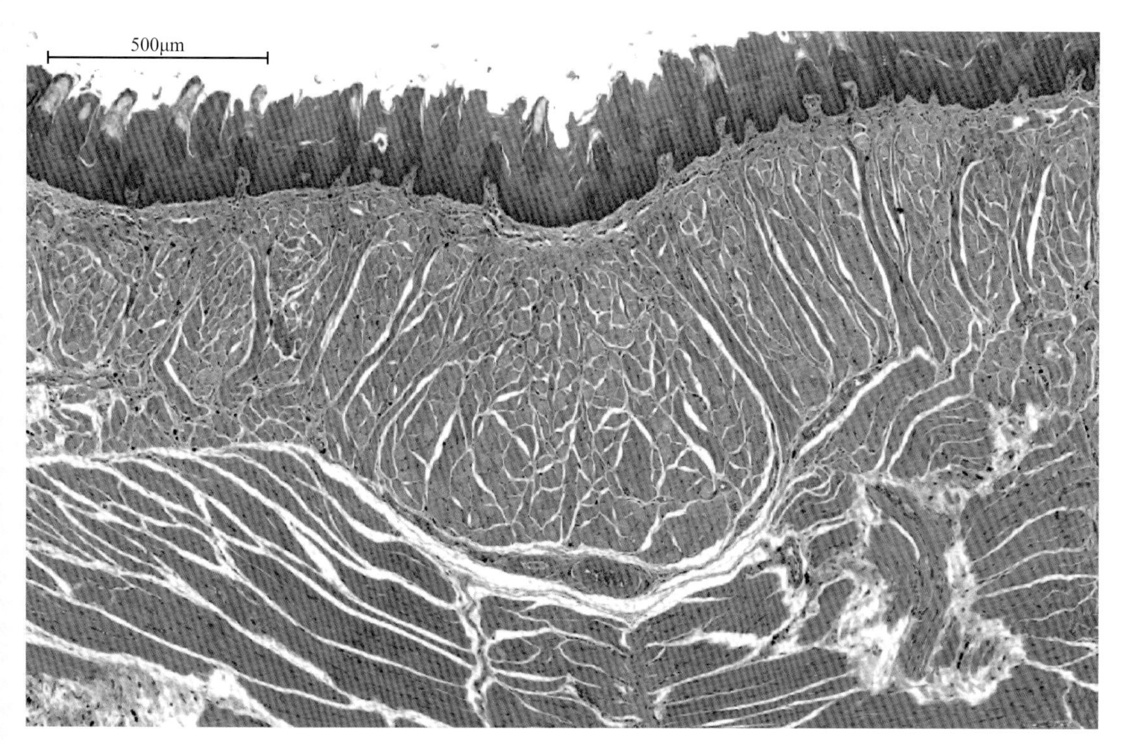

图4-16　大鼠舌尖横切（七）（HE染色）

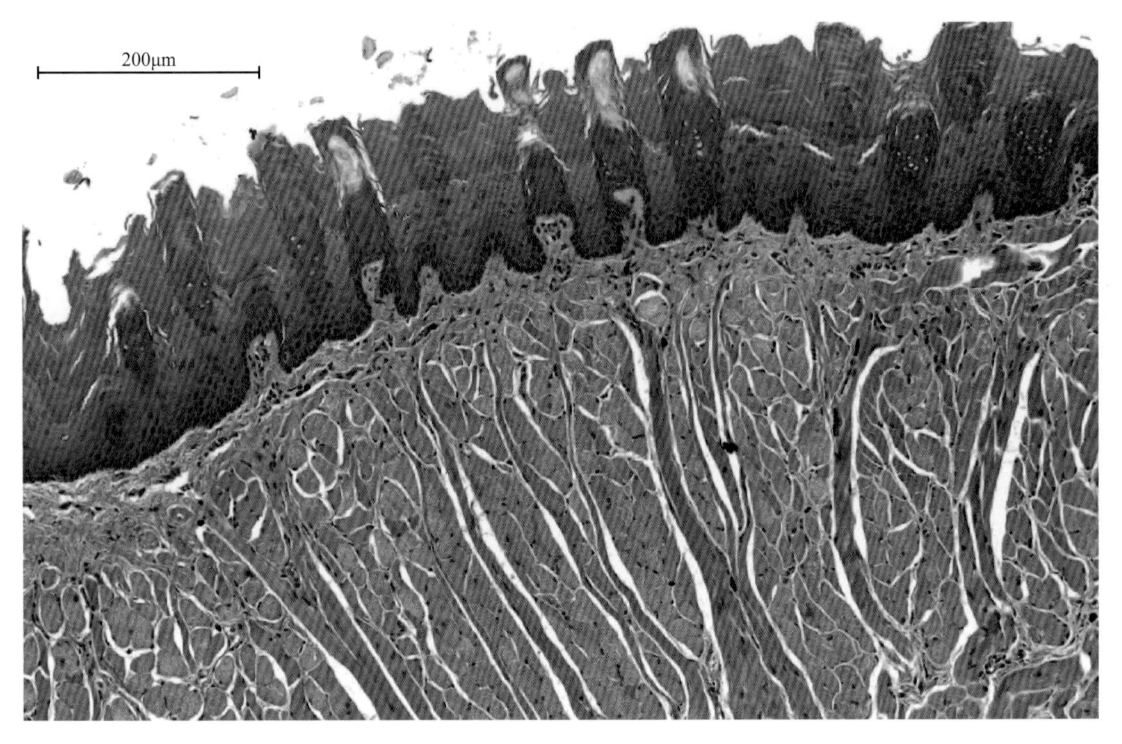

图4-17　大鼠舌尖横切（八）（HE染色）

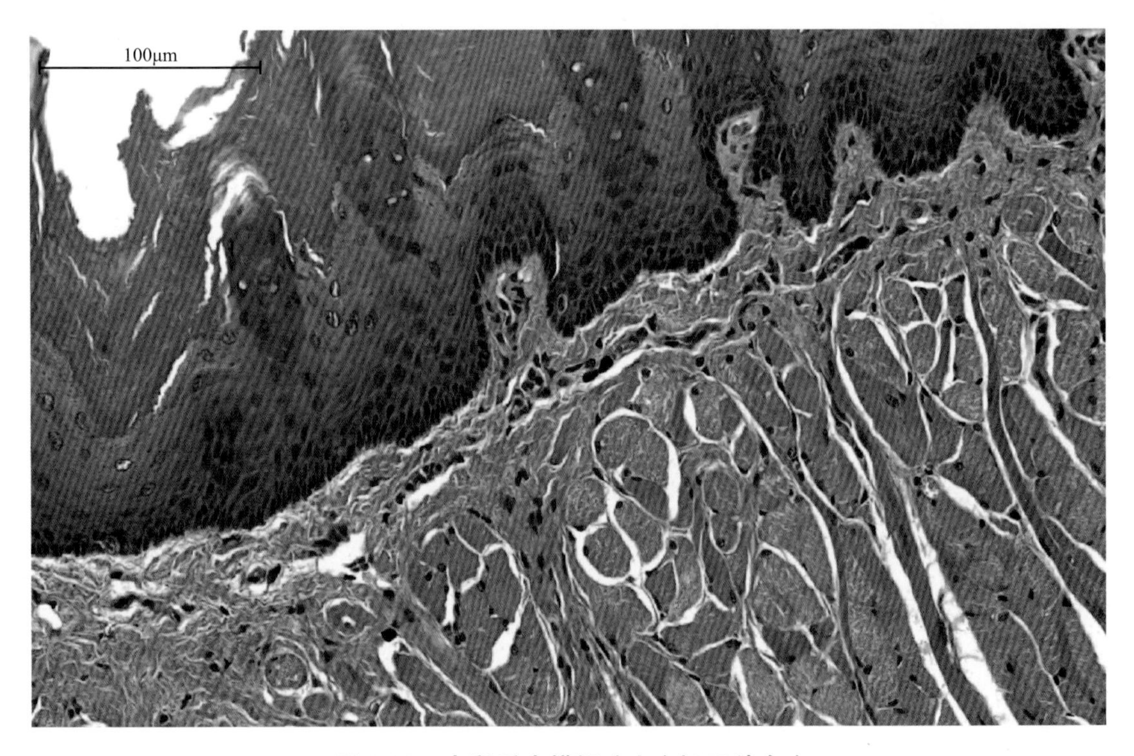

图4-18　大鼠舌尖横切（九）（HE染色）

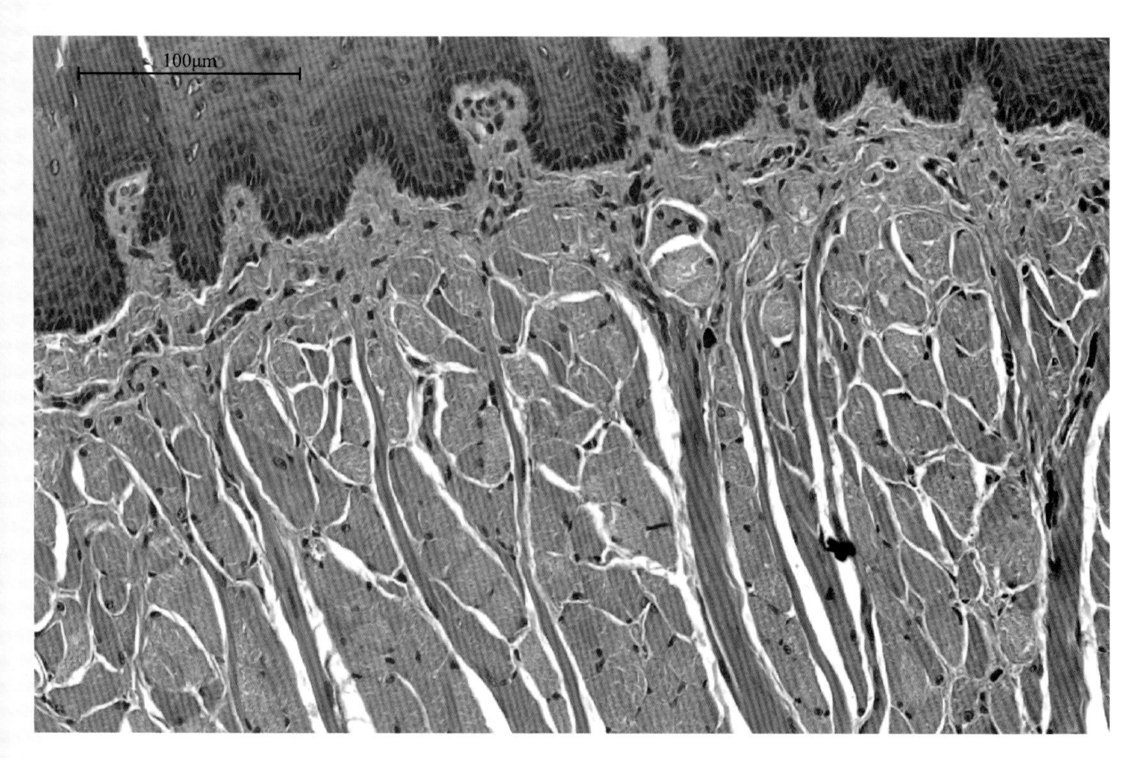

图4-19　大鼠舌尖横切（十）（HE染色）

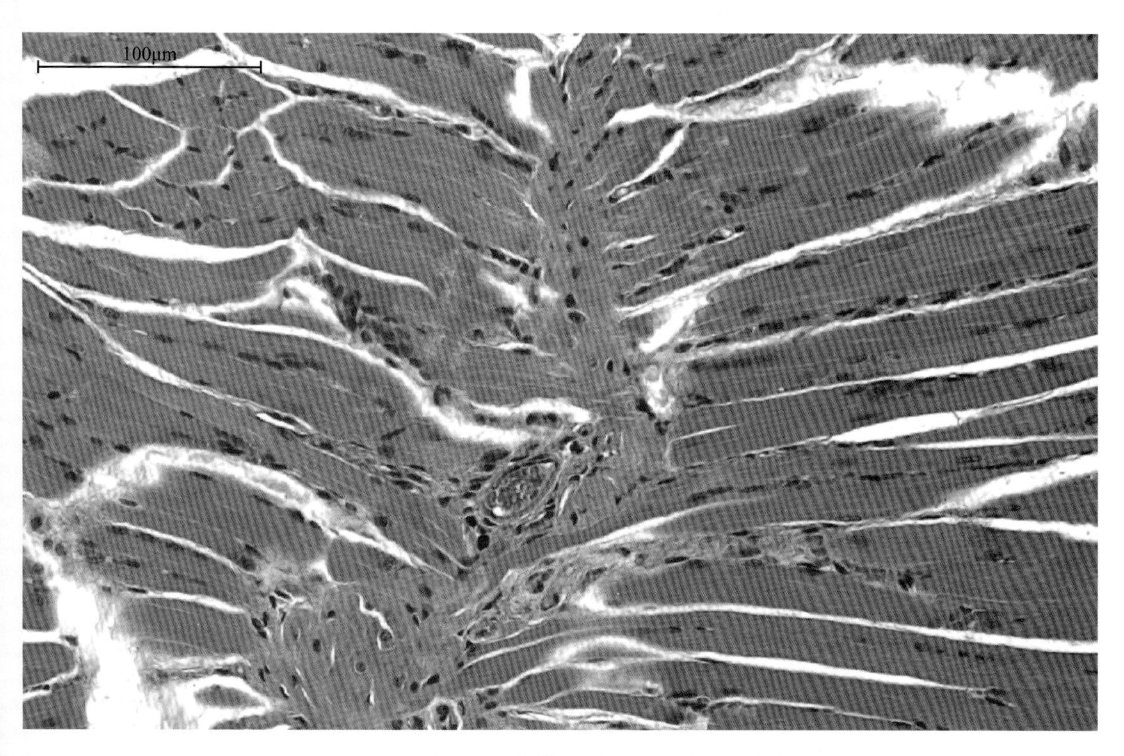

图4-20　大鼠舌尖横切（十一）（HE染色）

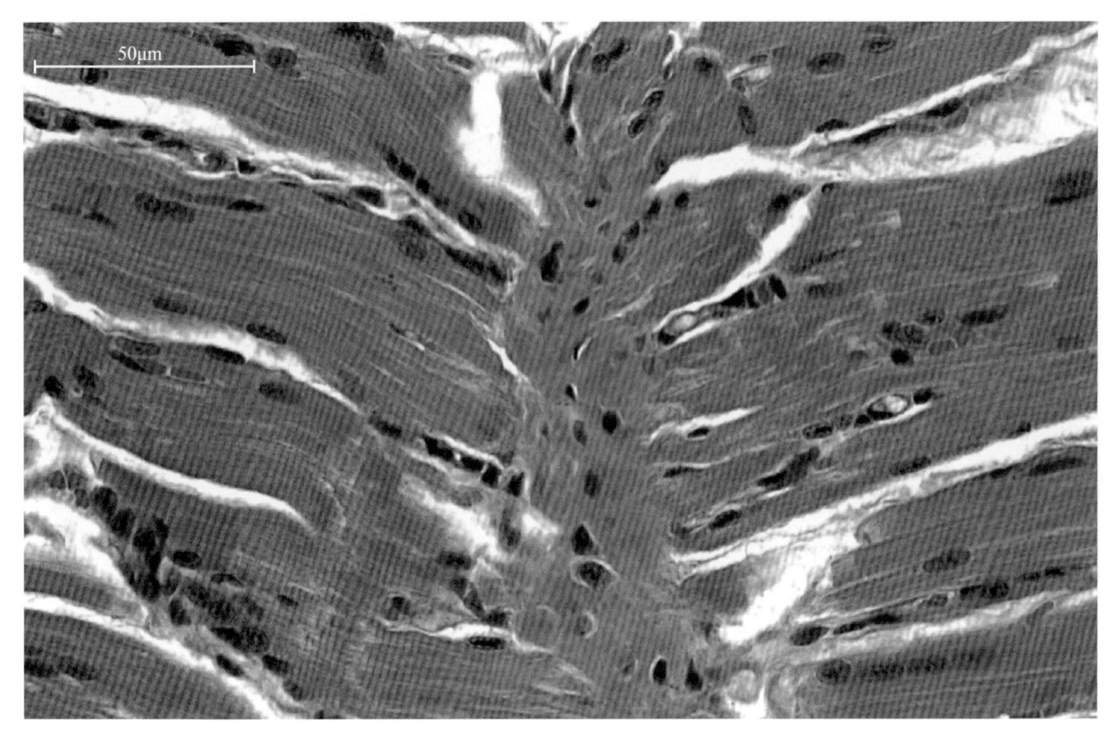

图4-21　大鼠舌尖横切（十二）（HE染色）

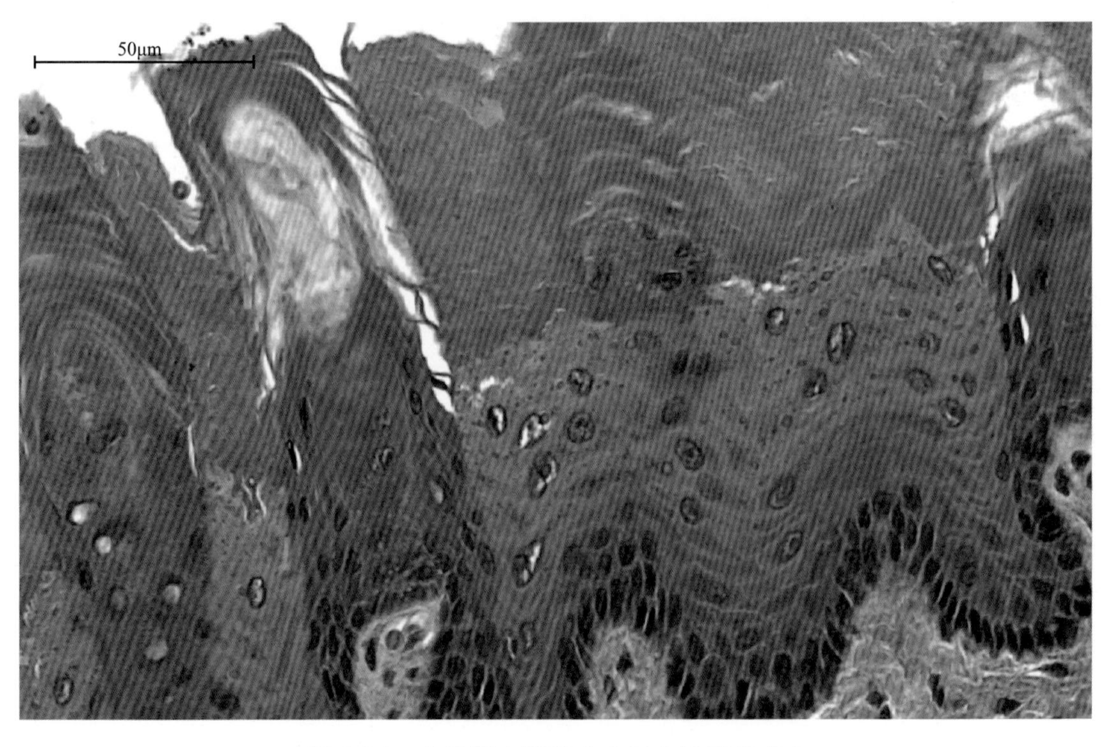

图4-22　大鼠舌尖横切（十三）（HE染色）

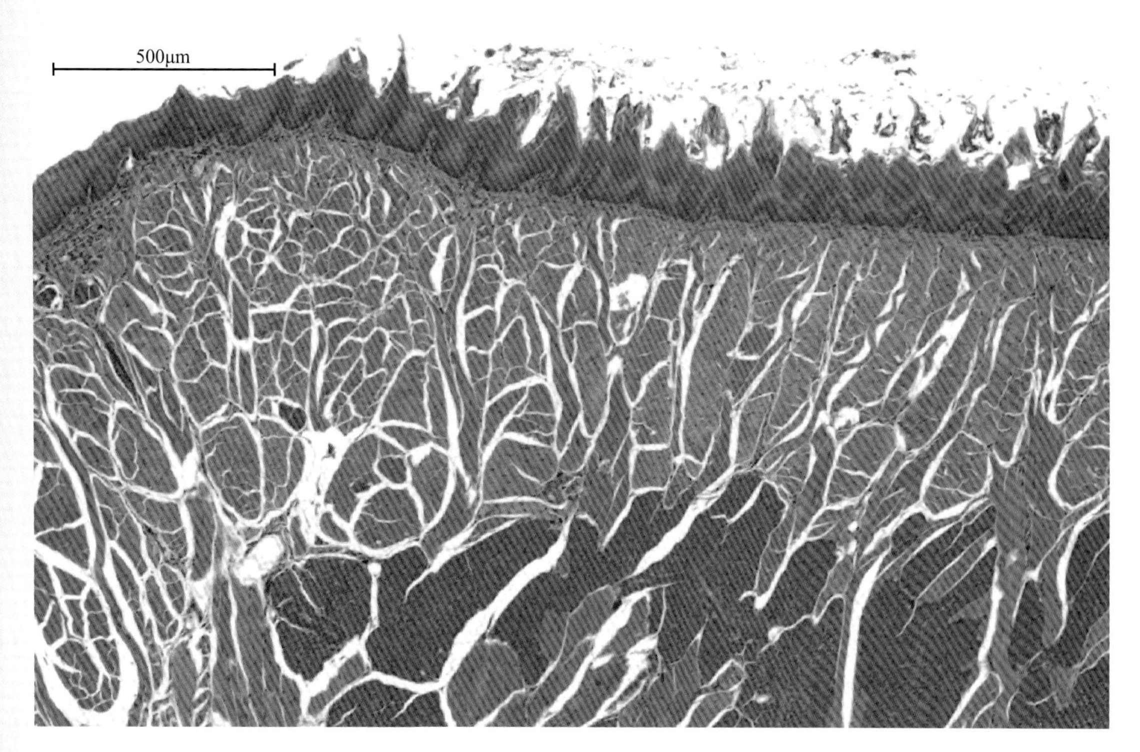

图4-23 大鼠舌根（一）（HE染色）

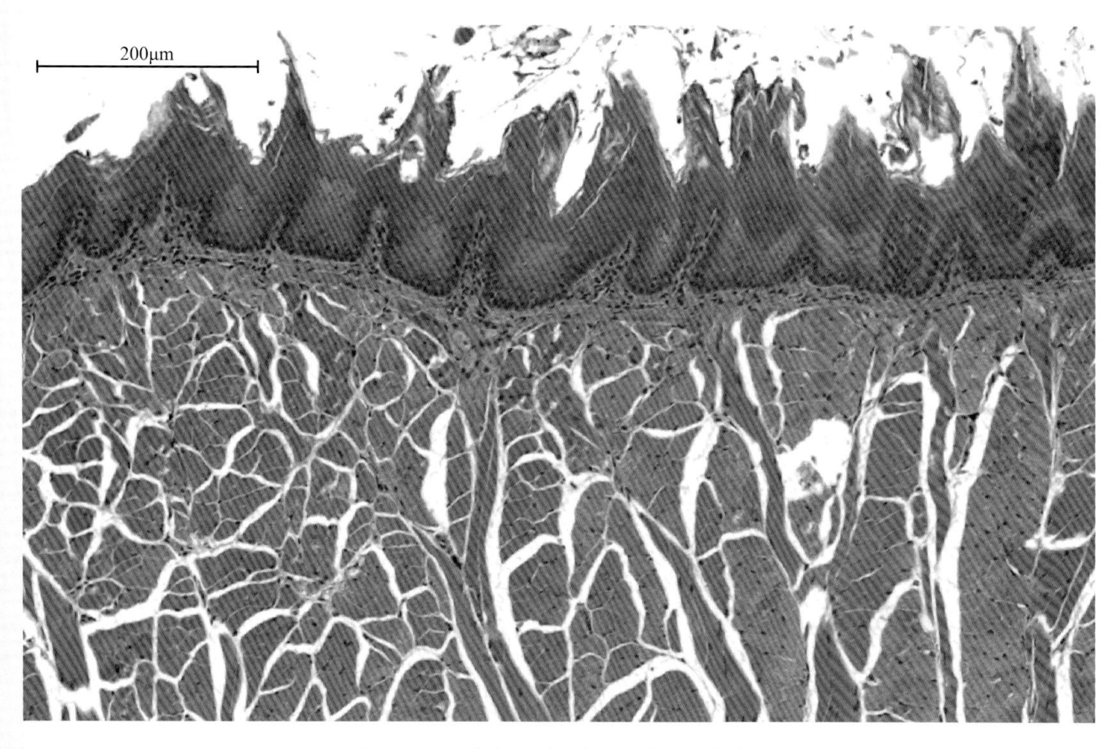

图4-24 大鼠舌根（二）（HE染色）

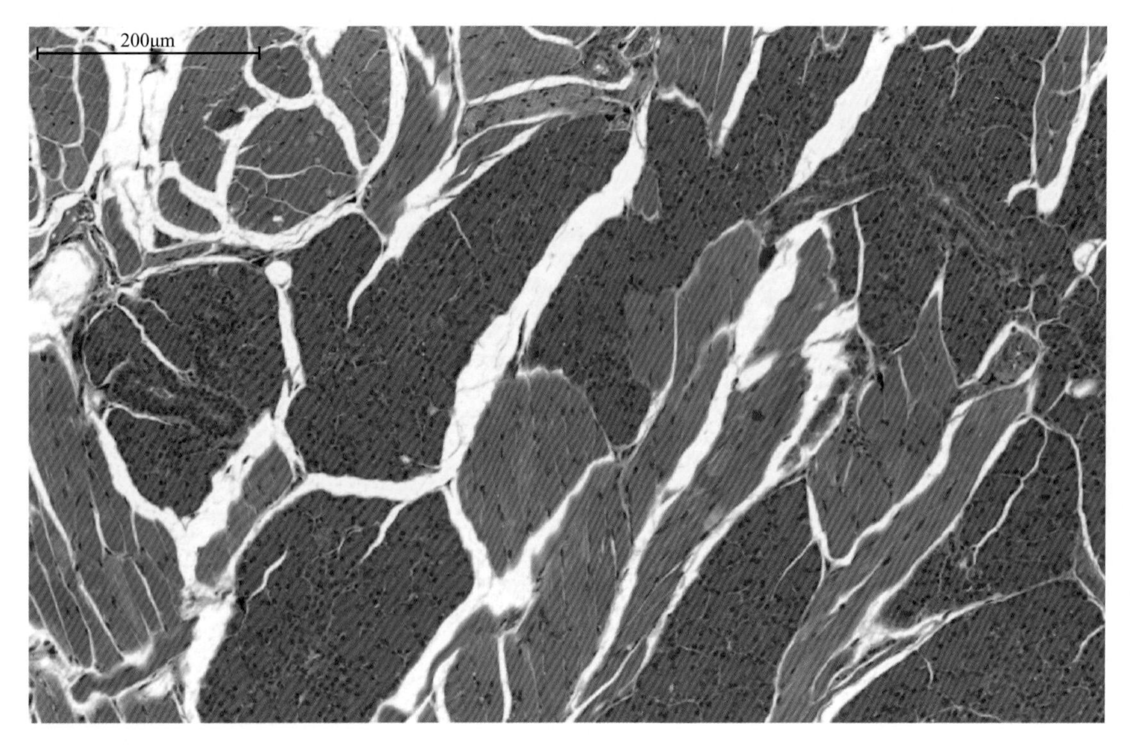

图4-25　大鼠舌根（三）（HE染色）

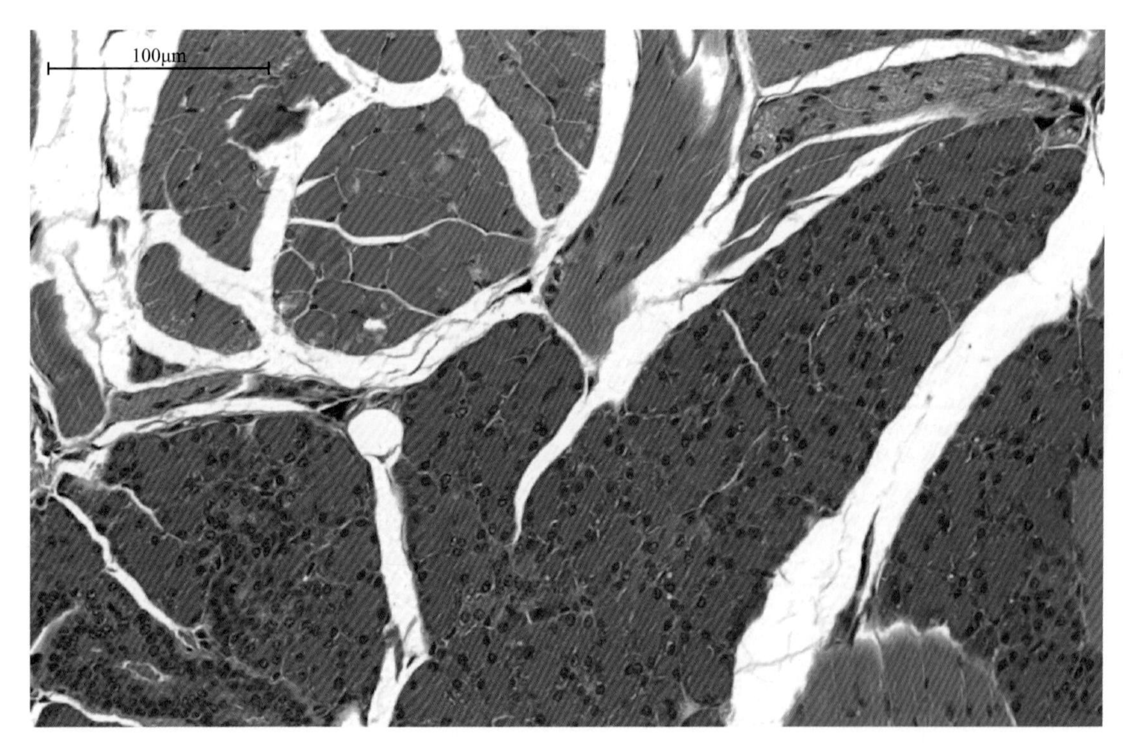

图4-26　大鼠舌根（四）（HE染色）

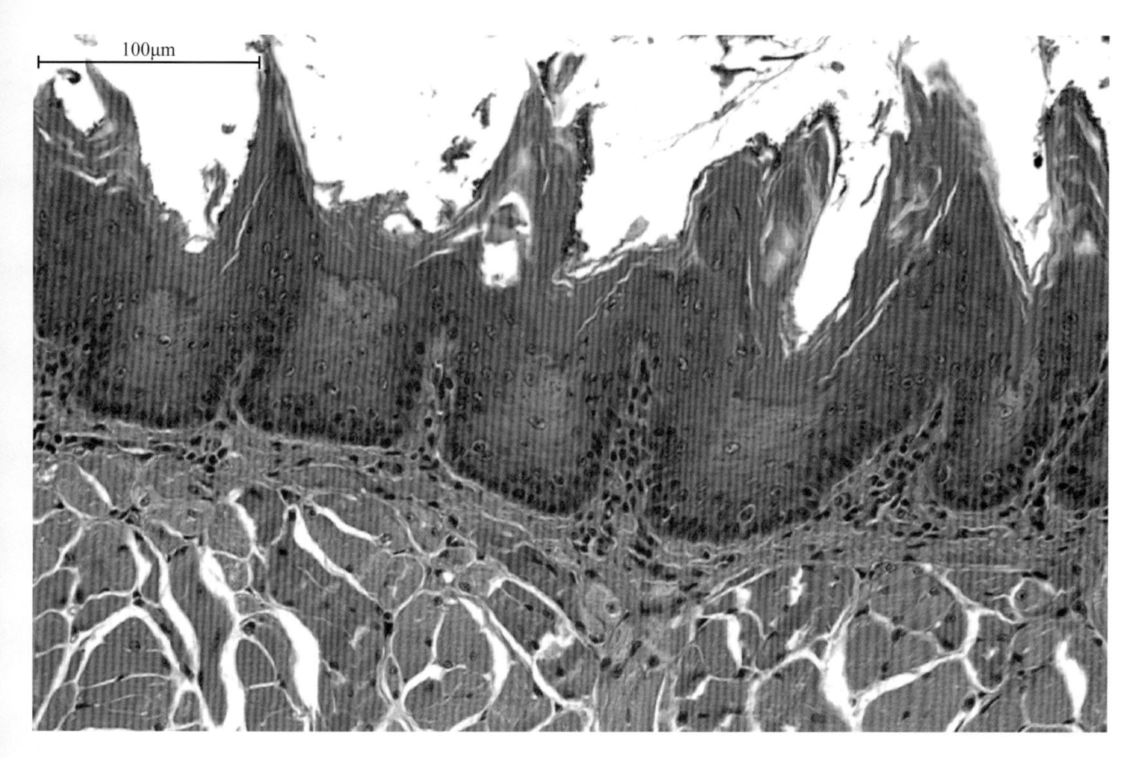

图4-27　大鼠舌根（五）（HE染色）

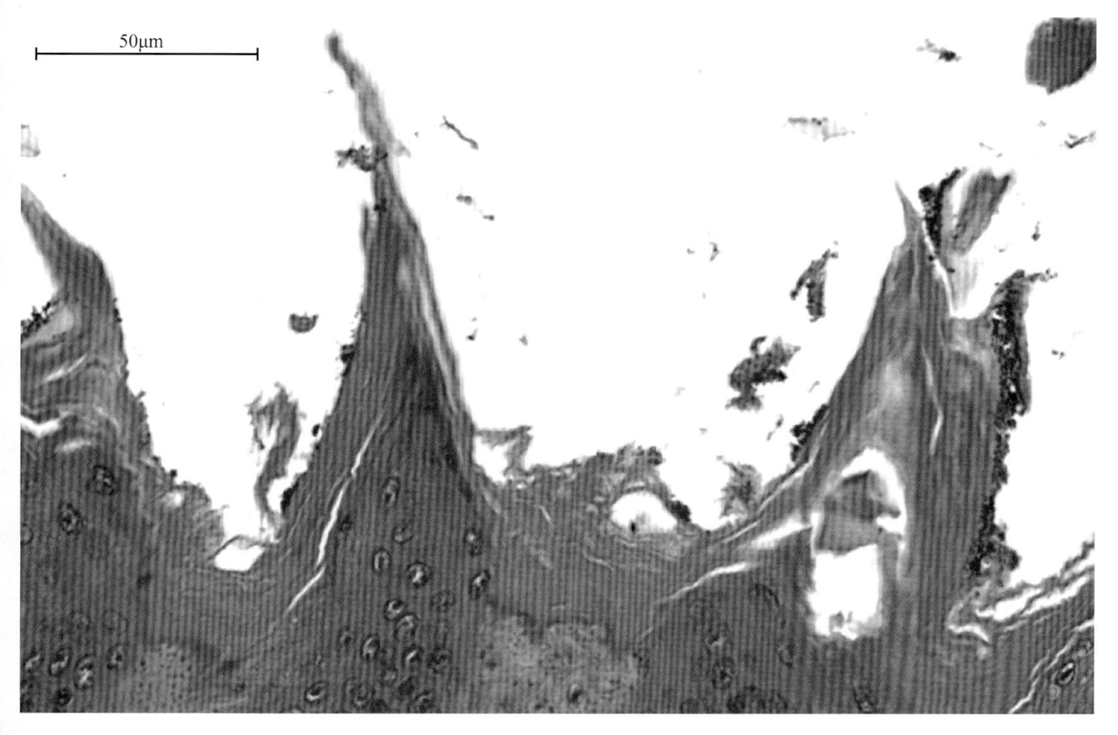

图4-28　大鼠舌根（六）（HE染色）

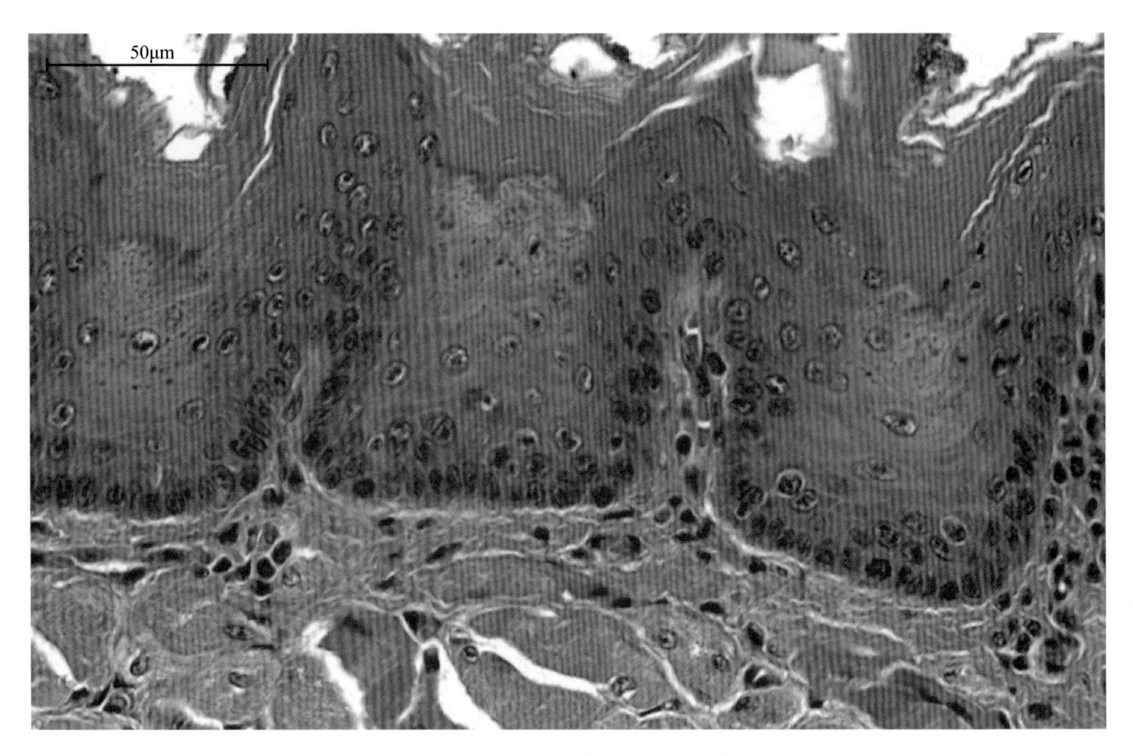

图4-29　大鼠舌根（七）（HE染色）

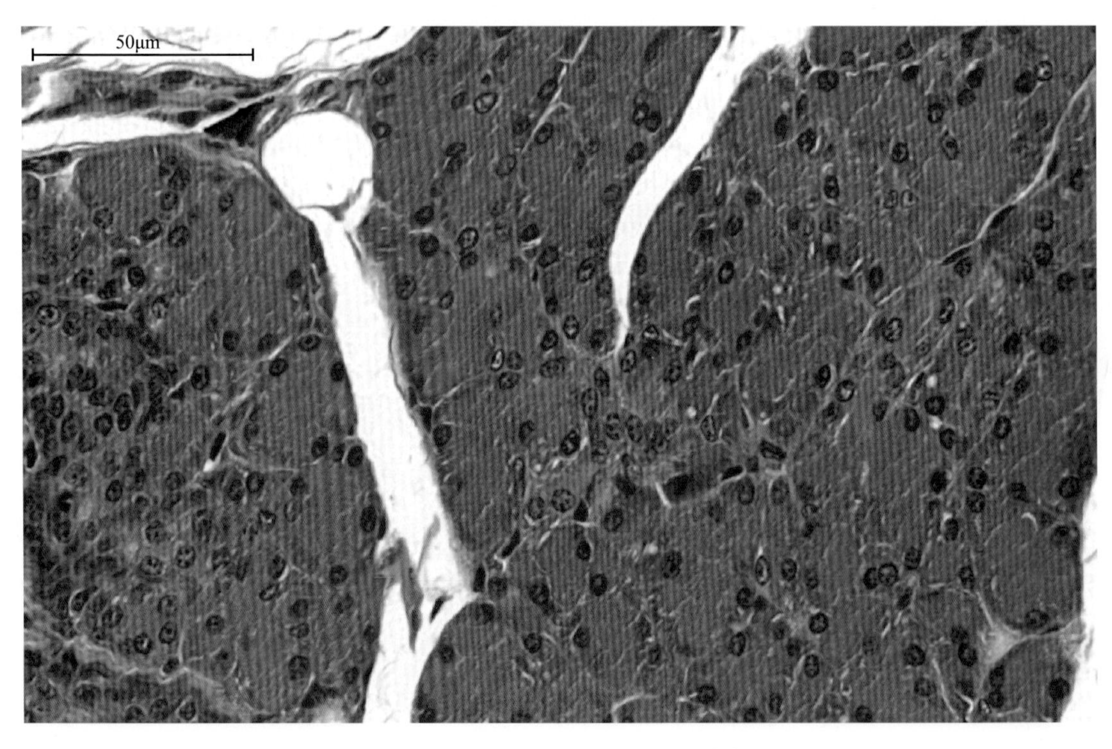

图4-30　大鼠舌根（八）（HE染色）

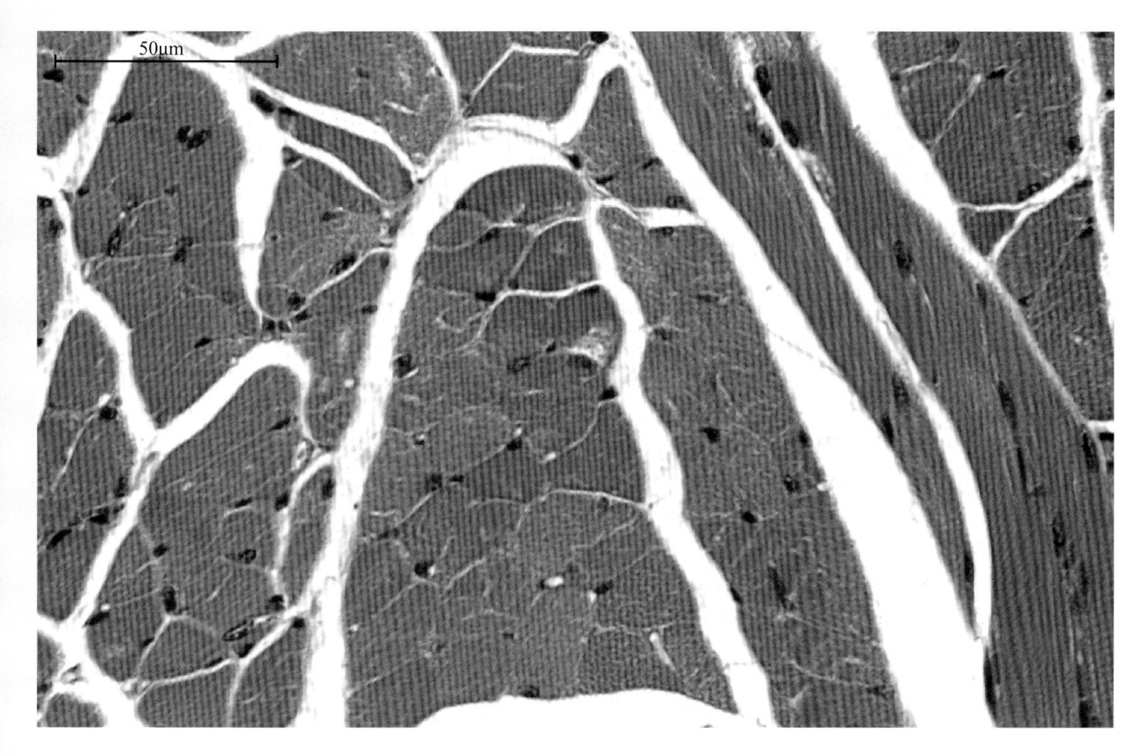

图4-31　大鼠舌根（九）（HE染色）

三、咽

咽是食物和气体进入食管和气管的共同通道，位于颅底下方、口腔和鼻腔的后方、喉和气管的前上方，为前宽后窄的漏斗形肌膜性管道。咽前部被软腭分割成口咽部和鼻咽部两部分。口咽部位于软腭腹面，与口腔相连；鼻咽部位于软腭背面，与鼻腔相通，鼻咽腔的侧壁上有一对裂孔，为咽鼓管的开口。

四、食管

食管是食物通过的肌膜性管状器官，伸缩性大，有利于食物通过。食管起于咽喉部，连接咽和胃。食管从前到后可分为颈、胸、腹三段，沿气管背侧走行。成年大鼠食管颈段及胸段长约75mm，穿过食管裂孔后的腹段长约15mm。食管壁横断面的显微结构由内到外依次为黏膜层、黏膜下层、肌层及外膜层（纤维膜）。

1. 黏膜层

黏膜上皮为复层扁平上皮，表面中度到高度角化，固有层致密，主要由纤维结缔组织构成。

2. 黏膜下层

黏膜下层为疏松结缔组织，内无腺体。

3. 肌层

肌层由内环形、外纵形两层肌纤维构成，内环形肌发达，以横纹肌为主。食管后端黏膜内含有淋巴组织，形成淋巴滤泡（见图4-32～图4-40）。

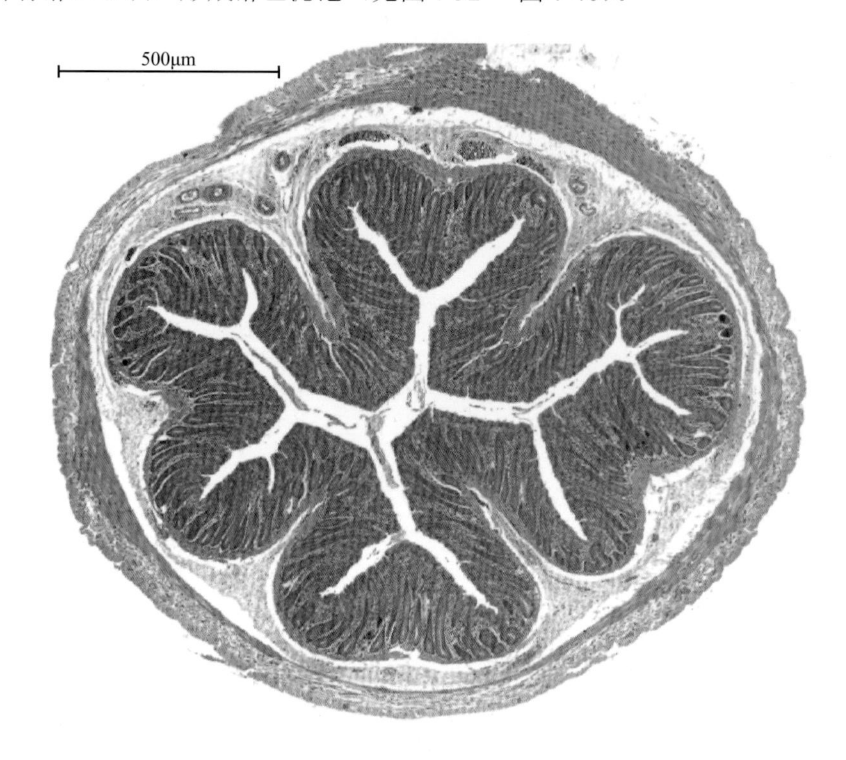

图4-32　大鼠食管（一）（HE染色）

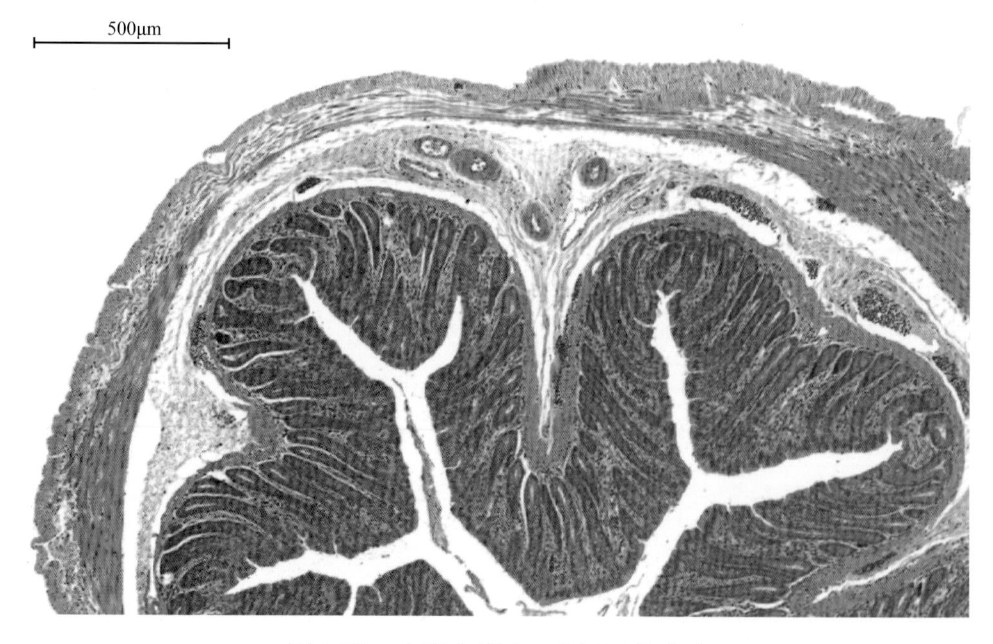

图4-33　大鼠食管（二）（HE染色）

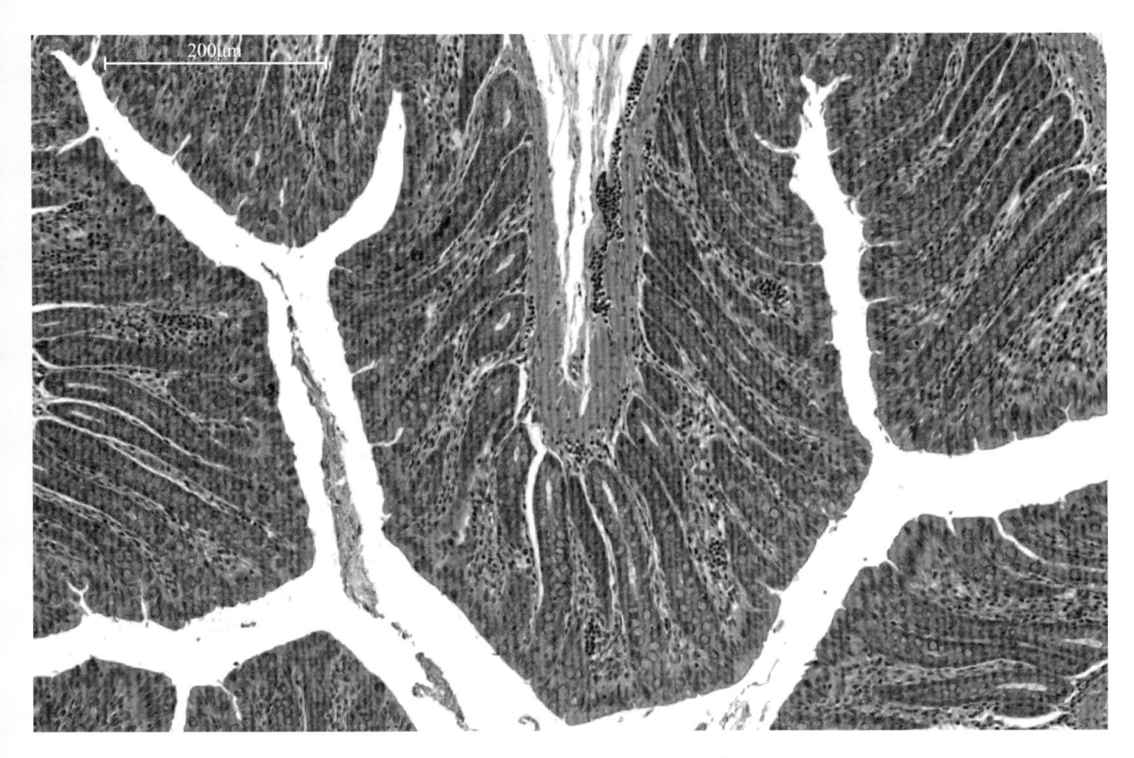

图4-34　大鼠食管（三）（HE染色）

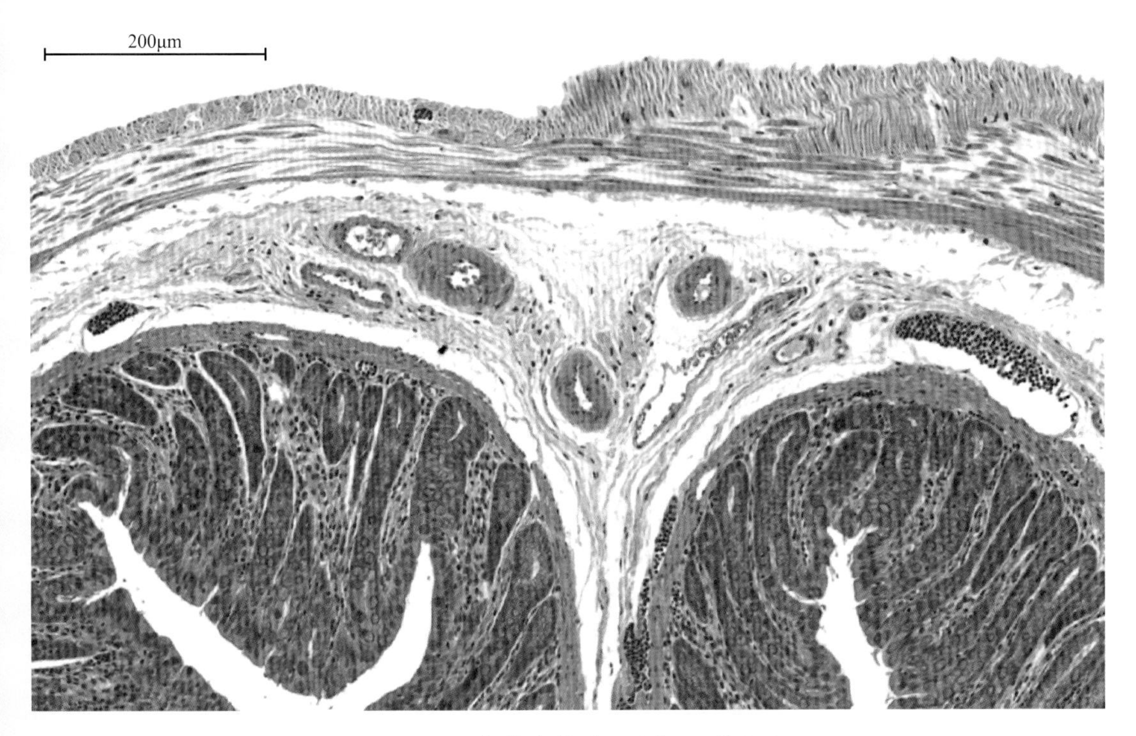

图4-35　大鼠食管（四）（HE染色）

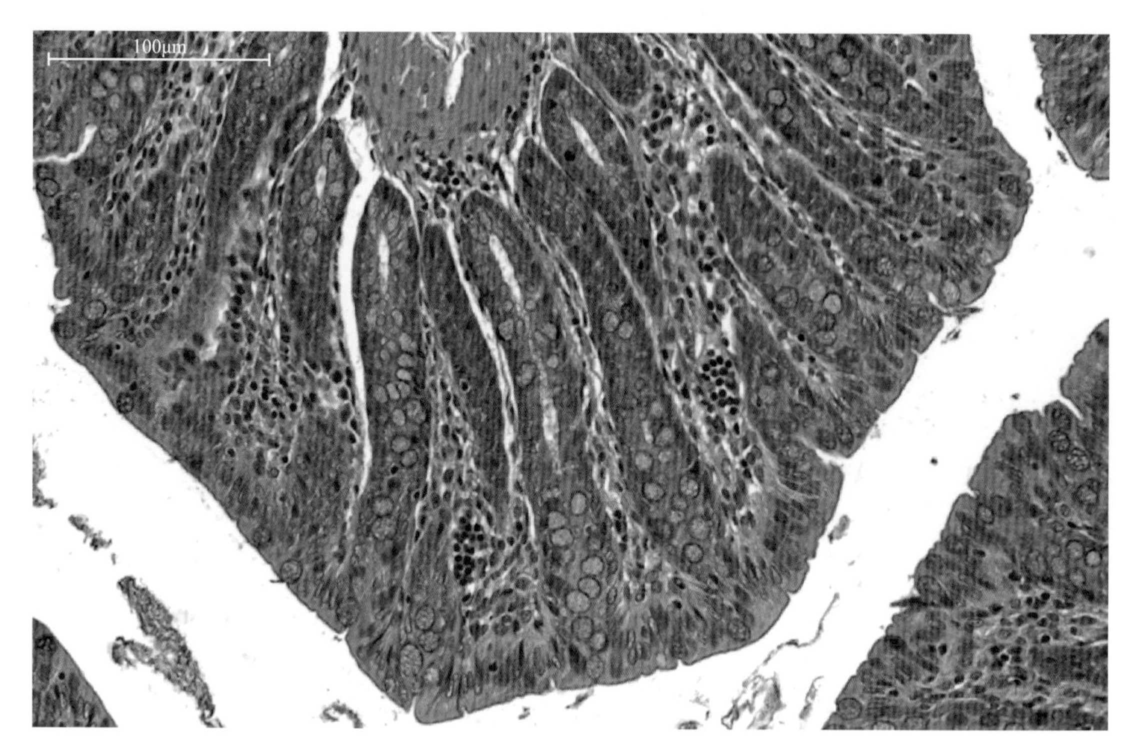

图4-36　大鼠食管（五）（HE染色）

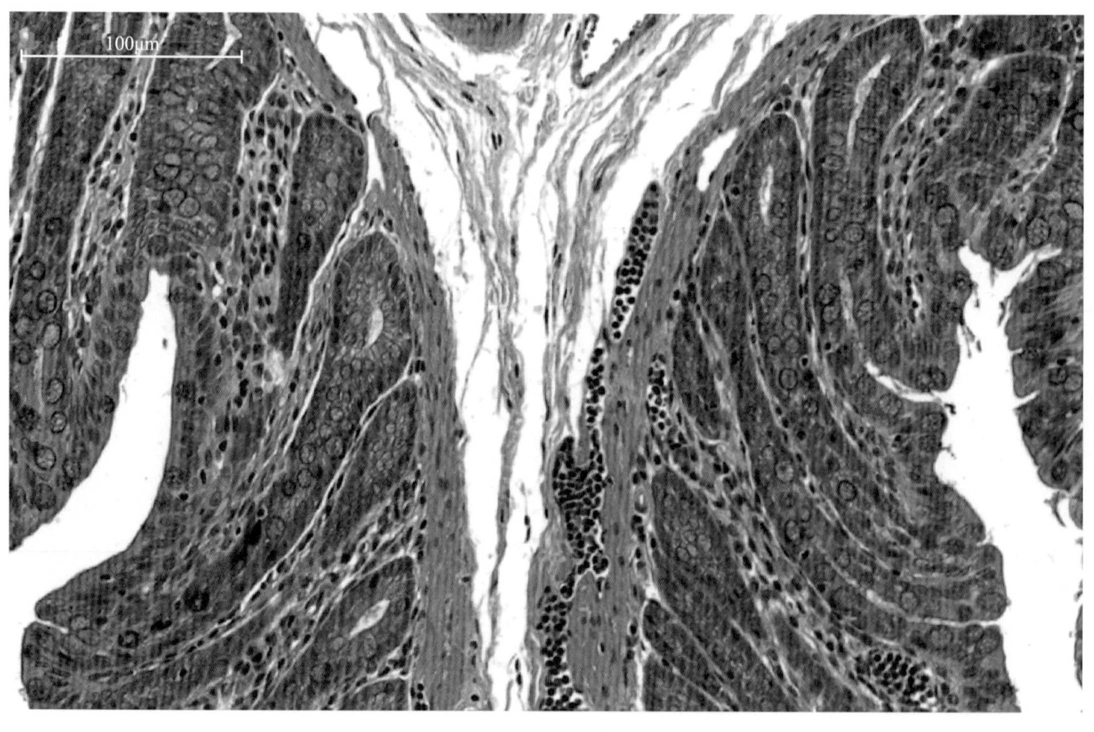

图4-37　大鼠食管（六）（HE染色）

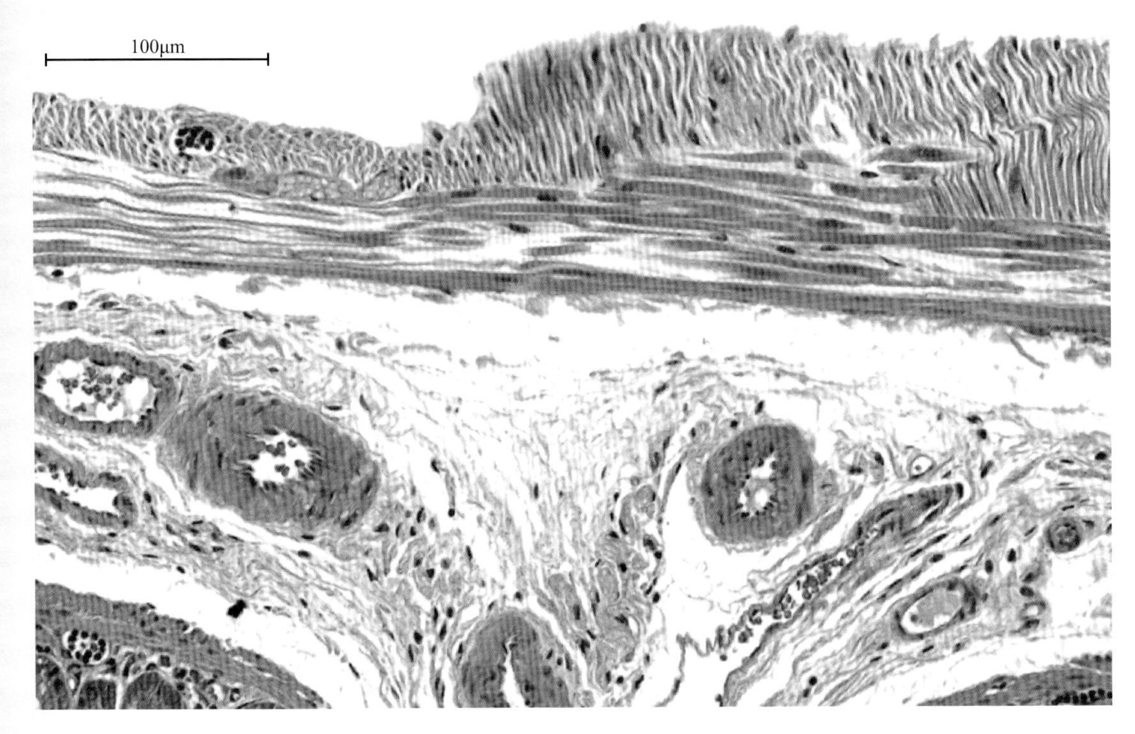

图4-38　大鼠食管（七）（HE染色）

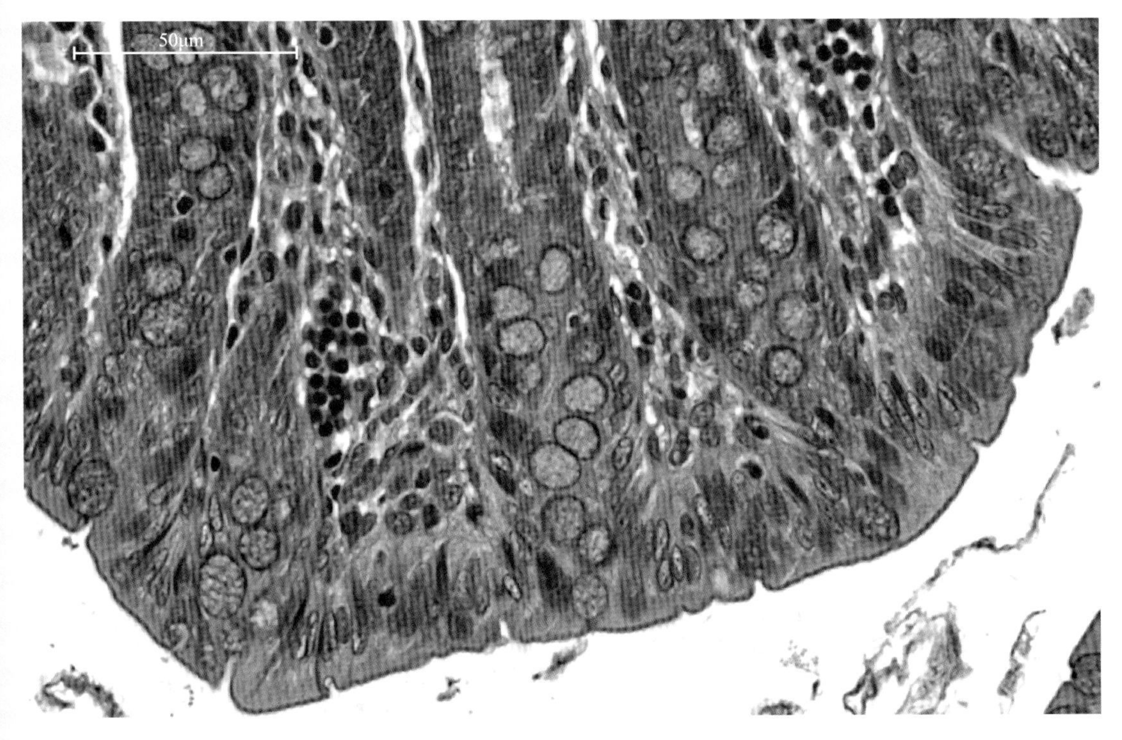

图4-39　大鼠食管（八）（HE染色）

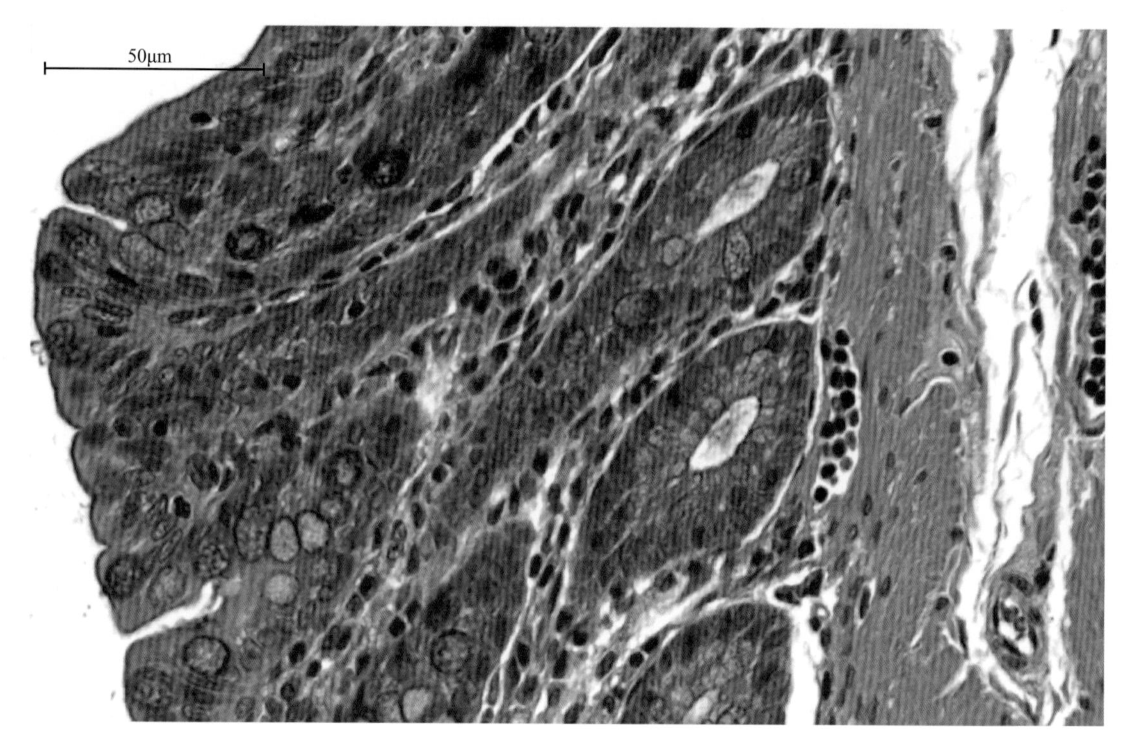

图4-40 大鼠食管（九）(HE染色)

五、胃

大鼠胃属于单室胃，位于肝后方，略偏于左侧，是一种肌性囊状器官，具有很大的伸缩性，主要用于容纳和消化食物。大鼠胃分前胃和胃体两部分，按部位又可分为胃大弯、胃小弯、贲门部和幽门部。胃在幽门处逐渐缩窄，形成清晰的缩细部后过渡到十二指肠。前胃和胃体两部分由一个界限嵴隔开，食管通过此嵴的一个褶进入胃小弯，此褶的存在是大鼠不会呕吐的原因。根据组织学结构的不同，胃分为皮胃（前胃）与腺胃。胃壁均由黏膜、黏膜下层、肌层及浆膜层构成。

1.黏膜

由上皮、固有层及黏膜肌构成。

（1）上皮　前胃黏膜为复层鳞状上皮，表面有角化，固有膜薄，黏膜肌层发达。腺胃黏膜为单层柱状上皮，上皮细胞深入固有层，形成胃小凹。

（2）固有层　由结缔组织构成，富含细胞成分，腺管由单层立方上皮构成，腺细胞呈矮柱状或立方体，细胞核呈球形，位于细胞基部，胞质嗜酸性，含有许多细小的颗粒。固有膜内有大量紧密排列的腺体，腺体间有少量结缔组织。

根据部位和结构不同，胃腺可分为贲门腺、幽门腺和胃底腺。贲门腺为管状黏液腺；

胃底腺为复管状腺，上段比较直，开口于小而浅的胃小凹。胃底腺可分为腺颈、腺体、腺底三个部分，由四种细胞构成。颈黏液细胞较少，胃主细胞即胃酶原细胞数量较多，主要分布在腺底部；壁细胞即泌酸细胞数量也较多，分布在腺体各部位，以腺体和腺底部较多。腺上皮细胞间散布有具有内分泌功能的嗜银细胞（又称为肠道嗜铬细胞）。幽门腺为分支少的管状腺，开口于浅的胃小凹，腺腔较宽，主要由柱状的黏液细胞组成，黏液细胞间有时可见少量嗜银细胞。

（3）黏膜肌　腺胃黏膜肌层发达，黏膜下层比前胃厚，肌层厚度均匀一致。

2. 黏膜下层

由疏松结缔组织构成，含有较多的胶原纤维和一些弹性纤维，富含血管和神经。

3. 肌层

由发达的环形平滑肌构成，较厚，其内交错分布有许多主要由胶原纤维为主的结缔组织。

4. 浆膜层

覆盖胃的外表面，浆膜下有神经丛分布（见图4-41 ～图4-53）。

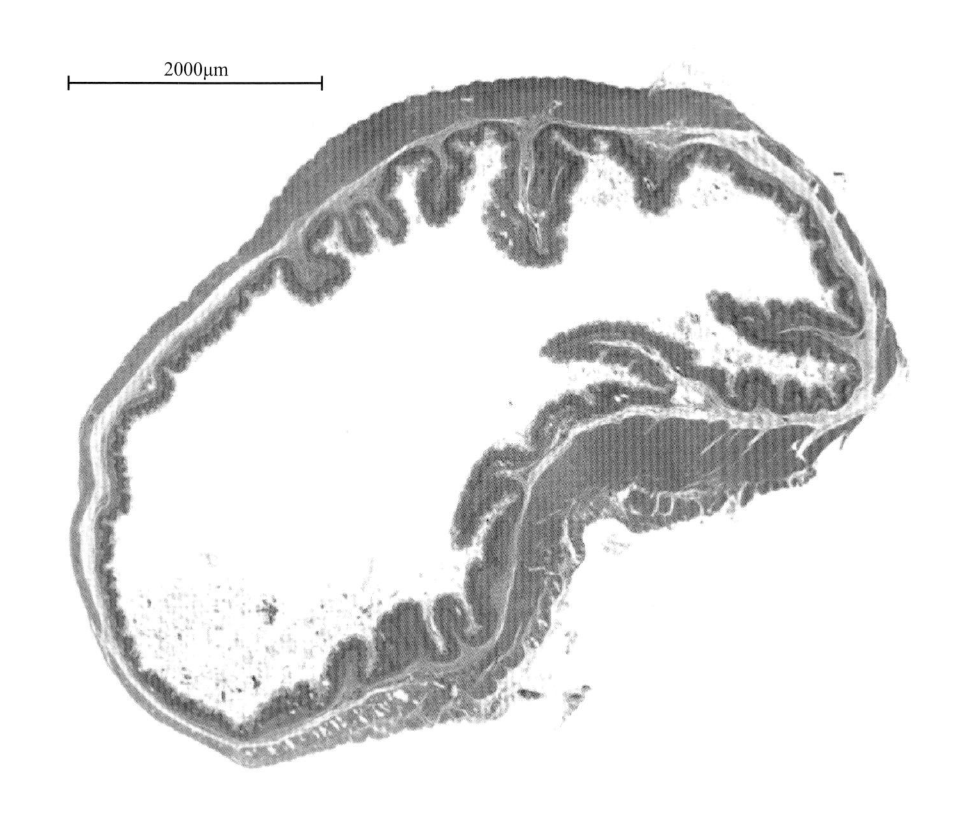

图4-41　大鼠胃（一）（HE染色）

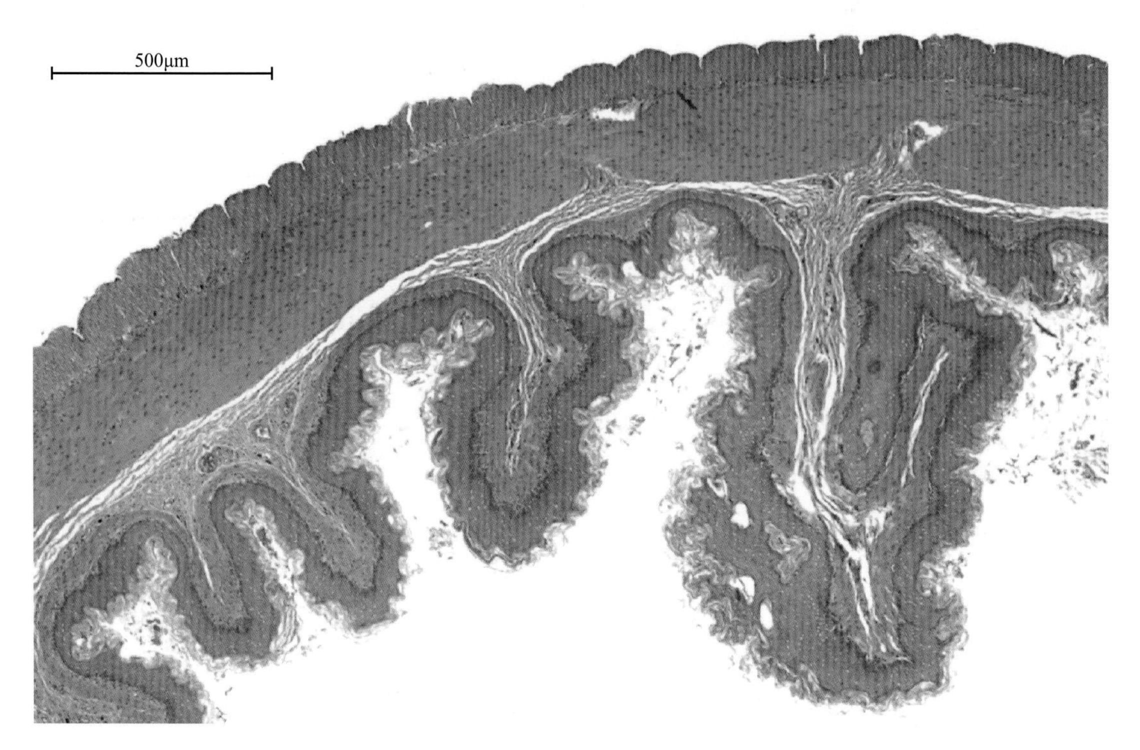

图4-42 大鼠胃（二）（HE染色）

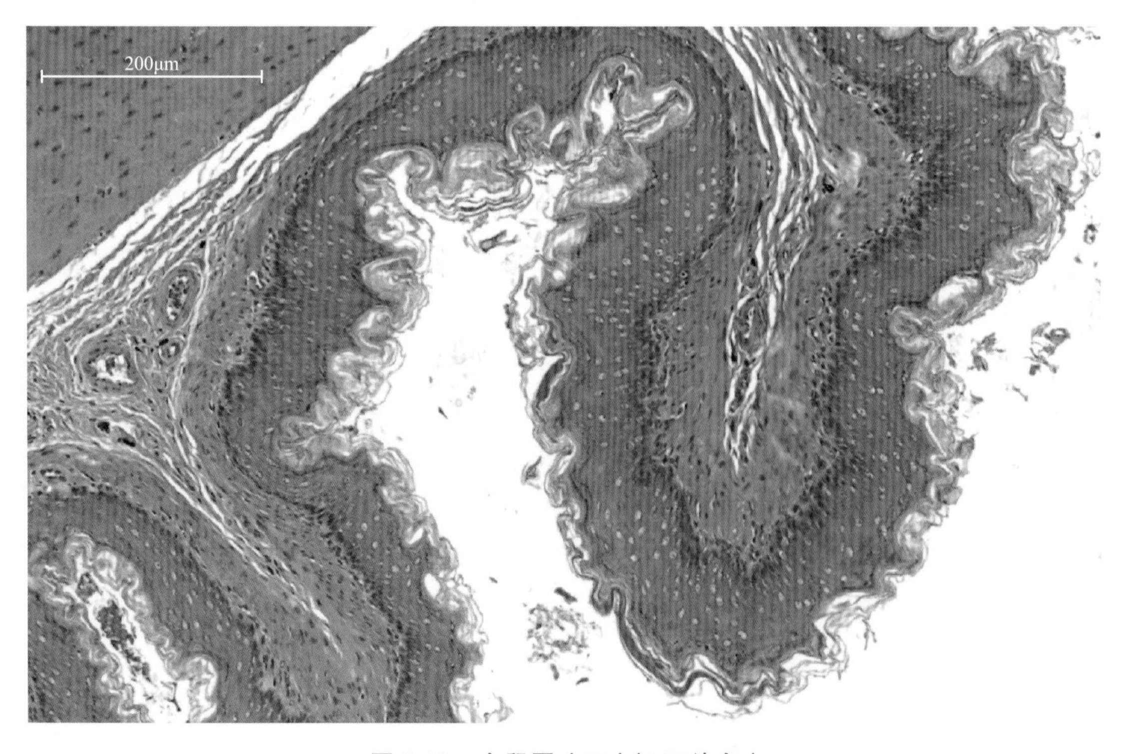

图4-43 大鼠胃（三）（HE染色）

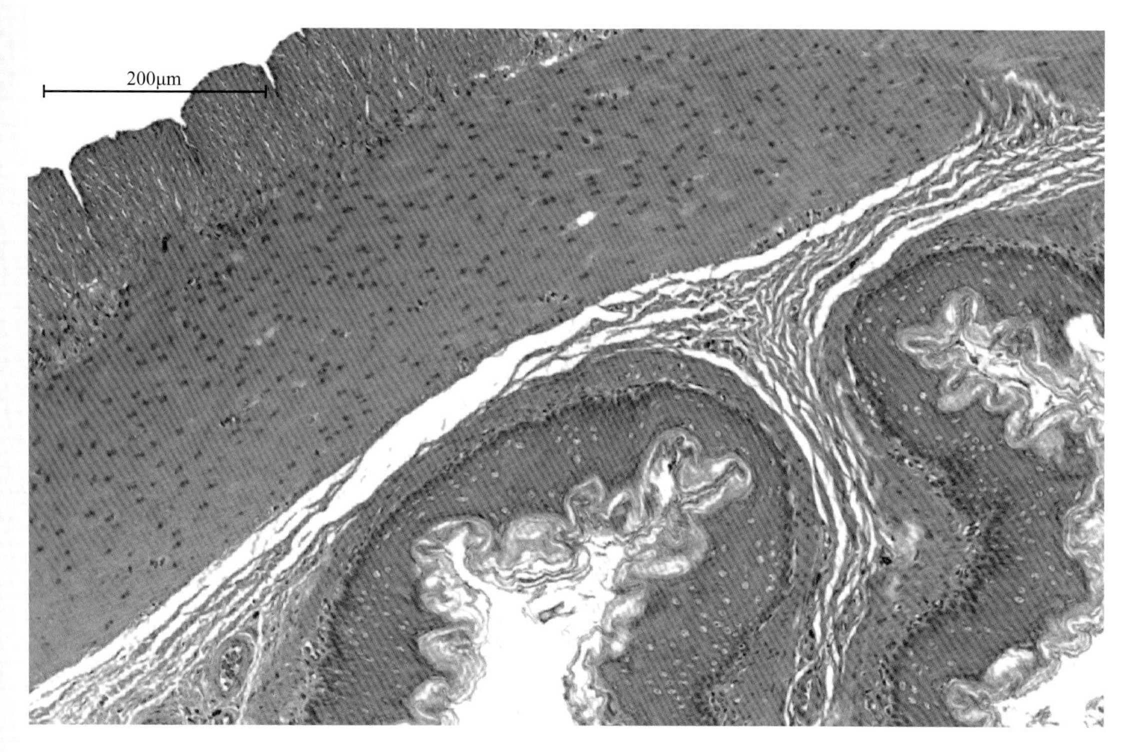

图4-44　大鼠胃（四）（HE染色）

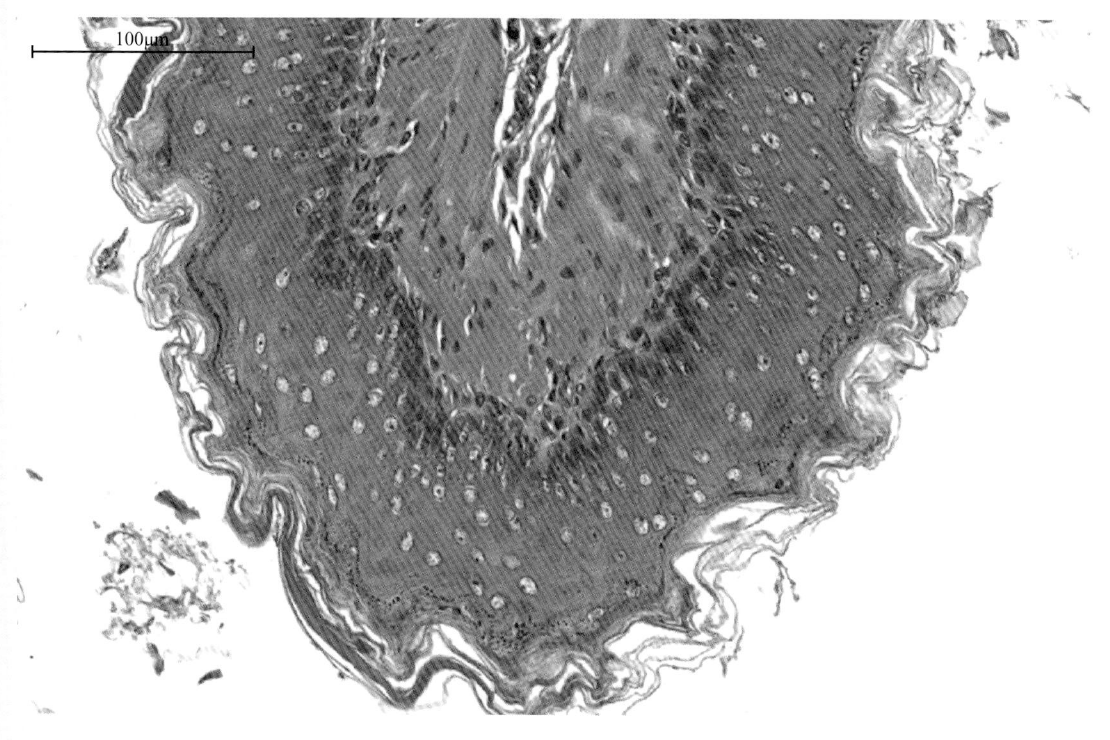

图4-45　大鼠胃（五）（HE染色）

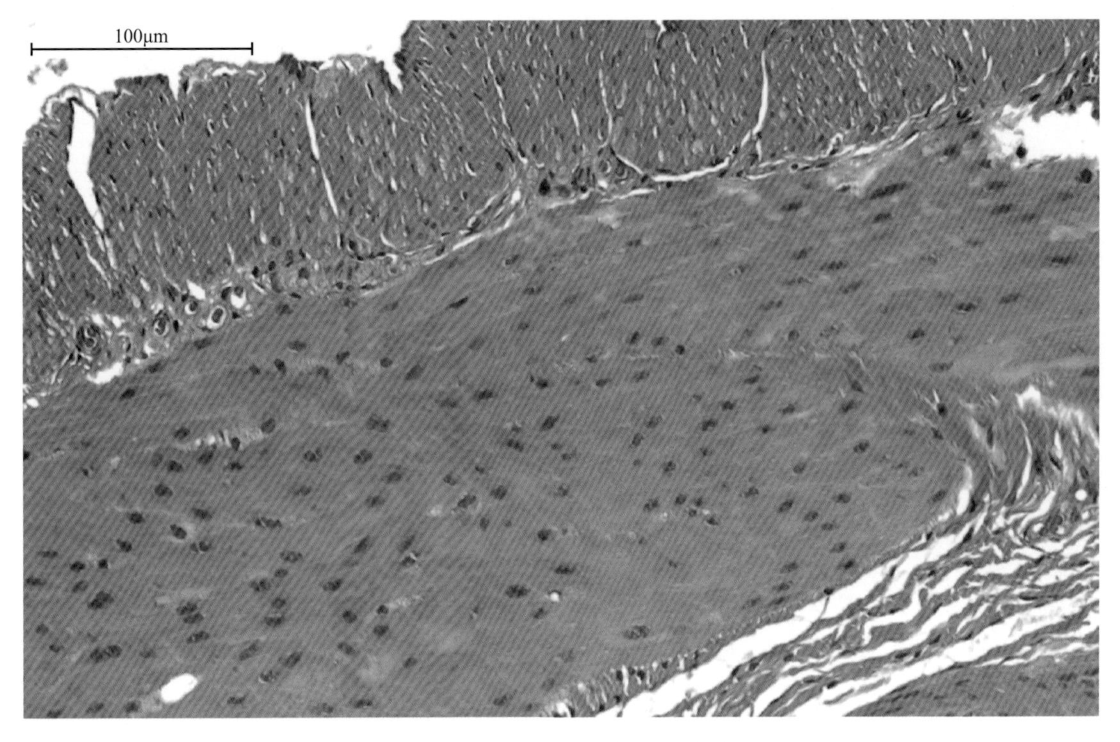

图4-46　大鼠胃（六）（HE染色）

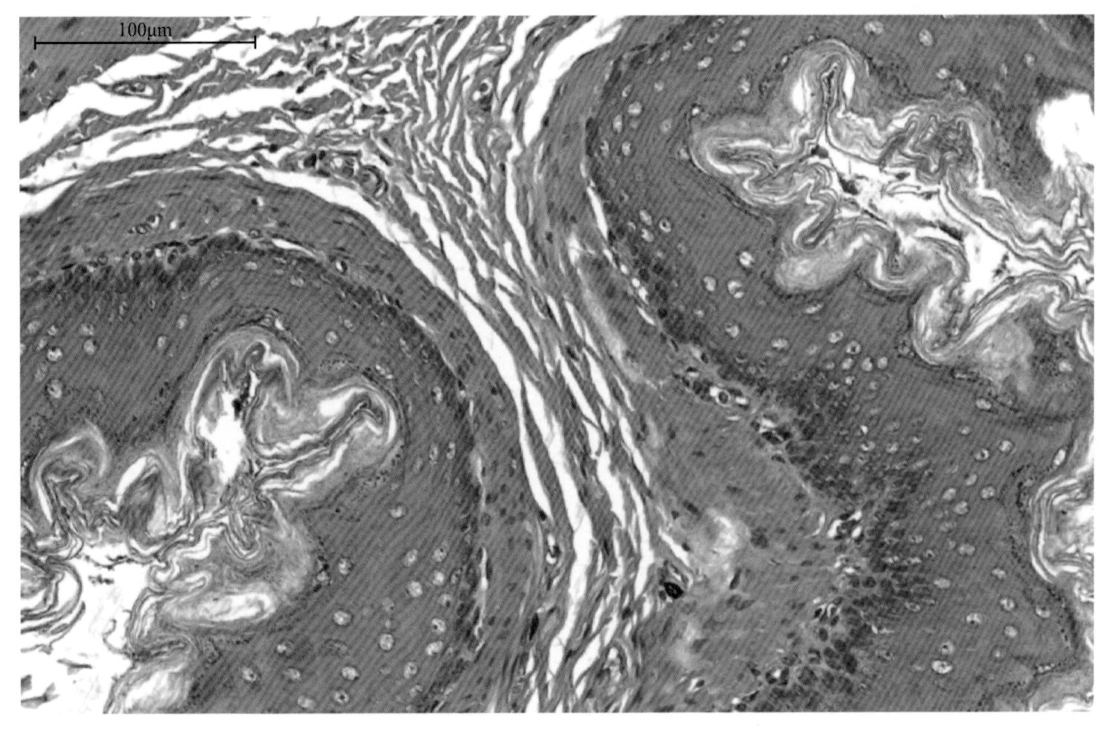

图4-47　大鼠胃（七）（HE染色）

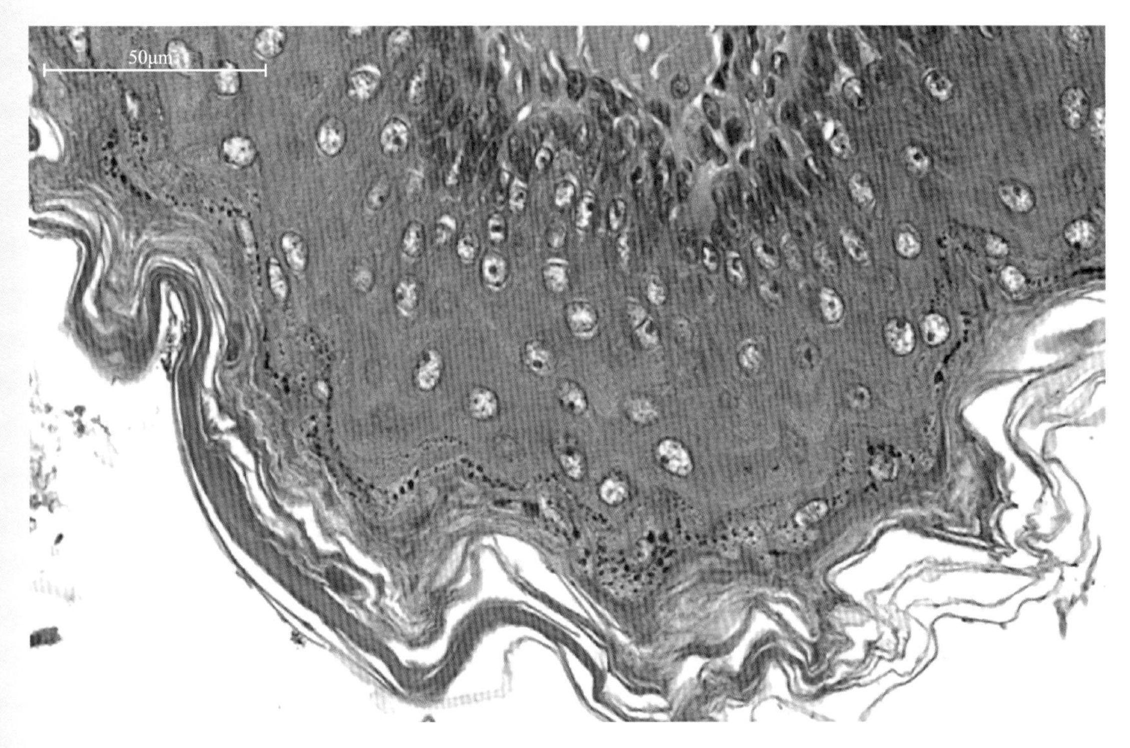

图4-48　大鼠胃（八）（HE染色）

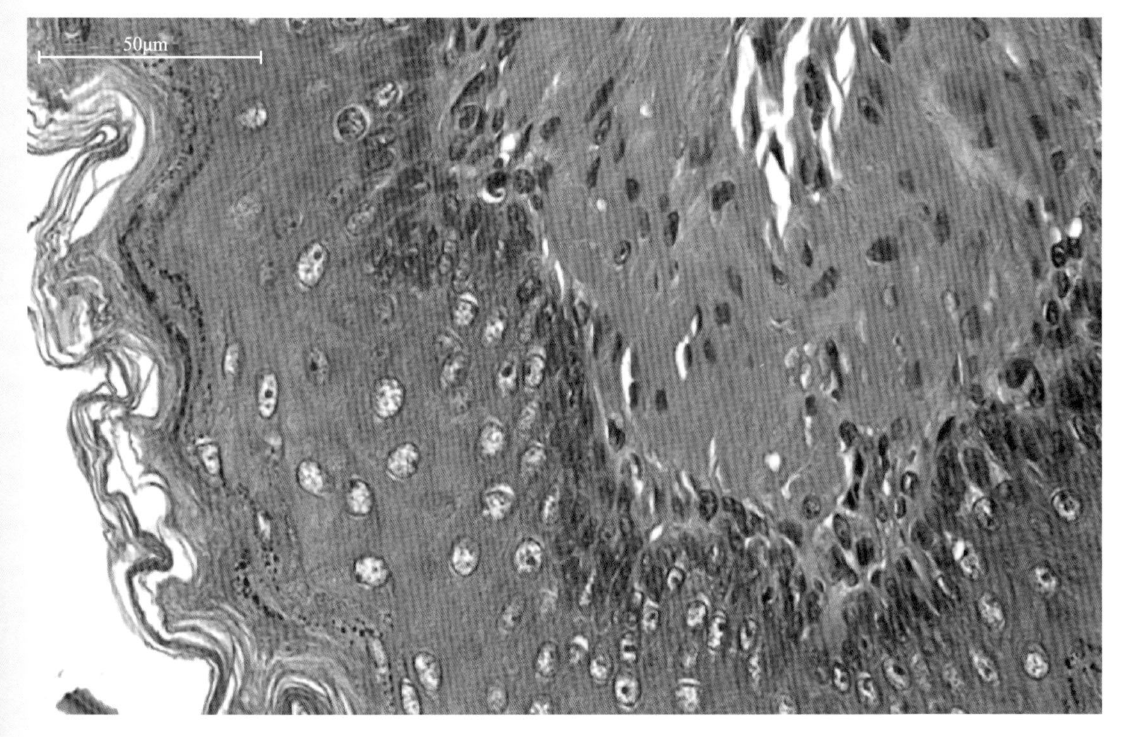

图4-49　大鼠胃（九）（HE染色）

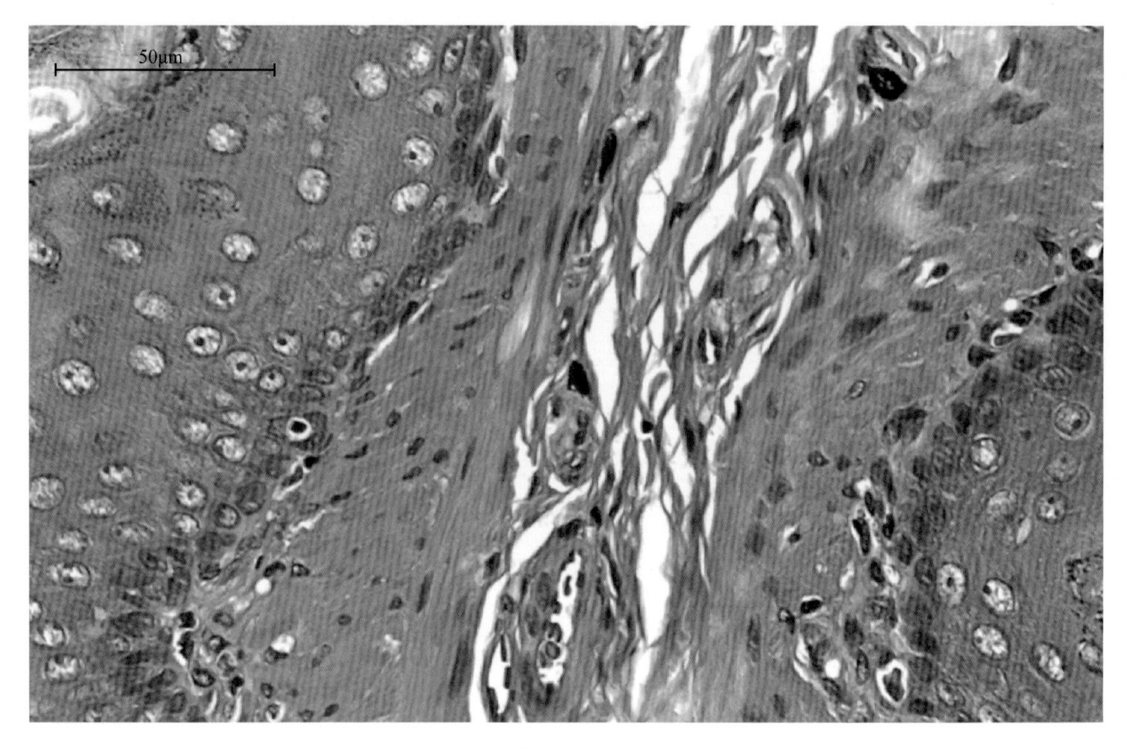

图4-50　大鼠胃（十）（HE染色）

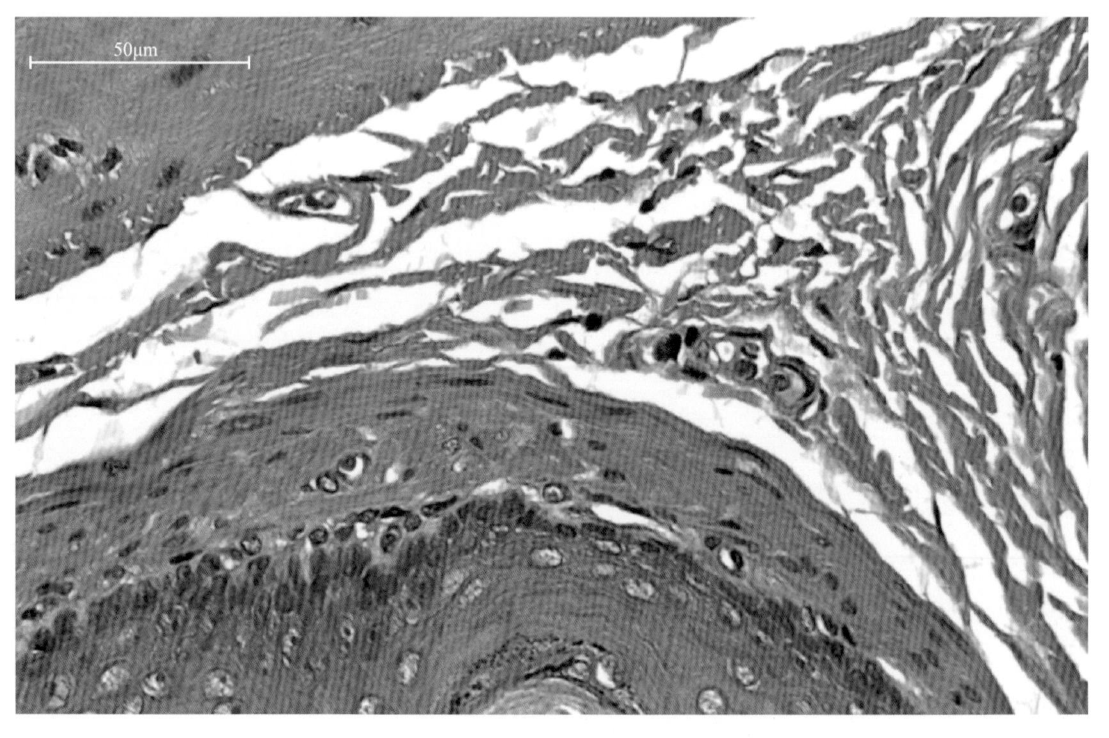

图4-51　大鼠胃（十一）（HE染色）

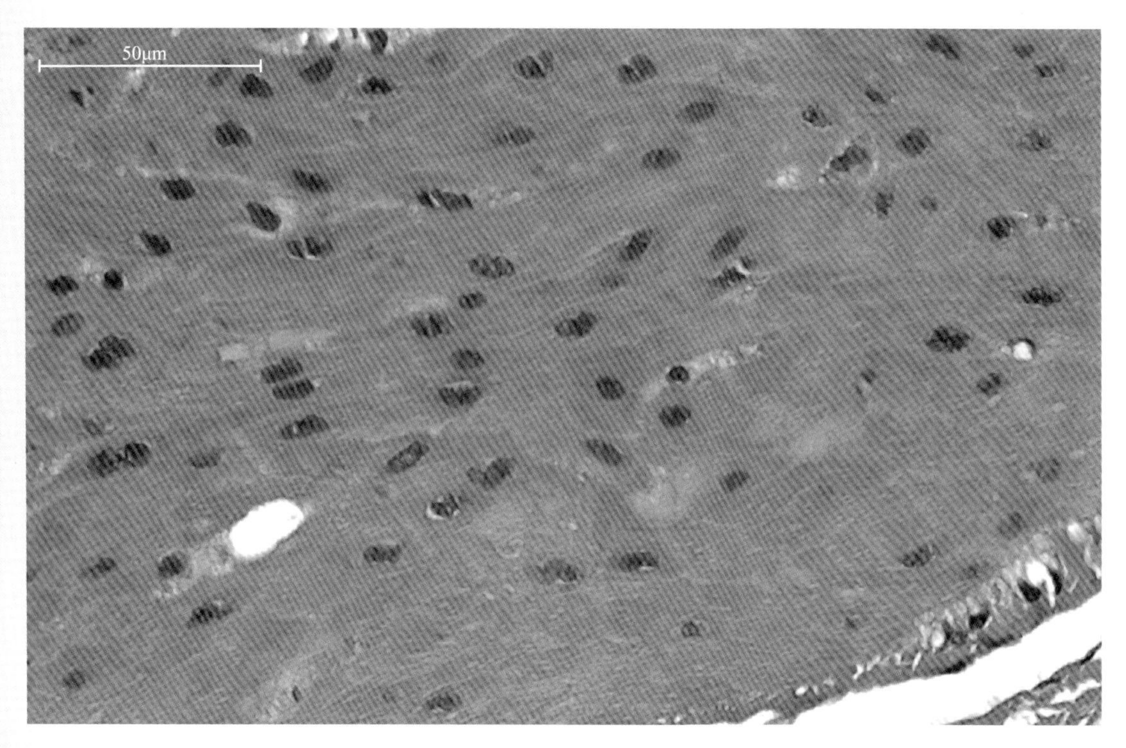

图4-52　大鼠胃（十二）（HE染色）

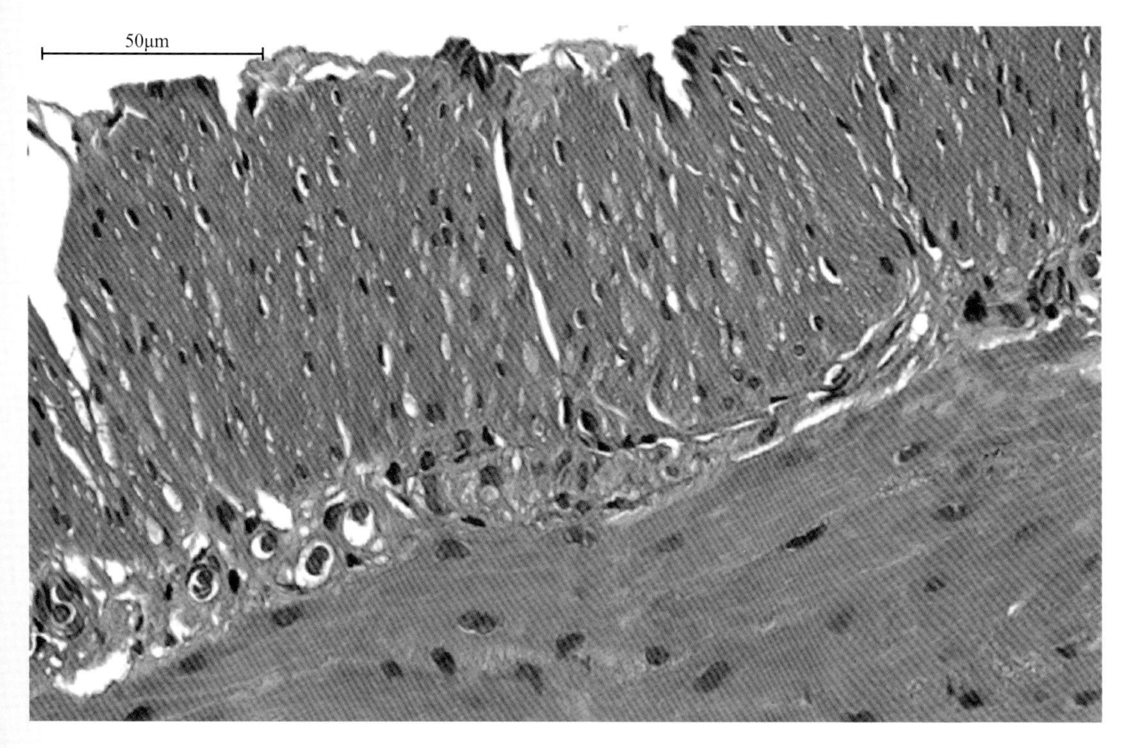

图4-53　大鼠胃（十三）（HE染色）

六、肠

肠包括小肠和大肠。小肠又分为十二指肠、空肠和回肠，大肠分为盲肠、结肠和直肠。肠是食物中蛋白质、糖、脂肪等营养成分，以及水、维生素、无机盐、矿物质等消化和吸收的主要器官。

1.十二指肠

十二指肠长约60～100mm，可分为降支、横支及升支，共同围成C形环，包围着胰脏的右叶。十二指肠壁由黏膜层、黏膜下层、肌层及浆膜层构成。

黏膜层和黏膜下层向肠腔突出，形成许多高约1mm，宽约5mm的环形皱襞，皱襞的表面有不规则的叶状或柱状绒毛。绒毛是由黏膜上皮和固有层向肠腔内突出而成的，故绒毛中心为固有层，表面覆以上皮，其间混杂有杯状细胞。十二指肠腺只出现在十二指肠起始部6～8mm的黏膜下层中。十二指肠从中部起黏膜下层有大的淋巴细胞集结，在肠壁上形成突出的小结节状，直径可达5mm（见图4-54～图4-64）。

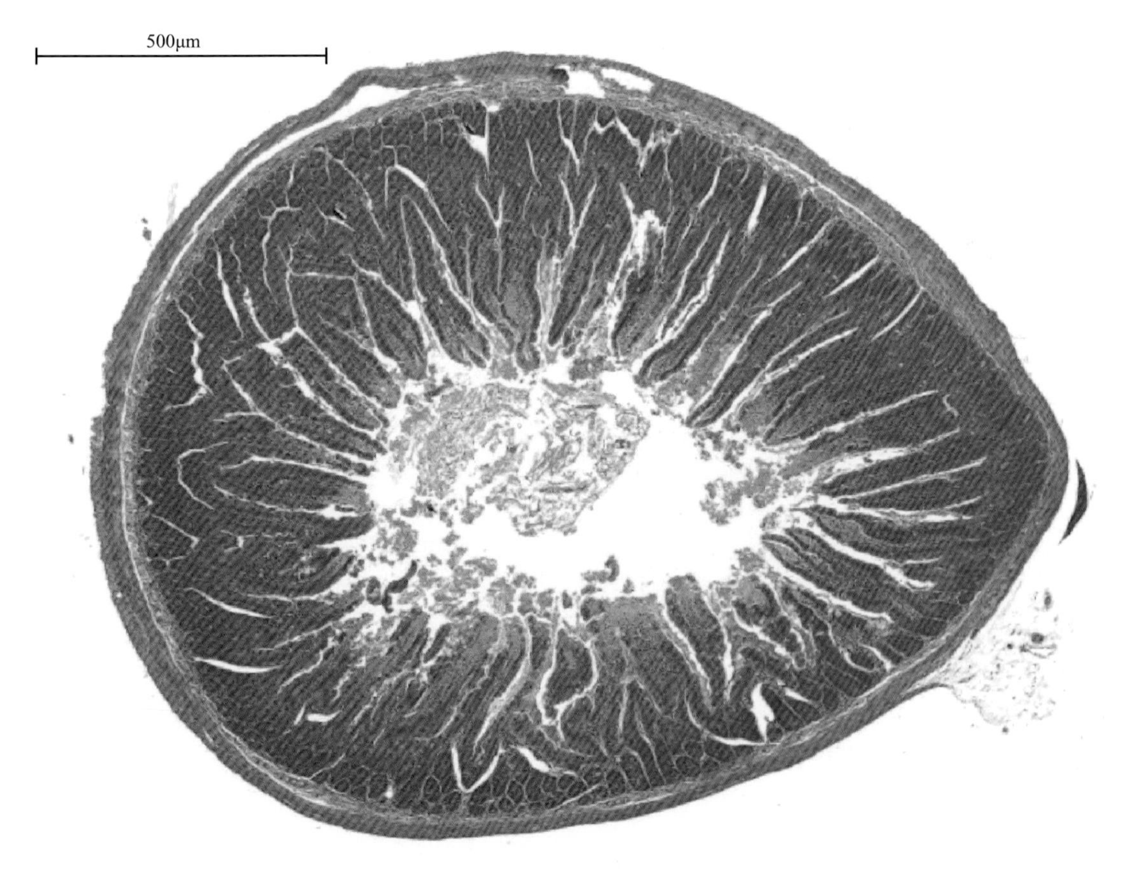

图4-54　大鼠十二指肠（一）（HE染色）

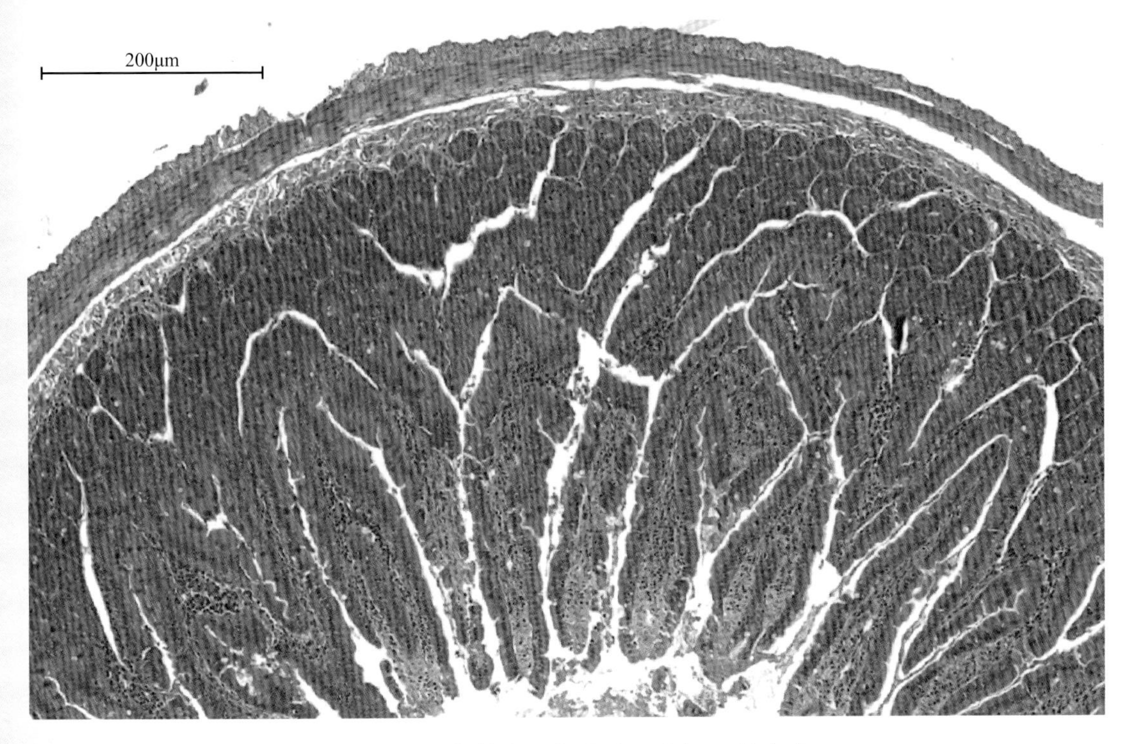

图4-55 大鼠十二指肠（二）（HE染色）

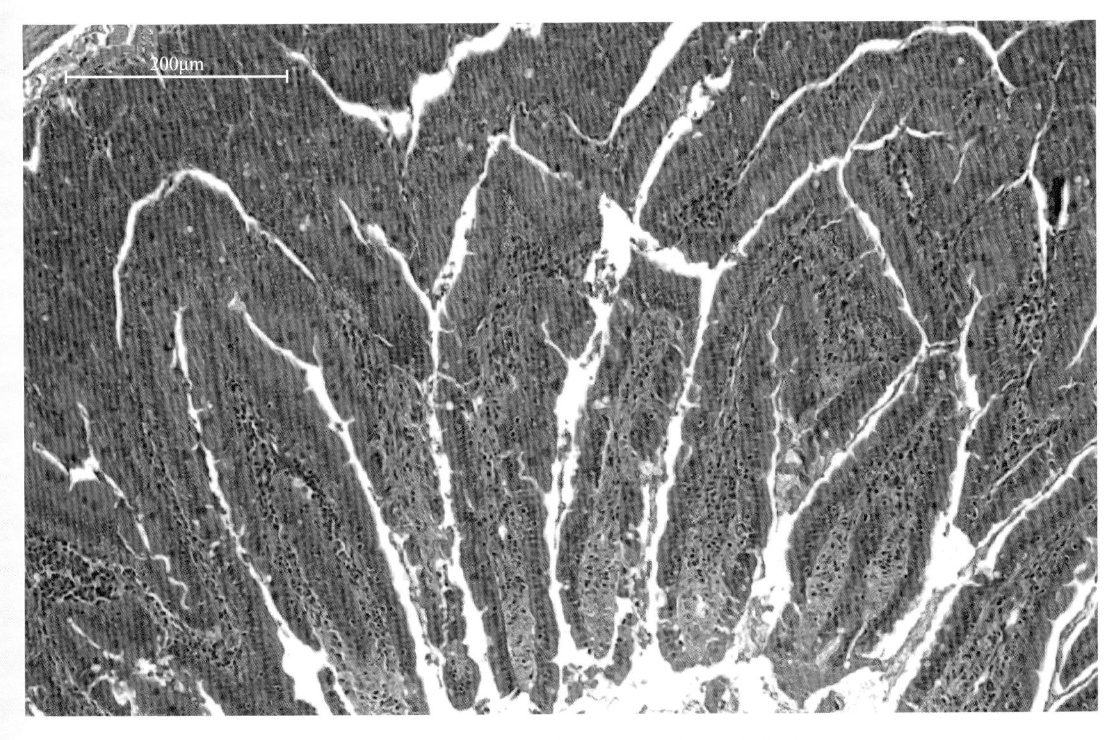

图4-56 大鼠十二指肠（三）（HE染色）

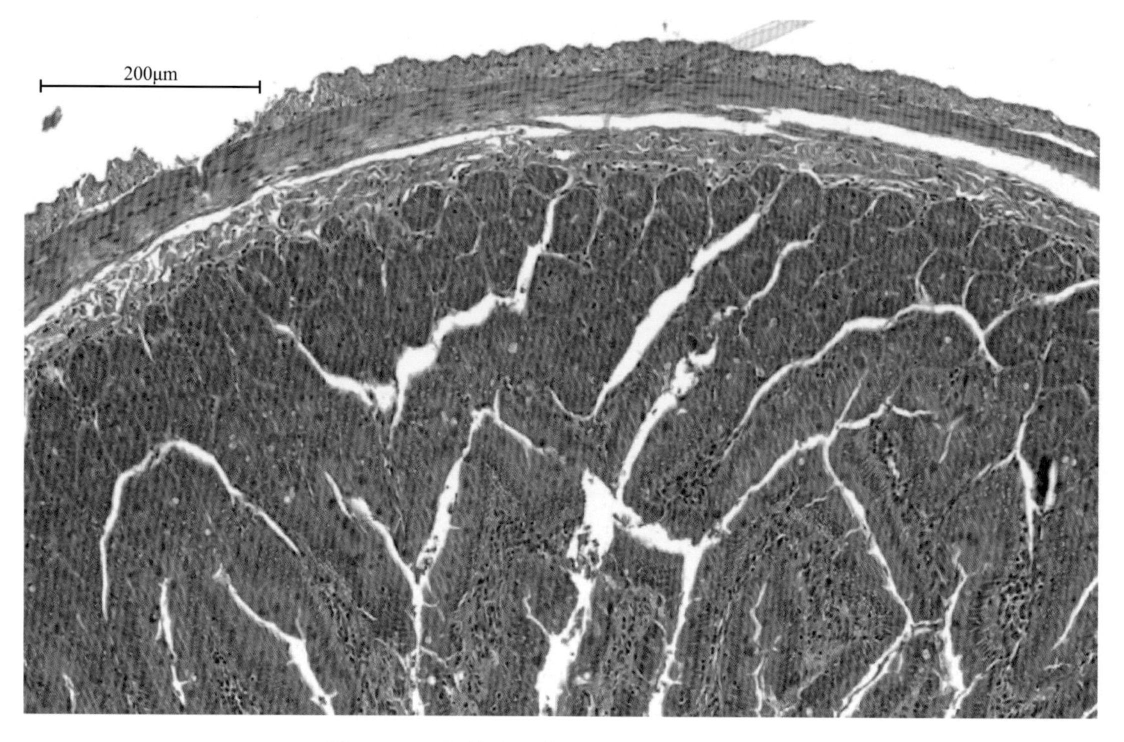

图4-57 大鼠十二指肠（四）（HE染色）

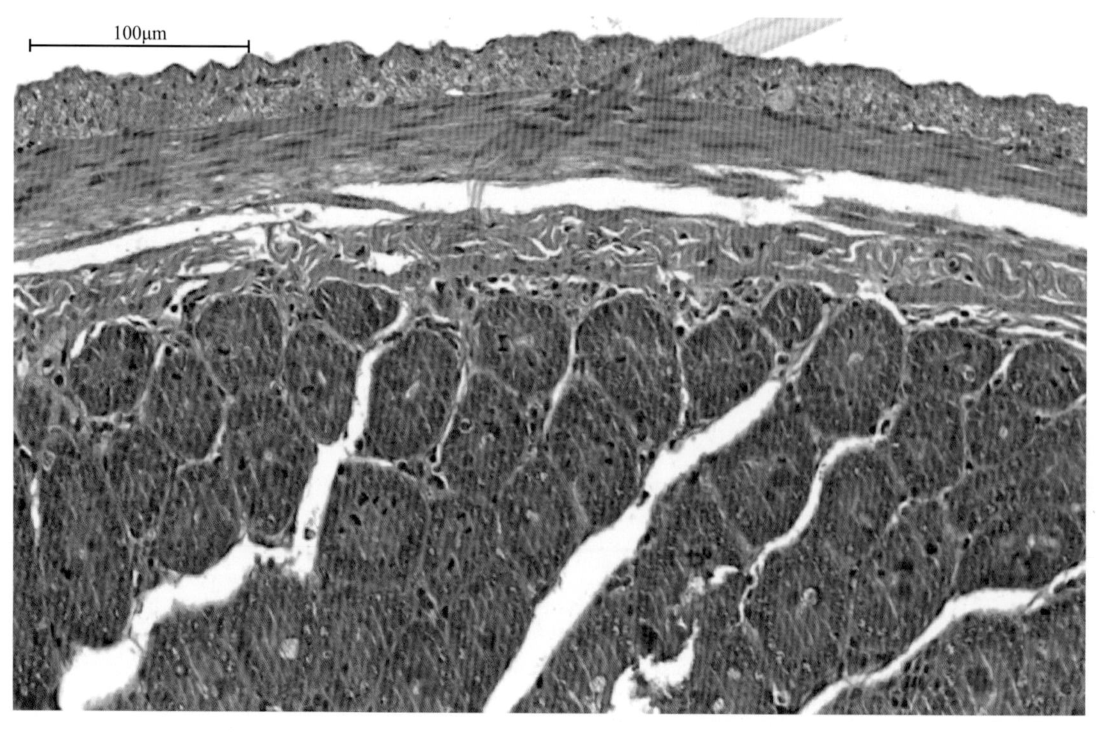

图4-58 大鼠十二指肠（五）（HE染色）

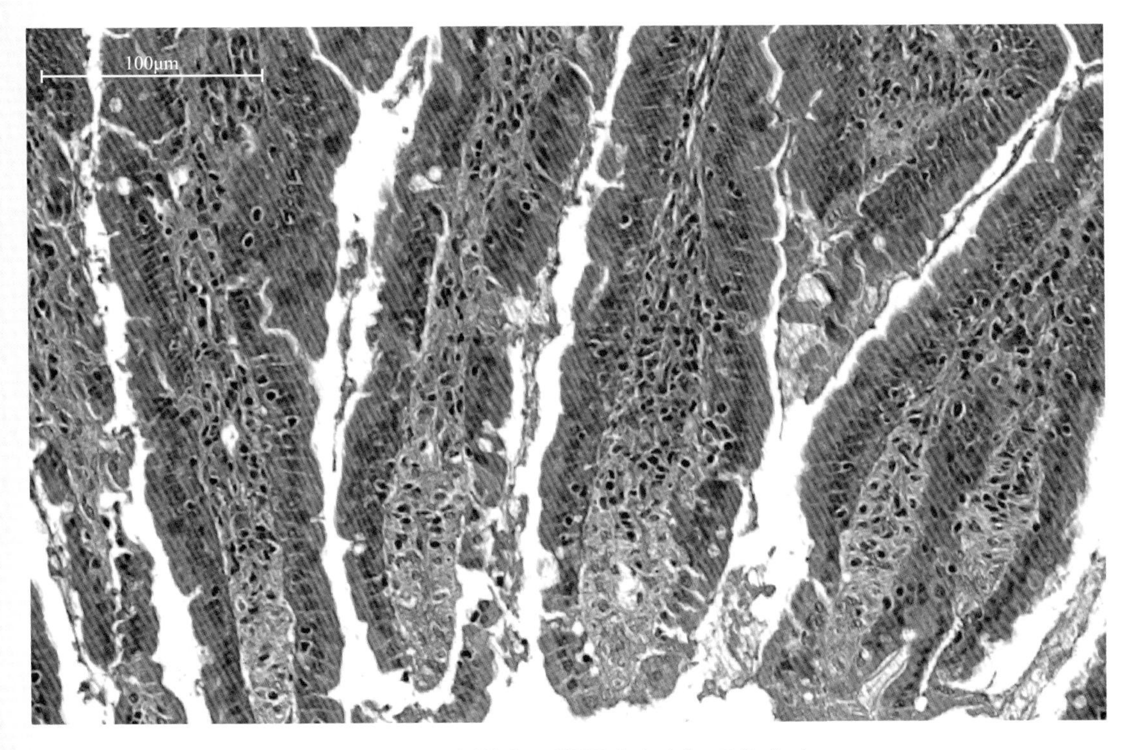

图4-59　大鼠十二指肠（六）（HE染色）

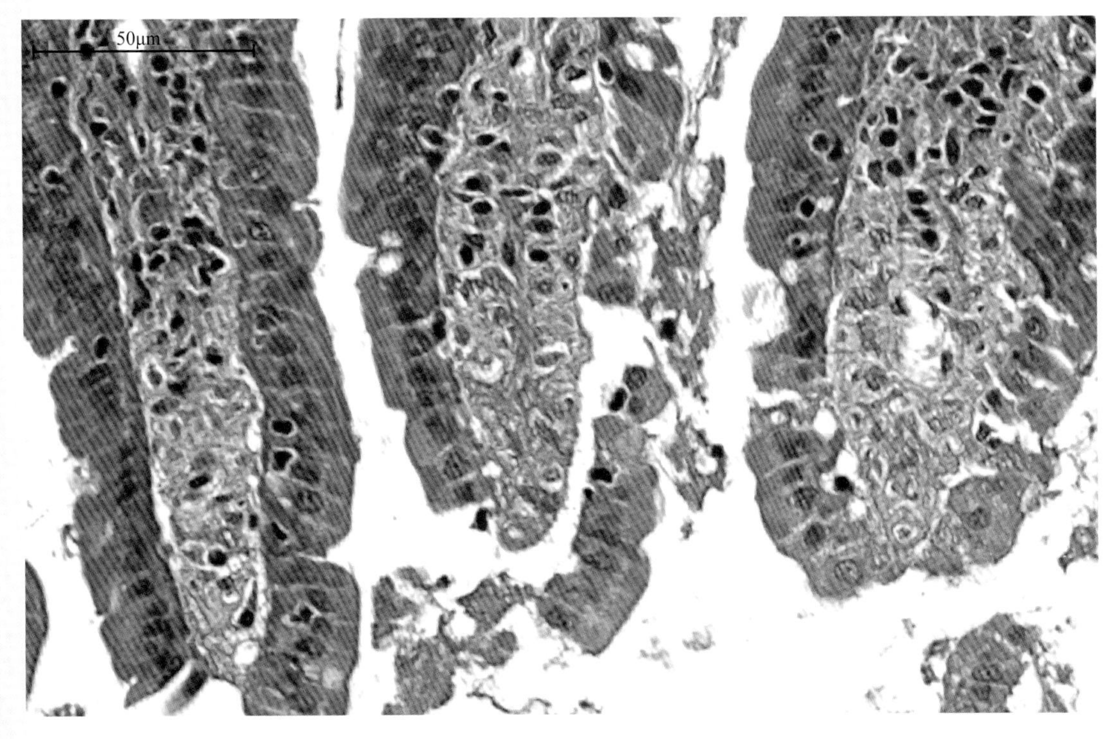

图4-60　大鼠十二指肠（七）（HE染色）

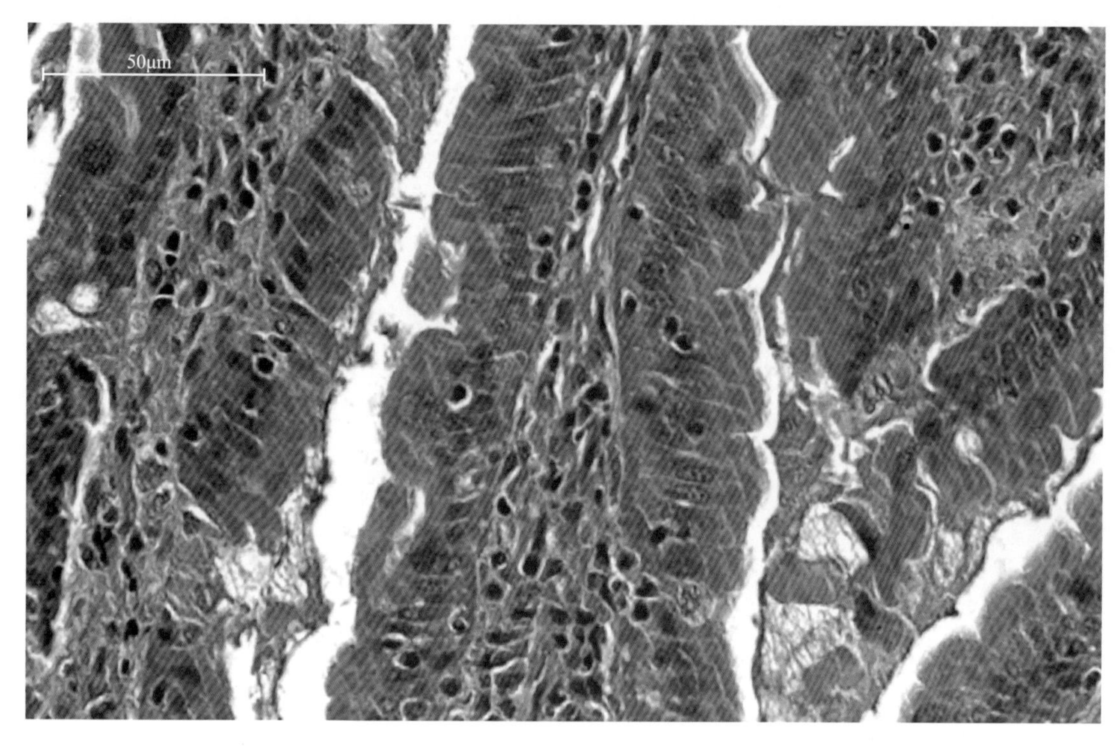

图4-61　大鼠十二指肠（八）（HE染色）

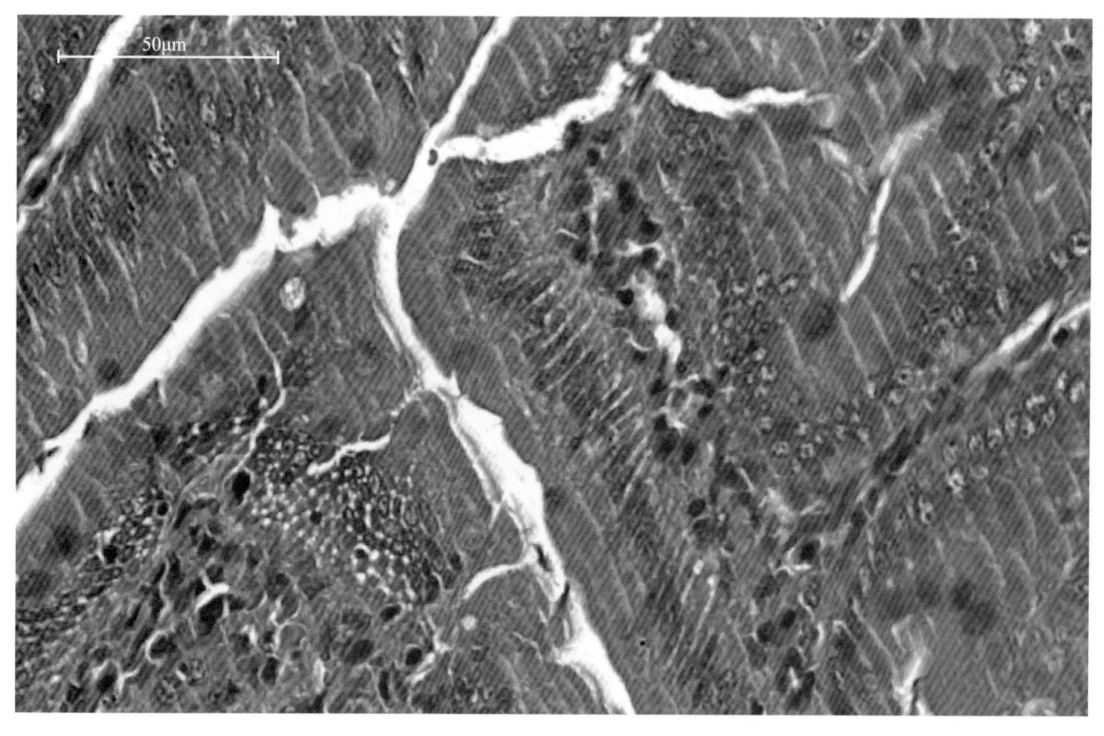

图4-62　大鼠十二指肠（九）（HE染色）

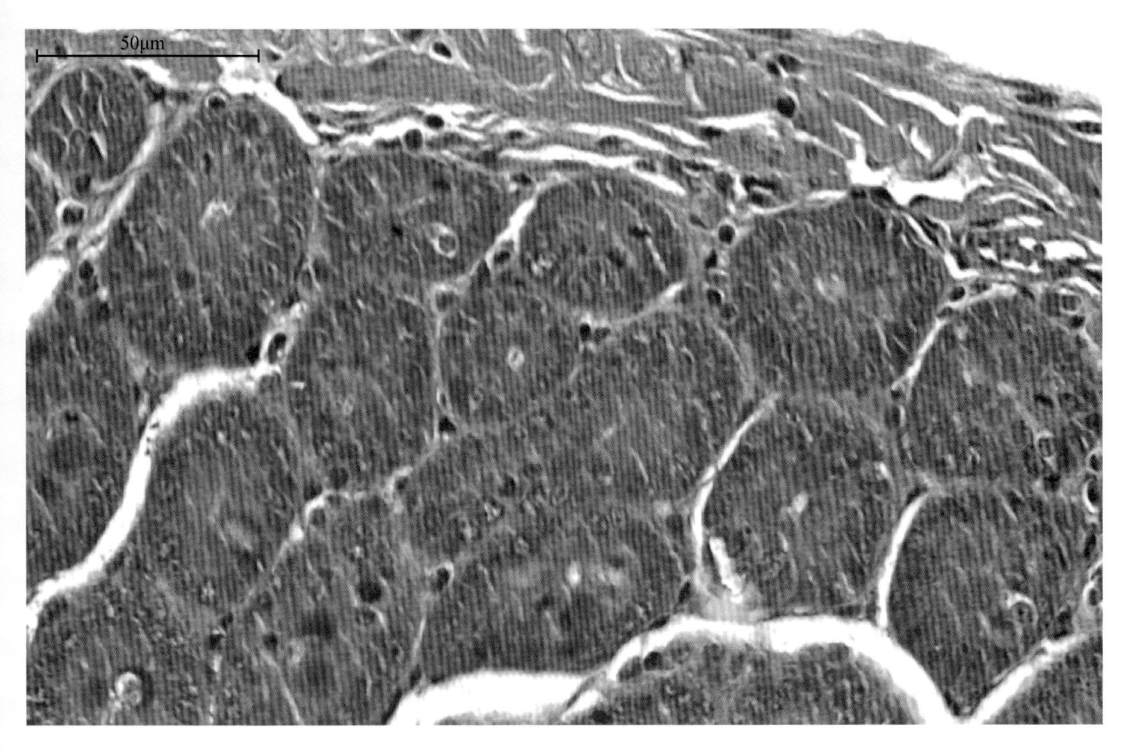

图4-63　大鼠十二指肠（十）（HE染色）

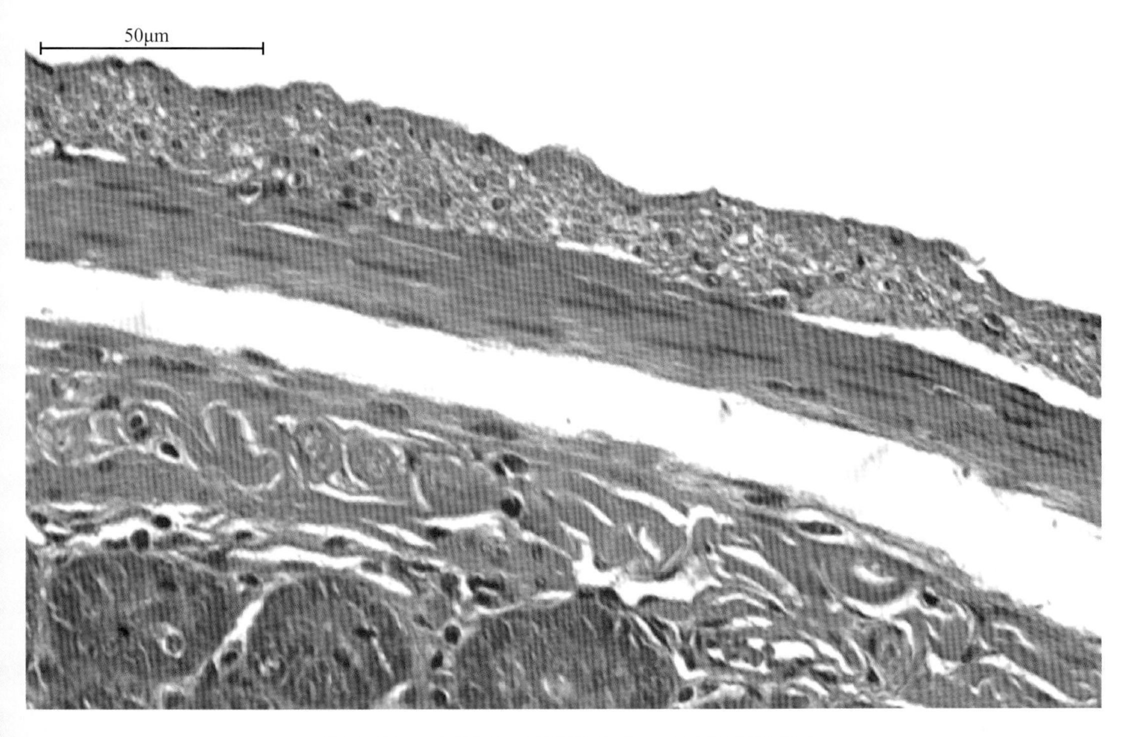

图4-64　大鼠十二指肠（十一）（HE染色）

2. 空肠

空肠较长，可达700 ～ 1000mm，迂回盘曲于腹腔左侧，肠壁较厚，富含血管。光学显微镜下，空肠由黏膜层、黏膜下层、肌层及浆膜层构成。黏膜上皮及固有层向肠腔内突出形成绒毛。空肠绒毛呈舌状，长约0.6mm，黏膜层可见淋巴小结。空肠的淋巴小结较少，散在分布（见图4-65 ～图4-68）。

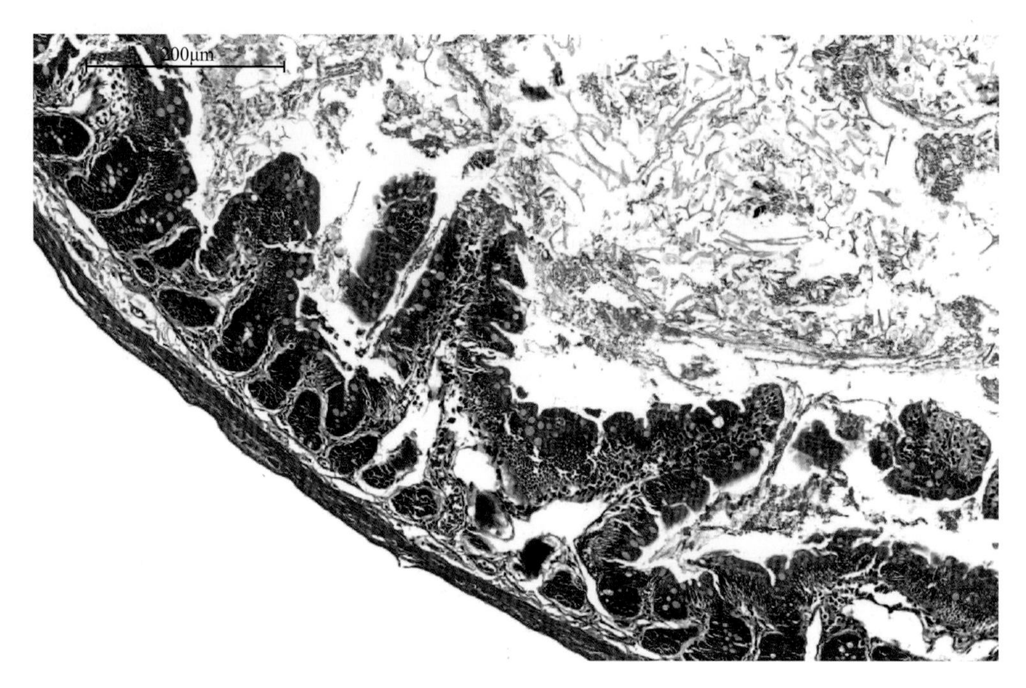

图4-65　大鼠空肠（一）（HE染色）

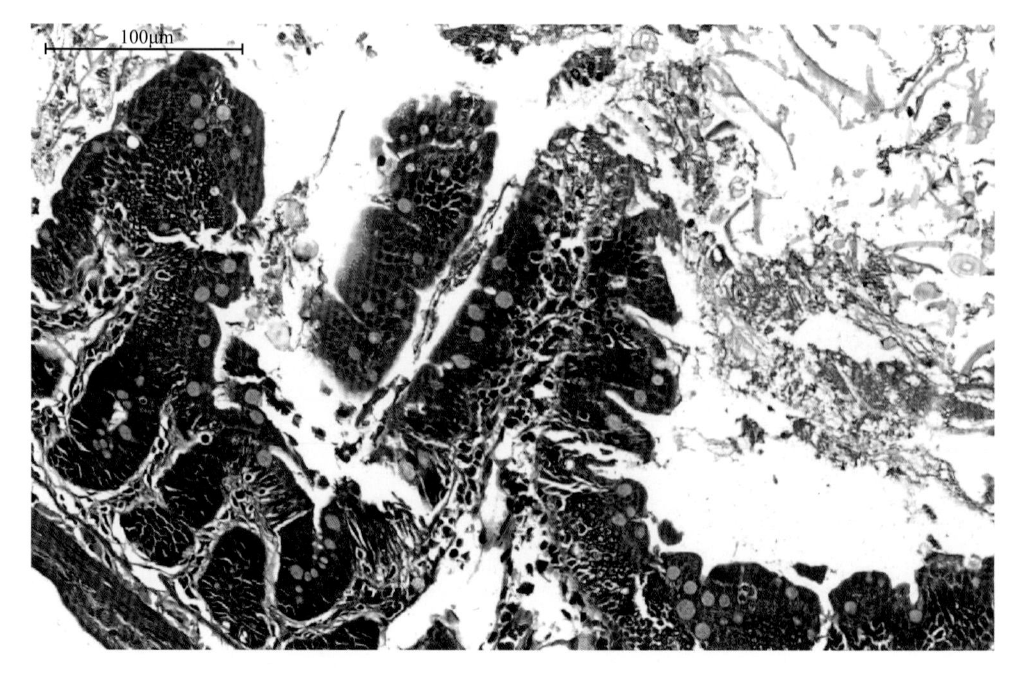

图4-66　大鼠空肠（二）（HE染色）

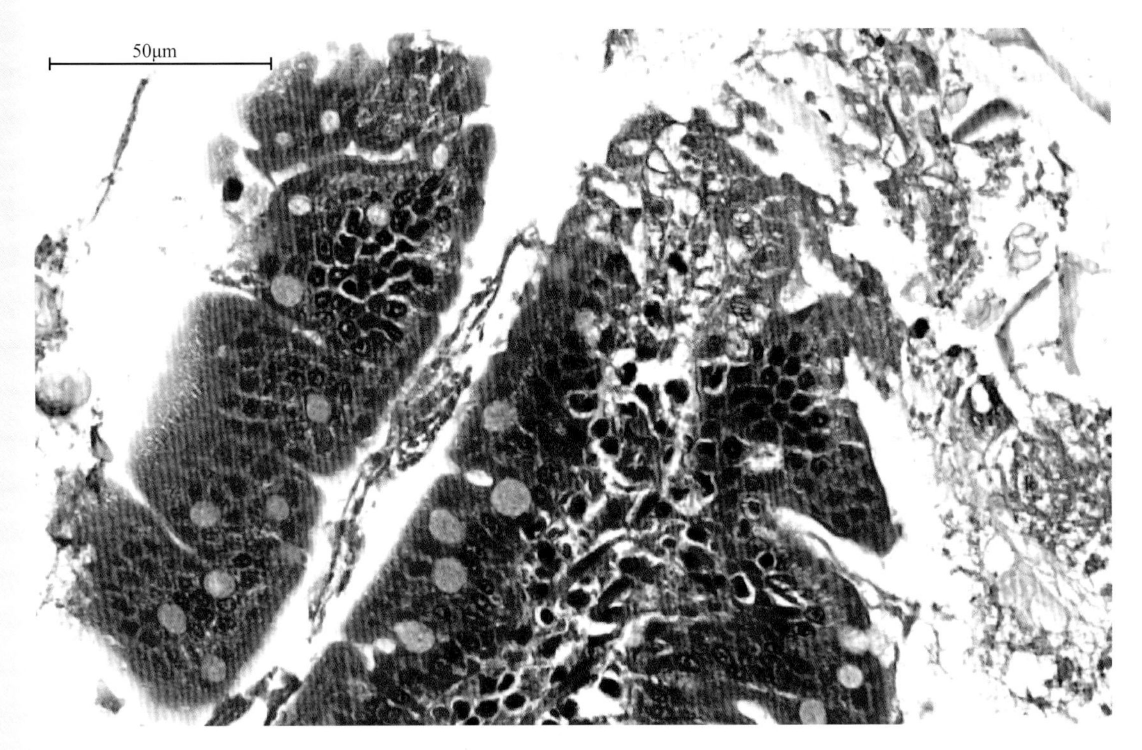

图4-67　大鼠空肠（三）（HE染色）

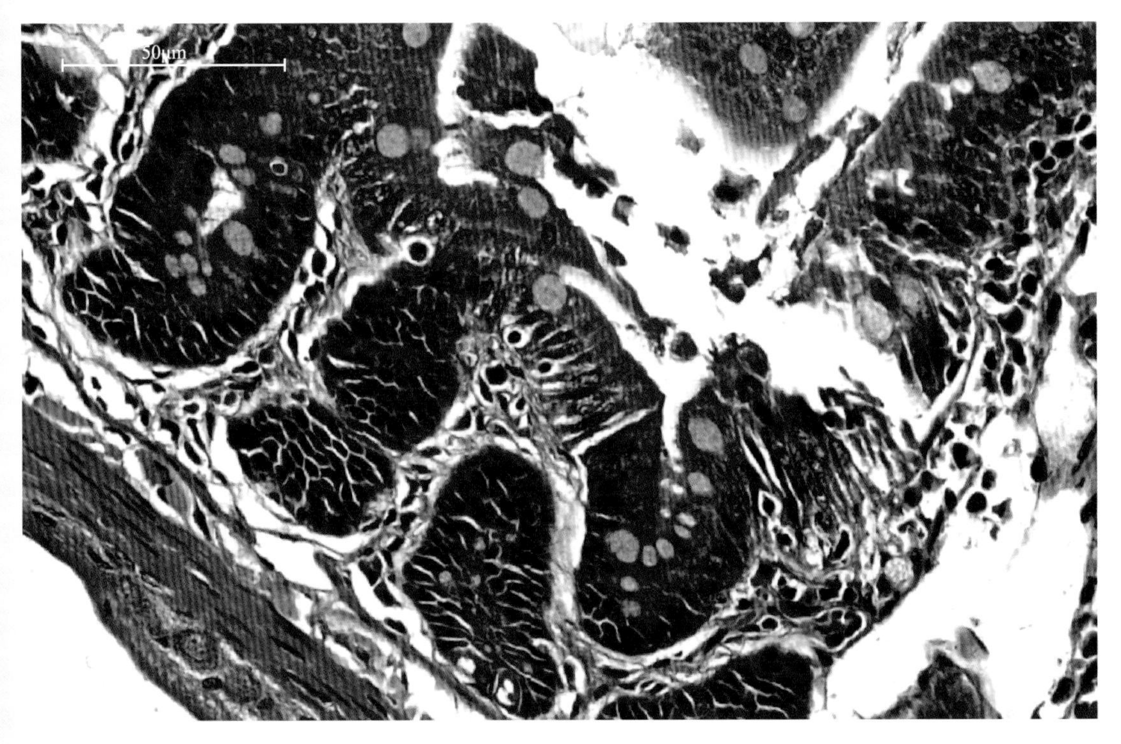

图4-68　大鼠空肠（四）（HE染色）

3. 回肠

回肠较短，长度约30mm，呈灰褐色，盘曲较少，肠壁较空肠壁薄。回肠末端与大肠相接，肌肉增厚，形成半球形囊状物，称为圆囊，为淋巴器官。回肠由黏膜层、黏膜下层、肌层及浆膜层构成。回肠绒毛高度较低，宽度也较少，呈指突状。黏膜层可见淋巴小结，回肠的淋巴小结发达，常聚集成集合淋巴小结。

肠腺或称肠隐窝，广泛分布在小肠黏膜的固有层中，是小肠黏膜上皮下陷至固有层形成的单管状腺，开口于小肠绒毛之间。构成肠腺的主要细胞是柱状细胞，其间插有杯状细胞，柱状细胞是较幼稚的细胞，更新较快，绒毛顶部的柱状上皮细胞经常脱落，由未分化的细胞补充。腺底腺有潘氏细胞成群分布，细胞呈锥体形，胞质中含有大而圆的嗜酸性颗粒，内含溶菌酶，释放后能杀死肠道细菌（见图4-69 ～图4-73）。

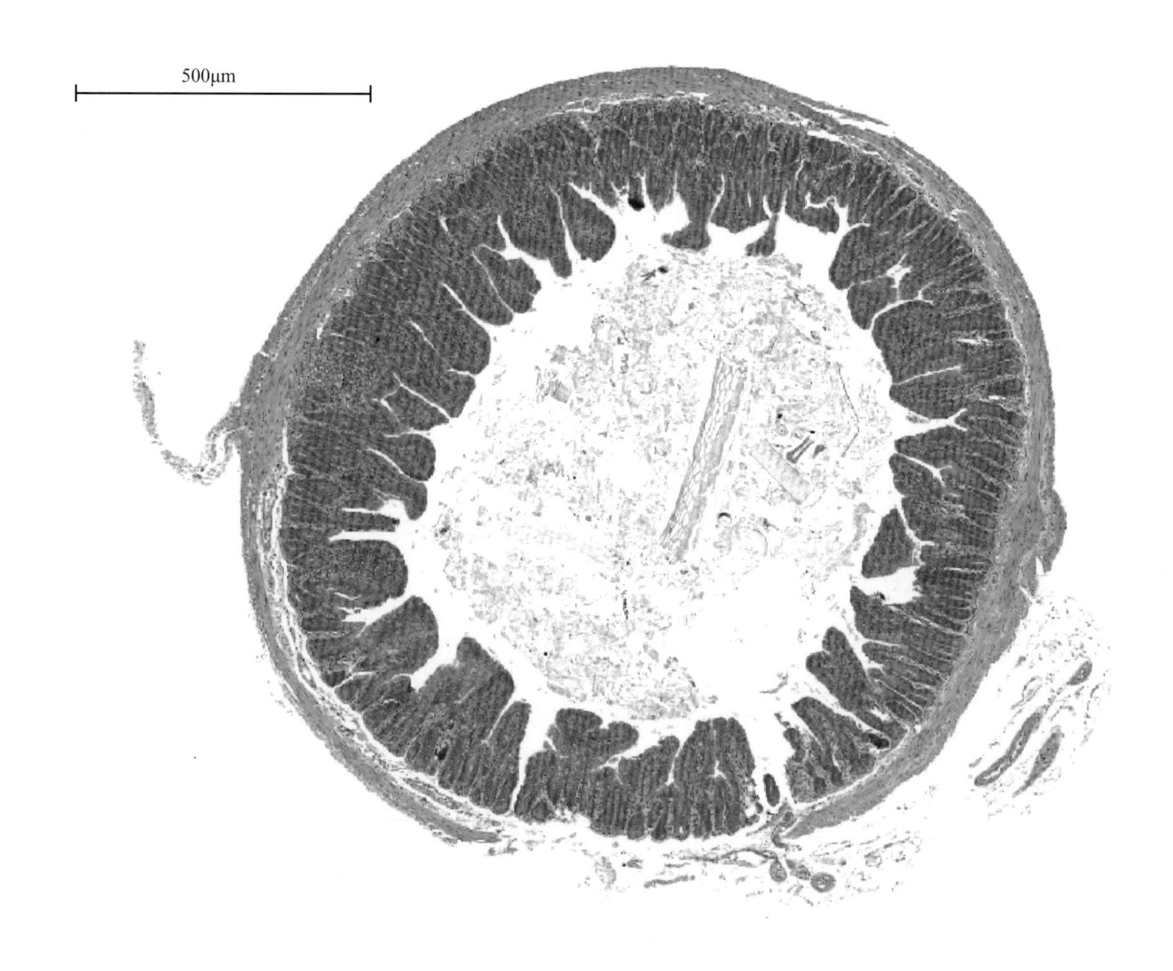

图4-69　大鼠回肠（一）（HE染色）

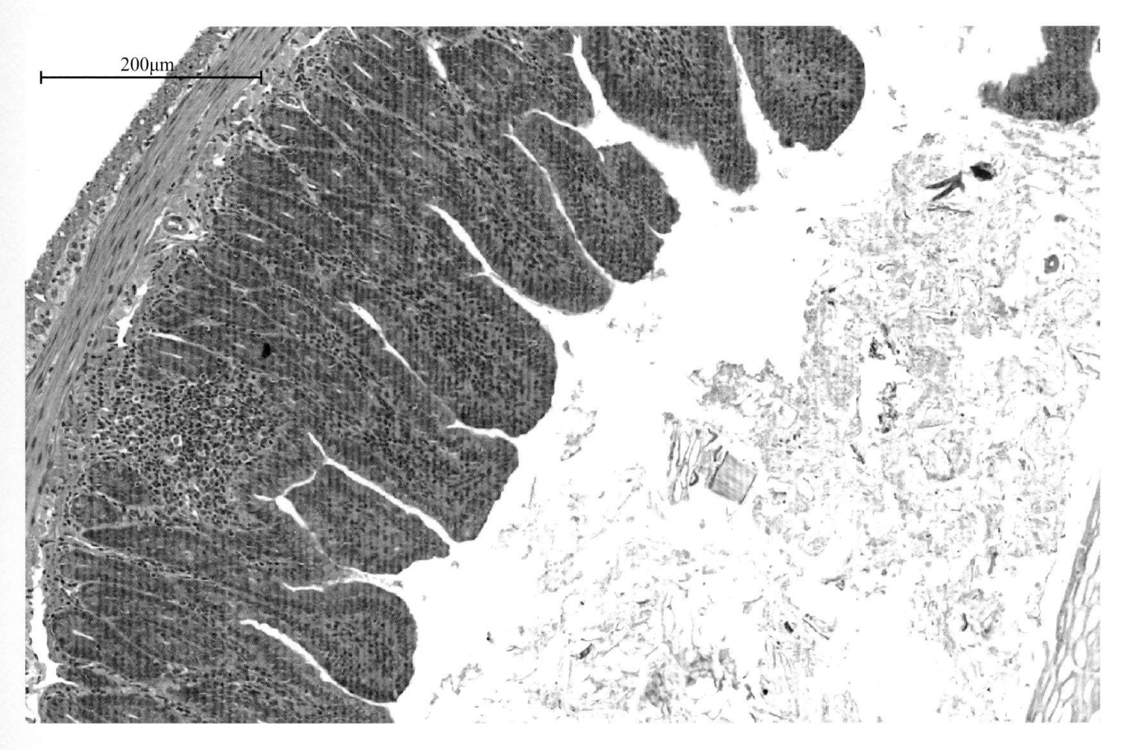

图4-70　大鼠回肠（二）（HE染色）

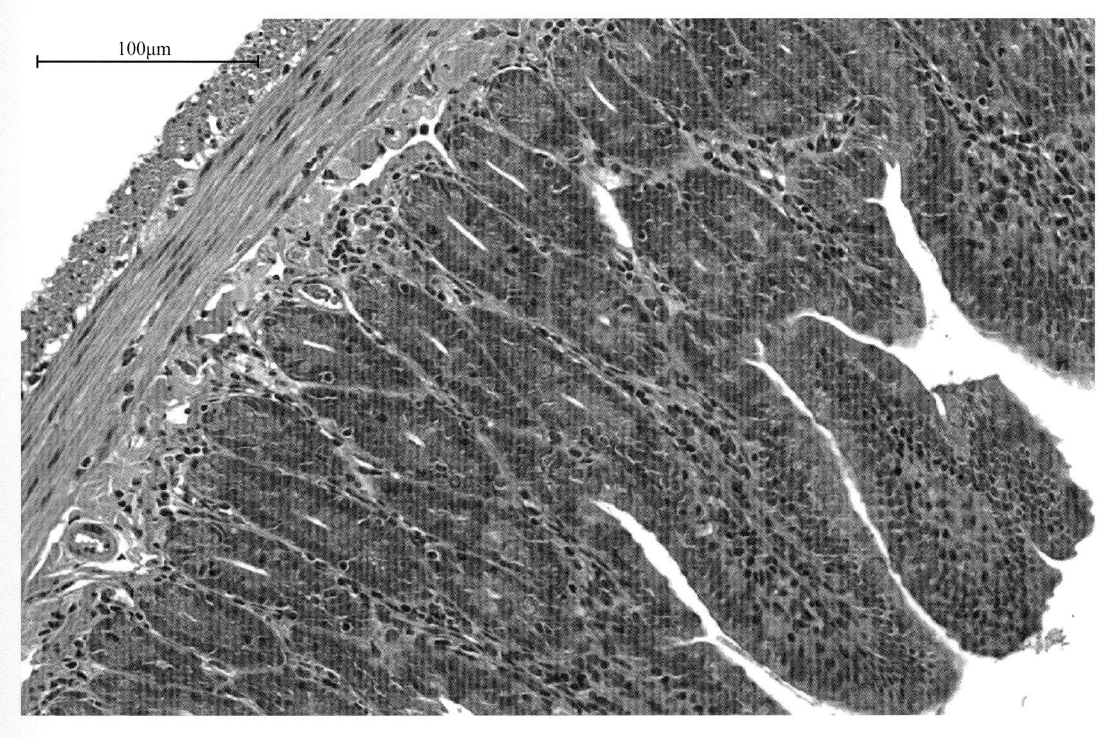

图4-71　大鼠回肠（三）（HE染色）

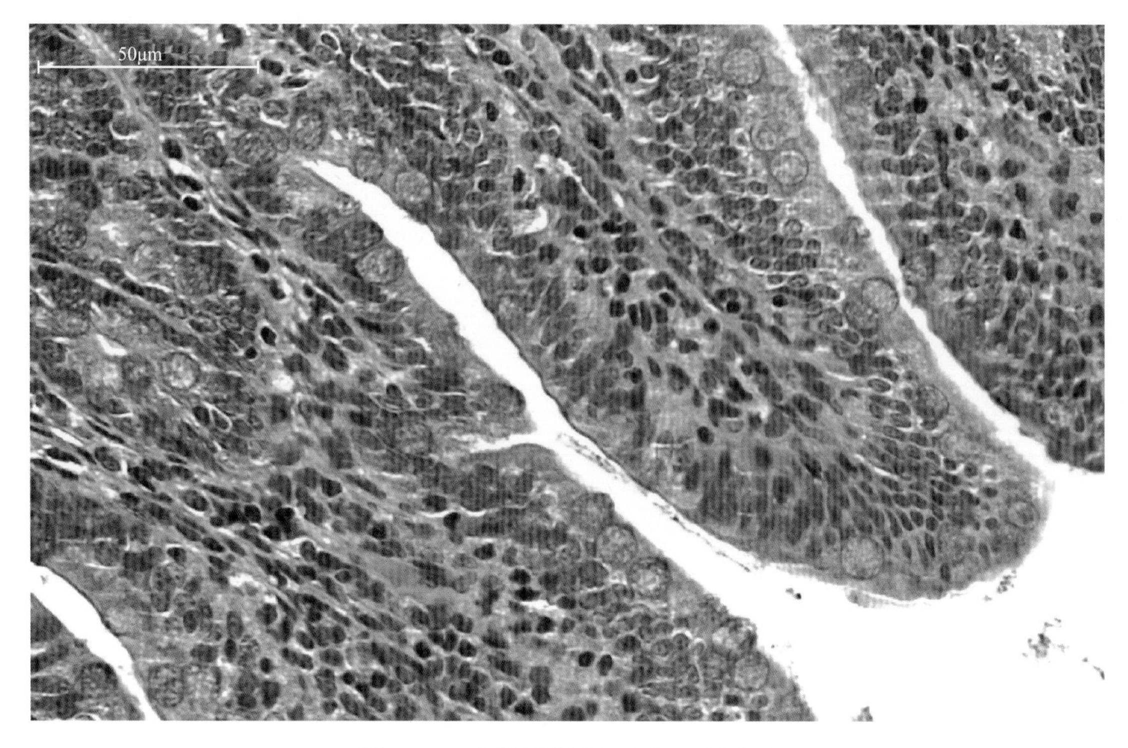

图4-72　大鼠回肠（四）（HE染色）

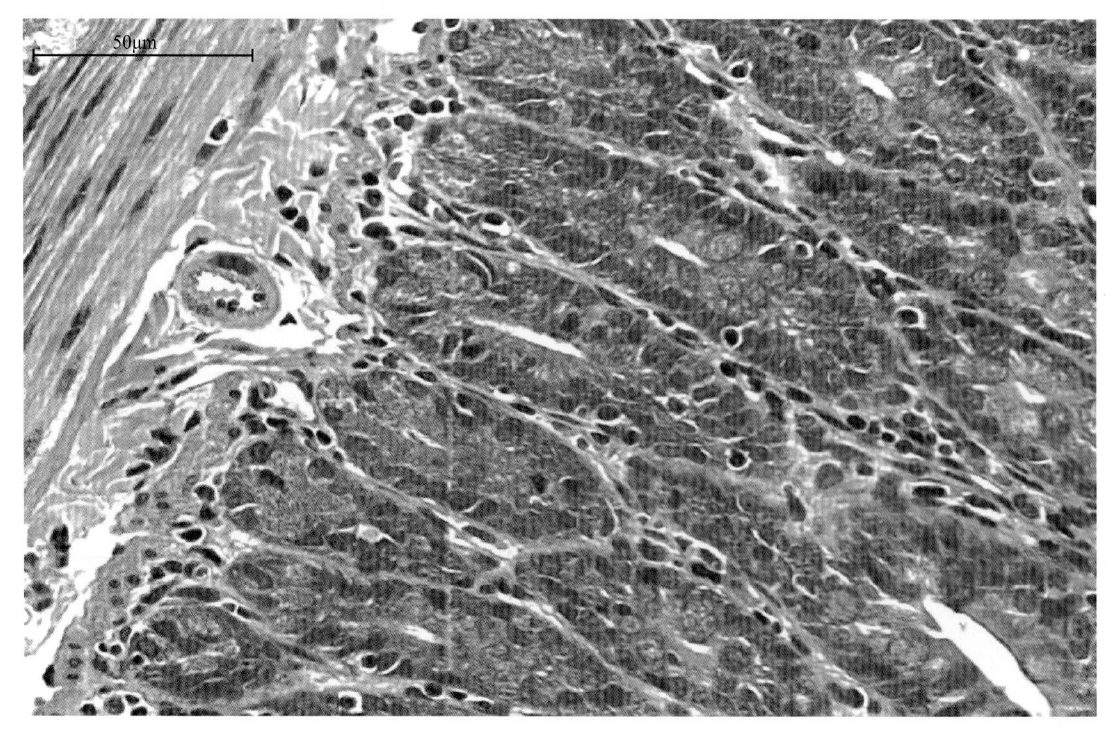

图4-73　大鼠回肠（五）（HE染色）

4. 盲肠

位于回肠与结肠的交界处，为一粗大弯曲的盲管，回肠与结肠通过回盲接口相通（见图4-74 ～图4-78）。

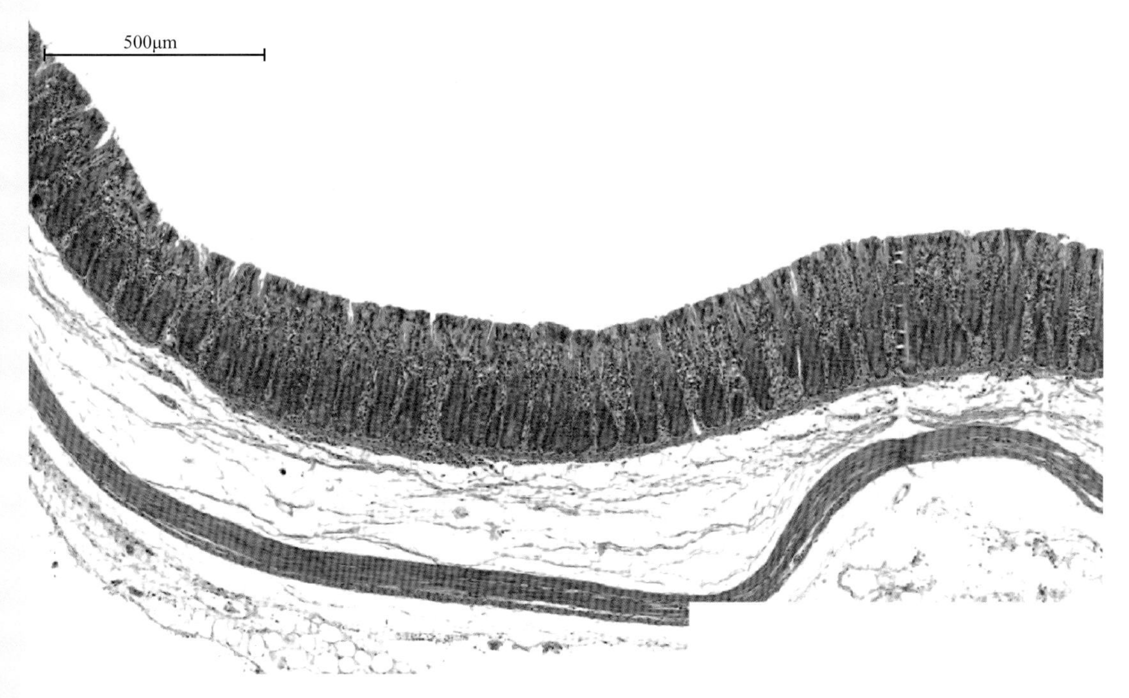

图4-74　大鼠盲肠（一）（HE染色）

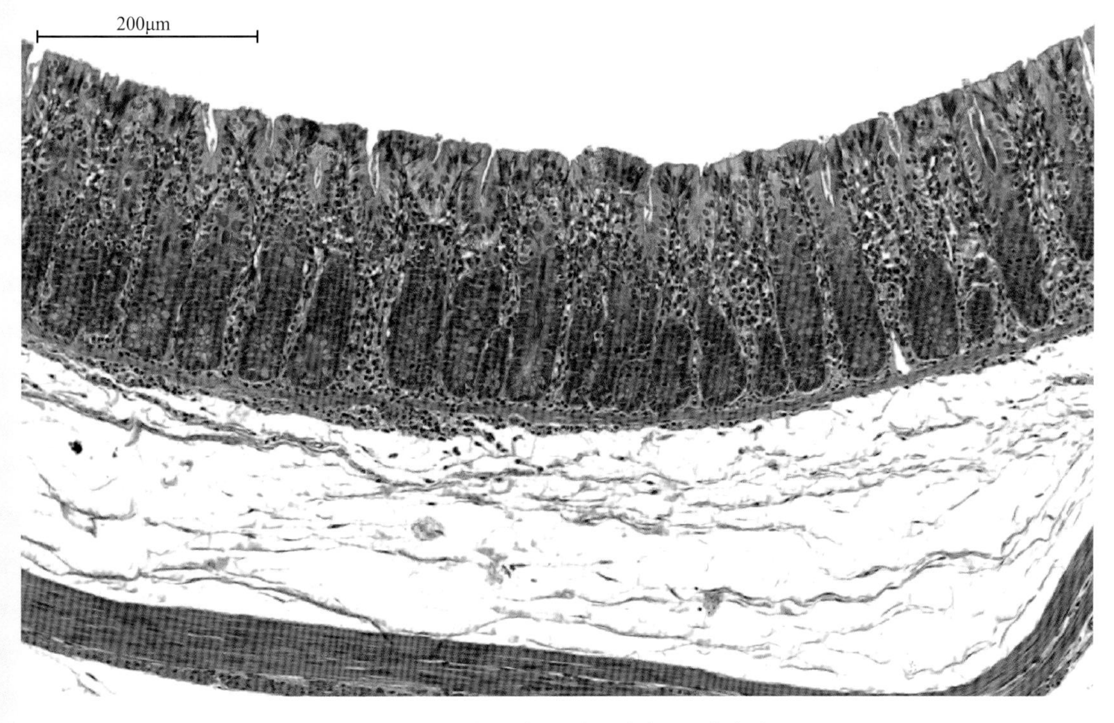

图4-75　大鼠盲肠（二）（HE染色）

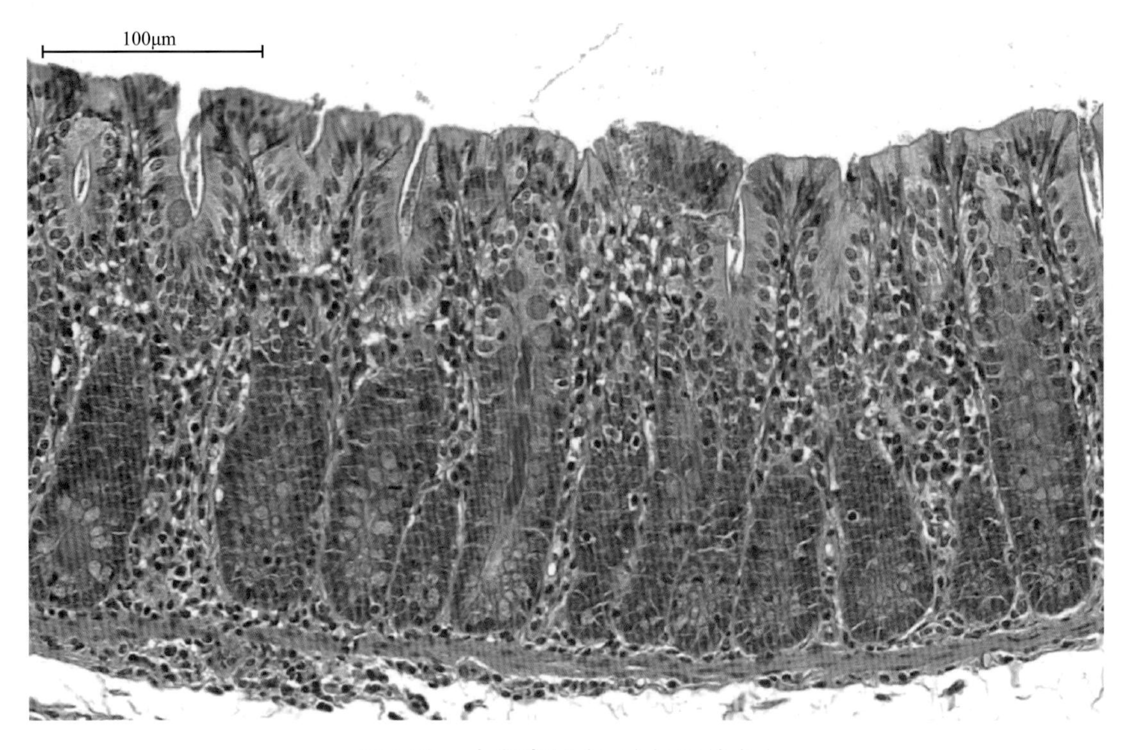

图4-76　大鼠盲肠（三）（HE染色）

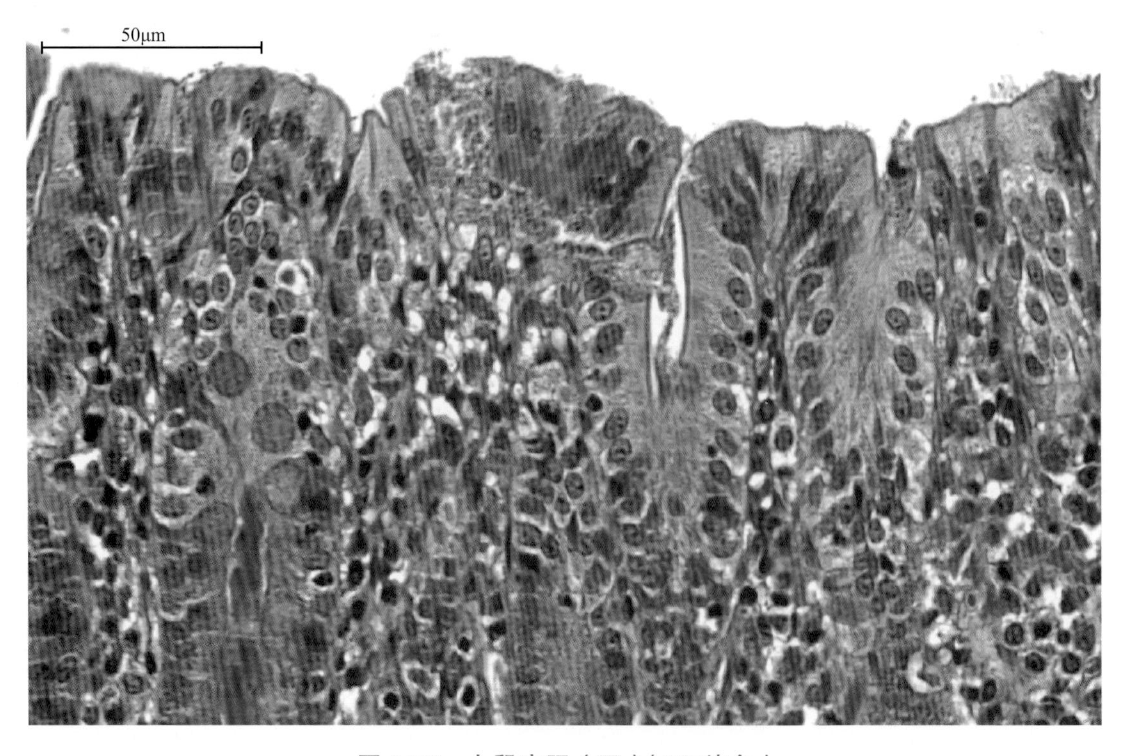

图4-77　大鼠盲肠（四）（HE染色）

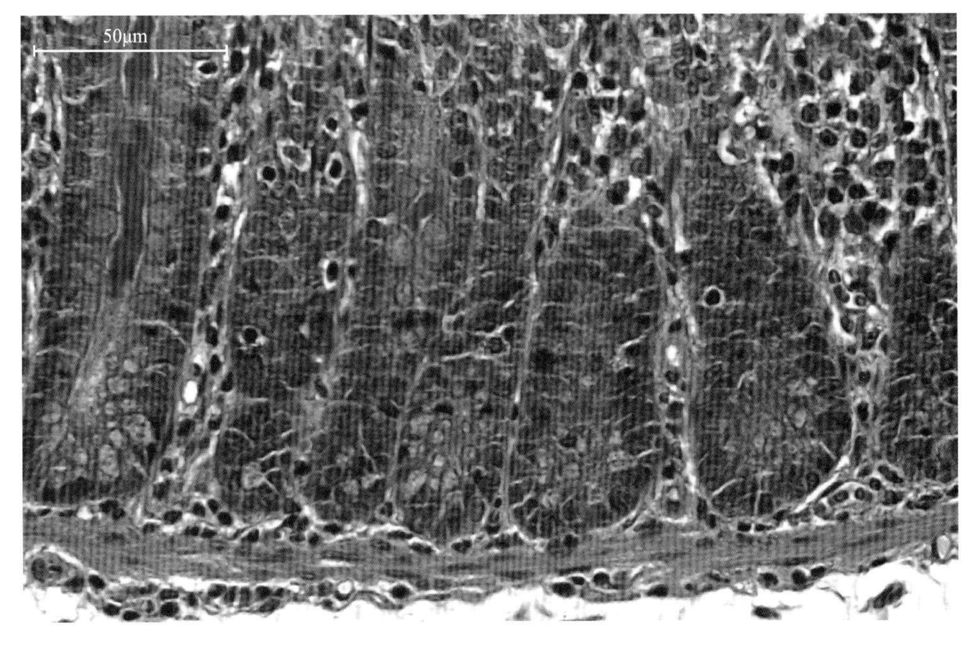

图4-78　大鼠盲肠（五）（HE染色）

5.结肠

结肠长约100mm，为升结肠、横结肠和降结肠三个部分。结肠开始部有斜向平行排列的黏膜褶，当结肠由粗变细，黏膜褶随之成为纵行排列。近端肠壁与盲肠相似，自近端向远端随黏膜下层和肌层增厚而逐渐增厚。

结肠由黏膜层、黏膜下层、肌层及浆膜层构成。结肠黏膜层有半环皱襞，无绒毛，黏膜上皮为单层柱状，杯状细胞多，固有层内有许多肠腺，长而密，含多量杯状细胞。黏膜下层为疏松结缔组织，肌层较厚，浆膜外有较多脂肪细胞（见图4-79～图4-83）。

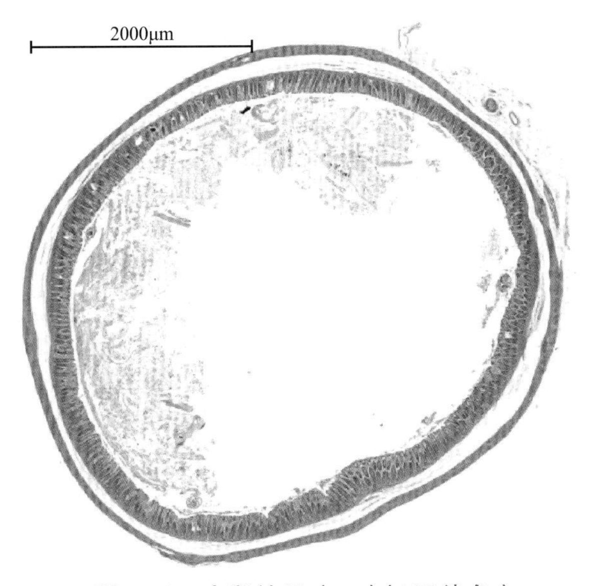

图4-79　大鼠结肠（一）（HE染色）

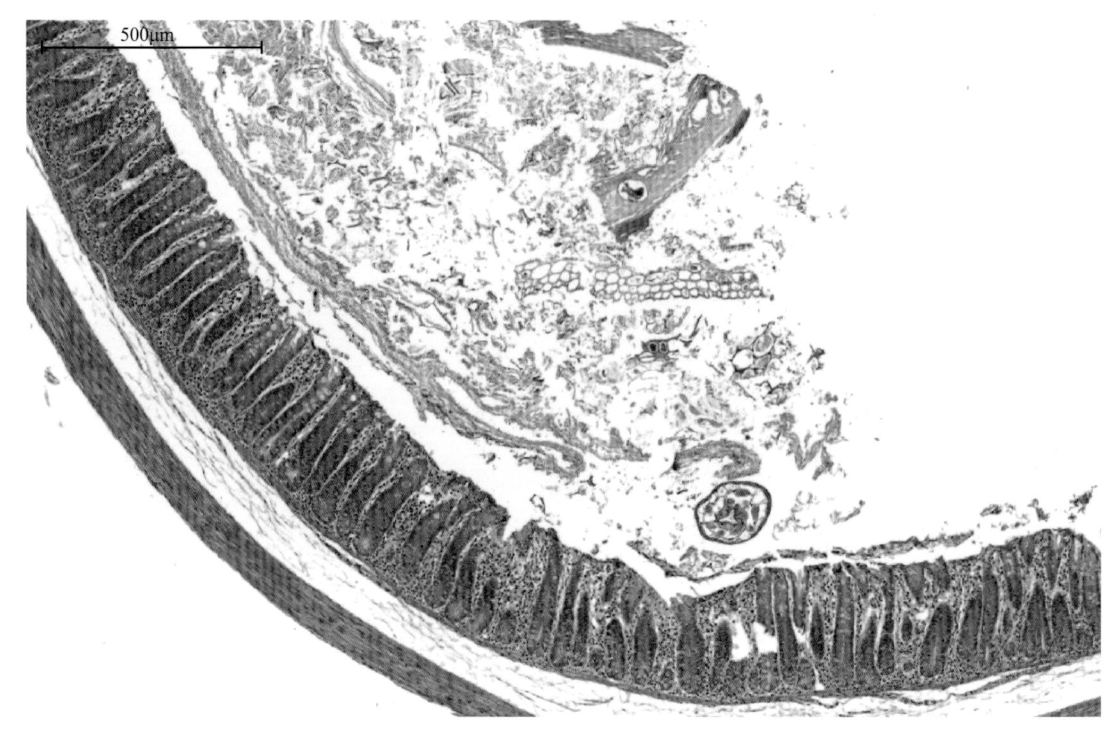

图4-80　大鼠结肠（二）(HE染色)

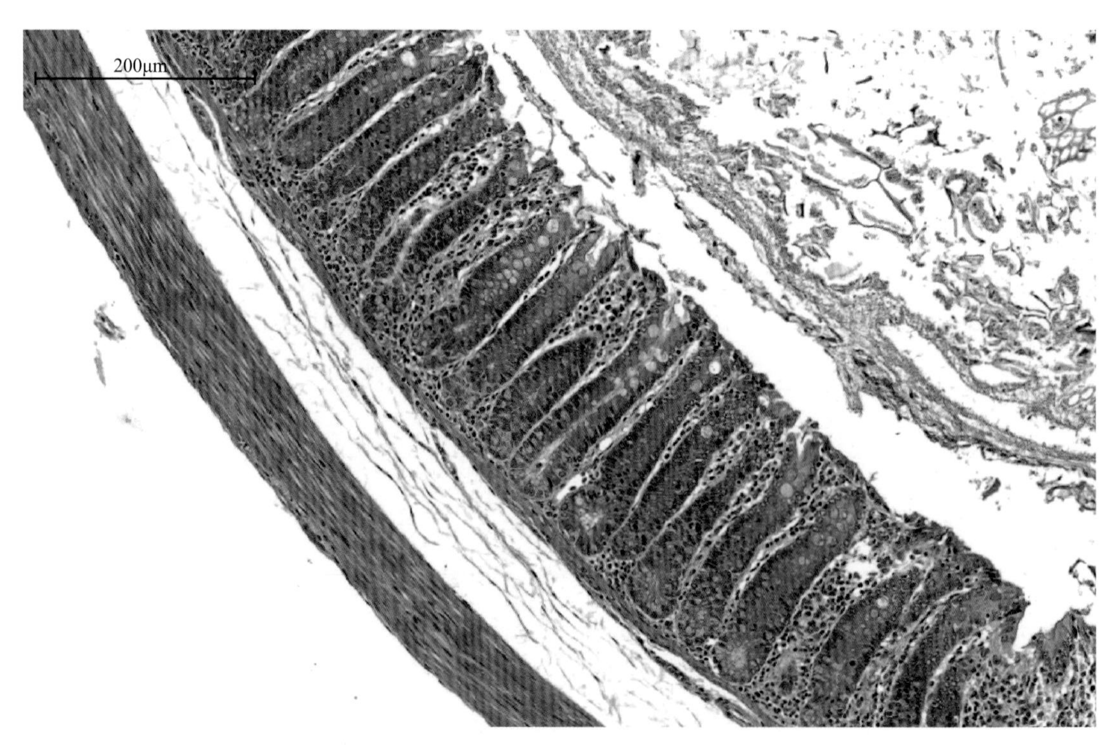

图4-81　大鼠结肠（三）(HE染色)

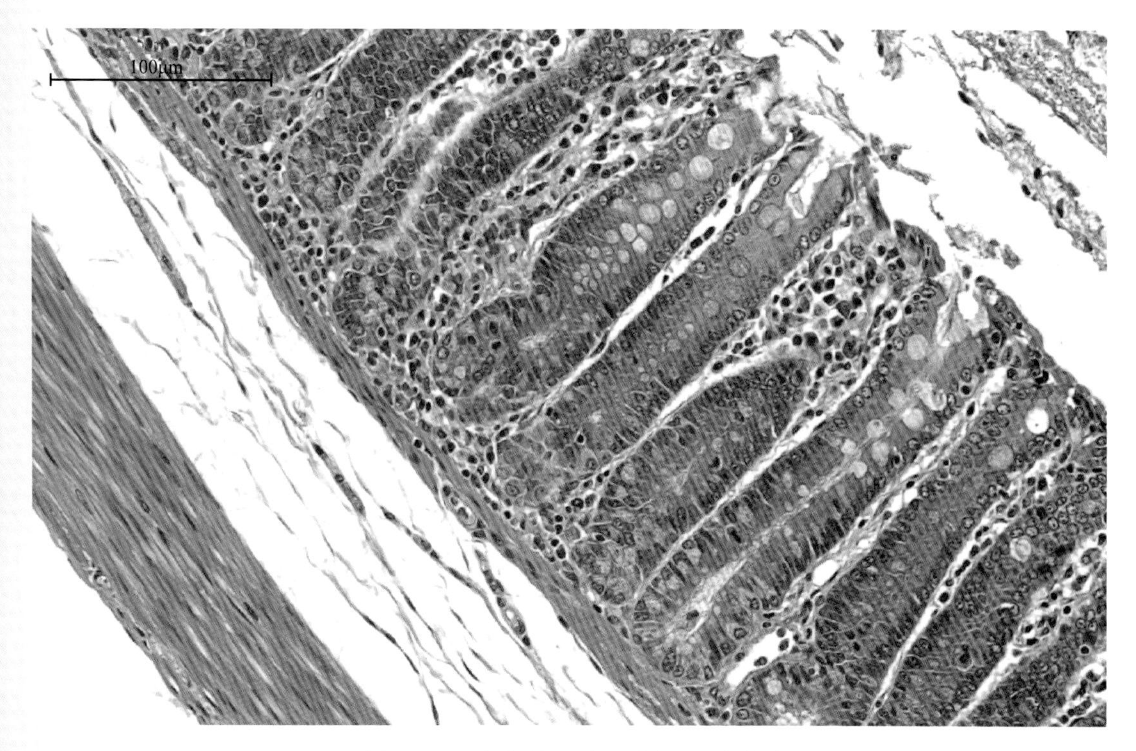

图4-82　大鼠结肠（四）（HE染色）

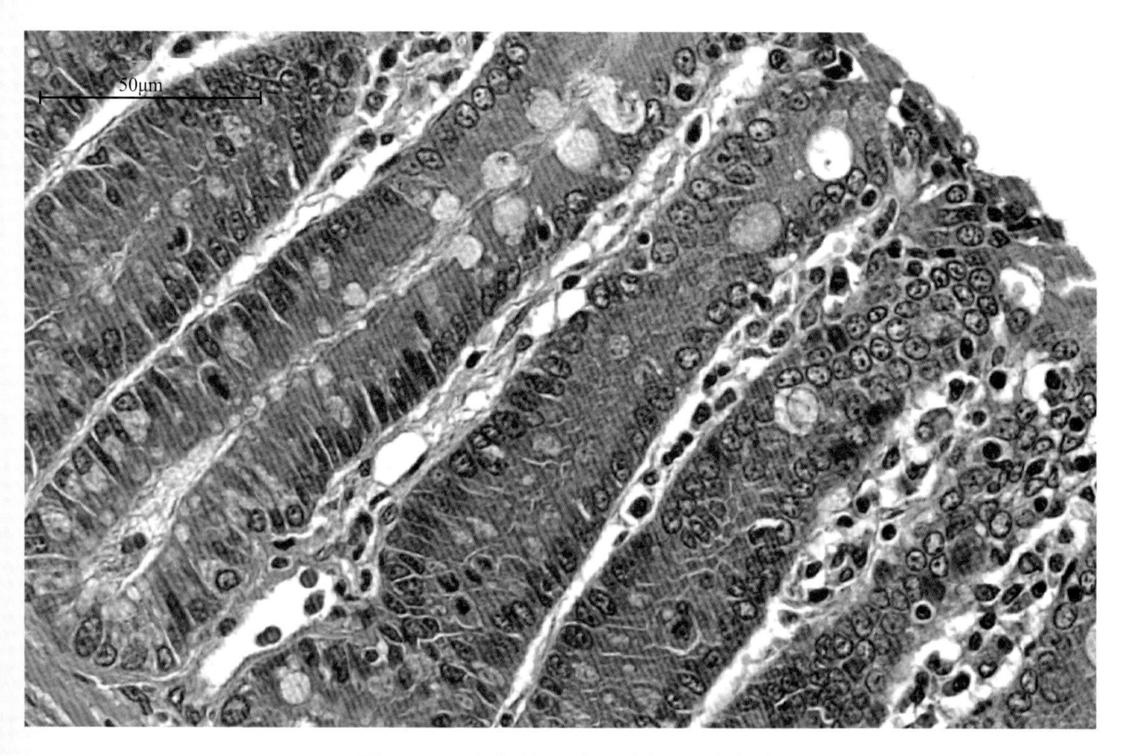

图4-83　大鼠结肠（五）（HE染色）

6. 直肠

直肠长约80mm，沿身体中线直行，显微镜下组织学结构与其他消化管道相同，也由4层组成，所不同的是直肠黏膜的单层柱状上皮间夹有大量的杯状细胞，其末端2mm皮区，上皮由单层柱状移行为复层扁平上皮，并逐渐出现角化，皮区有皮脂腺，又称为肛门腺（见图4-84 ～图4-90）。

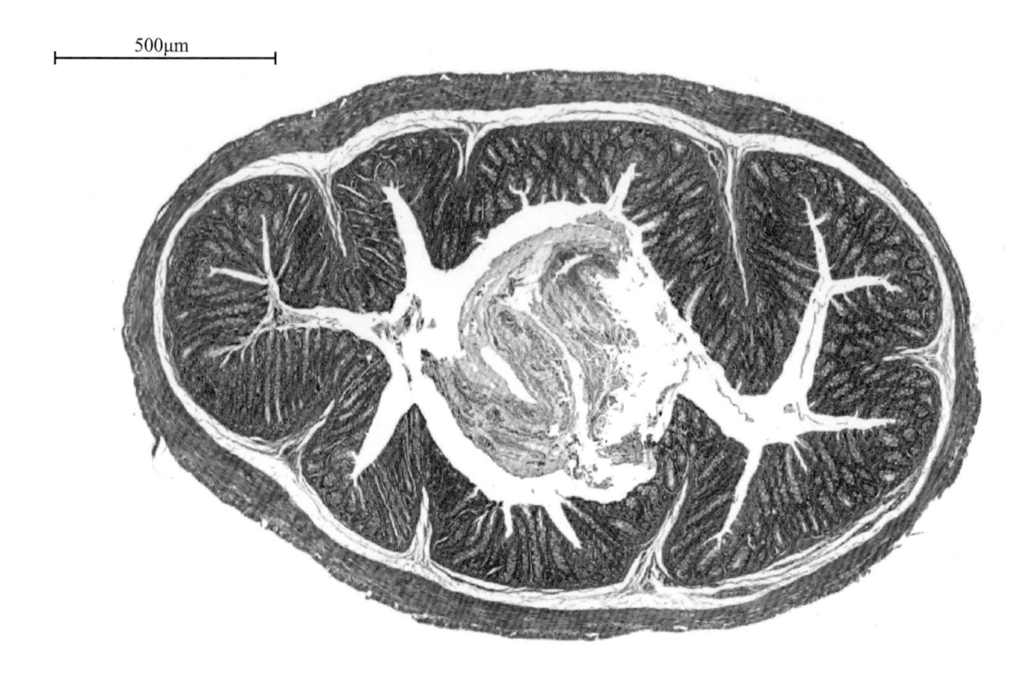

图4-84　大鼠直肠（一）（HE染色）

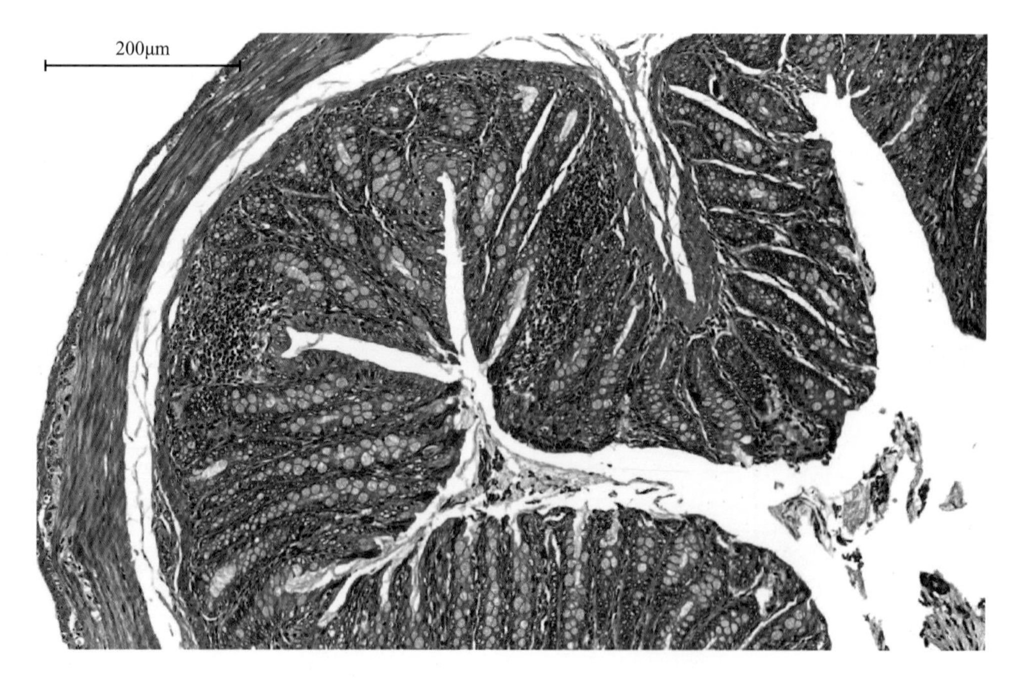

图4-85　大鼠直肠（二）（HE染色）

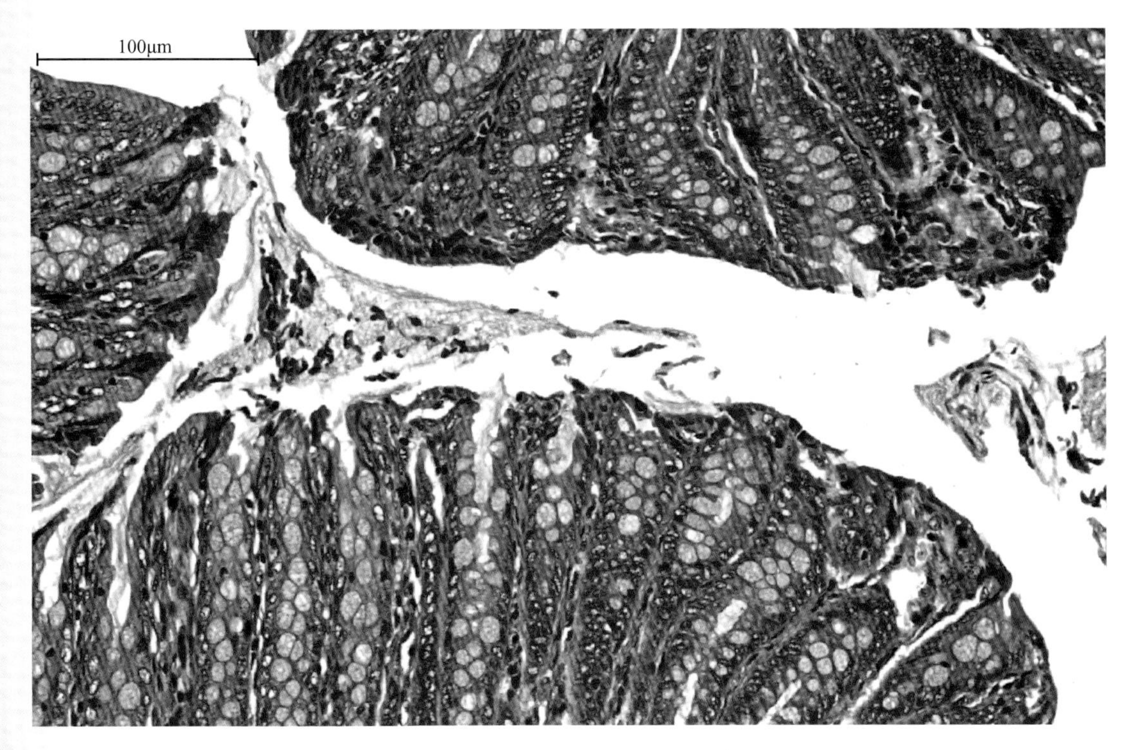

图4-86　大鼠直肠（三）(HE染色)

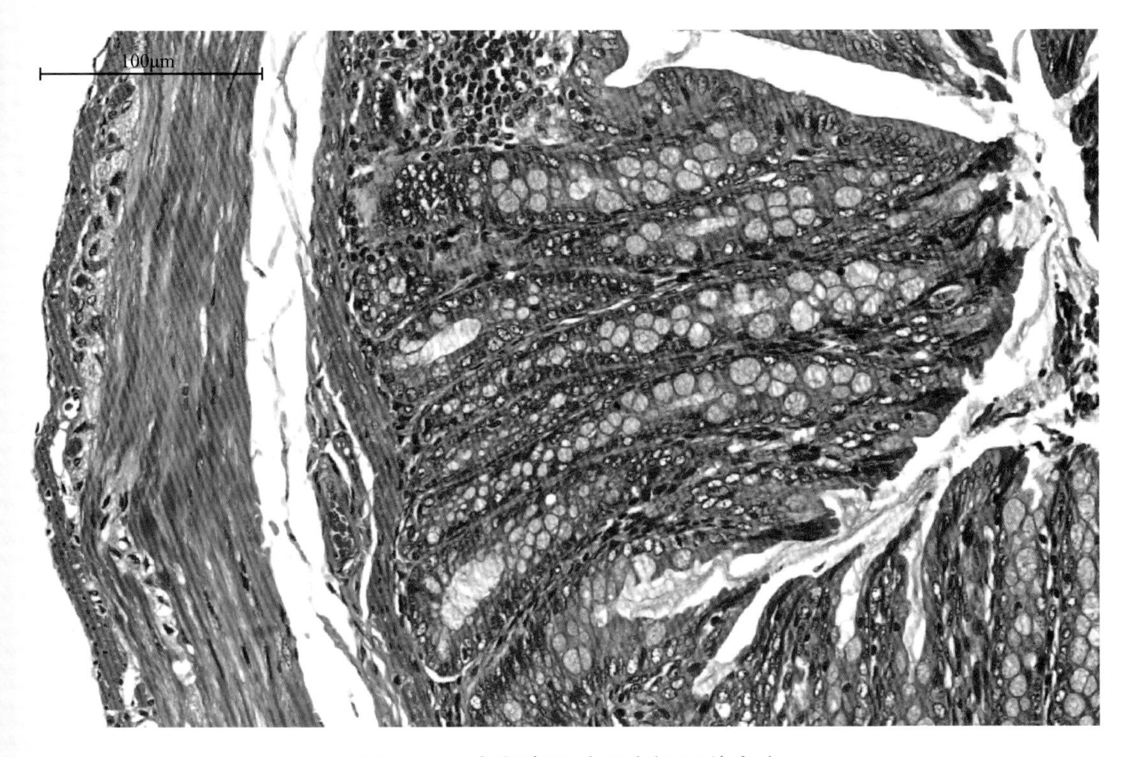

图4-87　大鼠直肠（四）(HE染色)

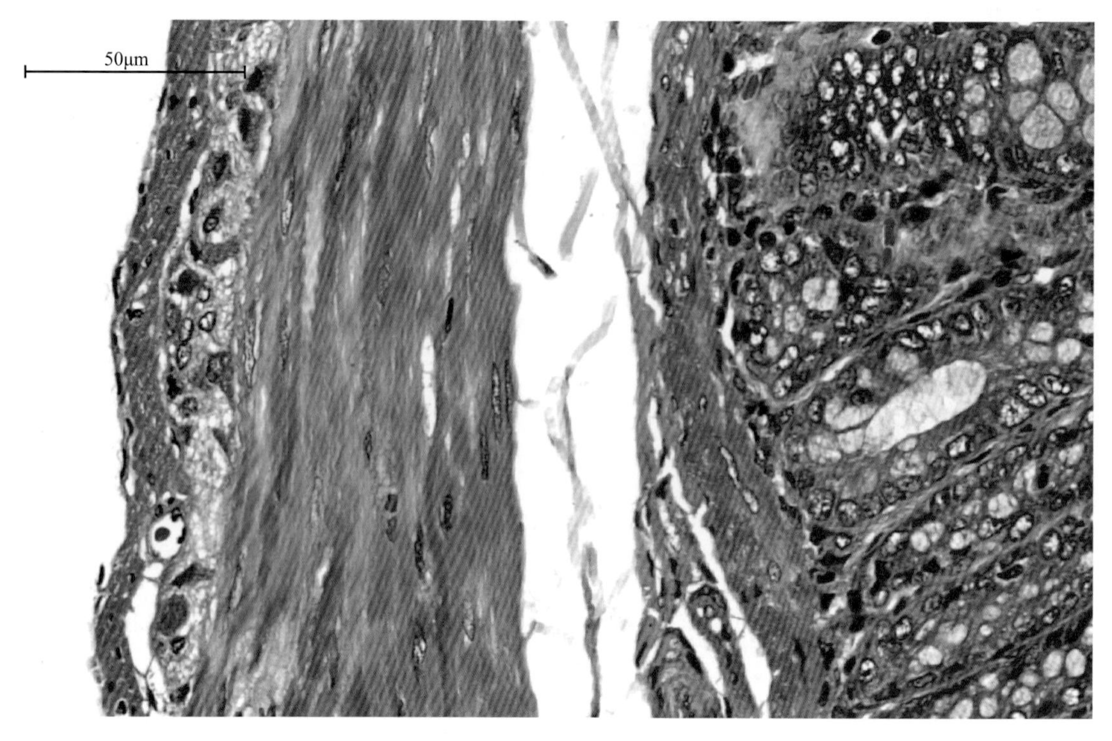

图4-88　大鼠直肠（五）（HE染色）

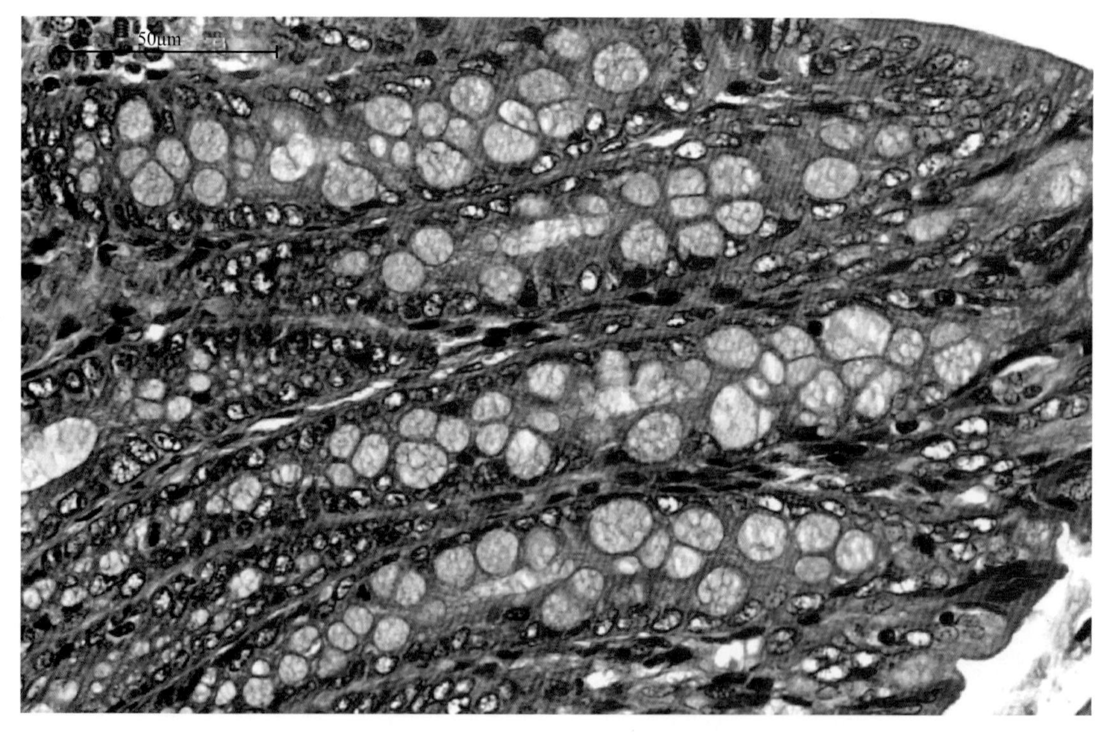

图4-89　大鼠直肠（六）（HE染色）

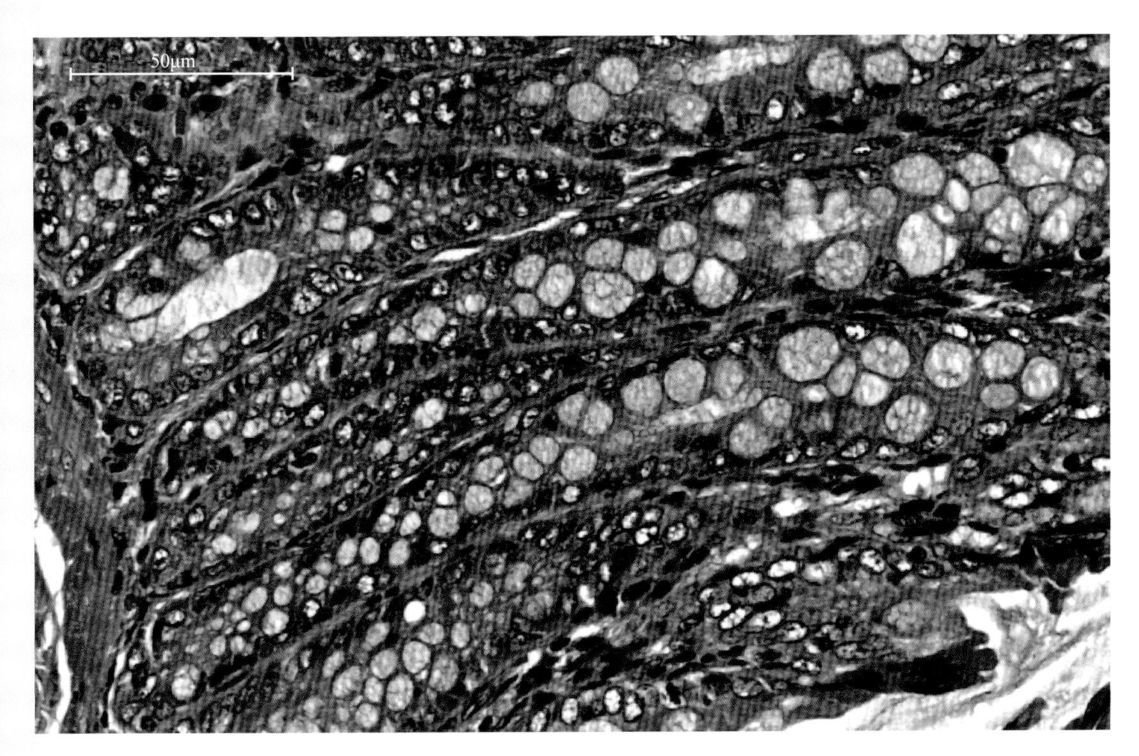

图4-90 大鼠直肠（七）（HE染色）

第二节 消化腺

一、大唾液腺

大唾液腺包括腮腺、舌下腺、下颌下腺3对，位于口腔周围，大唾液腺表面包以薄层结缔组织，并深入腺体内，将腺体分割呈小叶，其导管开口于口腔。3对大唾液腺结构相似，功能相近。大唾液腺均为复管泡状腺，每个小叶均有导管分支及其末端的腺泡组成，腺泡又可分为浆液性、黏液腺和混合型3种类型的腺泡。浆液性腺泡由单层立方或锥体形腺细胞组成；黏液腺泡由黏液腺细胞组成；混合型腺泡由浆液性和黏液性腺泡共同组成。而导管根据其位置和功能的不同也分成3段，即闰管、纹状管及总导管。

1. 腮腺

腮腺，又称耳下腺，呈扁平状，为3～4个界限清楚的分叶，位于颈部腹侧面，向上达耳根后方，为淡红色扁平上皮。腮腺为纯浆液性腺，闰管较长，纹状管较短，分泌物含大量唾液淀粉酶。小叶结缔组织中含数量较多的脂肪细胞。

2. 舌下腺

舌下腺为相当小的淡黄色腺体、有光泽，分为大舌下腺和分布于舌根部的小舌下腺，大舌下腺长约4mm，宽1～2mm，位于下颌下腺的前外侧，前部紧贴于舌与第一臼齿的口腔黏膜下，呈不规则形；后部位于舌肌和内翼肌内，舌下脉管从腺体内侧伸出，与脉管并行。舌下腺也是混合腺，但以黏液腺泡为主，无闰管，纹状管较短，分泌物以黏液为主。

3. 下颌下腺

下颌下腺位于浅部腹侧面，为一对大型腺体，红色，呈长椭圆形，颈长约15mm，宽10～15mm，两侧腺体在腹中线紧密相邻。下颌下腺是混合腺，以纯浆液性腺泡为主，闰管短，纹状管较长，分泌物含大量唾液淀粉酶及黏液（见图4-91～图4-97）。

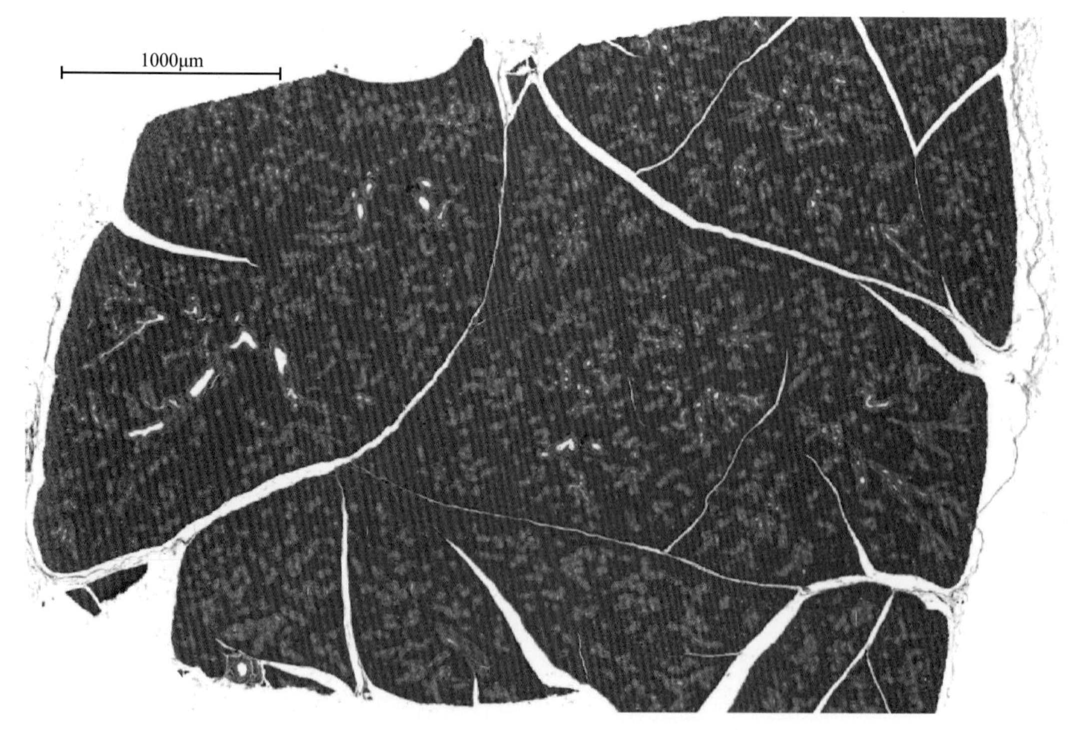

图4-91　大鼠下颌下腺（一）(HE染色)

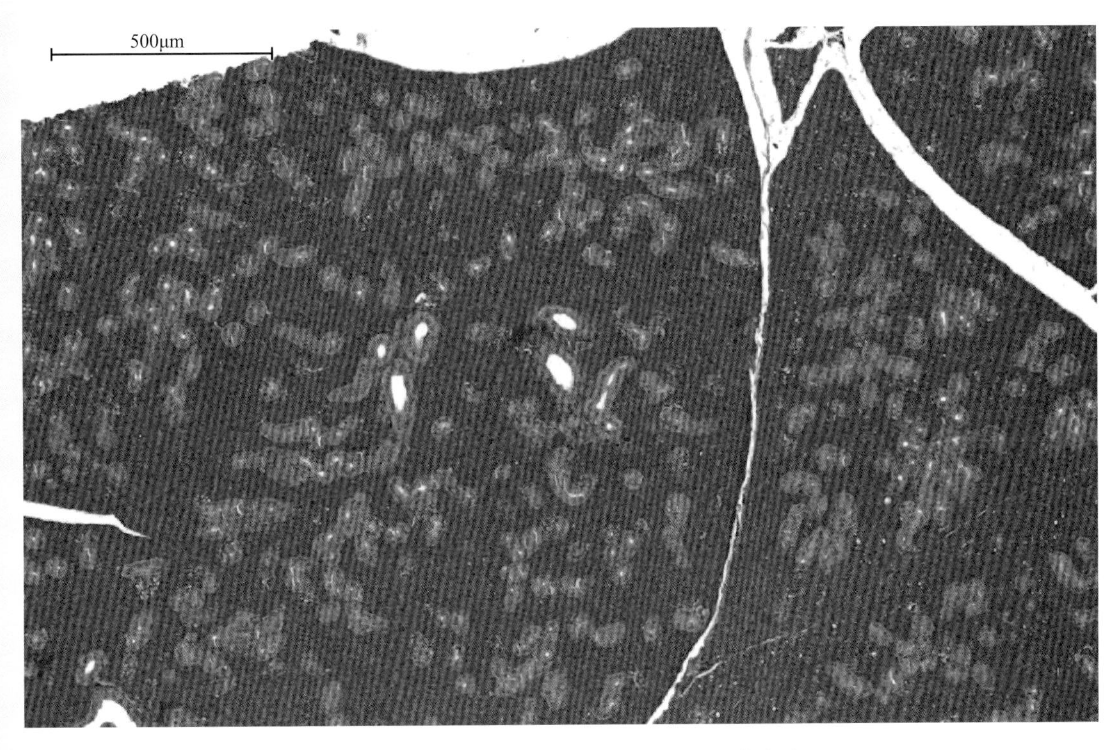

图4-92 大鼠下颌下腺(二)(HE染色)

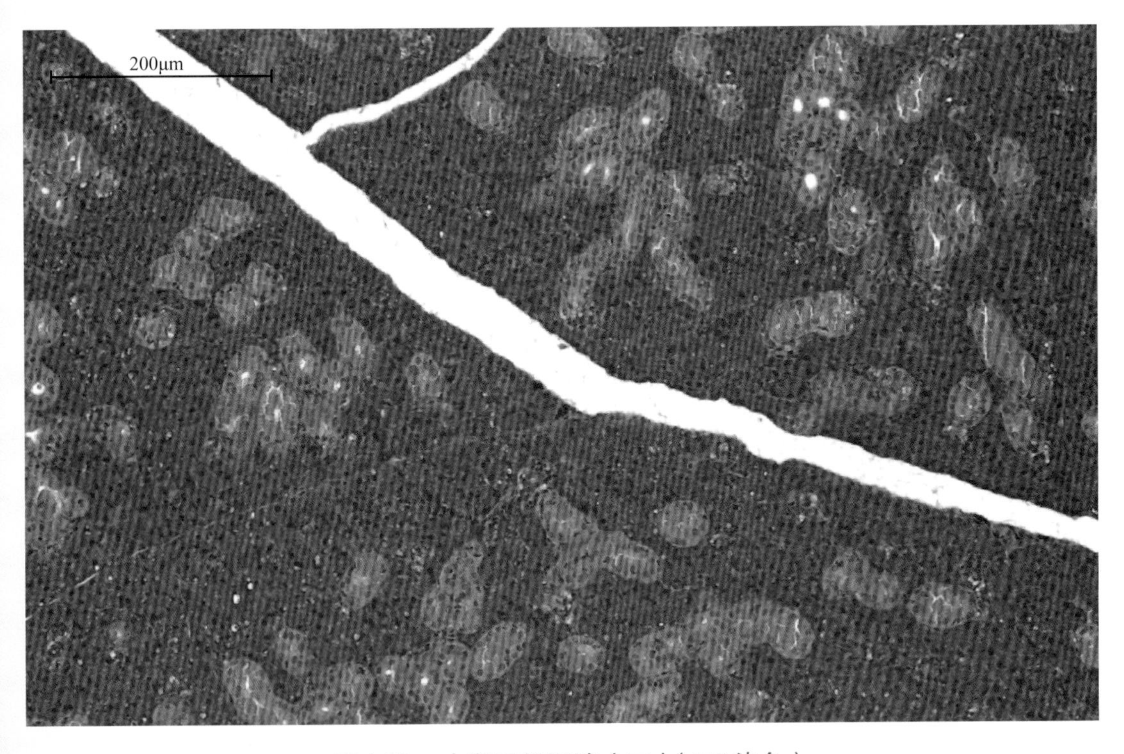

图4-93 大鼠下颌下腺(三)(HE染色)

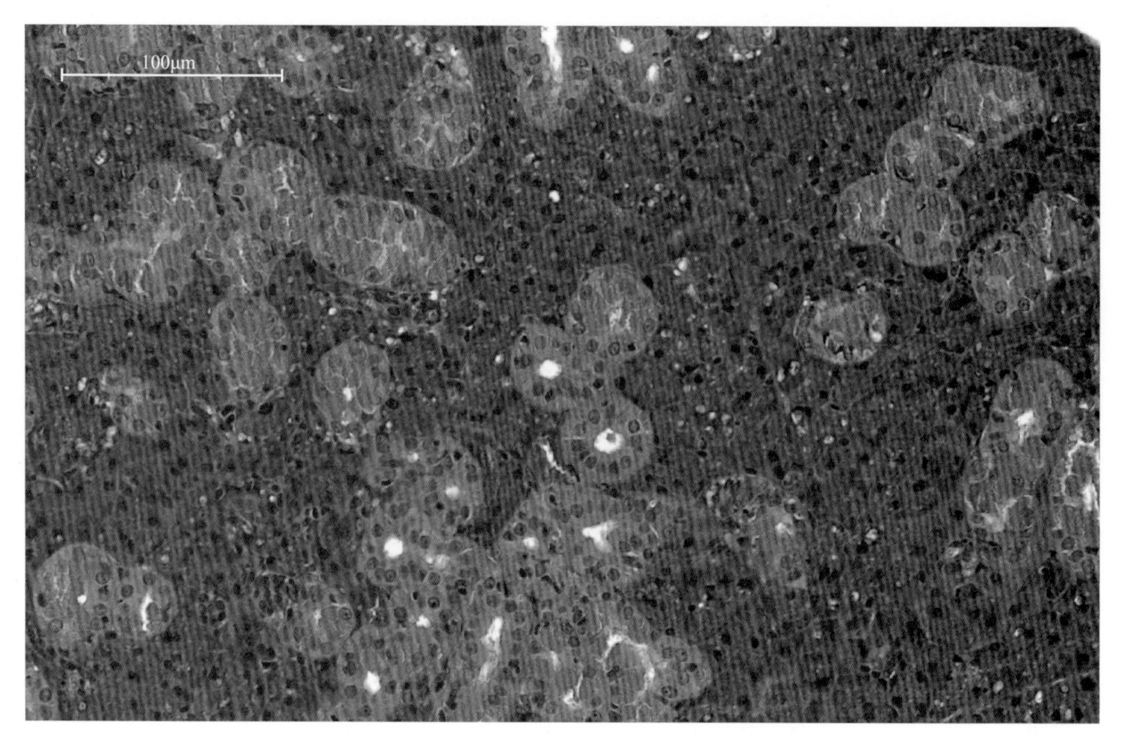

图4-94　大鼠下颌下腺（四）（HE染色）

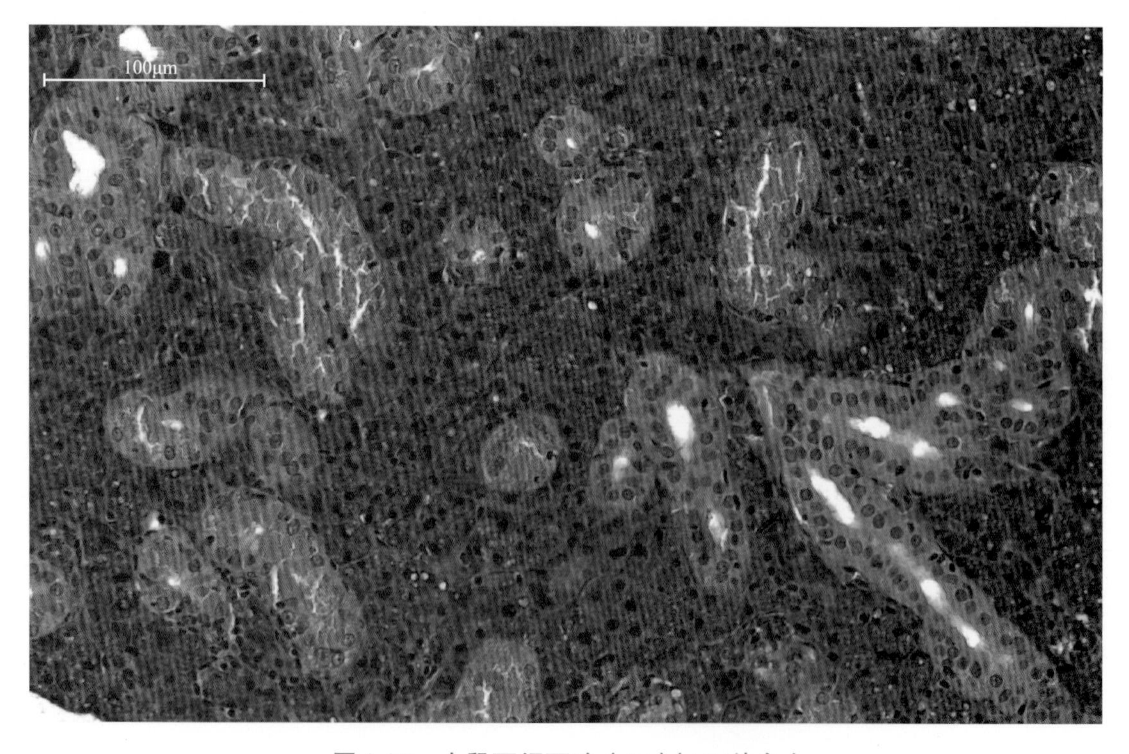

图4-95　大鼠下颌下腺（五）（HE染色）

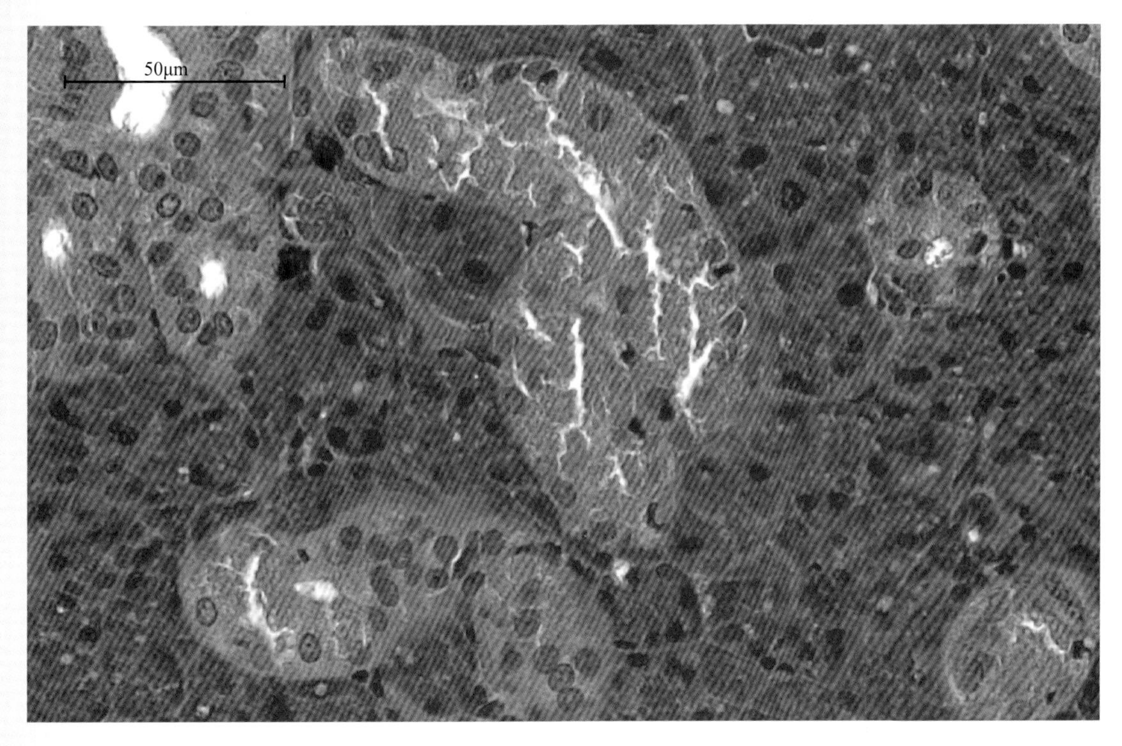

图4-96　大鼠下颌下腺（六）（HE染色）

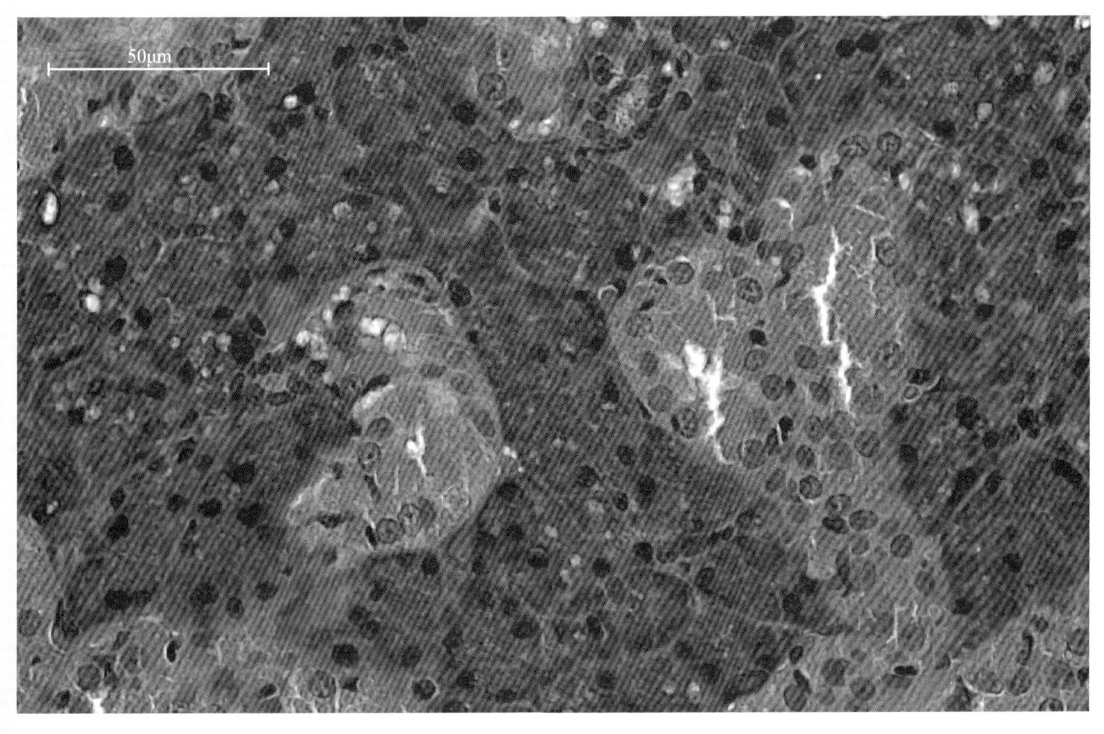

图4-97　大鼠下颌下腺（七）（HE染色）

二、肝脏

肝脏位于腹腔的前部，膈的后方，大部分位于右季肋区，呈暗褐色，由镰状韧带将其附在膈上。根据肝脏腹缘上深浅不同的切迹，大鼠肝脏可分为左外叶、左中叶、中叶、右叶，以及从肝门的左侧发出的两个盘状乳头状突，从肝的右叶发出的一个乳头状突。中部有肝门，门静脉和肝动脉经肝门入肝，胆汁的输出管和淋巴管经肝门出肝。肝各叶的输出管合并在一起形成肝管。大鼠无胆囊，胆总管在门脉处由来自各叶的肝管汇集而成。胆总管全长15～45mm，直径约1mm。整个胆总管几乎都被胰腺所包围。开口于距幽门括约肌9～35mm处的十二指肠乳突上。

（一）组织结构

1. 被膜、小叶间结缔组织和门管区

肝表面大部分被覆一层富含弹性纤维的结缔组织被膜，被膜表面由浆膜覆盖，结缔组织在肝门随门静脉、肝动脉和肝管的分支伸入肝实质内，将肝实质分割成许多肝小叶，肝小叶构成了肝脏的基本结构单位。大鼠肝脏的间质较少，故光学显微镜下相邻的肝小叶分界不清，常相互连接。通常根据中央静脉及门管区的小叶间动脉、静脉及胆管的位置来区分。

2. 肝小叶

肝小叶是肝脏的结构和功能单位，由中央静脉、肝小管、肝细胞及肝血窦组成。中央静脉位于肝小叶的中央，肝小管和肝血窦呈交错辐射状排列于中央静脉周围。肝细胞质丰富，嗜酸性，HE染色时伊红易于着色，胞质内含有粒状和小块状的嗜碱性物质。

（1）中央静脉　管壁很薄，为一层内皮细胞，其管径狭窄，肝窦出入处可清晰辨认。

（2）肝小管　由肝细胞环绕毛细胆管而排列成的管状结构。肝小管的横断面由4～7个肝细胞组成。肝细胞呈锥形或多边形，细胞核大而圆，位于肝细胞靠近肝血窦的一侧，胞质中含有许多大小不等的颗粒和微小的脂滴。

（二）功能

肝脏是大鼠体内最大的腺体器官，其具有多种功能。

1. 解毒功能

肝脏中含有丰富的酶类，有毒物质（包括药物）被吸收后通过肝脏处理，毒性降低或无毒。

2. 代谢功能

肝脏的代谢功能包括能量代谢、合成代谢及分解代谢，食物被机体摄入后，食物中所含的蛋白质、脂肪、碳水化合物、维生素和矿物质等各种物质，通过胃肠的初步消化吸收后被送到肝脏进行分解代谢，蛋白质分解为氨基酸、脂肪分解为脂肪酸、淀粉分解

为葡萄糖等，分解后的物质又会根据机体需要在肝脏内合成机体需要的蛋白质、脂肪和一些特殊的碳水化合物及营养物质供机体利用。

3.分泌胆汁

肝细胞能够分泌胆汁，胆汁中富含胆盐，胆汁进入小肠后促进食物的消化吸收。

4.造血、储血功能

新生大鼠的肝脏具有髓外造血功能，成年后造血功能消失；另外，肝脏有丰富的血管，可容纳大量血液，对血液有储存和调节作用。

5.免疫防御功能

肝脏中有一种特殊的枯否氏细胞，能够吞噬、消化部分通过肝脏的外来颗粒性抗原性物质，或者经过初步处理后交给其他免疫细胞进一步清除。另外，大鼠肝细胞易形成白细胞聚集，以淋巴细胞构成为主，在一些病毒性疾病和镉、铅等重金属的毒理学研究中经常能够观察到此现象，对肝脏的组织病理的形成有重要影响。

6.肝脏再生功能

肝细胞更新及再生活跃。试验表明，大鼠肝脏切除三分之二，仅需6周就可恢复肝脏原有体积（见图4-98～图4-100）。

图4-98　大鼠肝脏（一）（HE染色）

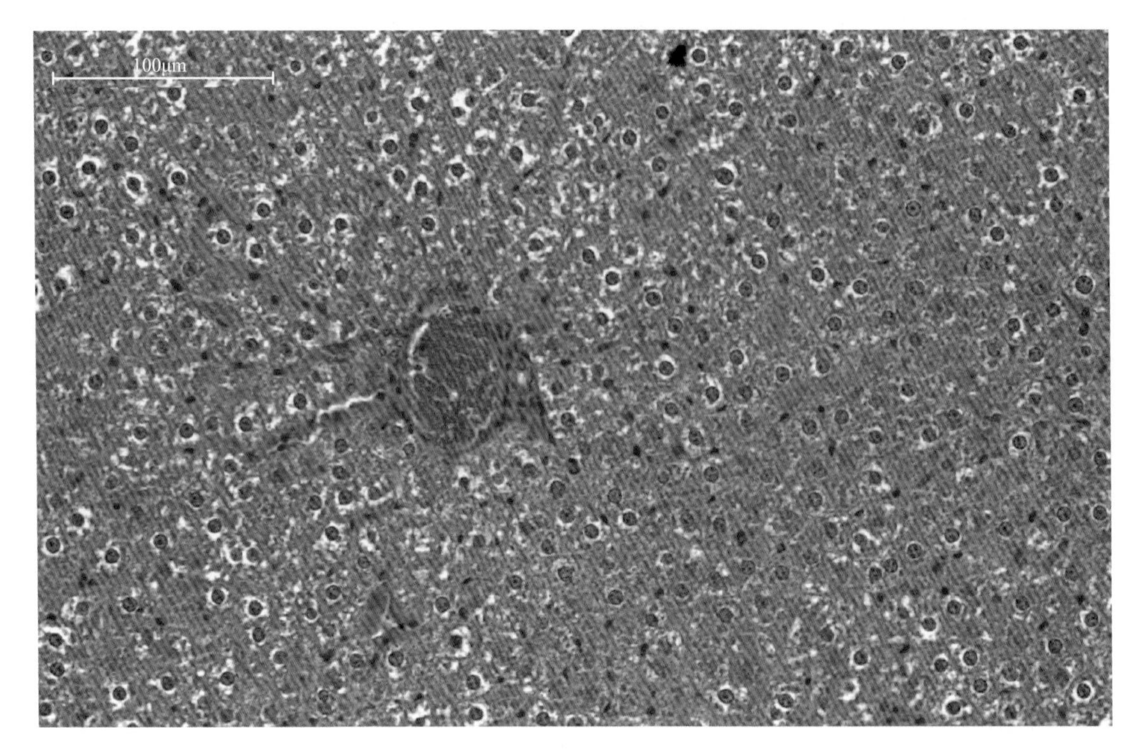

图4-99　大鼠肝脏（二）（HE染色）

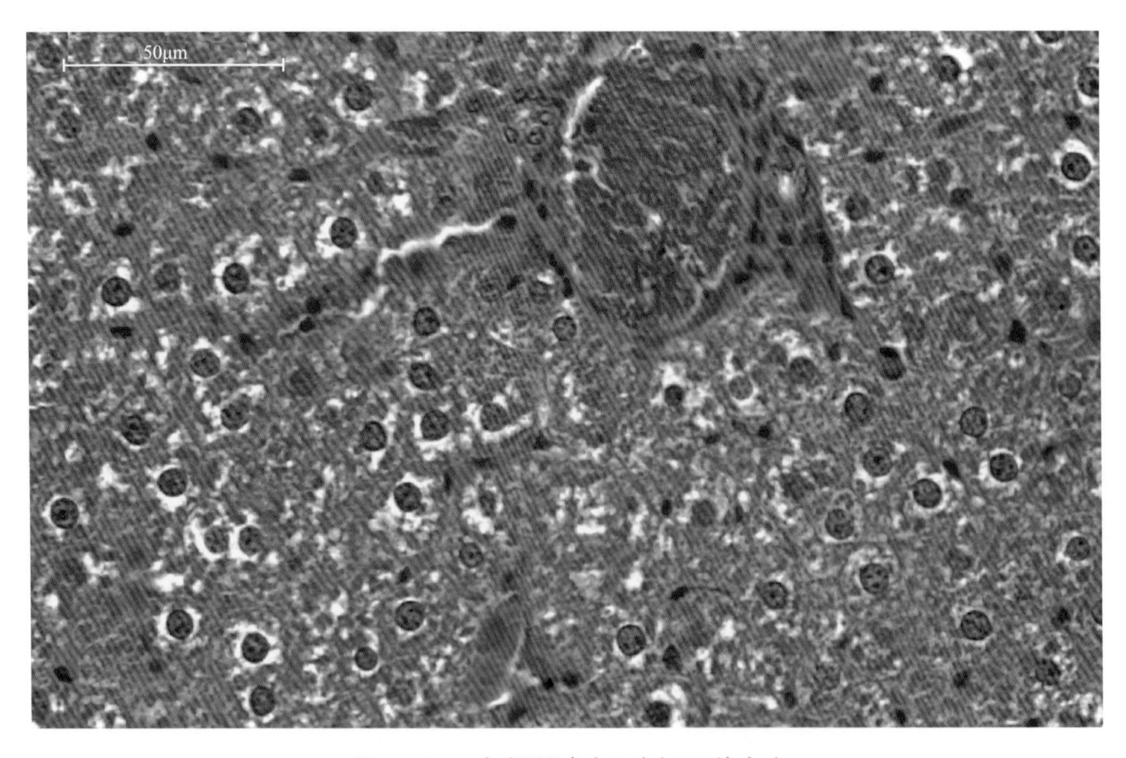

图4-100　大鼠肝脏（三）（HE染色）

三、胰

大鼠的胰腺是一个颜色灰黄，分成小叶、弥散性器官。其质地较柔软，外观似脂肪，但较脂肪、腹膜坚硬，以此可与脂肪、腹膜区分开来。成年大鼠胰腺重0.75 ～ 1g。胰腺分为左叶、右叶和体部，从十二指肠袢延伸到胃脾韧带。左叶扁平，沿胃的背面走行，深入到大网膜的背部，并沿着脾动脉到脾的小肠面；右叶和体部包埋在十二指肠和空肠中段的起始部。分泌管多达40个，延伸融合形成2 ～ 8个大导管，这些大导管延伸合并为胆总管。

胰腺由外分泌部和内分泌部组成。

1.外分泌部

胰腺外分泌部是浆液性的复管泡状腺，腺泡细胞具有浆液性细胞的形态特点，分泌多种消化酶，包括胰蛋白酶原、胰糜蛋白酶原、胰淀粉酶、胰脂肪酶等，分别消化食物中的各种营养物质。大鼠胰腺内结缔组织虽然很少，但在光学显微镜下观察，其分叶却十分明显。腺泡细胞呈锥体形，顶部胞质含有许多嗜酸性染色的酶原的颗粒，细胞核位于细胞的基部，核仁明显。

2.内分泌部

内分泌部为胰岛，分布于腺泡之间。HE染色片中，胰岛色浅，为球形细胞团，细胞间有丰富的毛细血管。胰岛直径50 ～ 100μm，每个胰岛被薄层结缔组织鞘包围。胰岛有四种不同细胞，各具有不同的分泌功能。A细胞分泌高血糖素，B细胞（β细胞）数量较多，体积较小，多位于胰岛中部，分泌胰岛素。D细胞和PP细胞数量较少（见图4-101 ～图4-103）。

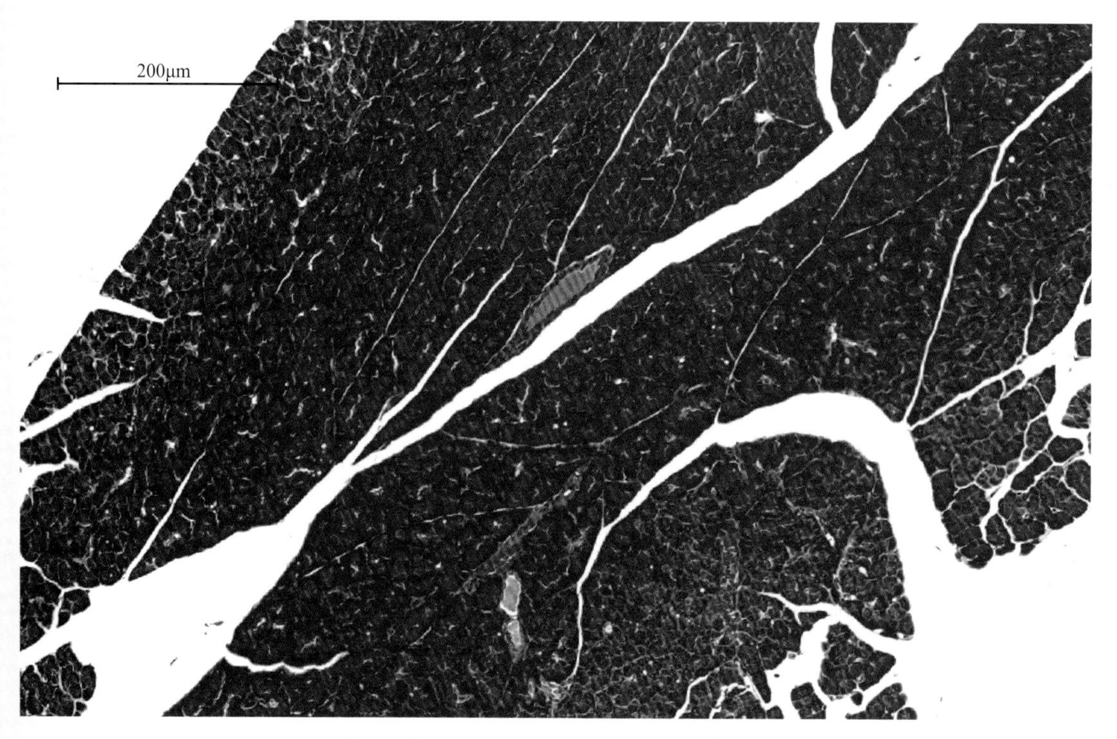

图4-101　大鼠胰腺（一）（HE染色）

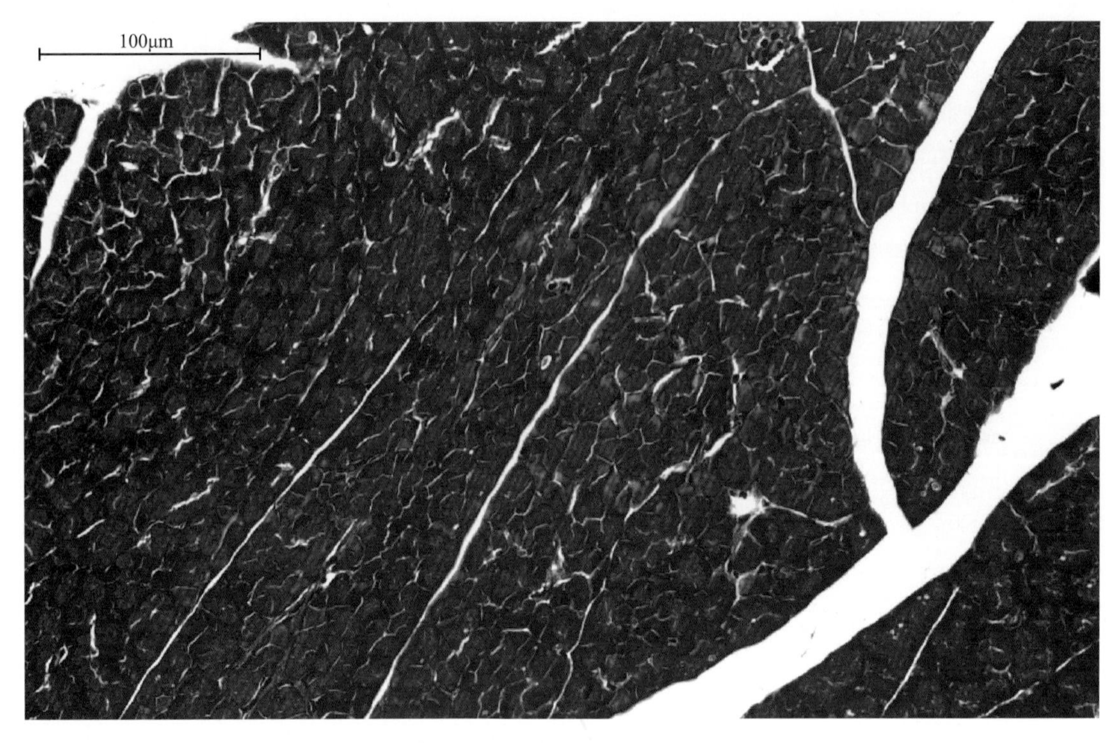

图4-102 大鼠胰腺（二）（HE染色）

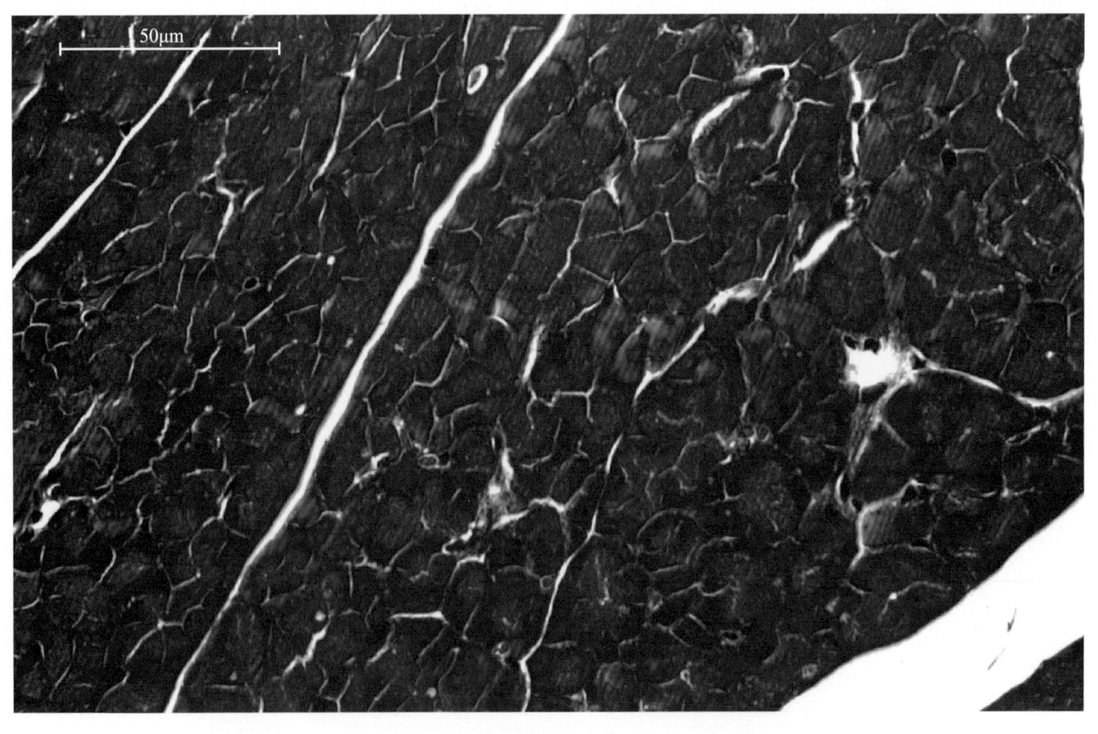

图4-103 大鼠胰腺（三）（HE染色）

第五章

呼吸系统

大鼠的呼吸系统包括鼻、咽、喉、气管、支气管和肺等器官，以及胸膜腔等辅助装置。鼻、咽、喉、气管和支气管是气体出入肺的通道，称为呼吸道。肺是气体交换的器官。

第一节 呼吸道

一、鼻

鼻是呼吸道的起始部，对吸入的空气有温暖、湿润和清洁作用；同时又是嗅觉器官。鼻位于口腔背侧，分为外鼻、鼻腔和鼻旁窦三部分。鼻腔由鼻中隔（筛骨垂直板和鼻中隔软骨构成），分为左右两个腔。鼻腔分为鼻前庭和固有鼻腔。鼻前庭是鼻腔前部衬有皮肤的部分，构成了鼻翼围成的空间。固有鼻腔是鼻腔衬有黏膜的部分，位于鼻前庭后方，每侧鼻腔侧壁附有上、下鼻甲，将鼻腔分为三个鼻道，上鼻道位于鼻腔顶壁与上鼻道之间，较狭小，后端通嗅区；中鼻道通上、下鼻甲之间，通鼻旁窦；下鼻道通下鼻甲与鼻腔底壁之间，最宽，直接通鼻后孔。上、下鼻甲与鼻中隔之间形成总鼻道，与以上三个鼻道相通。

根据鼻腔黏膜的结构与功能不同，鼻腔可分为前庭部、呼吸部及嗅部。

1. 前庭部

组织黏膜结构与皮肤相似，被覆复层扁平上皮，接近鼻孔部位表皮角质化，与呼吸黏膜相接部分的固有膜中有小型腺体，对其上皮有湿润功能。

2. 呼吸部

占据鼻腔前庭大部分，黏膜为淡红色，被覆假复层柱状纤毛上皮，其间夹有分泌黏液的杯状细胞，固有膜中淋巴细胞较多，并有丰富的血管，还有浆液性鼻腺，鼻黏膜缺乏黏膜下层，其下层通过骨膜延续为骨组织。

3.嗅部

位于筛鼻甲和鼻中隔后部，被覆嗅上皮，嗅上皮为假复层柱状类型，嗅上皮黏膜的表层为支持细胞，其下为嗅细胞，最下层为基细胞。黏膜固有层为疏松结缔组织构成，含有淋巴细胞。大鼠的嗅觉较灵敏（见图5-1 ～图5-7）。

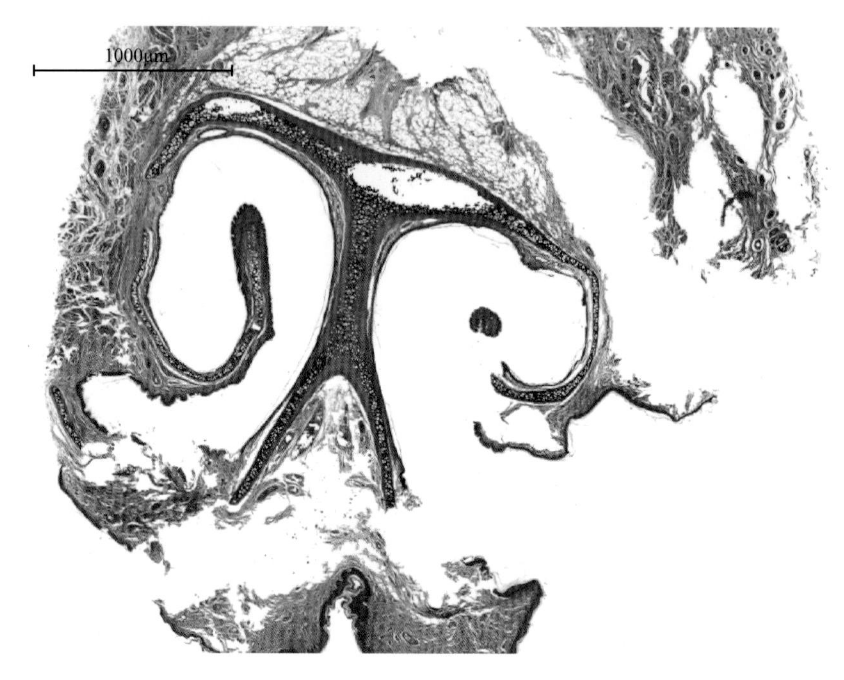

图5-1　大鼠鼻（一）（HE染色）

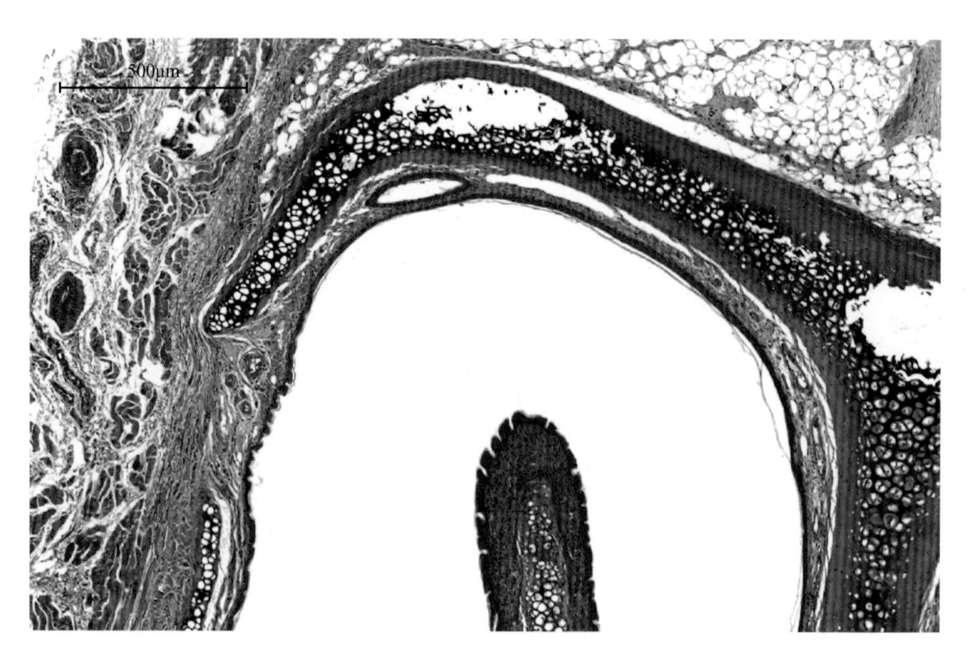

图5-2　大鼠鼻（二）（HE染色）

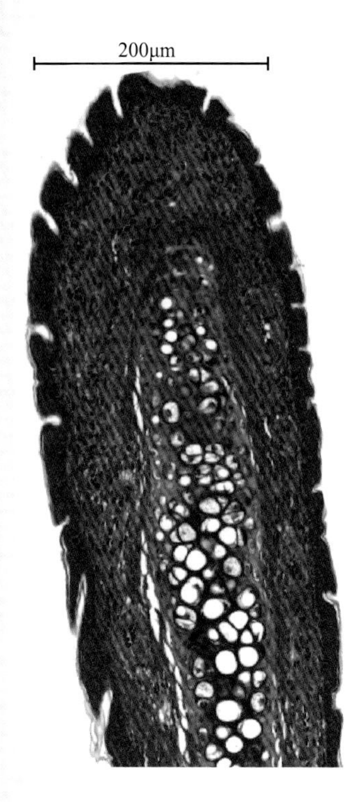

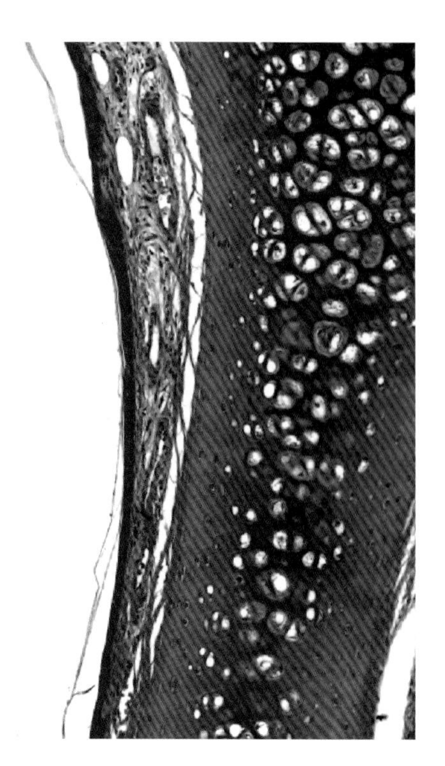

图5-3　大鼠鼻（三）（HE染色）

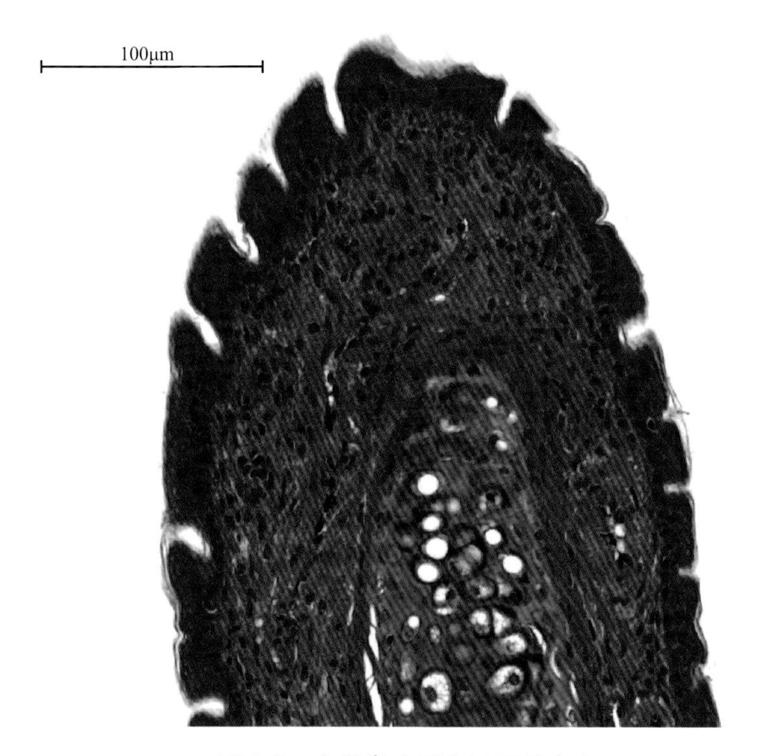

图5-4　大鼠鼻（四）（HE染色）

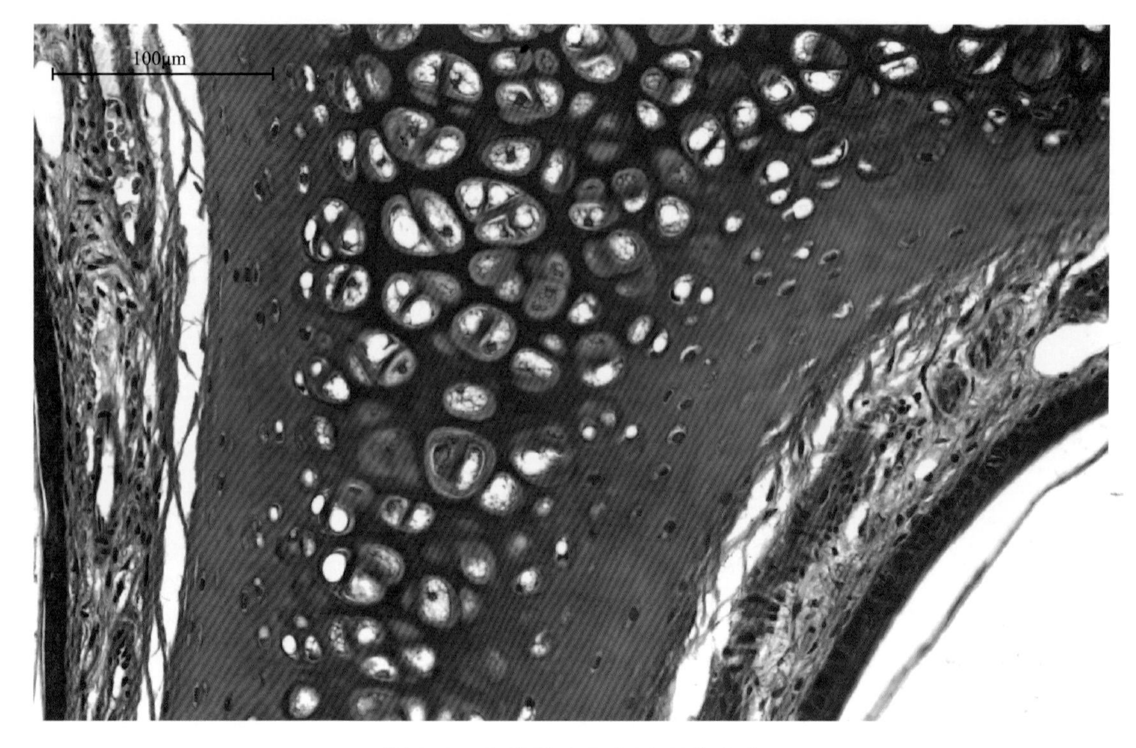

图5-5　大鼠鼻（五）（HE染色）

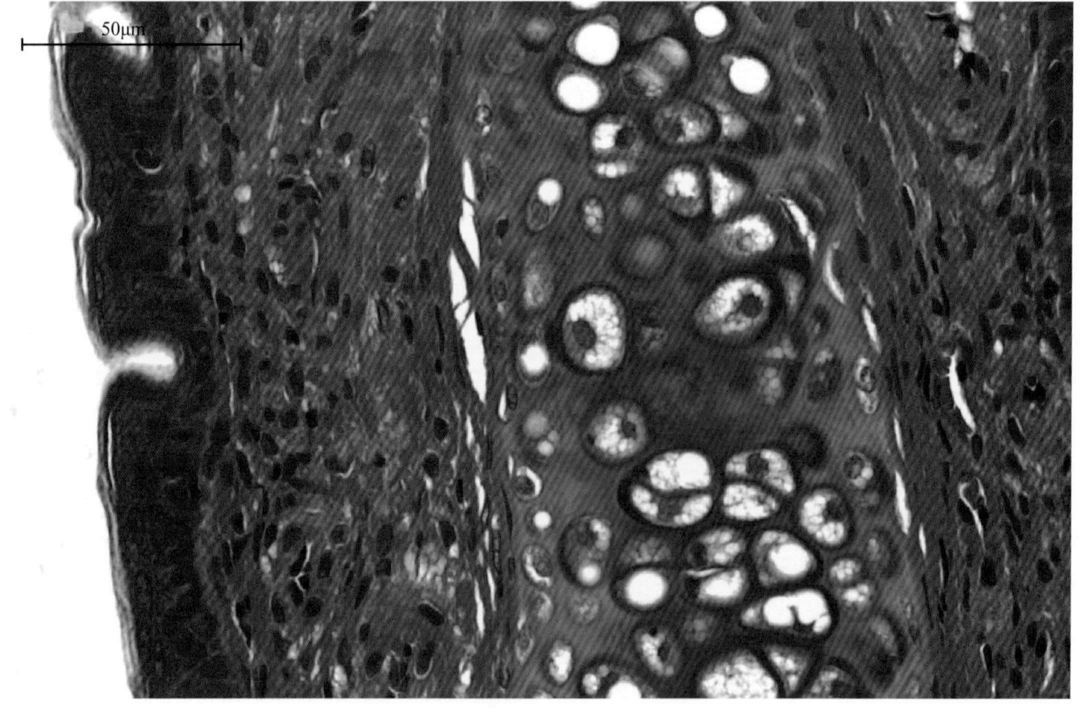

图5-6　大鼠鼻（六）（HE染色）

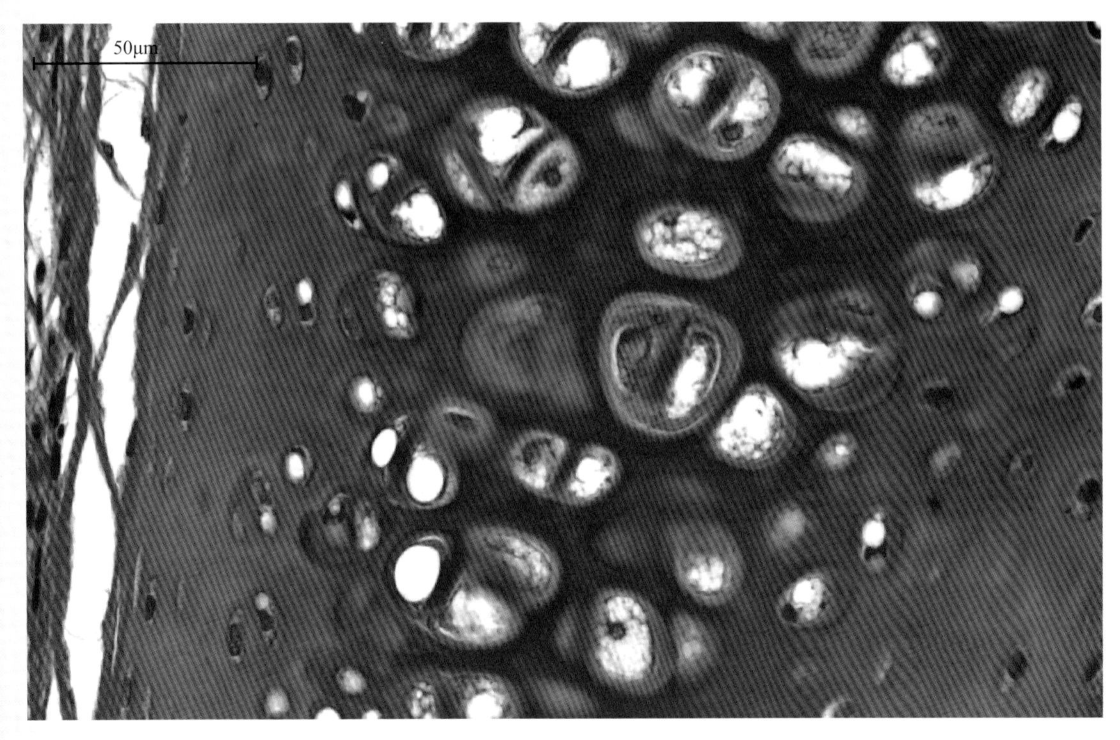

图5-7　大鼠鼻（七）（HE染色）

二、喉

喉为气管起始部前的膨大部分，既是呼吸的通道，也是发声的器官。喉由软骨构成支架，腔面衬以黏膜，并有韧带、肌肉附着。喉的不同部位被覆上皮不同，会厌舌面和喉面上半部的黏膜为复层扁平上皮；喉面的基部覆盖假复层纤毛柱状上皮，固有层为疏松结缔组织，弹性纤维较丰富，并有混合腺及淋巴组织。喉室的大部分覆以假复层纤毛柱状上皮，有杯状细胞，固有层为含大量弹性纤维的疏松结缔组织。室襞的黏膜表面为假复层纤毛柱状上皮，固有层和黏膜下层为疏松结缔组织，富含混合腺及淋巴组织。膜部黏膜表面为复层扁平上皮，覆盖由声带游离缘顶端向声带上下面延伸1.5～3mm，其余部分覆以假复层纤毛柱状上皮，固有层较厚，浅层是疏松结缔组织。中层及深层分别以弹性纤维和胶原纤维为主，构成声韧带。

大鼠喉的血液供应主要来自甲状腺上动脉分出的喉支，动脉细小，直径不足1mm，管壁菲薄。

三、气管和支气管

气管和支气管是由不完整软骨环构成支架的圆筒状长管，是气体进出肺的通道。气管位于颈腹侧中线，由喉向后延伸，经胸前口进入胸腔，在心底背侧分为左、右两条主支气管，分别经肺门进入左、右肺叶。气管和支气管均由黏膜、黏膜下层、软骨纤维膜（外膜）组成。

（一）黏膜

黏膜由上皮及固有层构成。

1. 上皮

黏膜上皮为假复层纤毛柱状上皮，由纤毛细胞、杯状细胞、腺细胞、刷细胞、基细胞及小颗粒细胞等组成。

（1）纤毛细胞　细胞呈高柱状，游离缘纤毛密集，可快速摆动排出痰液。

（2）杯状细胞　分泌的黏蛋白与混合腺的分泌物在上皮表面构成黏液性屏障，可黏附空气中的异物颗粒，溶解有毒气体。

（3）腺细胞　腺细胞呈柱状，由上皮下陷形成许多单泡状的气管腺，夹有杯状细胞，腺泡位于固有层内，胞质内充满黏原颗粒。

（4）刷细胞　细胞呈柱状，微绒毛密集整齐，部分基部有突触，可感受刺激。

（5）基细胞　细胞呈锥形，较小，位于基部，属于干细胞，可增殖分化形成上皮细胞。

（6）小颗粒细胞　呈锥形，为内分泌细胞，分泌5-羟色胺，可调节腺体分泌和平滑肌收缩。

2. 固有层

固有层含弹性纤维及丰富的血管。气管分支以及支气管与血管之间均有淋巴组织存在。

（二）黏膜下层

为疏松结缔组织，内有许多混合性腺体。

（三）软骨纤维膜

较厚，主要含若干个不完整软骨环，软骨环之间以弹性纤维构成的膜状韧带链接，它们共同构成管壁的支架（见图5-8 ～图5-11）。

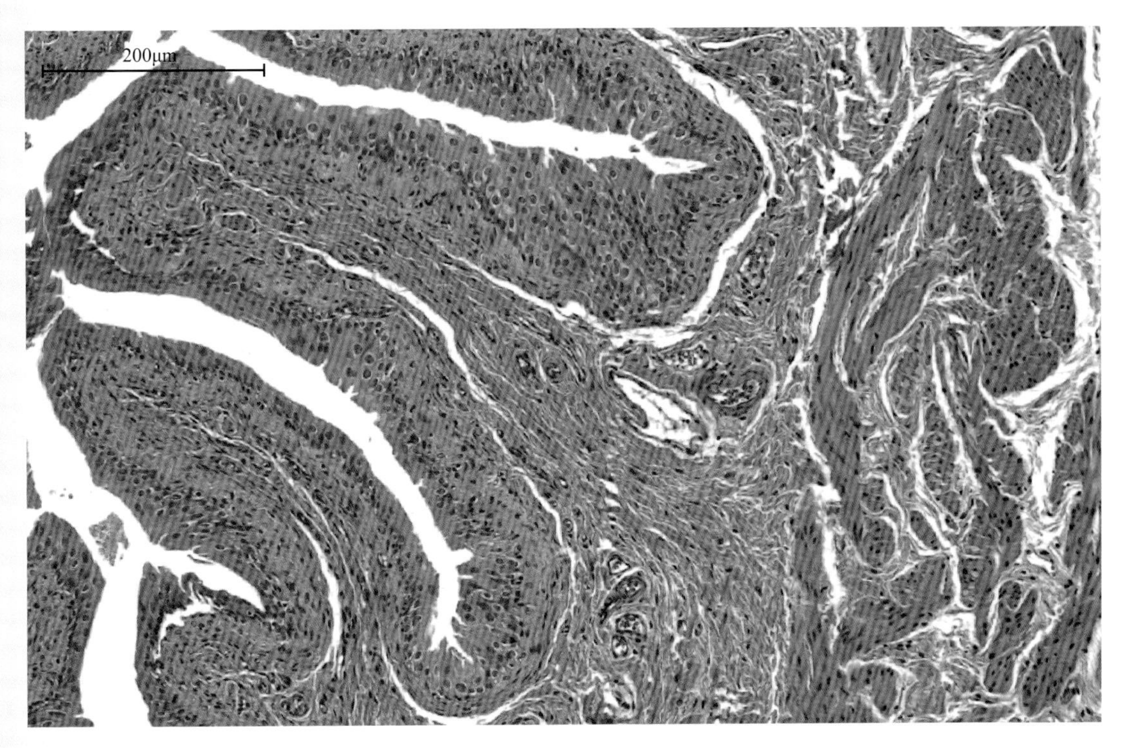

图5-8　大鼠气管（一）（HE染色）

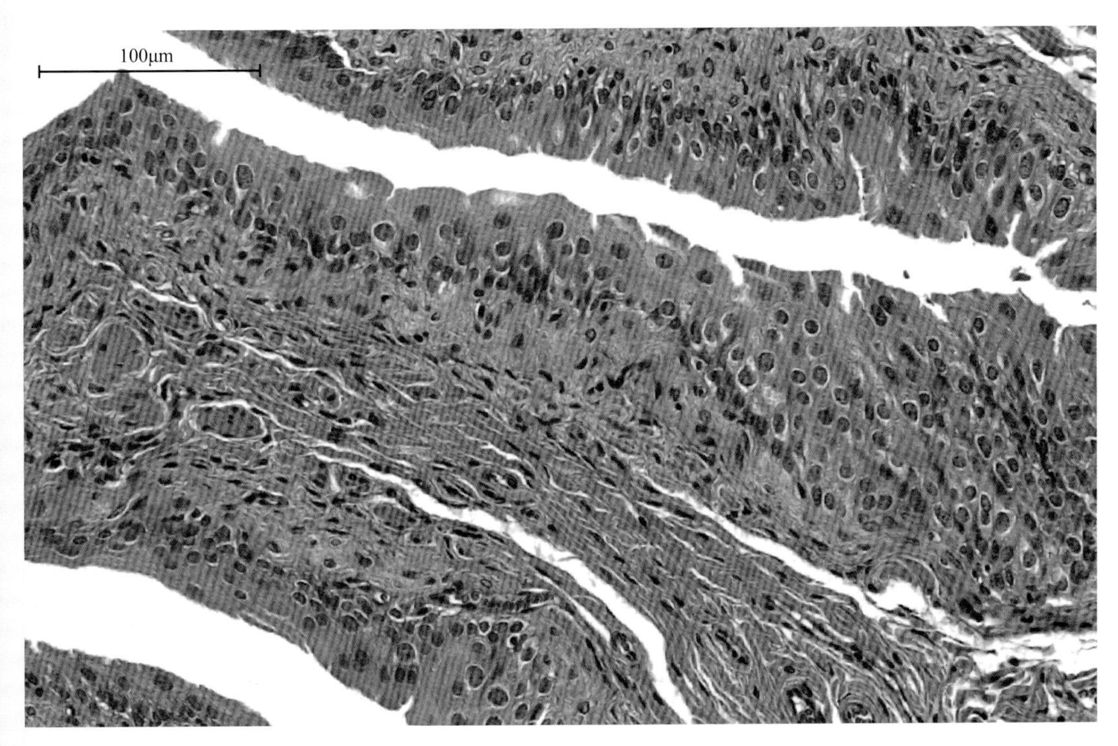

图5-9　大鼠气管（二）（HE染色）

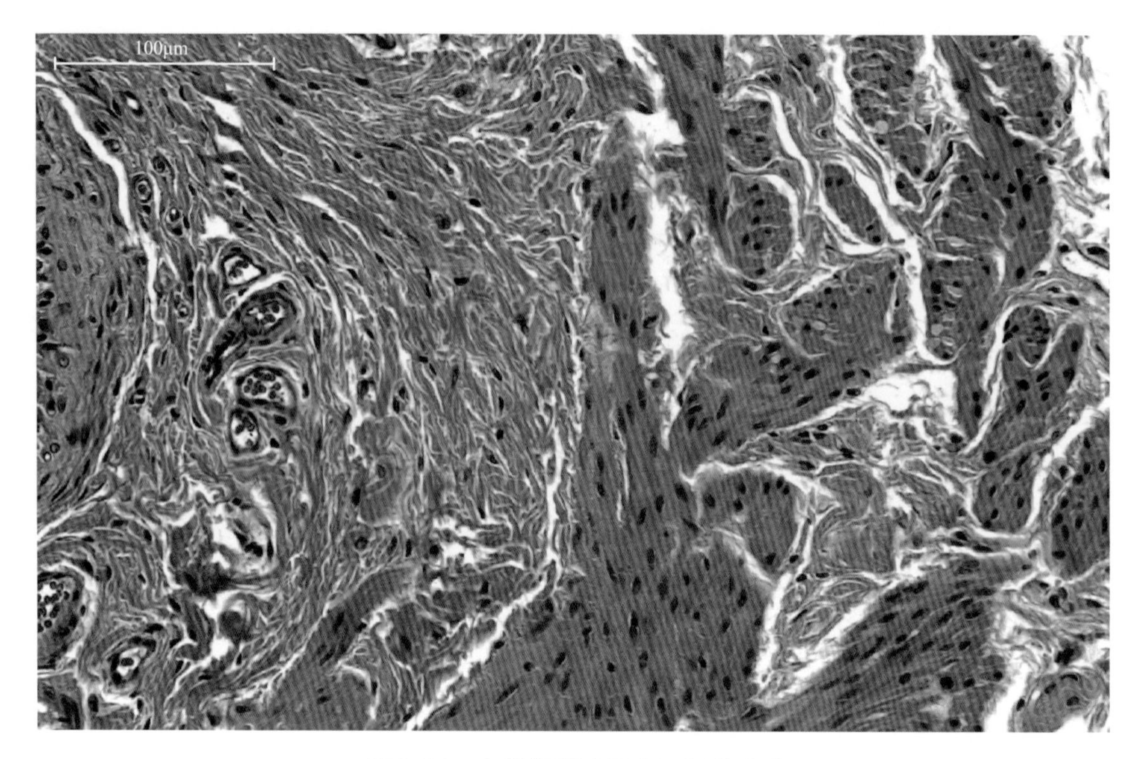

图5-10　大鼠气管（三）（HE染色）

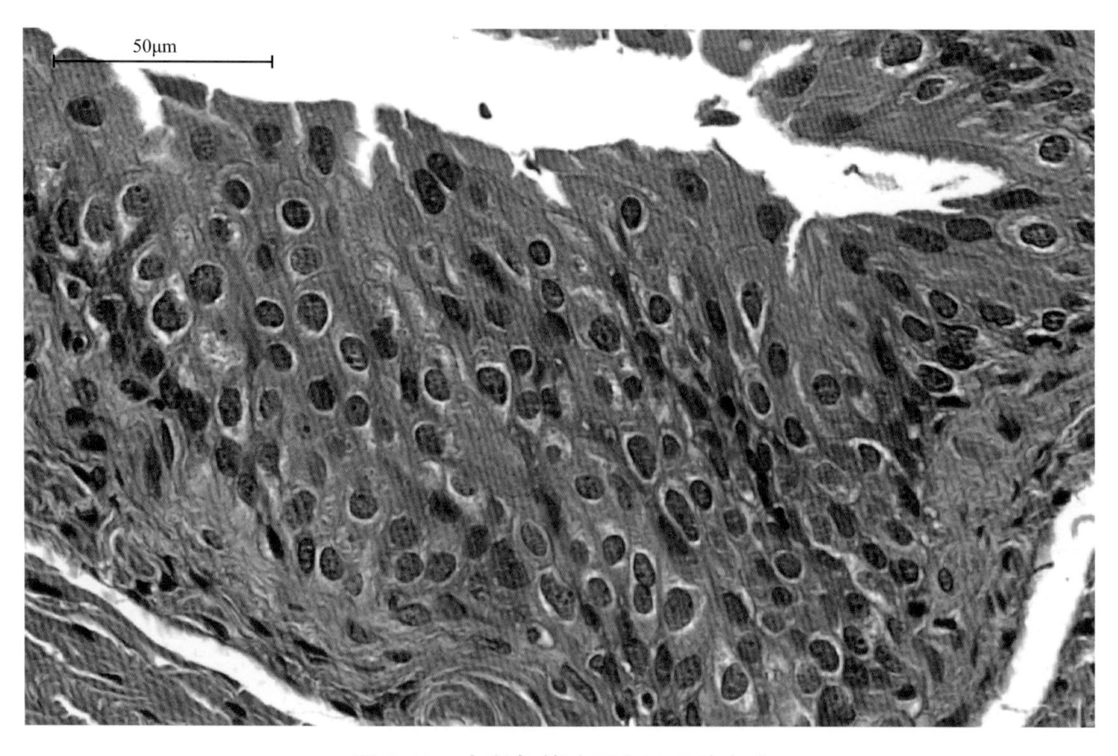

图5-11　大鼠气管（四）（HE染色）

第二节 肺

肺为气体交换的器官，大鼠的肺呈粉红色，质地柔软，呈海绵状，有弹性，入水不沉。肺位于胸腔内，心脏两侧，分左、右两肺，在两肺的内侧、心脏的背侧有肺门，是支气管、肺动脉、肺静脉和神经出入肺的地方。大鼠的左肺不分叶，仅有一个大叶，右肺分成四叶，分别为前叶、中叶、副叶和后叶。

肺脏表面被覆一层浆膜性肺胸膜，浆膜下结缔组织深入肺内与肺内血管、神经及淋巴管等共同构成了肺间质，将肺组织分割成许多肺小叶。肺实质是由肺内各级支气管及其分支和肺泡。左、右主支气管经肺门入肺后分出肺叶支气管，肺叶支气管分出肺段支气管，通过逐级反复分支，形成各级小支气管，当管径细至1mm以下时，称为细支气管。细支气管继续通过逐级反复分支，管径至0.5mm以下时，称为终末细支气管。终末细支气管继续分支，管壁上出现肺泡开口，称为呼吸性细支气管。呼吸性细支气管进一步分支形成大量肺泡开口，至此，管壁失去原来的连续结构，形成了肺泡管。由数个肺泡围成的结构称为肺泡囊。由于支气管在肺内反复分支呈树枝状，故名支气管树。每个细支气管连同其所属的分支和周围的肺泡共同组成一个肺小叶。

一、组织结构

1. 被膜

表面由浆膜覆盖，浆膜的结缔组织中含有较多的弹性纤维。被膜的结缔组织伸入肺实质形成小叶间结缔组织，构成肺的结缔组织支架。

2. 实质

肺实质根据其组织结构和功能的不同分为导气部和呼吸部。

（1）导气部　肺的导气部的管壁由黏膜、黏膜下层和外膜三层结构，随管道逐步分支而逐渐变细，管壁也逐渐变薄，组织结构也随之发生变化。黏膜上皮为假复层柱状纤毛上皮，内有纤毛细胞和无纤毛细胞（包括基细胞、刷细胞、K细胞和分泌细胞）；随管径变细，杯状细胞逐渐减少，黏膜下层的腺体数量逐渐减少；外膜结缔组织中的软骨环逐渐变为软骨小片，数量逐渐减少至接近消失。在终末细支气管，黏膜变成皱襞，上皮转化为单层柱状纤毛上皮或单层柱状上皮；杯状细胞、腺体和软骨片完全消失。

（2）呼吸部　肺的呼吸部由呼吸性细支气管、肺泡管、肺泡囊、肺泡以及肺泡隔构成。

① 呼吸性细支气管。每个终末细支气管可以分出两支或两支以上的呼吸性细支气管，呼吸性细支气管的管壁上有零散的肺泡直接开口。黏膜上皮由单层柱状纤毛上皮移行为单层柱状或单层立方上皮，上皮下有少量结缔组织与平滑肌。

② 肺泡管。管壁上出现大量肺泡连续开口，管壁结构仅存在与相邻肺泡开口之间的

部位，肺泡管上皮为单层立方或扁平细胞，上皮下有薄层结缔组织和少量的环形平滑肌，肌纤维环形围绕肺泡开口处，故在切片上肺泡管壁断面呈现结节状膨大。

③ 肺泡囊。为数个肺泡共同开口所形成的结构。

④ 肺泡。是肺进行气体交换的场所。肺泡呈半球状，一面开口于肺泡囊、肺泡管和呼吸性细支气管，另一面则与结缔组织的肺泡隔相贴。相邻的肺泡之间相通的小孔称为肺泡孔，是沟通相邻肺泡内气体的孔道。肺泡壁很薄，腔面衬以上皮细胞，上皮外为肺泡隔的结缔组织和血管。肺泡上皮根据细胞形态和功能分为Ⅰ型肺泡细胞和Ⅱ型肺泡细胞。Ⅰ型肺泡细胞呈扁平状，是执行气体交换的主要部位；Ⅱ型肺泡细胞是分泌细胞，常单个或三两成群地镶嵌在Ⅰ型肺泡细胞之间，呈立方形，突向肺泡腔，肺泡核大而圆，胞汁呈泡沫状。

⑤ 肺泡隔。是相邻肺泡之间的薄层结缔组织，其内分布有丰富的毛细血管、网状纤维和弹性纤维等。在肺泡隔结缔组织中，还分布有巨噬细胞，胞体大而不规则，具有明显的吞噬功能。这种巨噬细胞还可以穿过肺泡上皮进入肺泡腔，吞噬肺泡腔内的尘埃颗粒后，称为尘细胞，它们属于单核吞噬细胞系统。

二、功能

机体的气体交换发生于肺泡上皮和肺泡隔毛细血管之间。肺泡Ⅰ型细胞下方及肺泡隔毛细血管内皮之外，各有一层基膜，两层基膜间夹有薄层结缔组织，所以，肺泡与血液之间进行气体交换时，要通过肺泡上皮、上皮基膜、血管内皮基膜和内皮细胞四层结构，这四层结构合称为气-血屏障。气-血屏障的任何一层发生病理变化，都会影响气体交换（见图5-12～图5-18）。

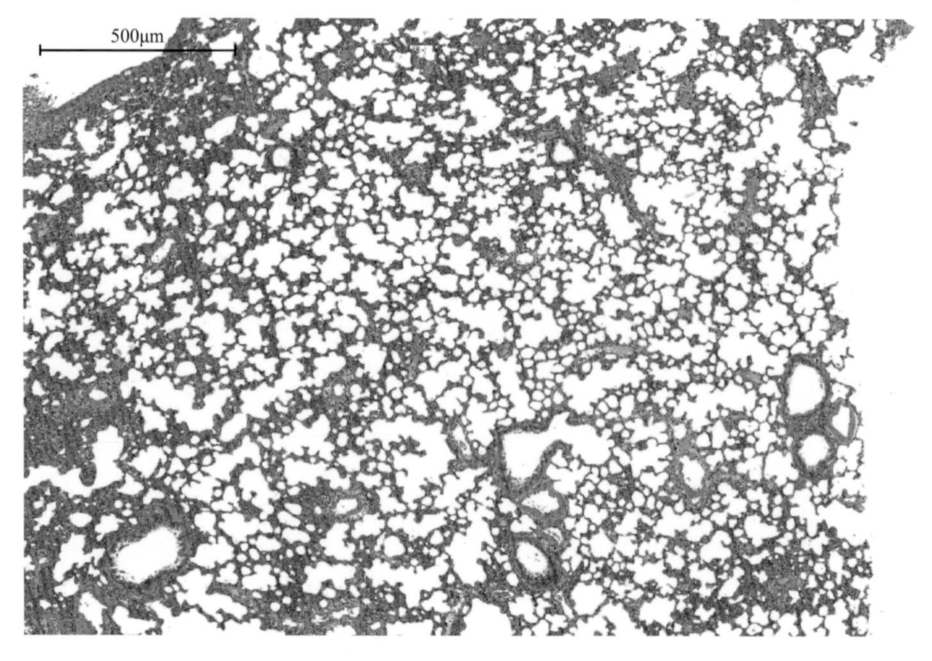

图5-12　大鼠肺（一）（HE染色）

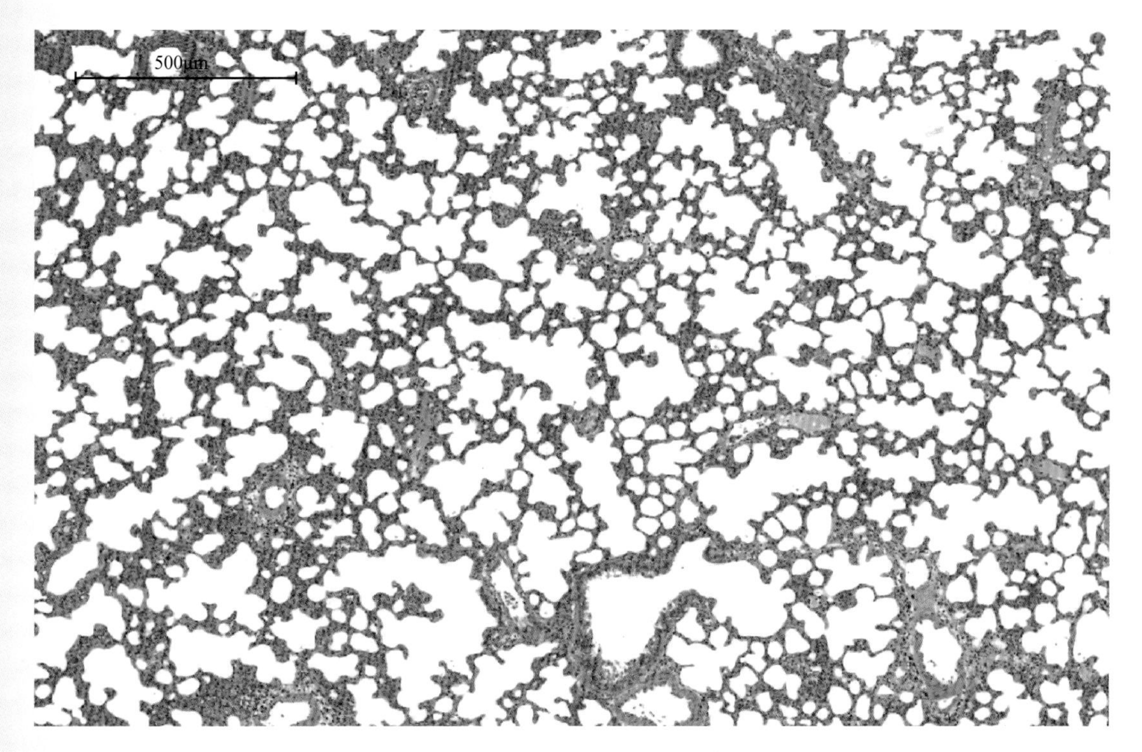

图5-13　大鼠肺（二）（HE染色）

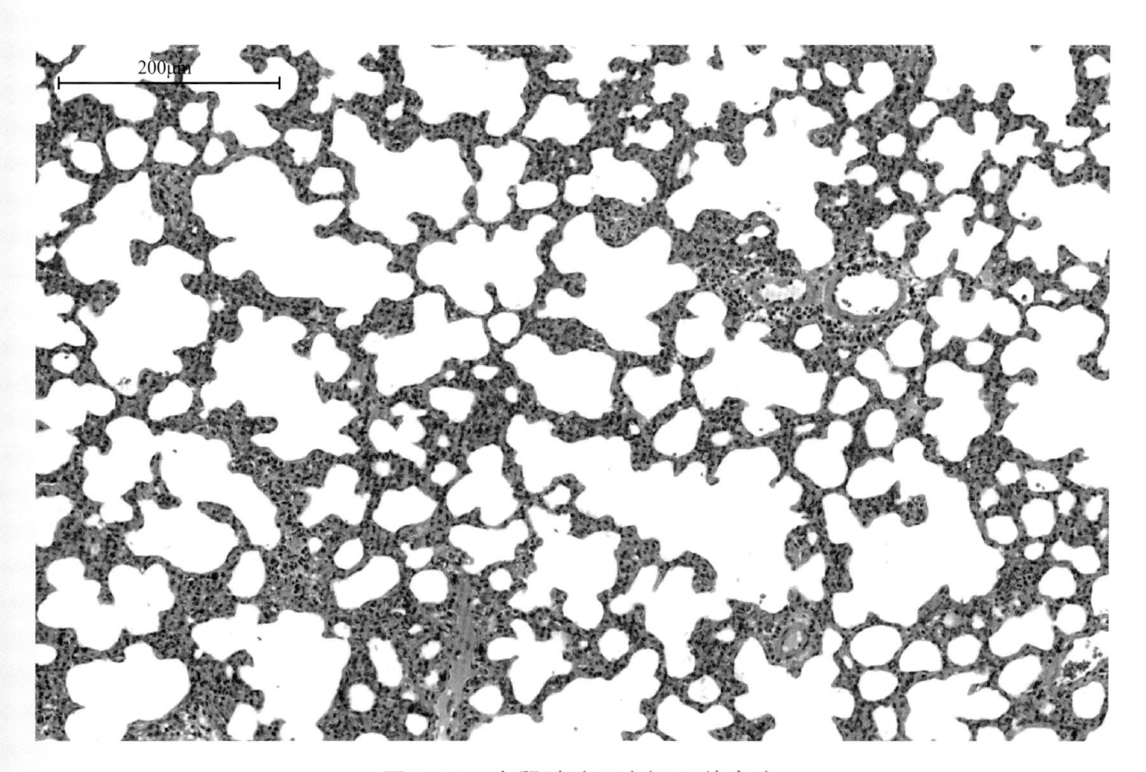

图5-14　大鼠肺（三）（HE染色）

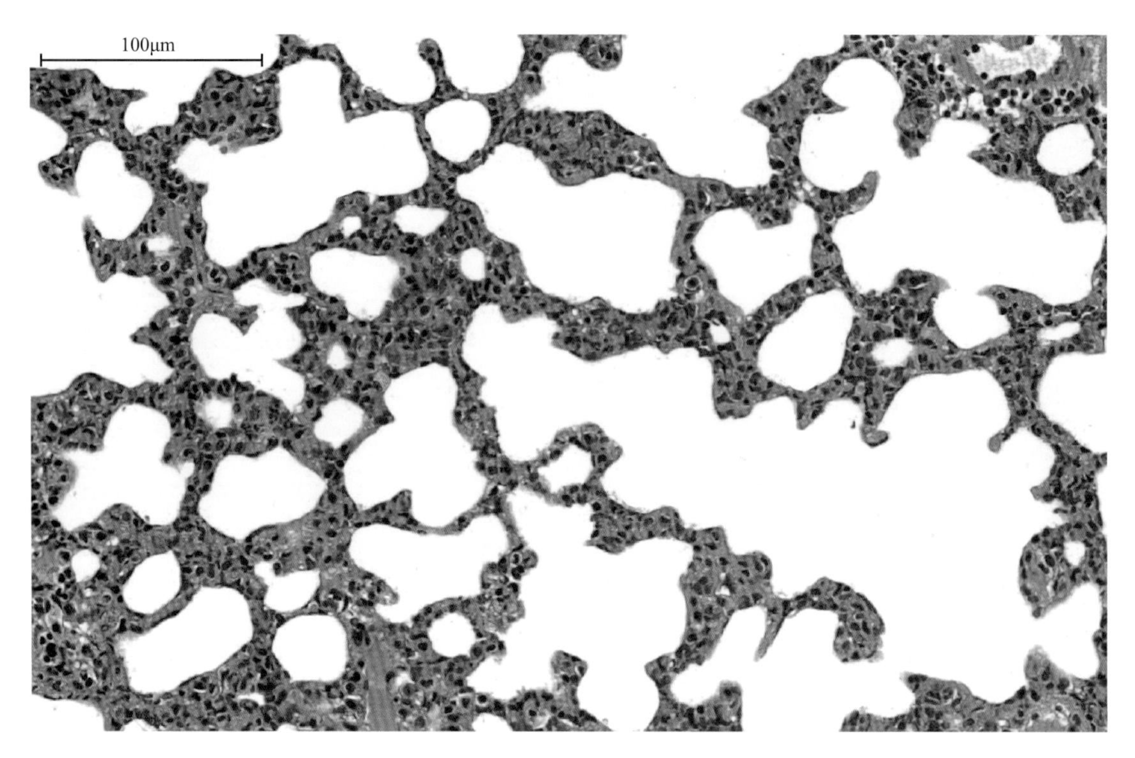

图5-15　大鼠肺（四）（HE染色）

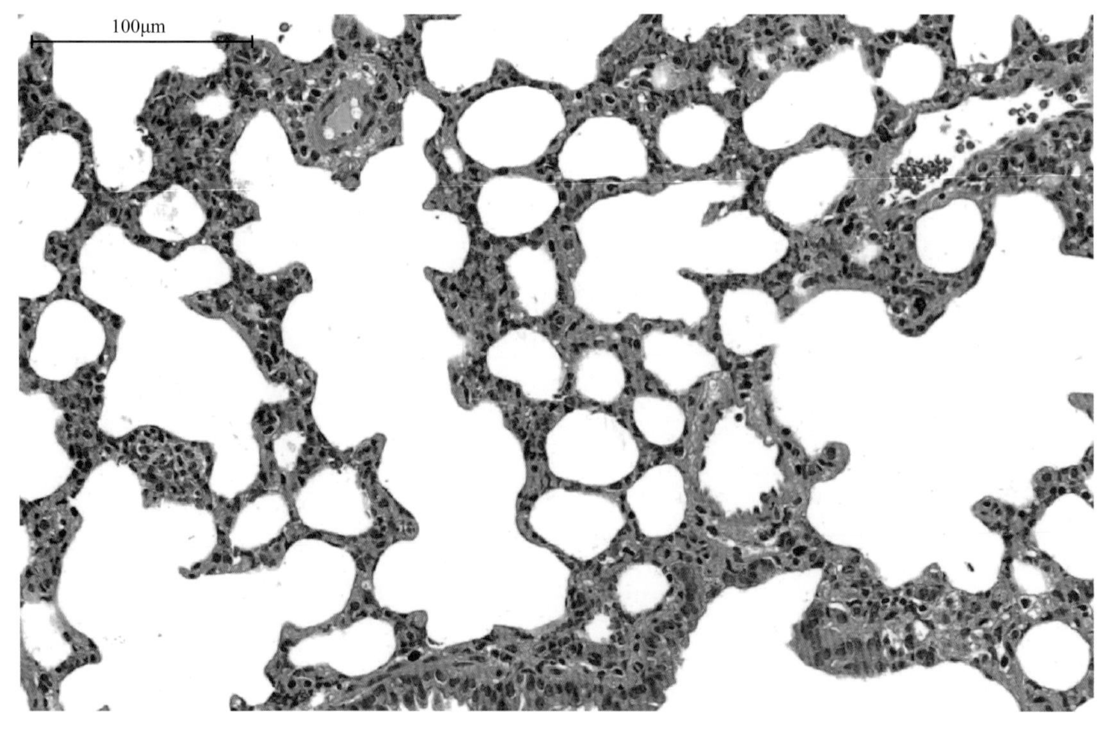

图5-16　大鼠肺（五）（HE染色）

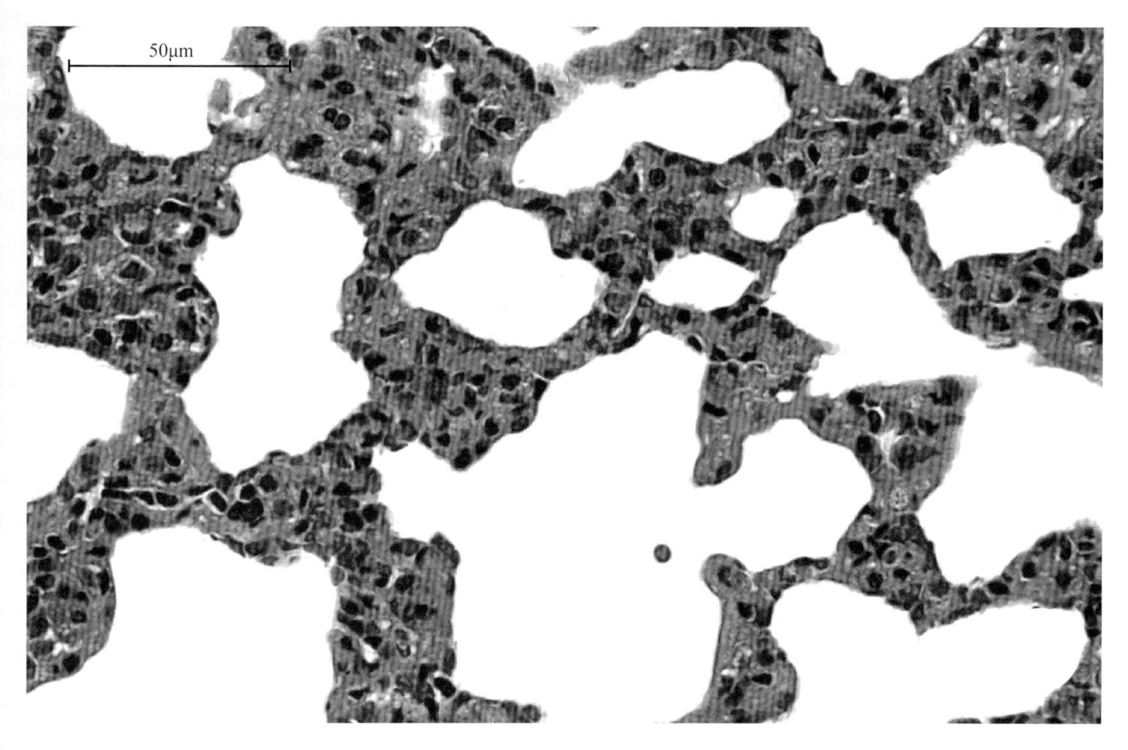

图5-17　大鼠肺（六）（HE染色）

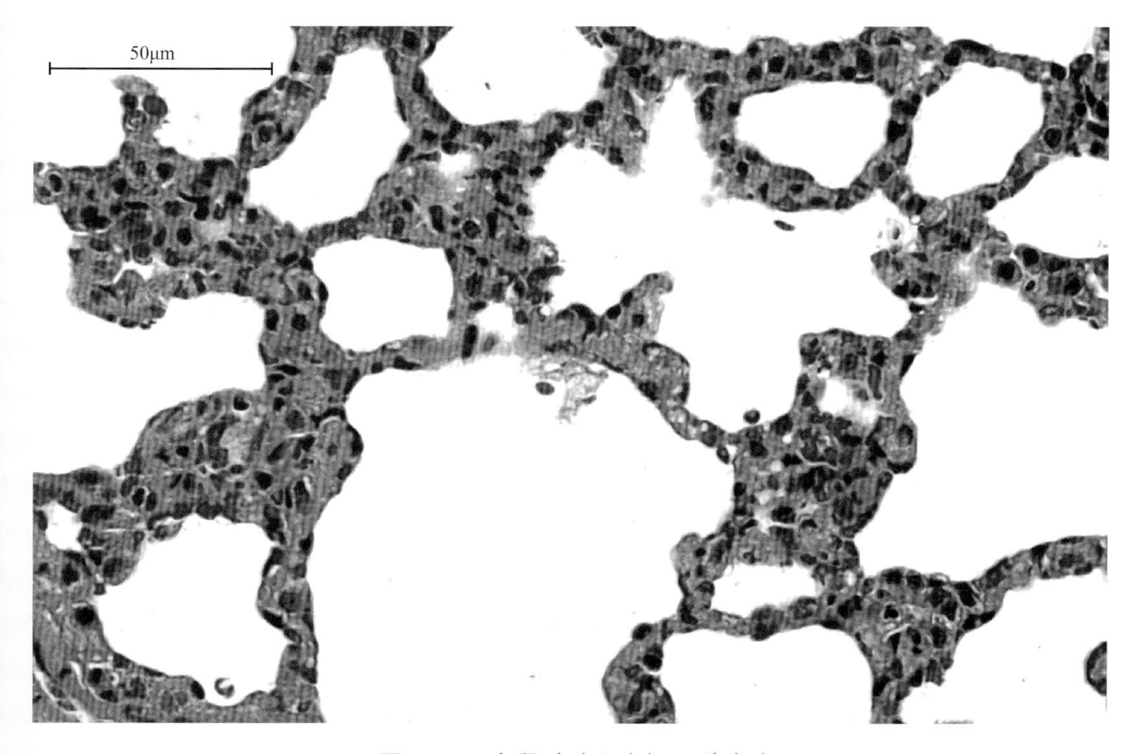

图5-18　大鼠肺（七）（HE染色）

第六章

泌尿系统

泌尿系统由肾脏、输尿管、膀胱及尿道组成，其主要功能为排泄。

第一节　肾

肾为成对的实质性器官，新鲜时呈红褐色，表面光滑，呈蚕豆形。位于腹主动脉和后腔静脉两侧，腰椎的腹侧。右肾位置略靠前，其头极在第一腰椎水平，其尾极在第三腰椎水平，肾的外面通常包有厚层的脂肪，称肾脂肪，其表面有结缔组织构成的纤维囊，纤维囊易于与肾剥离。肾的内侧缘中部凹陷为肾门，内陷形成肾窦。输尿管、肾血管、神经和淋巴管等由肾门出入肾。

一、解剖结构

1. 被膜

肾脏表面被覆薄层致密结缔组织，又称肾纤维膜。

2. 肾实质

肾实质分为皮质和髓质。

（1）皮质　位于外周浅层，因富含血管而呈红褐色，切面上可见许多红色小颗粒，为肾小体，其向髓质深入形成肾柱。

（2）髓质　位于内部深层，血管较少，色泽浅淡，呈圆锥体，构成肾锥体，锥体的底部与皮质相连；顶部深入肾盏，称肾乳头。大鼠属于单乳头肾，并且只有一个肾乳头和一个肾盏。在髓质切面上可见许多放射状、色泽浅淡的条纹，深入皮质形成髓放线。每条髓放线及其周围的皮质组成一个肾小叶。

二、组织结构

肾实质主要由大量的泌尿小管和肾间质组成。泌尿小管可分为肾小管和集合小管，肾小管细长、弯曲，其起始部膨大凹陷，形成双层的肾小囊，肾小囊与囊中的血管球共同构成肾小体。每个肾小体和与其相连的肾小管构成一个肾单位。肾小管的末端与集合小管相连。肾间质是由泌尿小管之间的结缔组织及分布其中的血管和神经构成。

（一）肾单位

肾单位由肾小体和肾小管两部分组成，是尿液形成的基本结构和功能单位。根据肾小体在皮质中深浅位置不同，分为浅表肾单位和髓旁肾单位。浅表肾单位数量多，约占肾单位总数的80%，其肾小体位于皮质浅部，肾小体体积较小，髓袢和细段均较短。髓旁肾单位数量较少，约占肾单位总数的20%，肾小体体积较大，髓袢和细段均较长。对尿液浓缩具有重要的生理意义。

1. 肾小体（renal corpuscle）

又称肾小球，呈球形，直径约200μm，为微动脉出入的一端称血管极，另一端在血管极的对侧，肾小囊与近端小管相连接称尿极。每个肾小体又可分为血管球和肾小囊两部分。

（1）血管球（glomerulus） 是包在肾小囊中的一团蟠曲的毛细血管，形似球形。由较粗的入球微动脉突入肾小囊后分成4 ～ 5支，每支再分支形成网状毛细血管而成袢，每个血管袢之间在有血管系膜支持，毛细血管继而又汇成一条较细的出球微动脉，从血管极处离开肾小囊。电镜下，血管球毛细血管为有孔型，孔径50 ～ 100nm，孔上无隔膜，有利于滤过功能。在内皮细胞的腔面覆有一层带负电荷的富含唾液酸的糖蛋白，对血液中的物质有选择性通透作用。内皮外面大都有基膜，但在面向血管系膜一侧的内皮则无基膜，此处的内皮细胞与系膜直接接触。入球微动脉粗，出球微动脉细，使血管球内具有较高的血压。当血液流经血管球毛细血管时，大量水分和小分子物质滤出血管壁进入肾小囊。

（2）肾小囊（renal capsule）。又称Bowman囊，是肾小管起始部膨大凹陷而成的双层囊，呈C状包绕血管球。其外层壁称壁层，由单层扁平上皮组成，在肾小体尿极与近端小管上皮相连续，在血管极处反折为脏层，肾小囊脏层由足细胞（podocyte）构成。两层之间的腔隙为肾小囊腔，与近端小管管腔相通。

① 足细胞。体积较大，有许多足状突起的细胞，核染色较浅。在扫描电镜下，可见从胞体伸出几个大的初级突起，继而再分成许多指状的次级突起，相邻的次级突起相互穿插成指状相嵌，形成栅栏状，包围在毛细血管基膜外面。

② 裂孔（slit pore）。为突起之间的裂隙，直径约25nm。孔上覆盖一层厚4 ～ 6nm的裂孔膜（slit membrane）。细胞表面也覆有一层富含唾液酸的糖蛋白，对大分子物质滤入肾小囊腔具选择性通透作用。

③ 血管系膜（mesangium）。又称球内系膜（intraglomerular mesangium），位于血管

球毛细血管之间，由血管系膜细胞和系膜基质组成。血管系膜细胞（mesangial cell）又称球内系膜细胞，形态不规则，核小，染色较深，细胞突起较多。血管系膜细胞能合成基膜和系膜基质，还可吞噬和降解沉积在基膜上的免疫复合物，以维持基膜的通透性。并参与基膜的更新和修复。细胞的收缩活动可调节毛细血管的管径以影响血管球内血流量。系膜细胞还可分泌肾素和酶等生物活性物质，这些活性物质可能参与血管球内血流量的局部调节。正常情况下的系膜细胞更新缓慢，但当肾脏发生某些炎性病变时，系膜细胞增生活跃，吞噬和清除作用也增强。系膜基质填充在系膜细胞之间，在血管球内起支持和通透作用。

④ 滤过膜。位于肾小囊腔与肾血管球毛细血管腔之间的结构，包括基膜、有孔毛细血管内皮、足细胞裂孔膜等三种膜性结构，这些膜可选择性的过滤物质，血液流经膜后，通过滤过形成原尿（滤液）。一般情况下，分子量在70000以下的物质如多肽、葡萄糖、尿素、电解质、水等易通过滤过膜，而大分子物质不能通过或被选择通透。由于毛细血管内皮及足细胞表面均有一层带负电荷的唾液酸糖蛋白，基膜内有带负电荷的硫酸肝素，这些带负电荷的成分可排斥血浆内带负电荷的蛋白质，防止血浆蛋白滤出。若滤过膜受到损伤，则导致临床上常见的蛋白尿或血尿。

2. 肾小管（renal tubule）

肾小管是由单层上皮细胞围成的小管，上皮外方为基膜及少量结缔组织。肾小管分为近端小管、细段、远端小管、肾单位袢四部分。

（1）近端小管（proximal tubule）近端小管与肾小囊相连，为肾小管中最长最粗的一段，有曲部和直部之分。

① 曲部。位于皮质迷路，光镜下可见管腔小而不规则，管壁上皮细胞呈锥体形或立方形，胞体较大，细胞界限不清；核圆形，位近基底部；胞质强嗜酸性，染成红色；细胞游离面可见明显刷状缘，基部有纵纹。电镜下可见上皮游离面有密集排列的微绒毛，上皮细胞侧面有许多侧突。细胞基部有发达的质膜内褶，内褶之间有许多纵向排列的杆状线粒体，细胞基部的质膜上有丰富的Na^+、K^+和Na^+-K^+依赖式ATP酶（钠泵）。

② 直部　沿髓放线走行进入肾锥体。

（2）细段（thin segment）位于肾锥体和髓放线内，管径细，直径10～15μm，管壁为单层扁平上皮，细胞含核部分突向管腔，胞质着色较浅，无刷状缘。电镜下，上皮细胞游离面有少量短微绒毛，基底面有少量内褶。细段上皮甚薄，有利于水和离子通透。

（3）远端小管（distal tubule）也有曲部和直部之分，直部走行于肾锥体和髓放线内，曲部盘曲在其所属的肾小体周围，与集合小管相接。远端小管长4.6～5.2mm，直径35～45μm。光镜下可见其管径小，管腔大，细胞呈锥形或立方形，界限清，着色浅，核圆形位于近腔侧，胞质弱嗜酸性，染色较浅，游离面无刷状缘，基底纵纹明显。电镜下可见上皮细胞腔面仅有少量微绒毛；基底部质膜内褶发达，褶深可达细胞高度的2/3或顶部，褶间胞质内有纵行排列的大而长形的线粒体。远端小管是离子交换的重要部位，水、Na^+被吸收，而K^+、H^+和NH_3等被排出，这对维持体液的酸碱平衡起重要作用。另外，肾上腺皮质分泌的醛固酮能促进此段重吸收Na^+，排出K^+，垂体后叶抗利尿激素能促进此段对水的重吸收，使尿液浓缩，尿量减少。

（4）肾单位袢　也叫髓袢，为近端小管直部、细段、远端小管直部共同构成“U”形袢状结构，由皮质向髓质方向下行的一段称为髓袢降支，由髓质向皮质方向上行的一段称为髓袢升支。由于泌尿小管各段在肾内按一定规律走行，故在肾的组织切片中，皮质迷路主要由肾小体、近段小管曲部、远端小管曲部构成，髓放线及髓质主要由近段小管直部、细段、远端小管直部及集合小管构成。

3. 集合小管（collecting duct）

全长20～38mm，根据外形及分布不同可分为弓形集合小管、直集合小管和乳头管三段。从弓形集合小管至乳头管，管径由细逐渐增粗，管壁上皮由单层立方逐渐变成单层柱状，乳头管处为单层高柱状上皮。集合小管的上皮细胞胞质着色较浅，细胞界限清晰，核圆形，位于细胞中央。细胞器较少，游离面有少量微绒毛，也有少量侧突和短小的质膜内褶。集合小管的功能与远曲小管相似，也具有重吸收H_2O、Na^+及排出K^+的功能，使原尿进一步得到浓缩，其功能也受醛固酮和抗利尿激素的调节。

4. 球旁复合体（juxtaglomerular complex）

又称肾小球旁器，位于肾小体血管极处的一个三角形区域内，由致密斑、球旁细胞、球外系膜细胞构成，具有调节水、电解质平衡及血压的作用，并可产生促红细胞生成因子。

（1）球旁细胞（juxtaglomerular cell）　位于入球微动脉管壁上，由入球微动脉管壁中膜平滑肌细胞转化而成。该细胞呈立方形，体积较大，胞质内含许多分泌颗粒。球旁细胞和血管内皮细胞之间无内弹性膜和基膜，其分泌物易释放入血。其主要功能是合成和分泌肾素。

（2）致密斑（macula densa）　是远端小管在靠近肾小体血管极处，紧贴肾小体一侧的上皮细胞增高、变窄，形成一斑块状隆起。致密班的细胞呈高柱状，排列紧密。细胞基部有突起，与邻近细胞的突起互相嵌合，其基膜不完整。一般认为，致密斑是一种离子感受器，可感受远端小管腔内钠离子浓度的变化并将信息传递给球旁细胞和球外系膜细胞，调节其分泌活动。

（3）球外系膜细胞（extraglomerular mesangial cell）　又称极垫细胞（polar cushion cell），位于入球微动脉、出球微动脉和致密斑围成的三角形区域内。细胞体积小，有突起，与球内系膜细胞相延续。这些细胞位于球旁复合体的中央部分，一方面与致密斑相贴，另一方面经缝隙连接与球旁细胞、球内系膜细胞及小动脉的平滑肌细胞接触，因此认为，这些细胞可能起信息传递作用，将致密斑的“信息”转变成某种“信号”，并将其传递给其他效应细胞。

（二）肾脏功能

肾脏是机体最主要的排泄器官。血液通过肾小球过滤作用，形成原尿，原尿通过肾小管和集合管的重吸收，几乎全部葡萄糖、氨基酸和蛋白质以及大部分水、离子和尿素等均被吸收，由肾小管和集合管吸收或分泌的一些机体代谢物质如氢离子、氨、肌酐和马尿酸等进入终尿被排出（见图6-1～图6-10）。

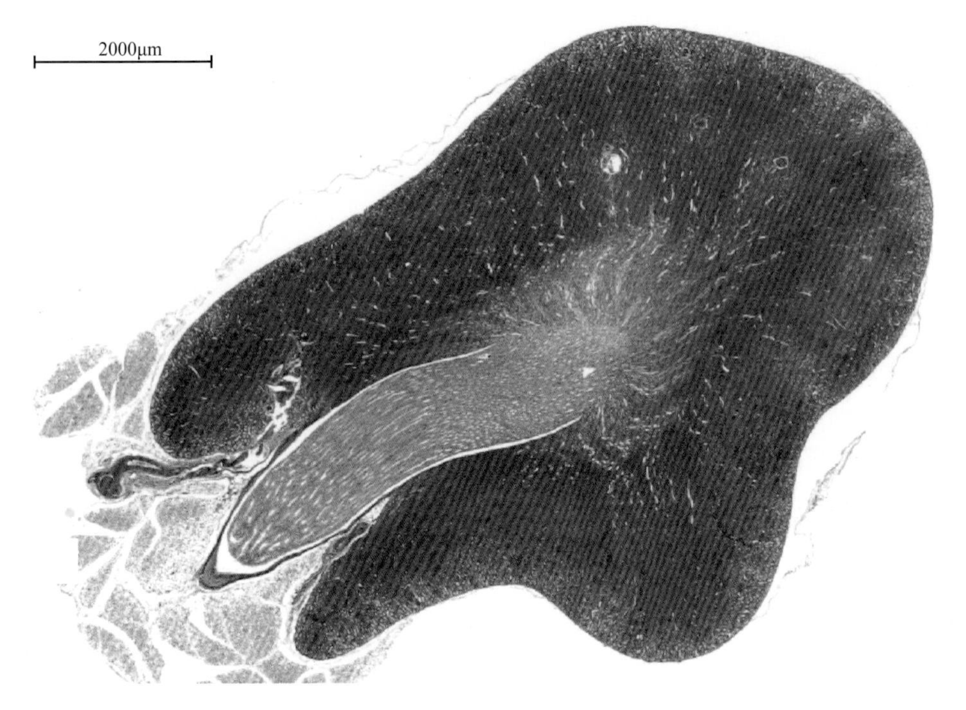

图6-1　大鼠肾脏（一）（HE染色）

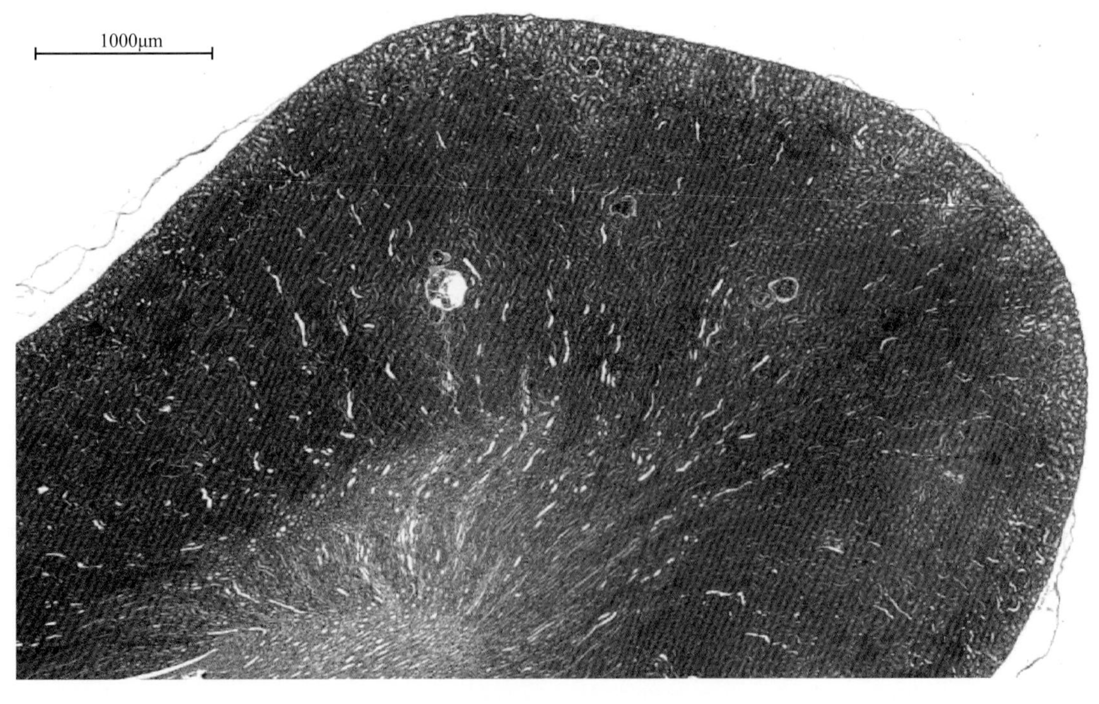

图6-2　大鼠肾脏（二）（HE染色）

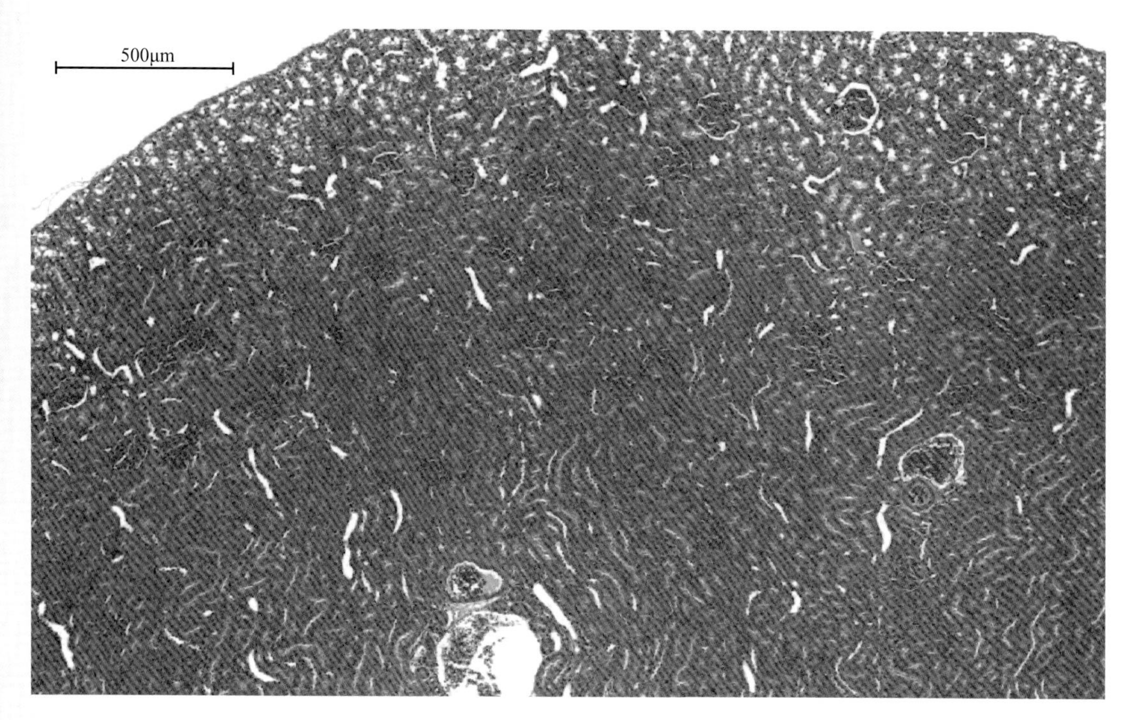

图6-3　大鼠肾脏（三）（HE染色）

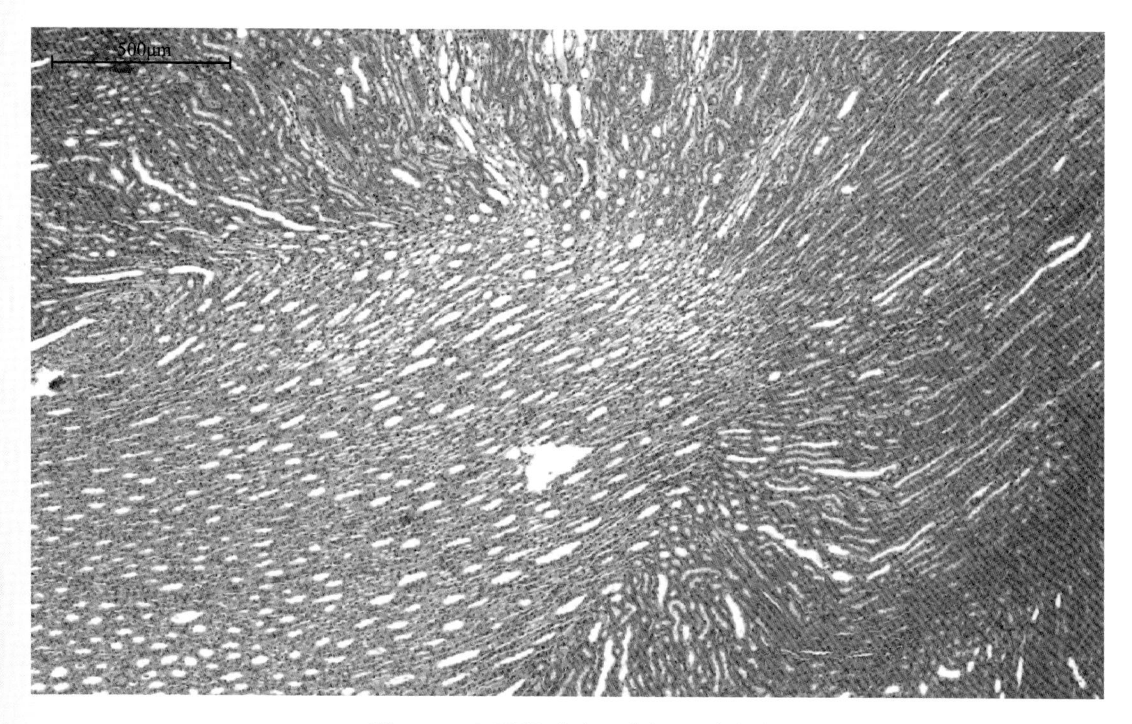

图6-4　大鼠肾脏（四）（HE染色）

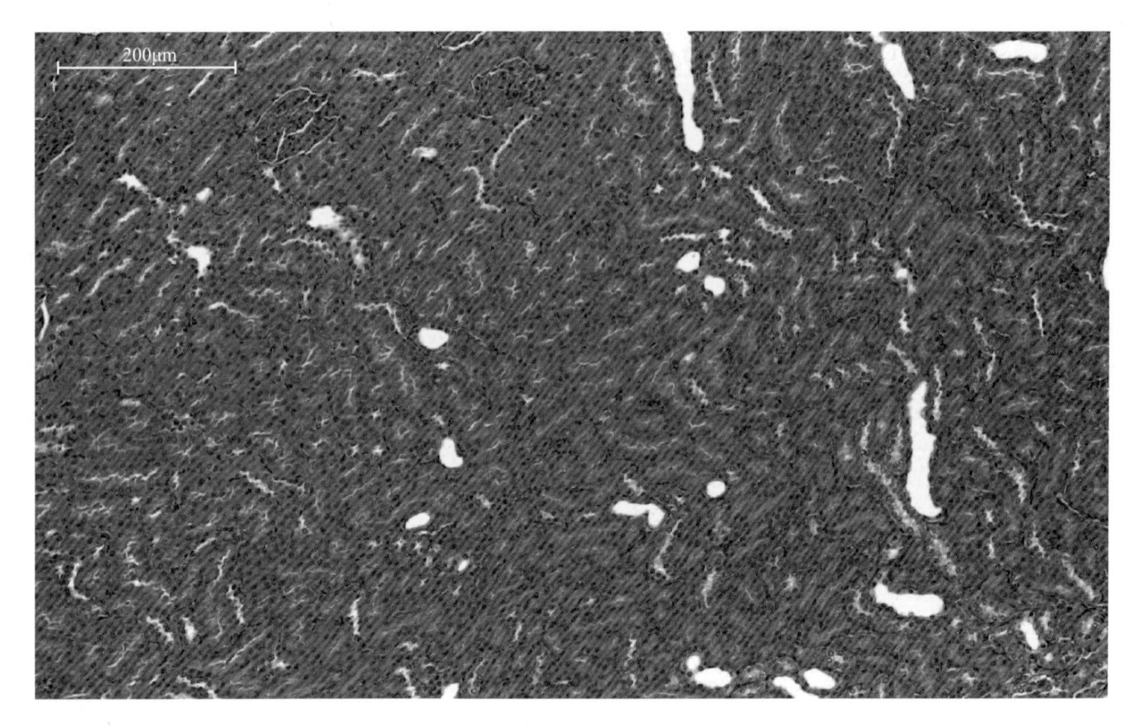

图6-5　大鼠肾脏（五）（HE染色）

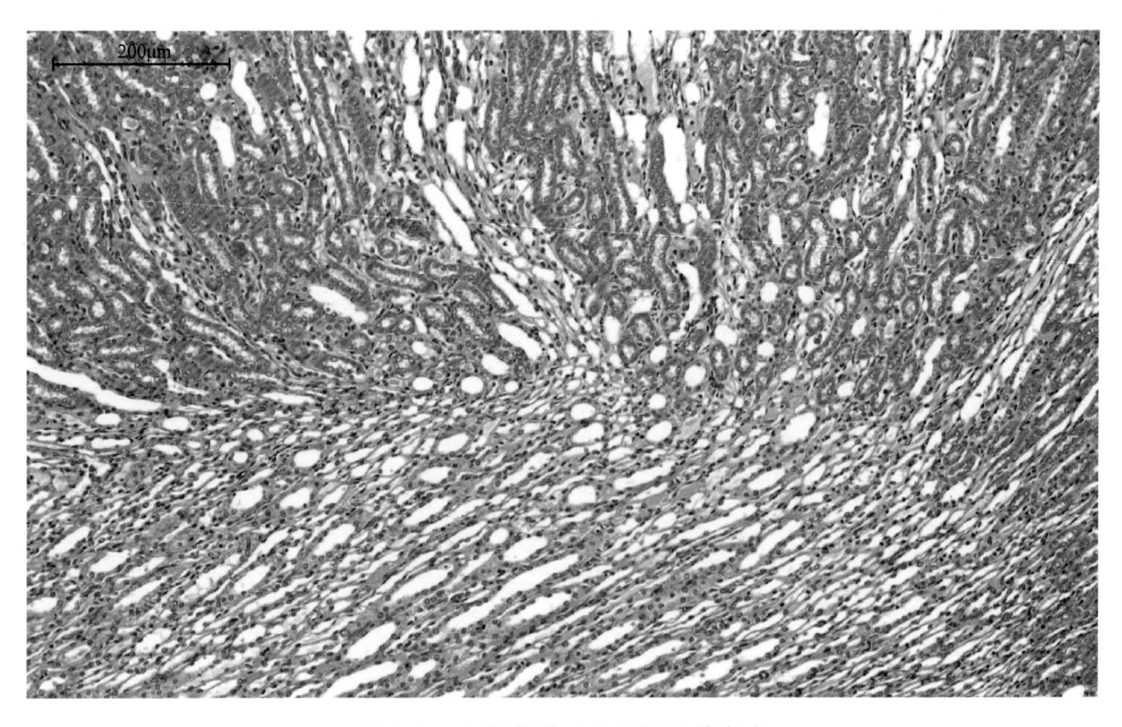

图6-6　大鼠肾脏（六）（HE染色）

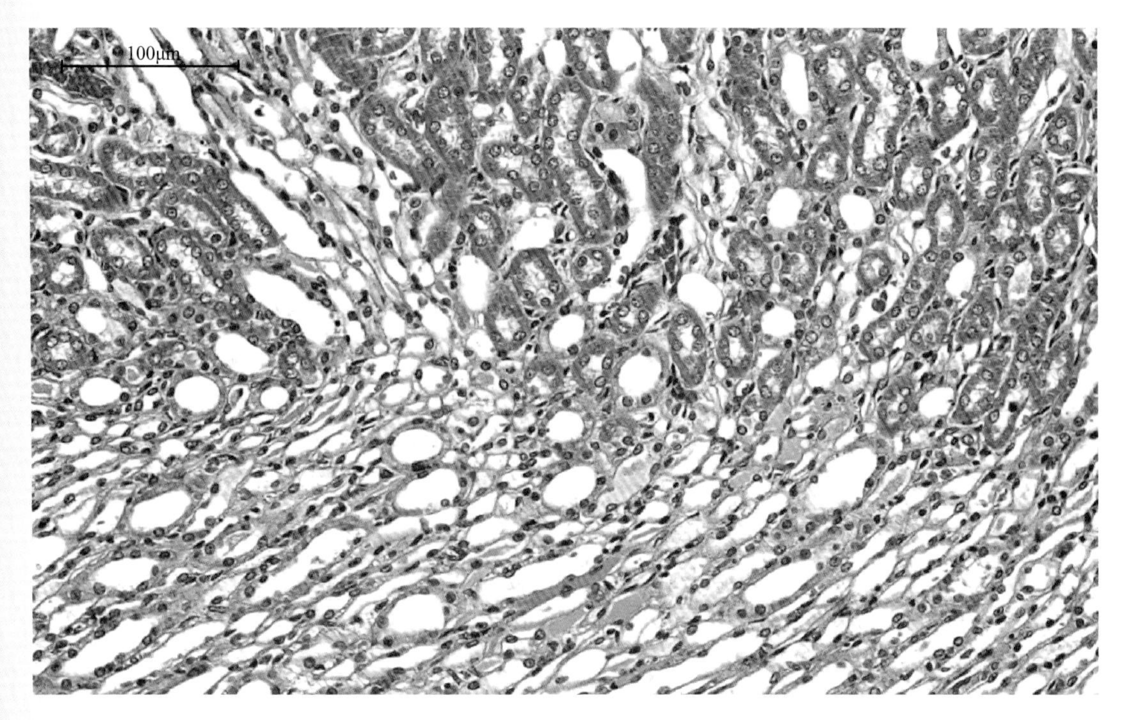

图6-7　大鼠肾脏（七）（HE染色）

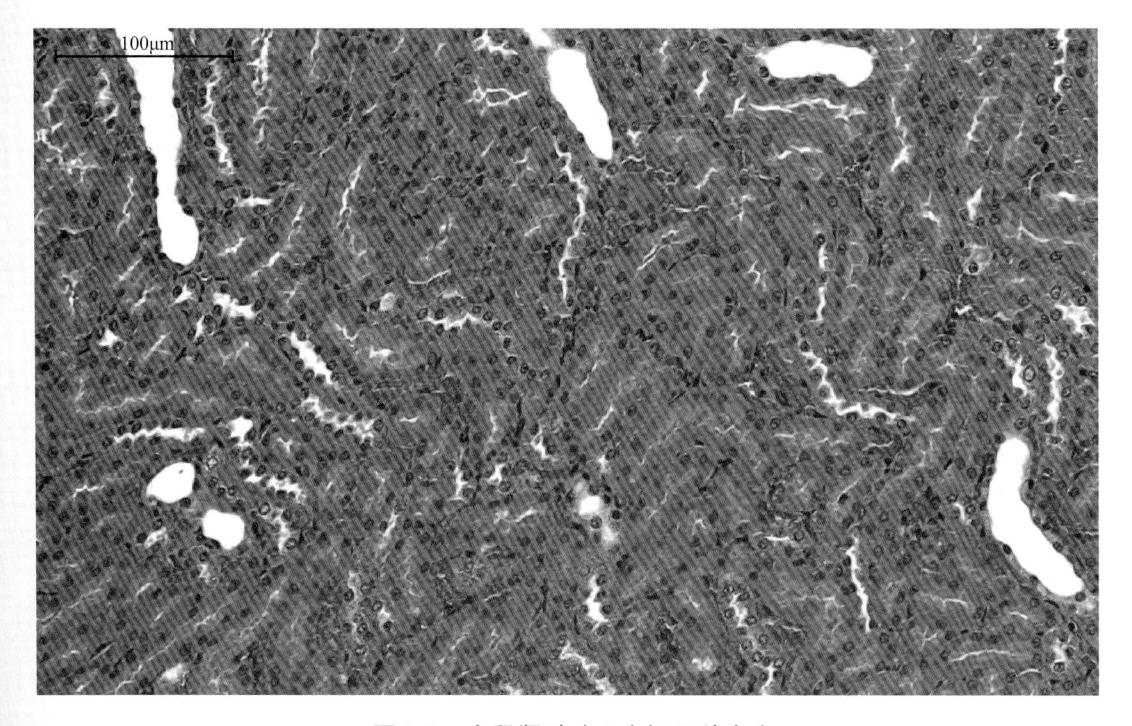

图6-8　大鼠肾脏（八）（HE染色）

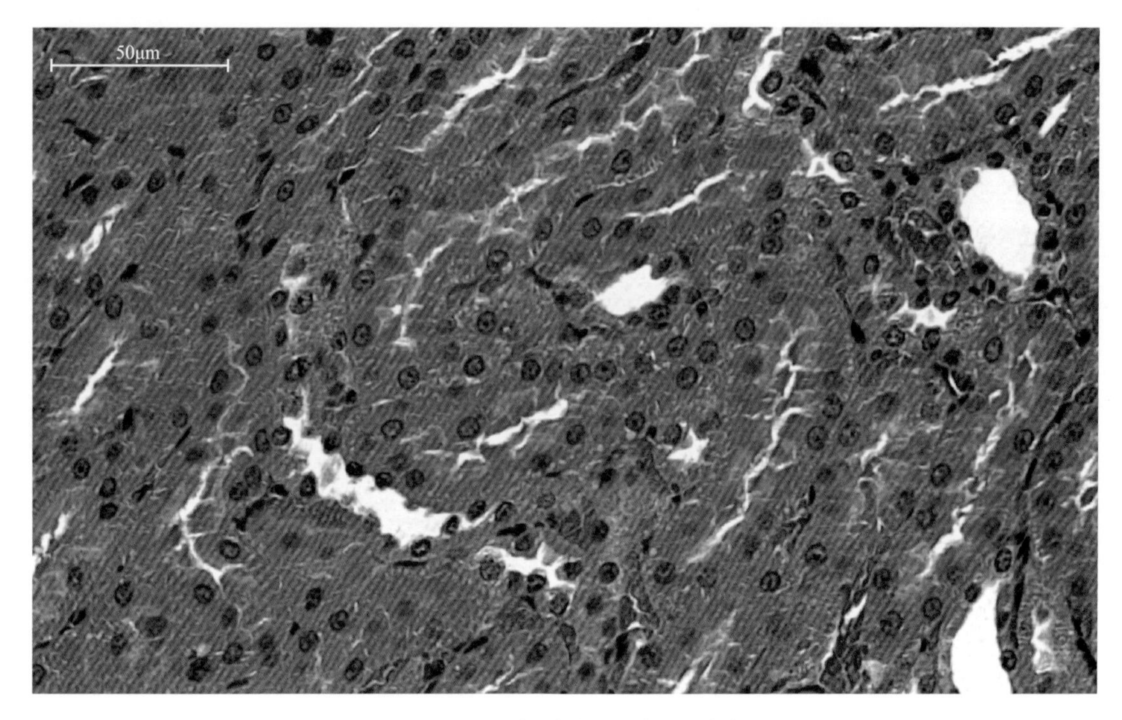

图6-9　大鼠肾脏（九）(HE染色)

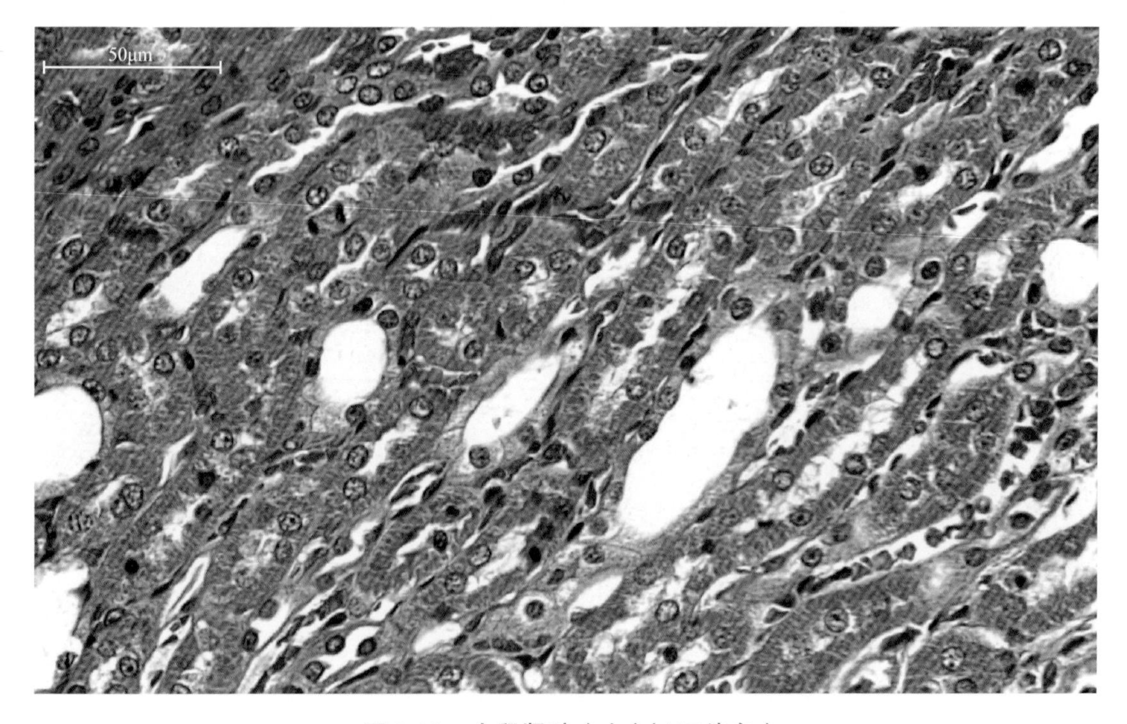

图6-10　大鼠肾脏（十）(HE染色)

第二节　输尿管

输尿管是将尿液输送至膀胱的细长管道，左右各一，出肾门后沿腹腔顶壁向后延伸，横过髂外、髂内动脉入盆腔，在尿生殖褶（公鼠）或经子宫阔韧带（母鼠）向后延伸至膀胱颈背侧面，斜穿膀胱壁开口于膀胱颈。

输尿管管壁由黏膜、肌层和外膜构成（见图6-11 ～图6-15）。

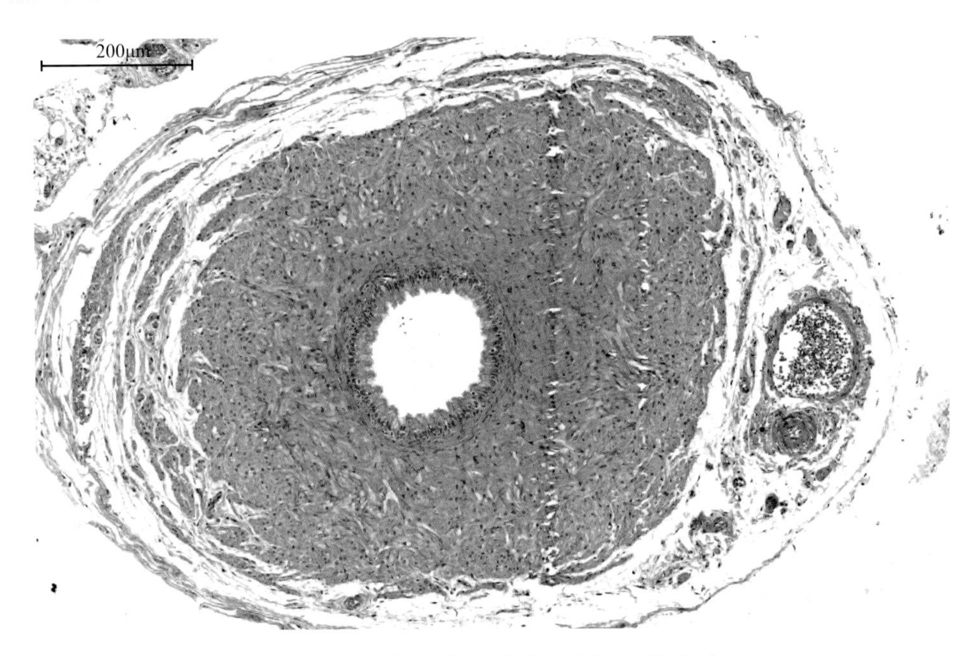

图6-11　大鼠输尿管（一）（HE染色）

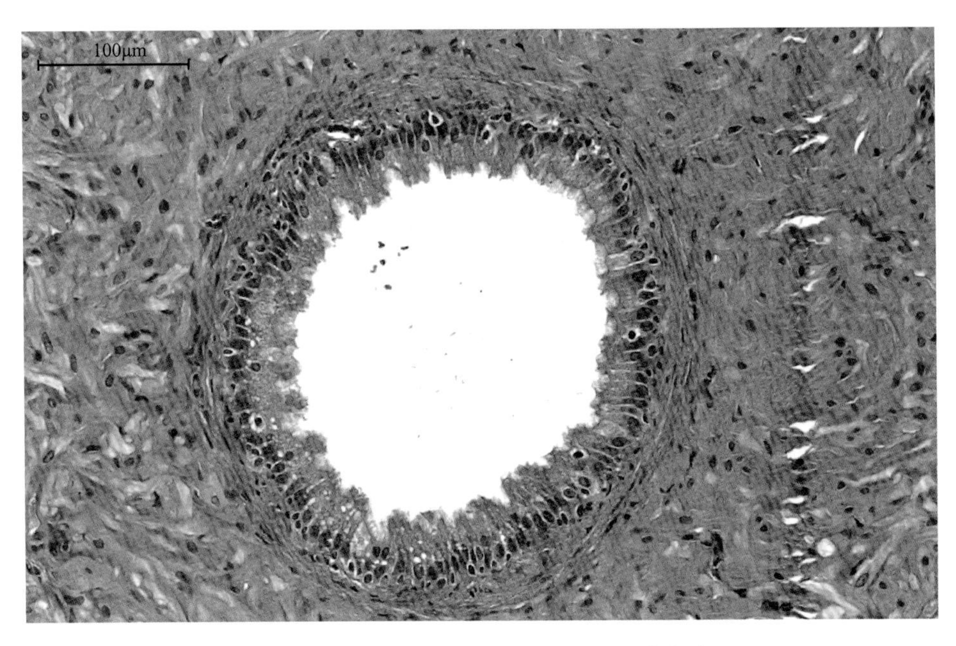

图6-12　大鼠输尿管（二）（HE染色）

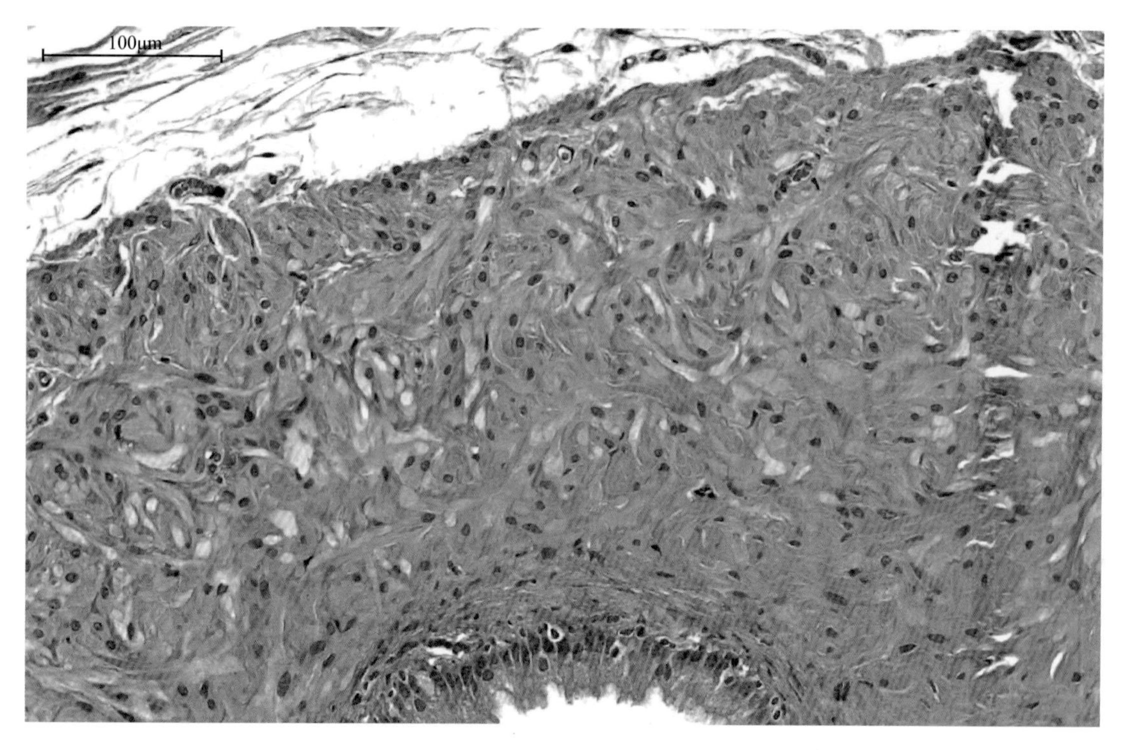

图6-13　大鼠输尿管（三）（HE染色）

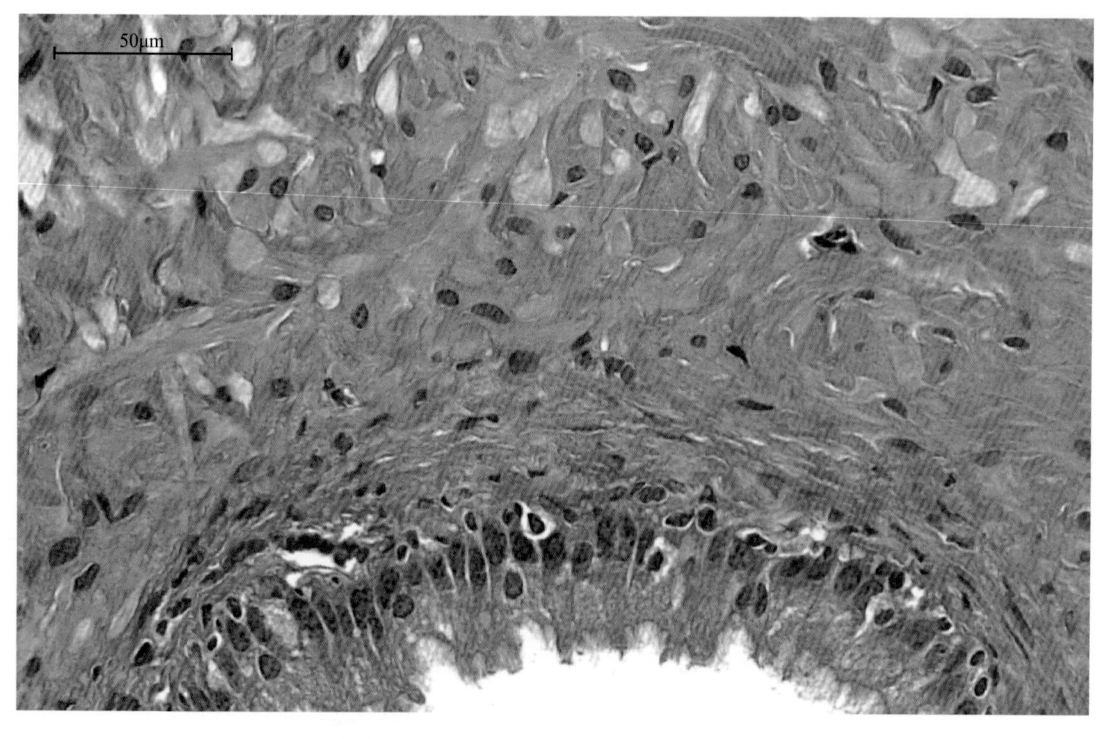

图6-14　大鼠输尿管（四）（HE染色）

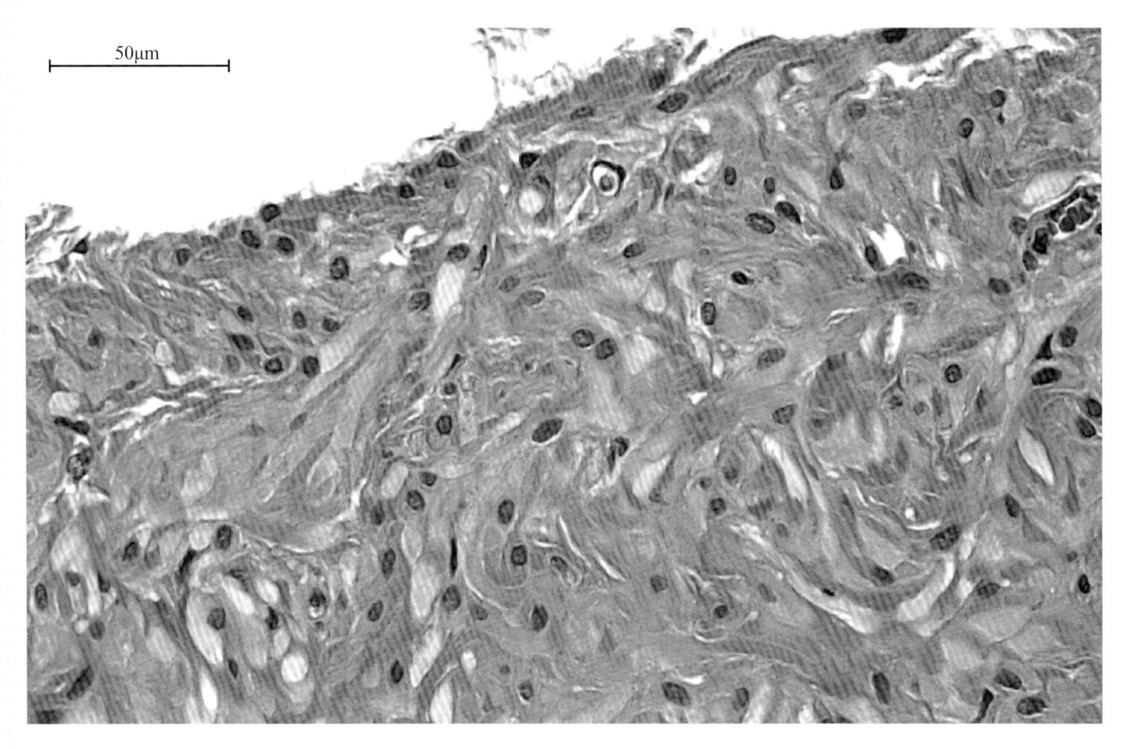

图6-15　大鼠输尿管（五）（HE染色）

第三节　膀胱

膀胱是储存尿液的肌性袋囊形器官，位于盆腔内，其大小和形状随尿液的充盈程度而改变，当尿液排空时呈梨形，位于盆腔内；当尿液充盈后，形状呈球形，可向前伸展达腹腔中部。

膀胱的结构可分为膀胱顶、膀胱体和膀胱颈三部分。膀胱前端钝圆，为膀胱顶；中部膨隆为膀胱体；后部缩细，为膀胱颈。以尿道内口与尿道相连。

一、组织结构

膀胱由黏膜层、肌层和浆膜组成。

1.黏膜层

黏膜层为极薄的一层移行上皮组织，和输尿管和尿道黏膜相似衔接，固有层有结缔组织。黏膜层形成许多不规则的皱褶，但在膀胱充盈时，皱褶则消失。在靠近膀胱颈的背侧壁上，输尿管末端在膀胱黏膜下层内走行使黏膜隆起，称输尿管柱，终止于输尿管口。有一对黏膜皱襞自输尿管口向后延伸，称输尿管襞，两输尿管襞之间所夹的三角形区域称为膀胱三角。黏膜在三角区由于与下层肌肉紧密结合，所以，此区域非常光滑。

3.肌层

为平滑肌组成，内纵、中环、外纵三层相互交错，中层环肌在尿道内口处增厚形成括约肌，外膜为疏松结缔组织。膀胱受内脏神经中的交感神经、副交感神经以及体干神经的共同支配，其中交感神经来自胸节和腰节，经盆丛随血管分布至膀胱壁，使膀胱平滑肌松弛，尿道内括约肌收缩而储尿。副交感神经来自脊髓的骶节的盆内脏神经，为运动神经支配膀胱逼尿肌，抑制尿道括约肌，起排尿作用。膀胱排尿反射的传入纤维，也是通过盆内脏神经传入。体干神经主要控制尿道外括约肌的收缩。

3.浆膜

为蜂窝脂肪组织，包围膀胱的外周。

二、排尿生理调控

膀胱平滑肌、膀胱括约肌和尿道括约肌相互协调参与排尿动作。紧张性和收缩性是膀胱逼尿肌本身固有的特性。正常排尿是一种受意识控制的神经性反射活动。当膀胱内尿液达到一定程度，膀胱内压升高，逼尿肌受到膨胀刺激，发生阵发性收缩。膨胀刺激的冲动，对平滑肌加强以后，排尿感觉由副交感神经感觉纤维，反映到脊髓反射弧，再由薄神经束传导到大脑中枢，随后高级排尿中心，将运动冲动由降皮质调节束，通过盆神经、副交感神经输出纤维，到达膀胱，使膀胱逼尿肌收缩。排尿开始中间有一个潜伏期，当逼尿肌收缩时，所有膀胱各肌层，除基底圈外，均同时活动，但基底圈紧张性的收缩，仍能维持底盘扁平的形状。因此，膀胱颈仍然是关闭着的。在这一潜伏期间，内外纵肌层的收缩，对三角区肌的牵拉，使底盘开放，开始排尿。待膀胱近乎排空，仍有少量残余尿时，尿道旁横纹肌的收缩能打开底盘，使尿液排空。

此外，膀胱内容量与排尿感觉之间的关系还受精神因素和下尿路病变的影响。由于排尿活动在很大程度上受到意识的控制，在膀胱充盈不足时也能完成排尿动作，因此，在精神紧张时，大鼠可表现为排尿频繁（见图6-16～图6-19）。

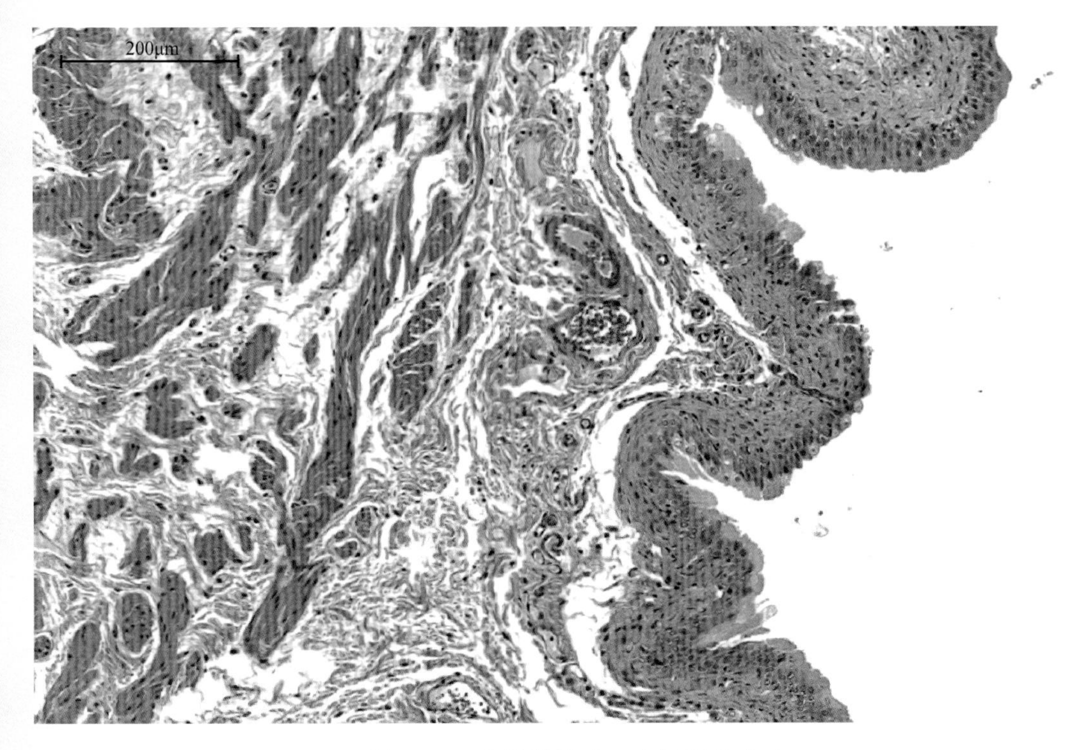

图6-16　大鼠膀胱（一）（HE染色）

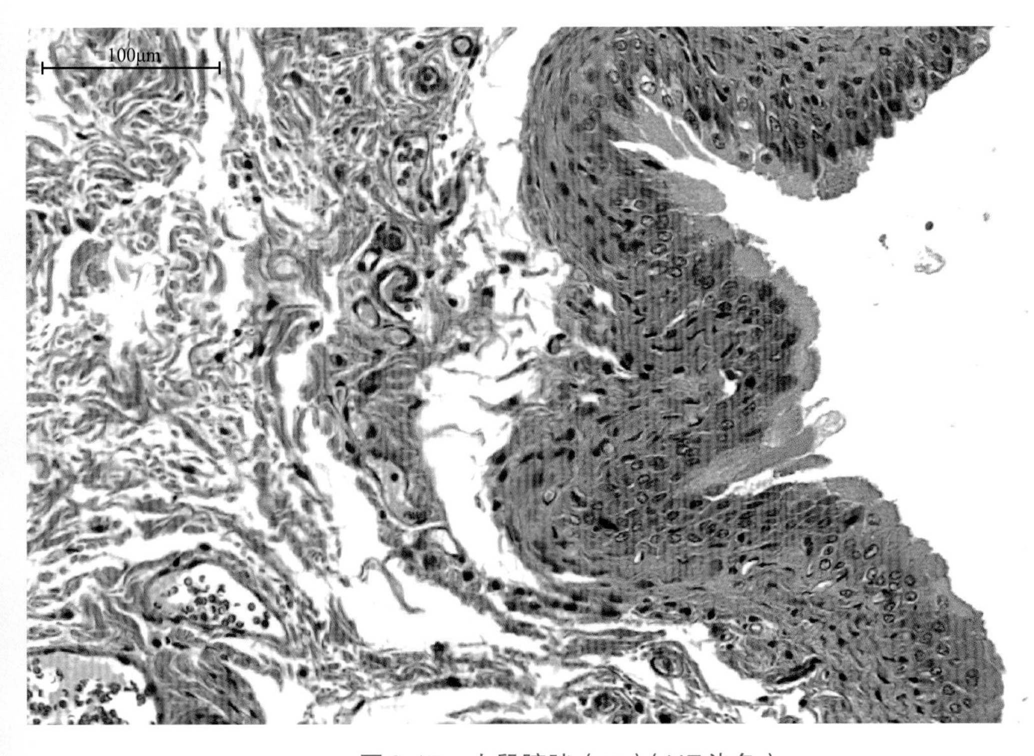

图6-17　大鼠膀胱（二）（HE染色）

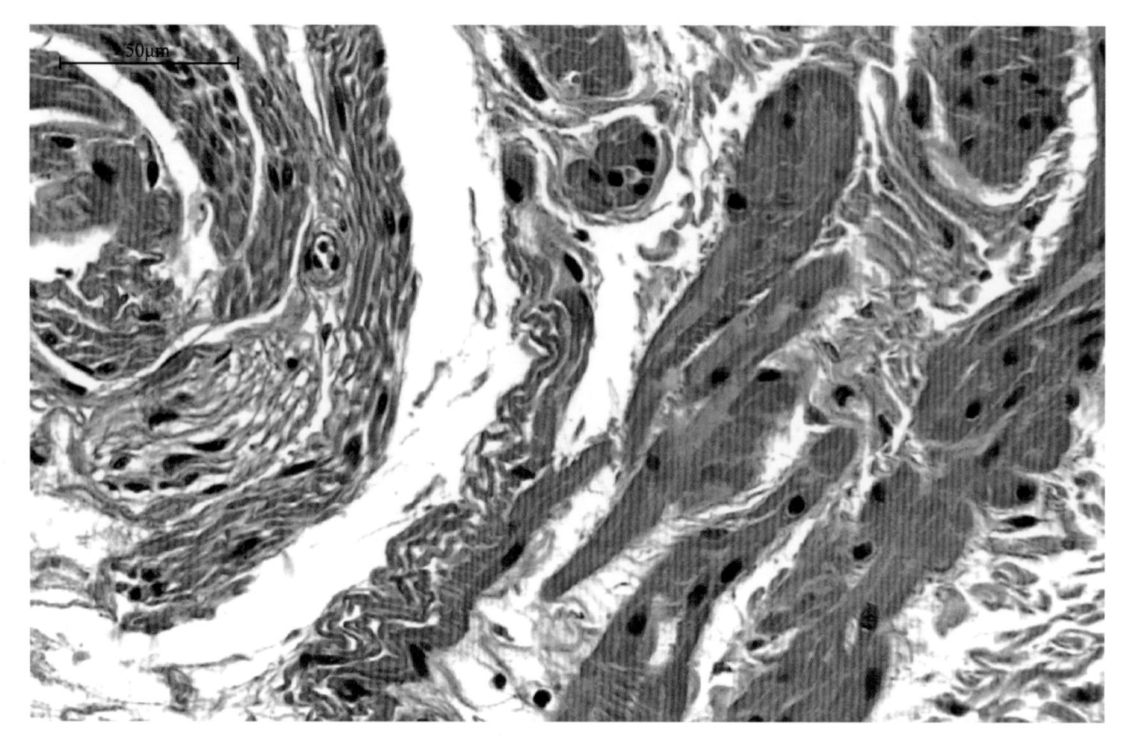

图6-18　大鼠膀胱（三）（HE染色）

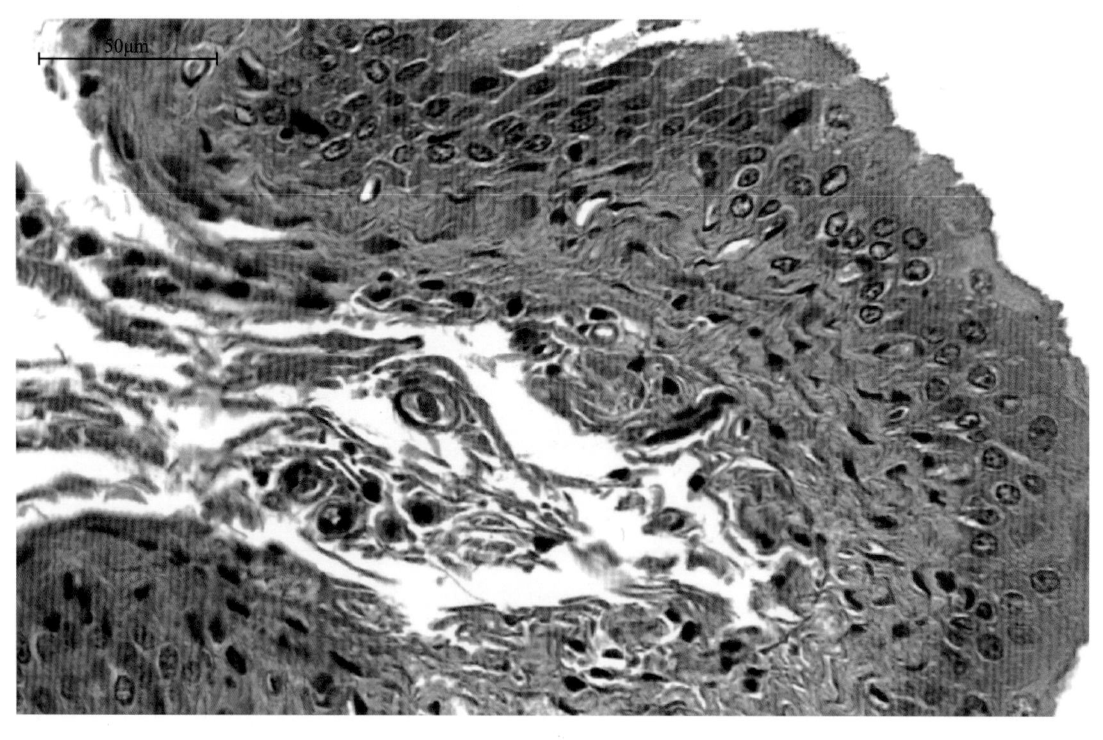

图6-19　大鼠膀胱（四）（HE染色）

第七章

生殖系统

第一节 雄性生殖系统

雄性生殖系统由睾丸、附睾、输精管和精索、雄性尿道、副性腺、阴茎、包皮和阴囊组成。其中睾丸为生殖腺，附睾、输精管和雄性尿道为生殖管，阴茎和包皮为交配器官。

一、睾丸

睾丸是产生精子和分泌雄性激素的器官。位于阴囊内，左右各一，呈椭圆形，分两面、两缘、两端，外侧面略隆凸，内侧面较平坦；有血管、神经进入的一端为睾丸头，与头端对应的一端为睾丸尾。有附睾附着的一侧为附睾缘。与其相对应的一侧为游离缘；成年大鼠睾丸长约20mm，横径约15mm，重量2.0～3.5g。

组织结构

1. 固有鞘膜

包被在睾丸表面，为一层浆膜结构。

2. 白膜

位于固有鞘膜深面，由致密结缔组织构成。白膜自睾丸头端沿纵轴伸向尾端，构成睾丸纵隔。

3.睾丸纵隔

呈放射状分出许多睾丸小隔，将睾丸实质分成许多睾丸小叶，每个小叶中有1～4条精小管。

4.精小管

分为精曲小管和精直小管。

精曲小管　直径150～300mm，管壁细胞分两类，即生精细胞和支持细胞。

① 生精细胞。包括精原细胞、初级精母细胞、次级精母细胞、圆形精子细胞和精子细胞。它们依次由精曲小管的基底部向管腔排列。支持细胞占成年大鼠生精上皮的25%。上皮外有一薄层基膜，基膜外为一层肌样细胞，其结构与平滑肌结构相近，可收缩，有助于精曲小管内精子的排出。

a.精原细胞　是精子形成过程的干细胞，紧贴基底膜，胞核圆形，有1～2个核仁。精原细胞经有丝分裂不断增殖，一部分作为储备干细胞，另一部分进入生长期，发育成初级精母细胞。

b.初级精母细胞　胞体较大，胞核大而圆，处于第一次减数分裂期，分裂前期较长，有明显的分裂相。经第一次减数分裂产生两个次级精母细胞。

c.次级精母细胞　较初级精母细胞小，细胞体及核均为圆形，染色质呈细粒状。次级精母细胞存在的时间很短，很快完成第二次减数分裂，产生两个单倍体的精子细胞，所以在切片上不易观察到次级精母细胞。

d.精子细胞　存在于靠近精曲小管的管腔内，核小而圆，核仁明显，细胞质少，经变态形成精子，精子形似蝌蚪，由头部和尾部组成。

② 支持细胞。支持细胞呈柱状或锥状。细胞底部附在基膜上，顶部可伸达腔面，在相邻支持细胞的侧面之间，向前有许多各级生精细胞。在游离端，多个变态中的精子细胞以头部嵌附其上，由于各类生精细胞的嵌入，使支持细胞在光镜下难辨其轮廓，但细胞核为椭圆形或不规则形，核仁明显。异染色质少而淡染。支持细胞具有支持、营养生精细胞，分泌雄性激素，参与血-睾丸屏障形成的功能。

5.睾丸间质

为疏松结缔组织，除富含丰富的血管、淋巴管外，还有睾丸间质细胞。它们成群分布于精曲小管之间，胞体较大，呈圆形或不规则状，胞质强嗜酸性，其主要作用是分泌雄性激素-睾酮（见图7-1～图7-7）。

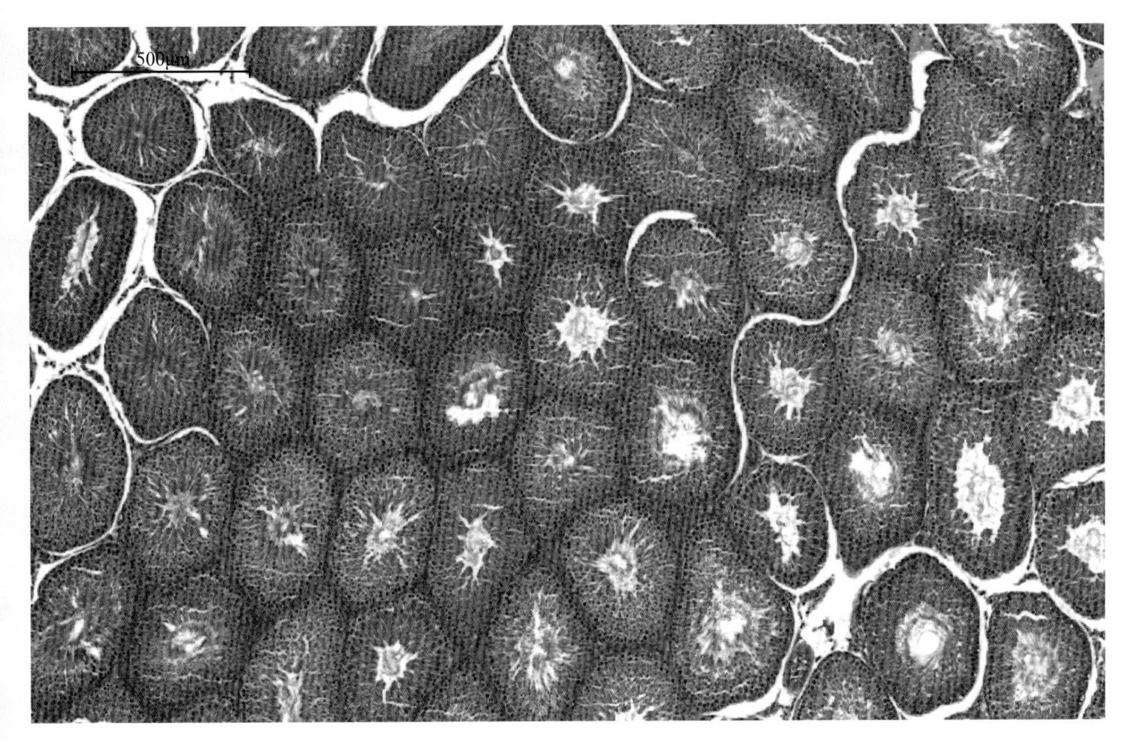

图7-1　大鼠睾丸（一）（HE染色）

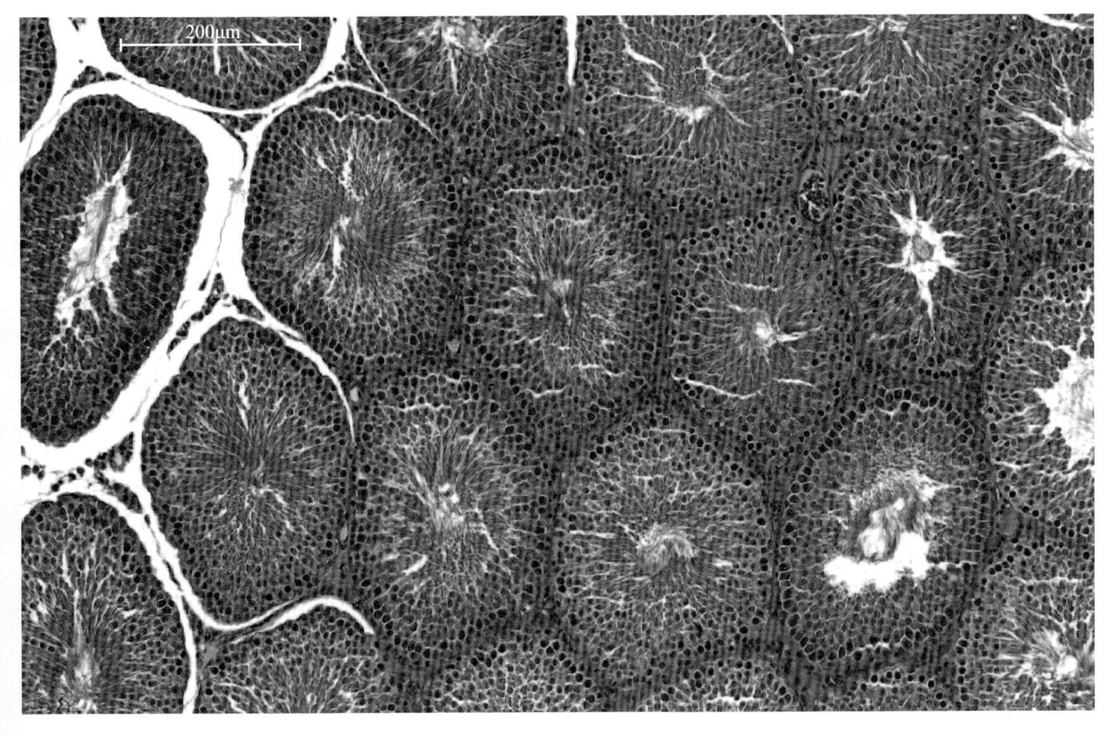

图7-2　大鼠睾丸（二）（HE染色）

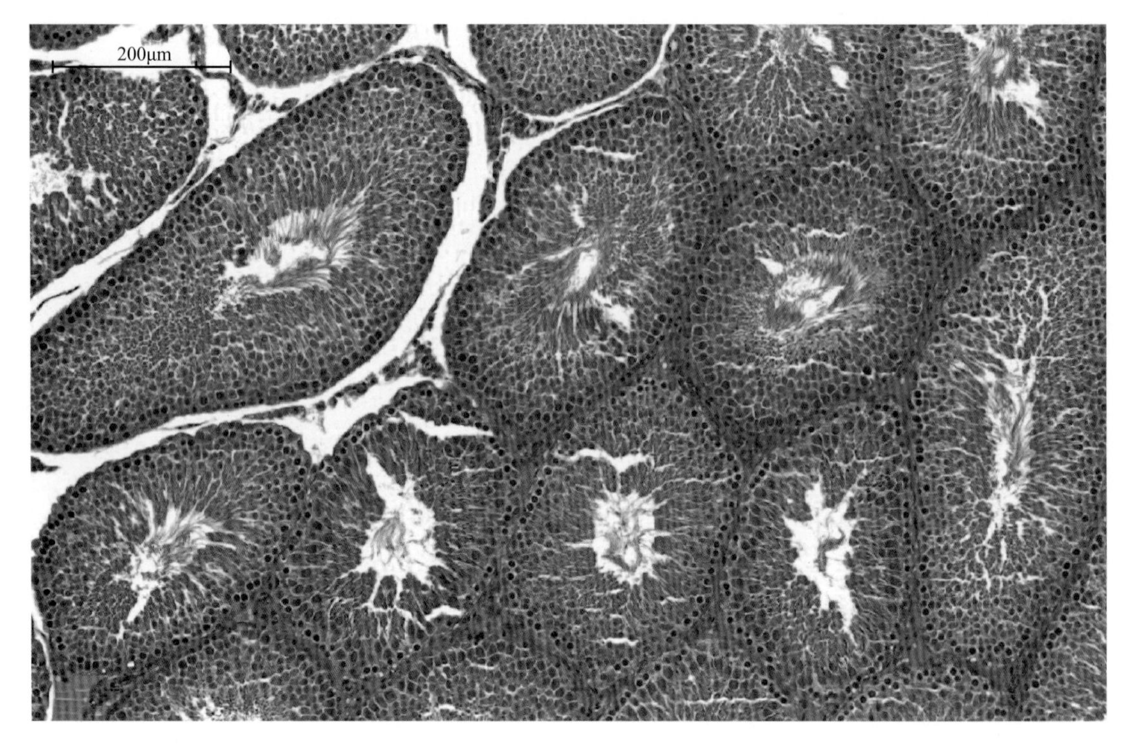

图7-3　大鼠睾丸（三）（HE染色）

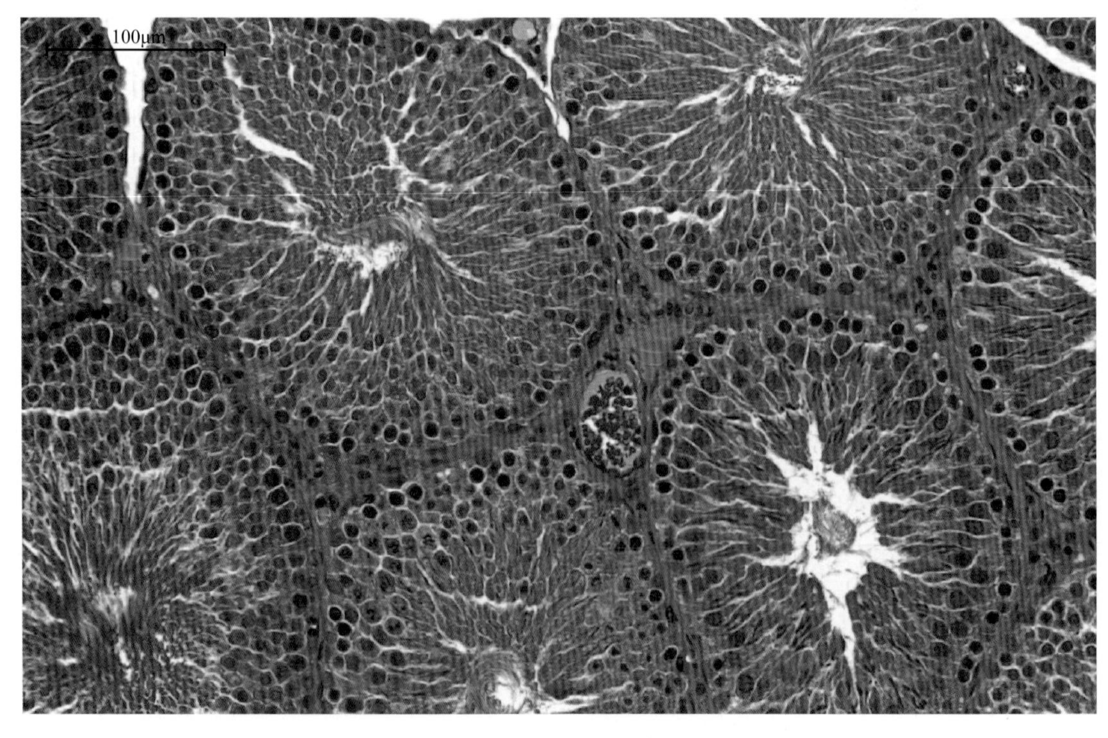

图7-4　大鼠睾丸（四）（HE染色）

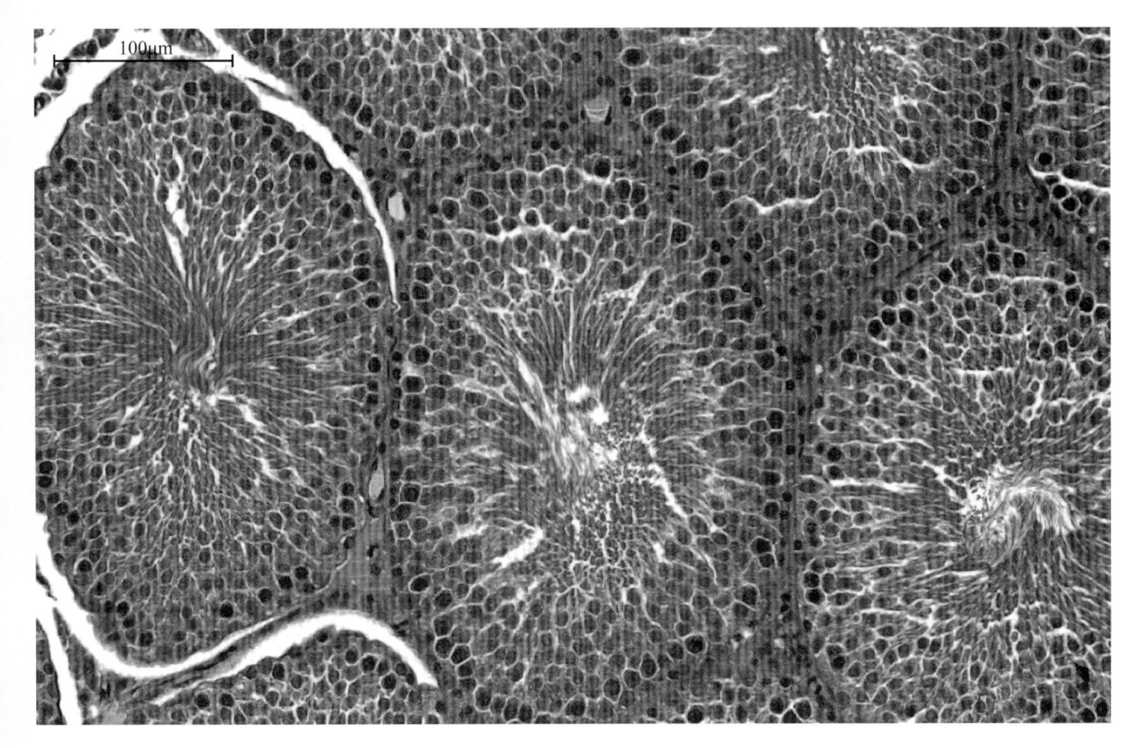

图7-5　大鼠睾丸（五）（HE染色）

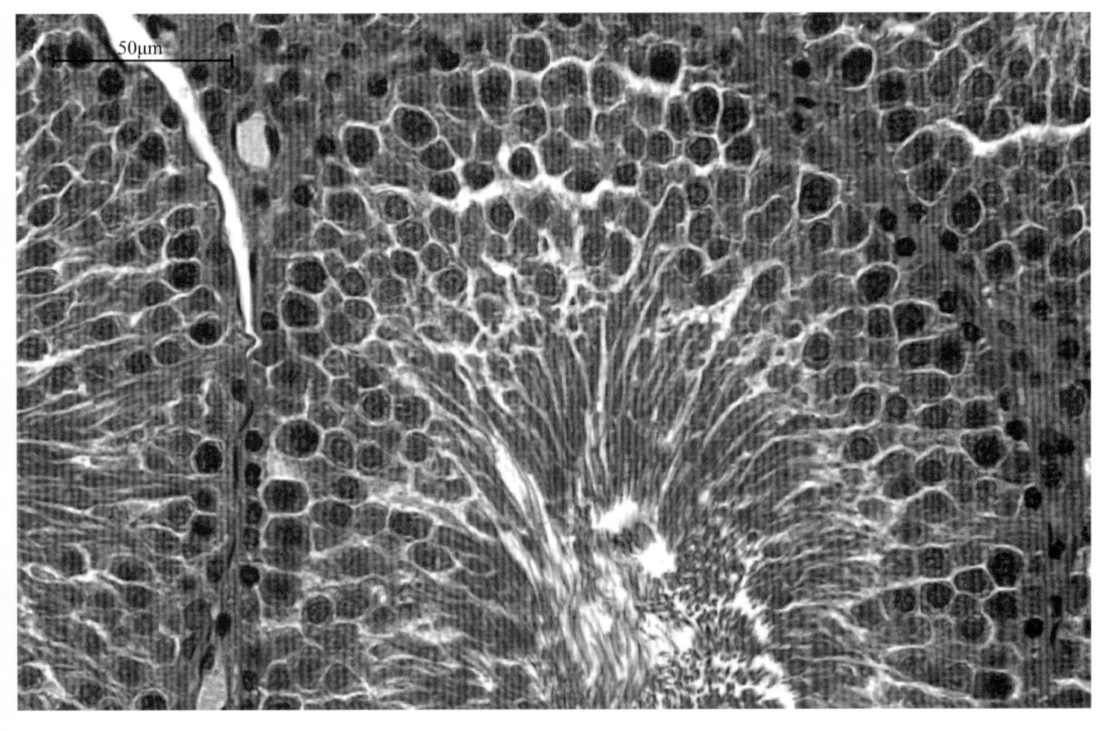

图7-6　大鼠睾丸（六）（HE染色）

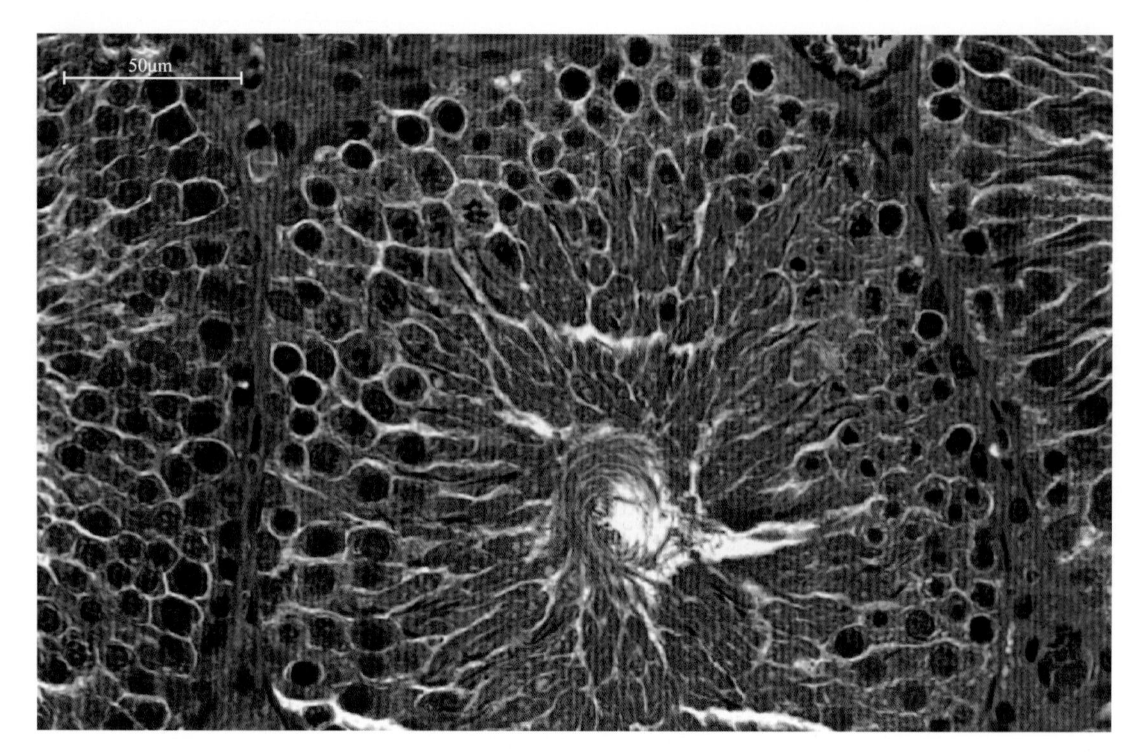

图7-7　大鼠睾丸（七）（HE染色）

二、附睾

附睾是储存精子和精子成熟的导管状器官，附着于睾丸的附睾缘，分头、体、尾三部分。

（一）组织结构

1. 附睾头

膨大，呈新月形，覆盖在睾丸的头端，由睾丸输出管组成（见图7-8～图7-16）。

2. 附睾体

由附睾管盘曲而成。附睾体狭细，位于睾丸内侧，是储存精子并使其获得运动能力的部位。

3. 附睾尾

呈棒槌状，越过睾丸尾端向后延伸，在尾端延续为输精管。

附睾的管壁由假复层柱状纤毛上皮构成，胞质中含有分泌颗粒。由睾丸头部移向尾部，附睾管上皮细胞的高度逐渐降低（见图7-17～图7-24）。

（二）功能

能分泌维持精子生活能力的甘油磷酸胆碱，能储存精子并使其获得运动能力。

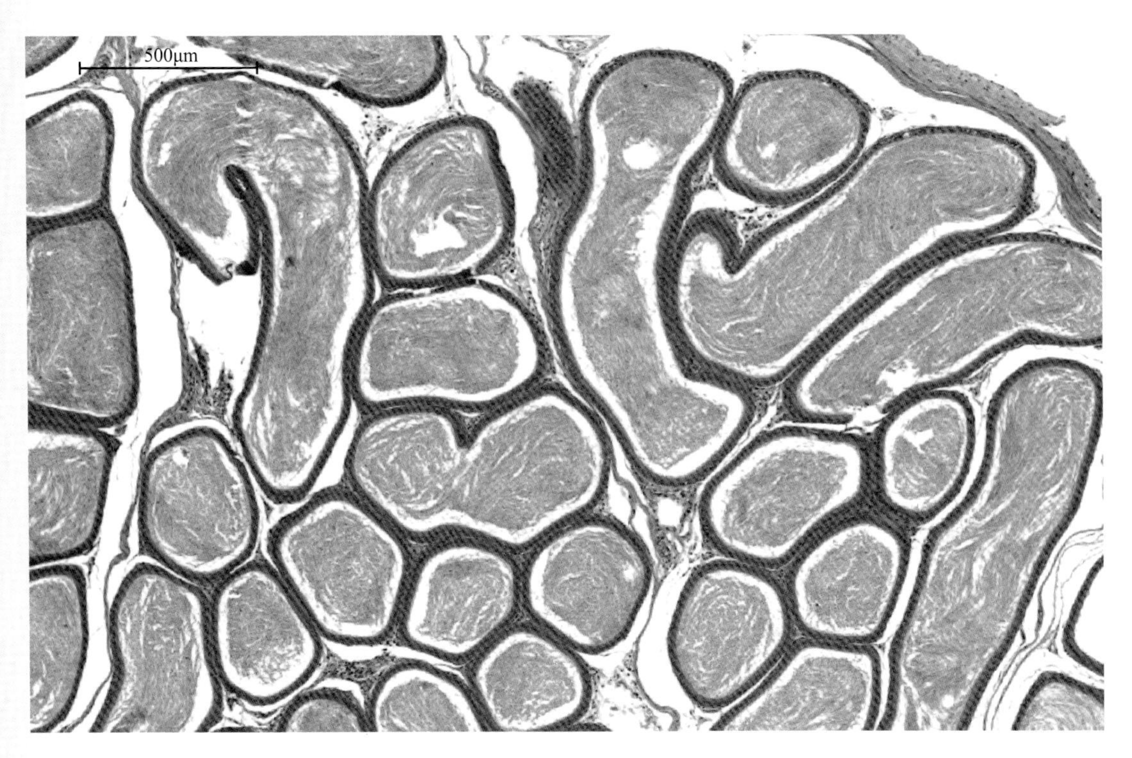

图7-8　大鼠附睾头（一）（HE染色）

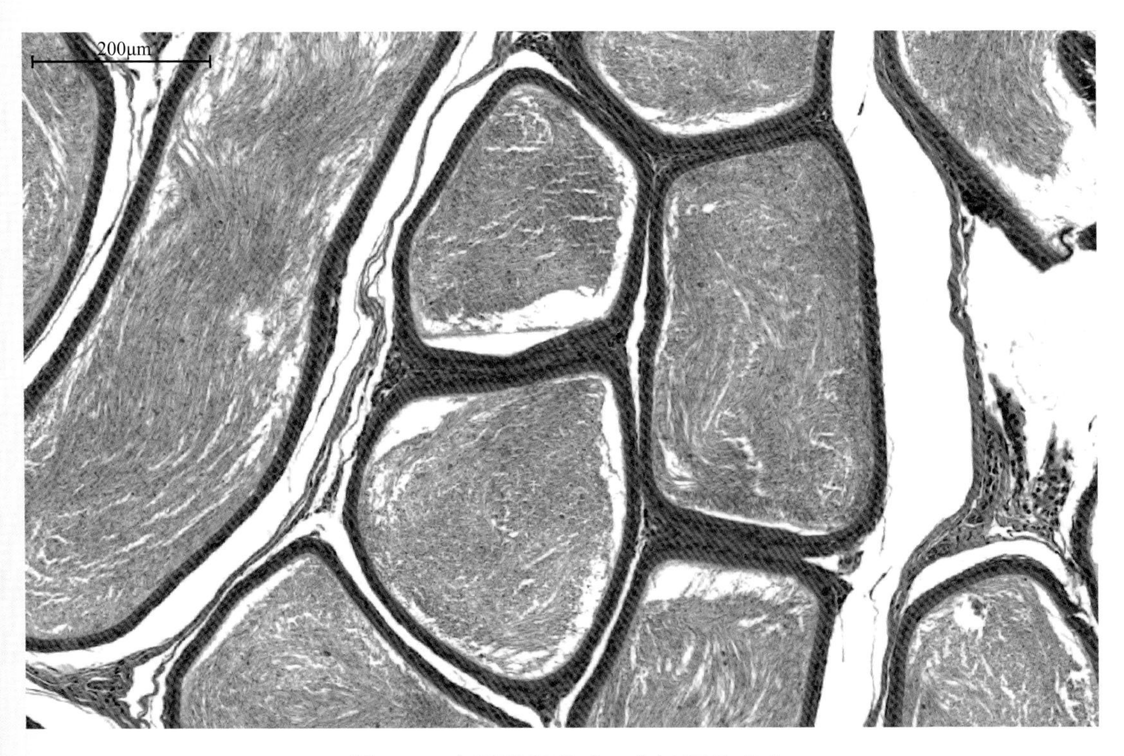

图7-9　大鼠附睾头（二）（HE染色）

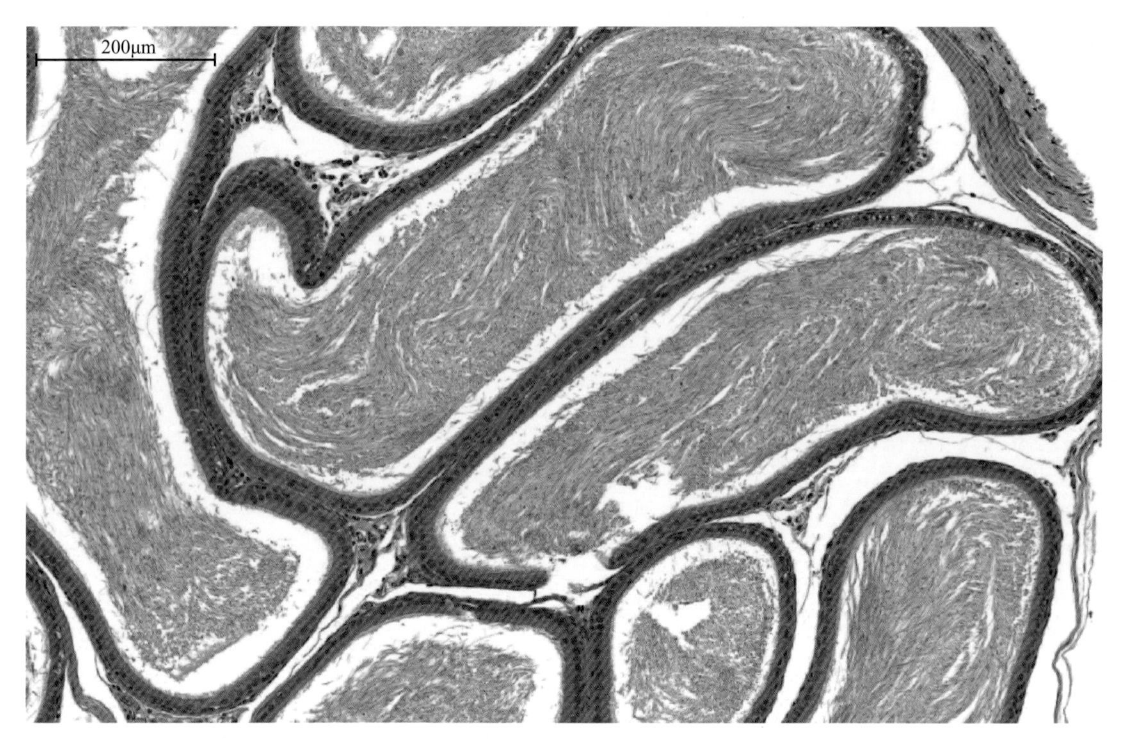

图7-10　大鼠附睾头（三）（HE染色）

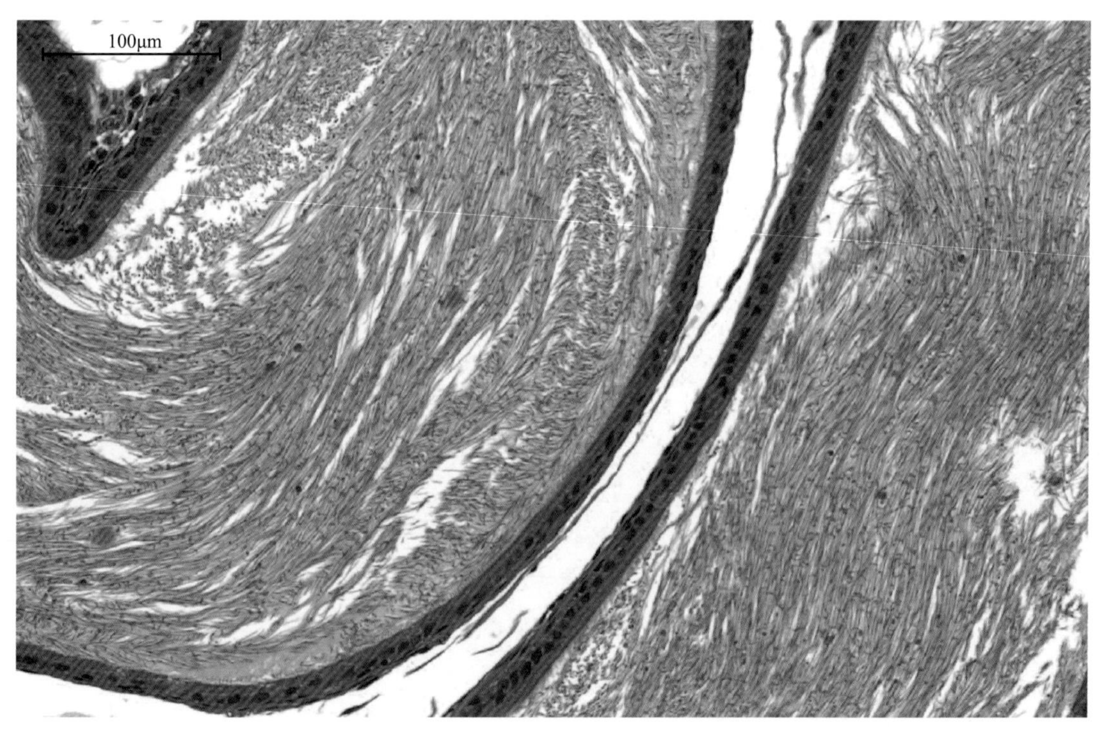

图7-11　大鼠附睾头（四）（HE染色）

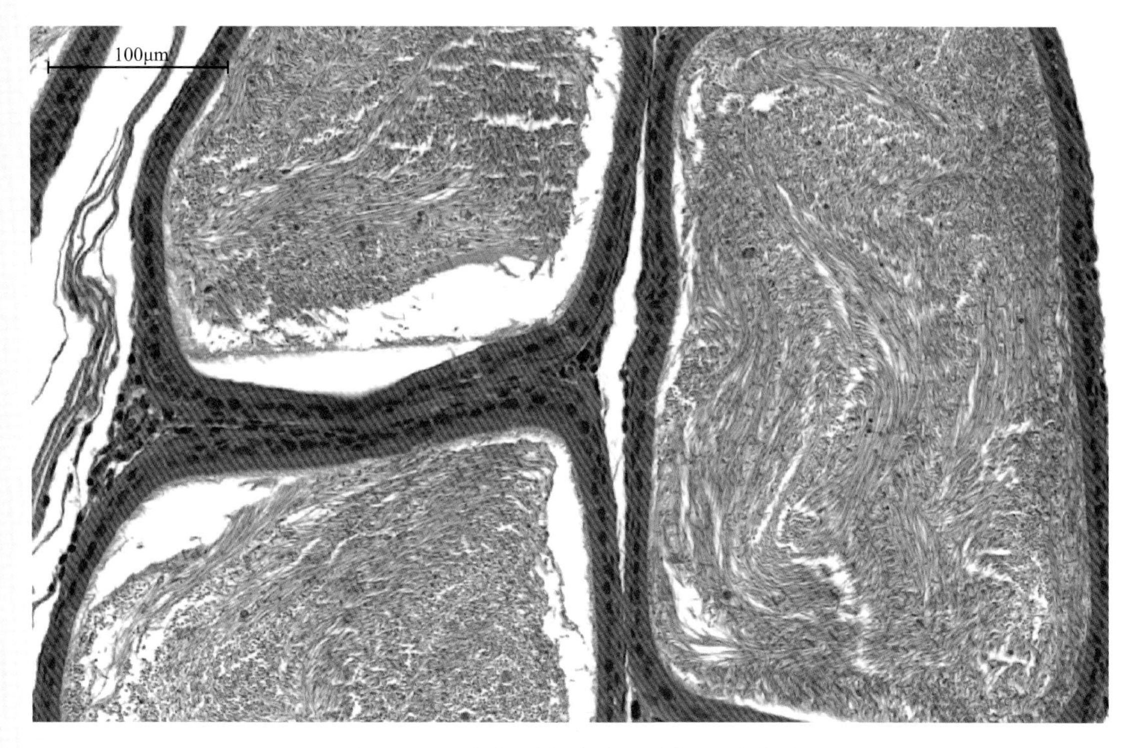

图7-12　大鼠附睾头（五）（HE染色）

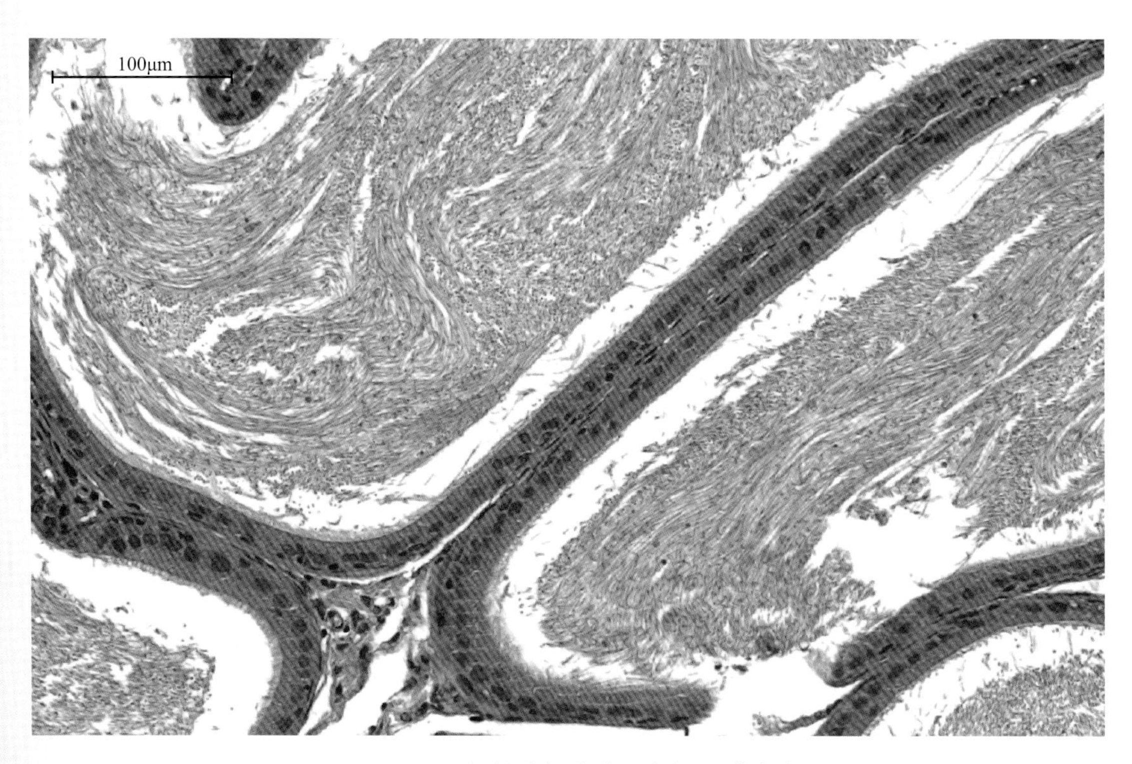

图7-13　大鼠附睾头（六）（HE染色）

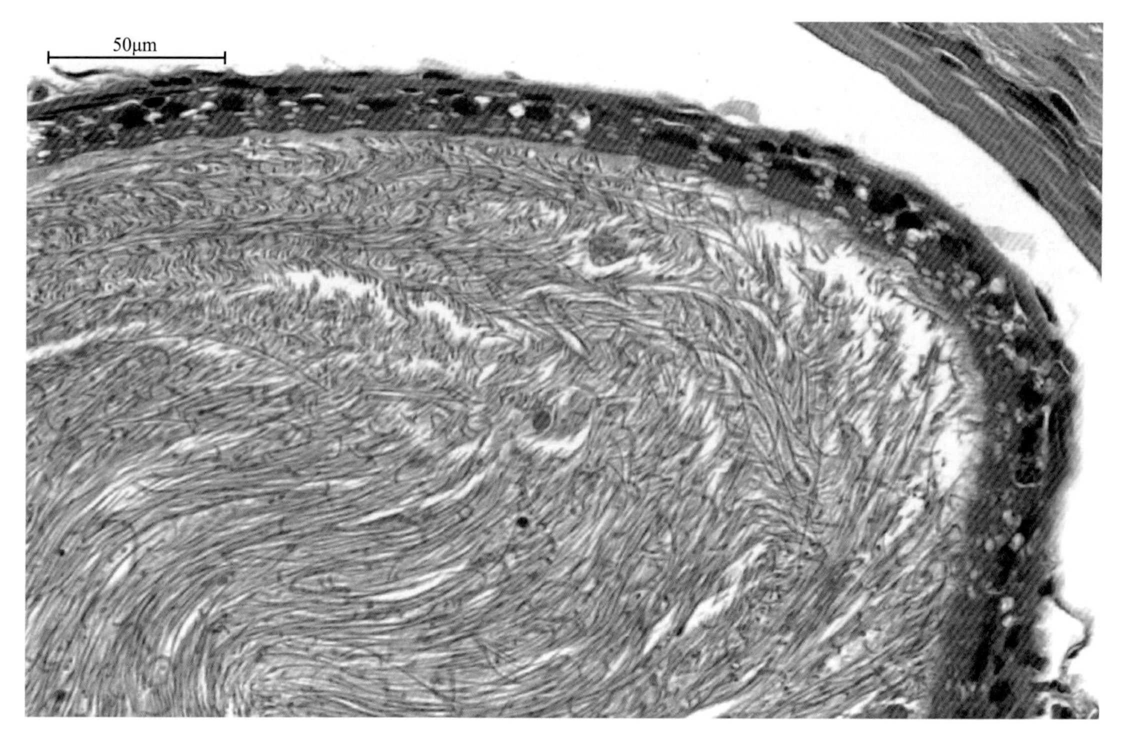

图7-14　大鼠附睾头（七）（HE染色）

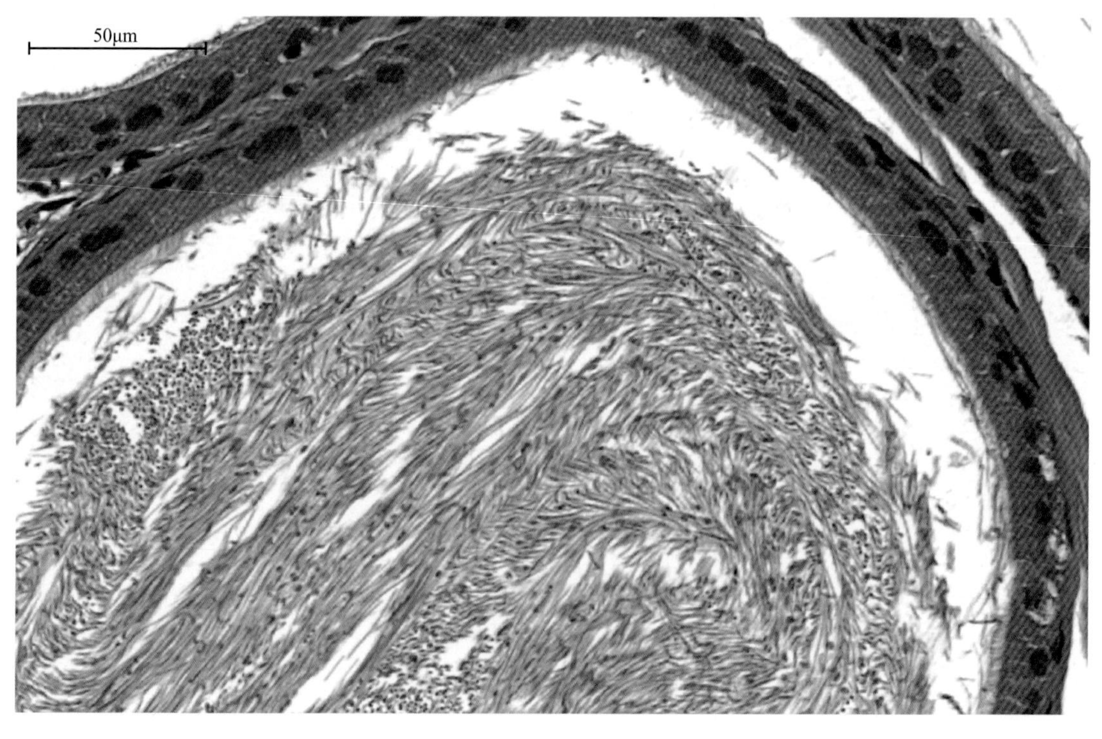

图7-15　大鼠附睾头（八）（HE染色）

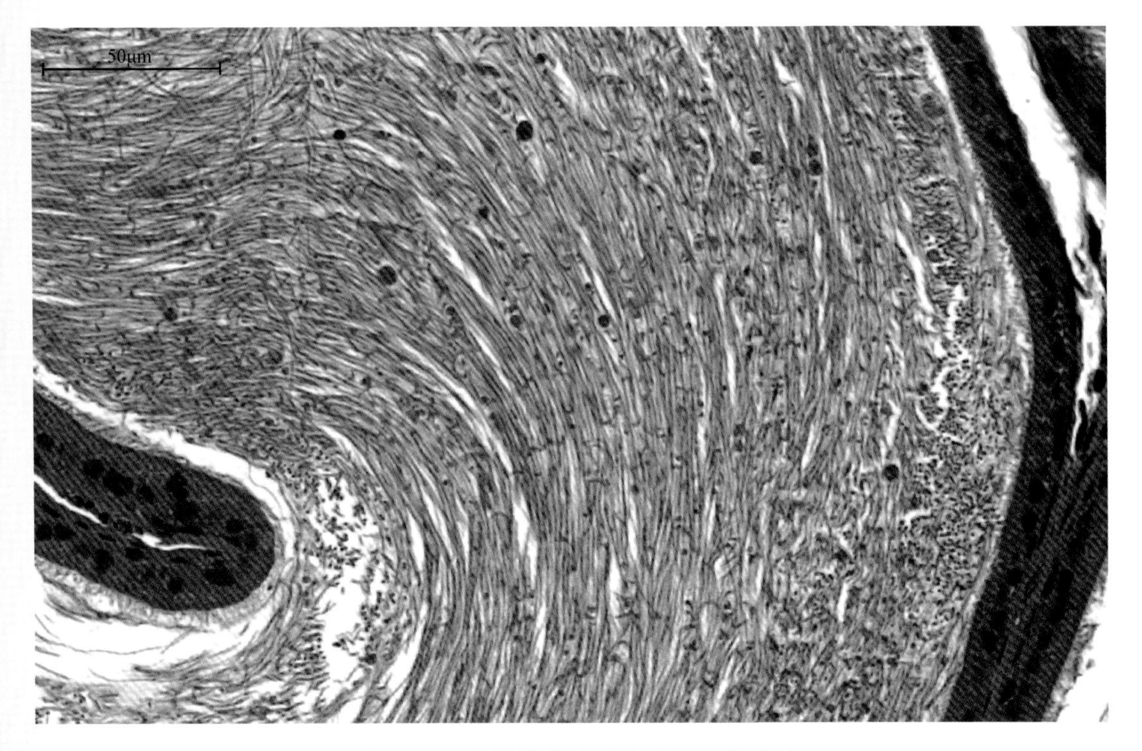

图7-16　大鼠附睾头（九）（HE染色）

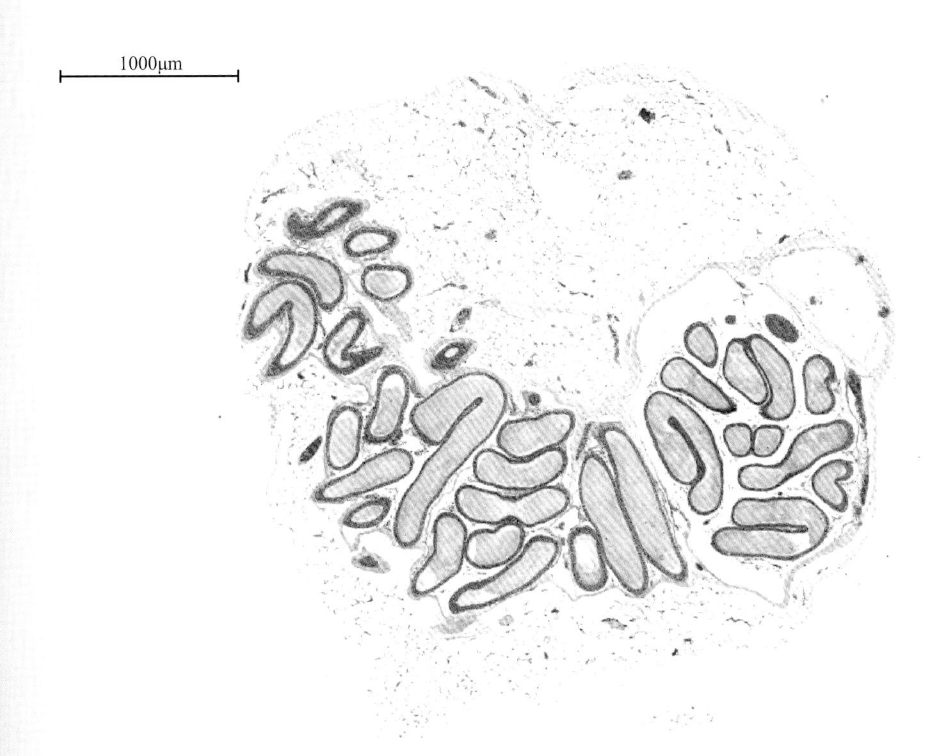

图7-17　大鼠附睾尾（一）（HE染色）

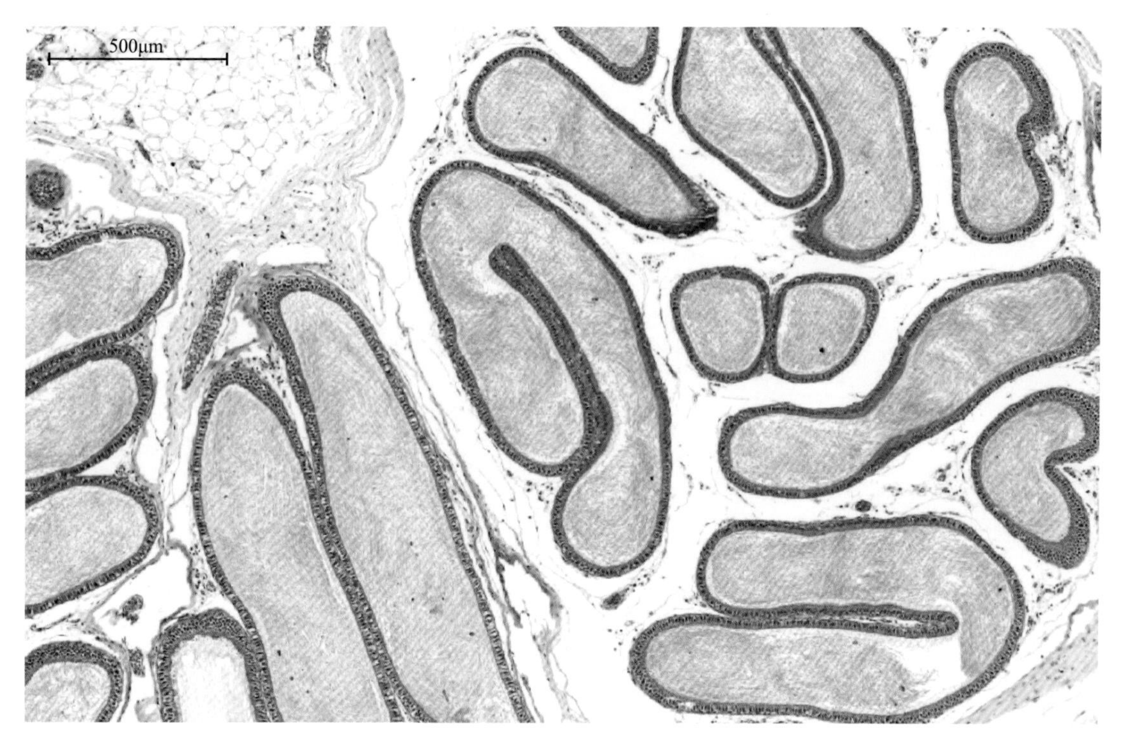

图7-18　大鼠附睾尾（二）（HE染色）

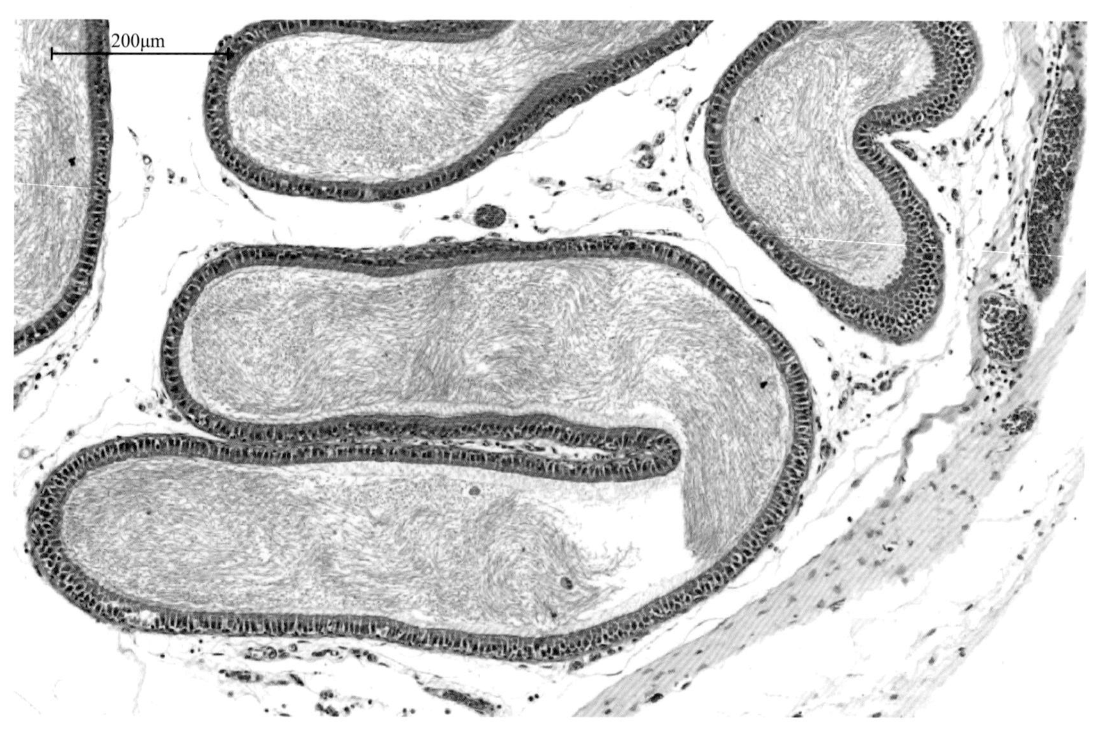

图7-19　大鼠附睾尾（三）（HE染色）

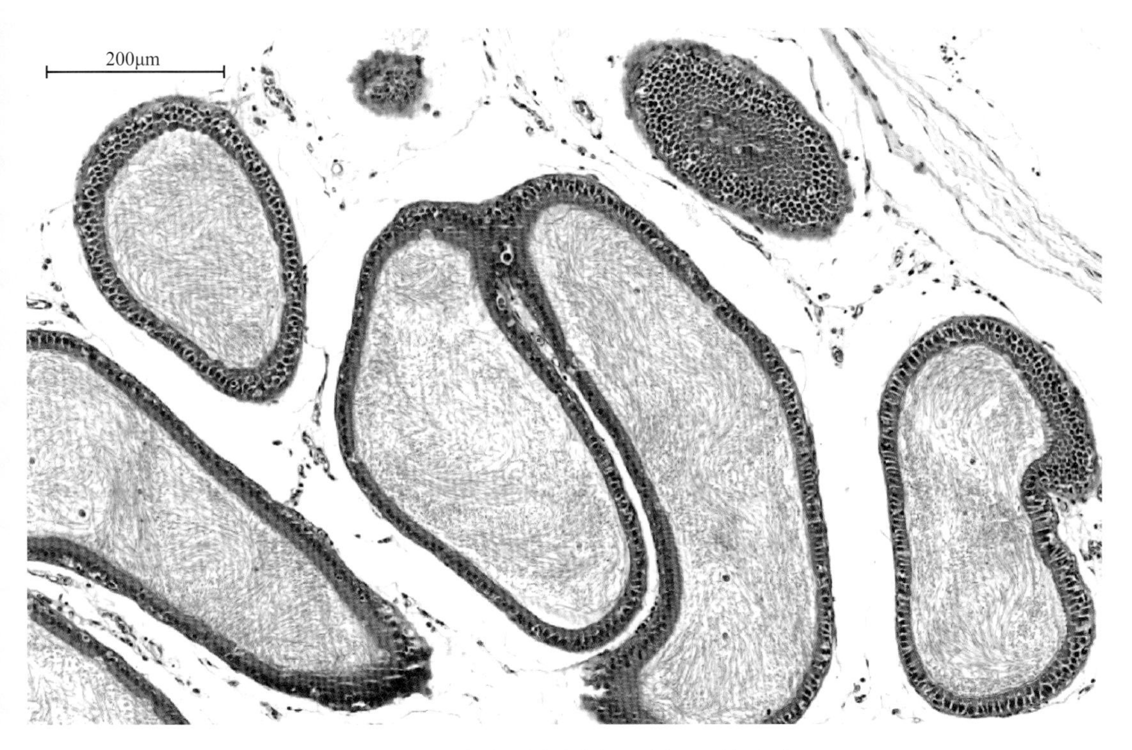

图7-20　大鼠附睾尾（四）（HE染色）

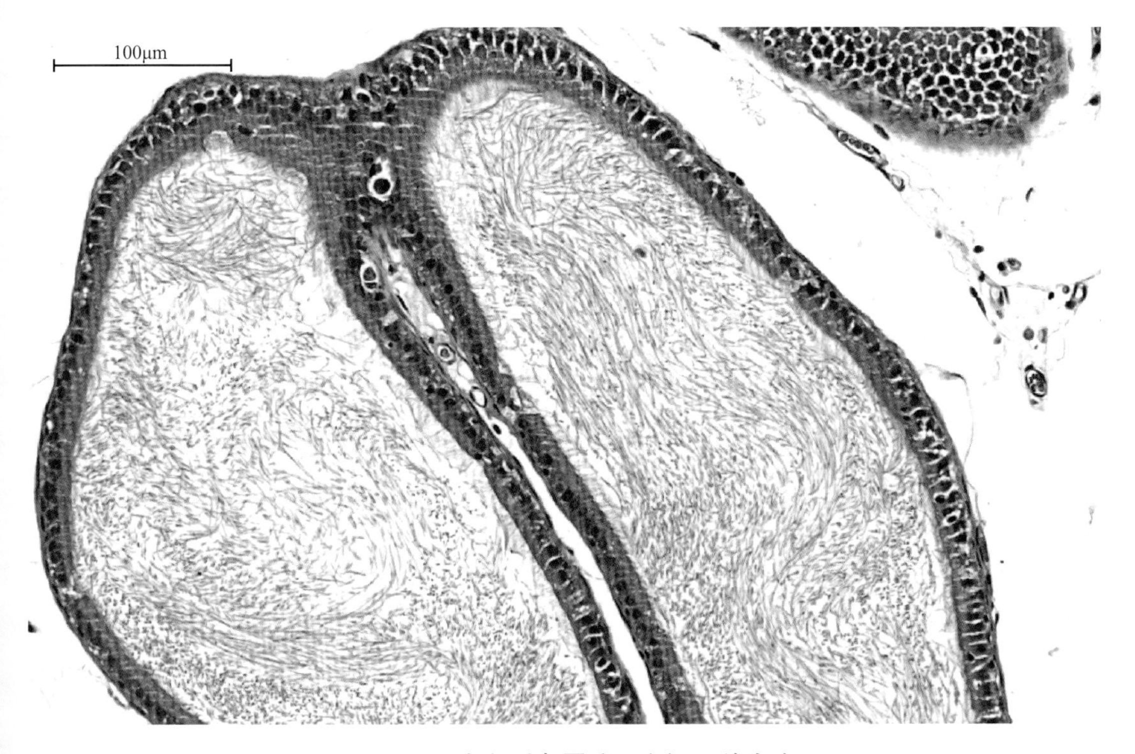

图7-21　大鼠附睾尾（五）（HE染色）

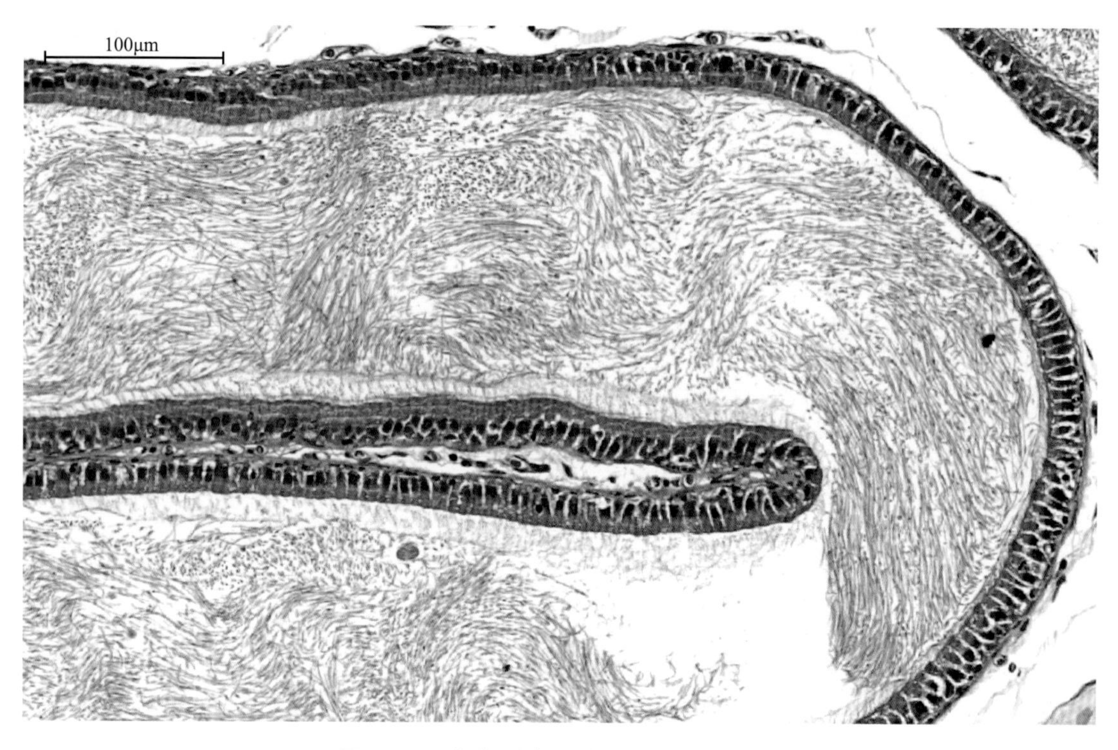

图7-22　大鼠附睾尾（六）（HE染色）

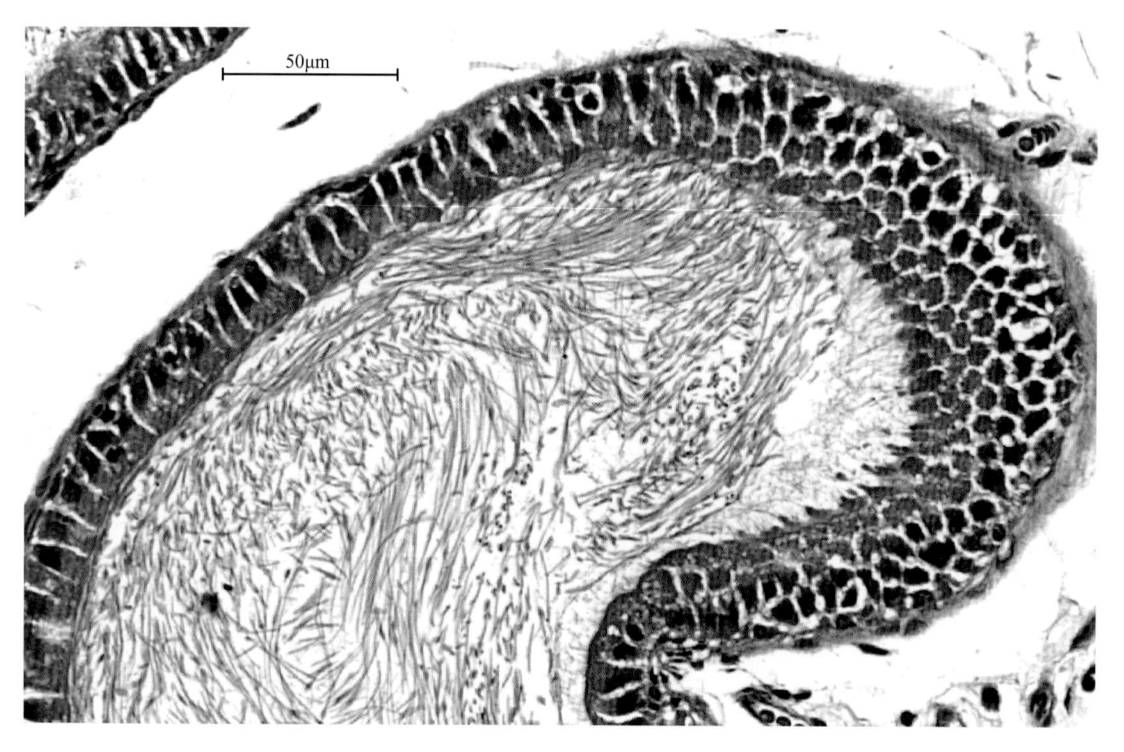

图7-23　大鼠附睾尾（七）（HE染色）

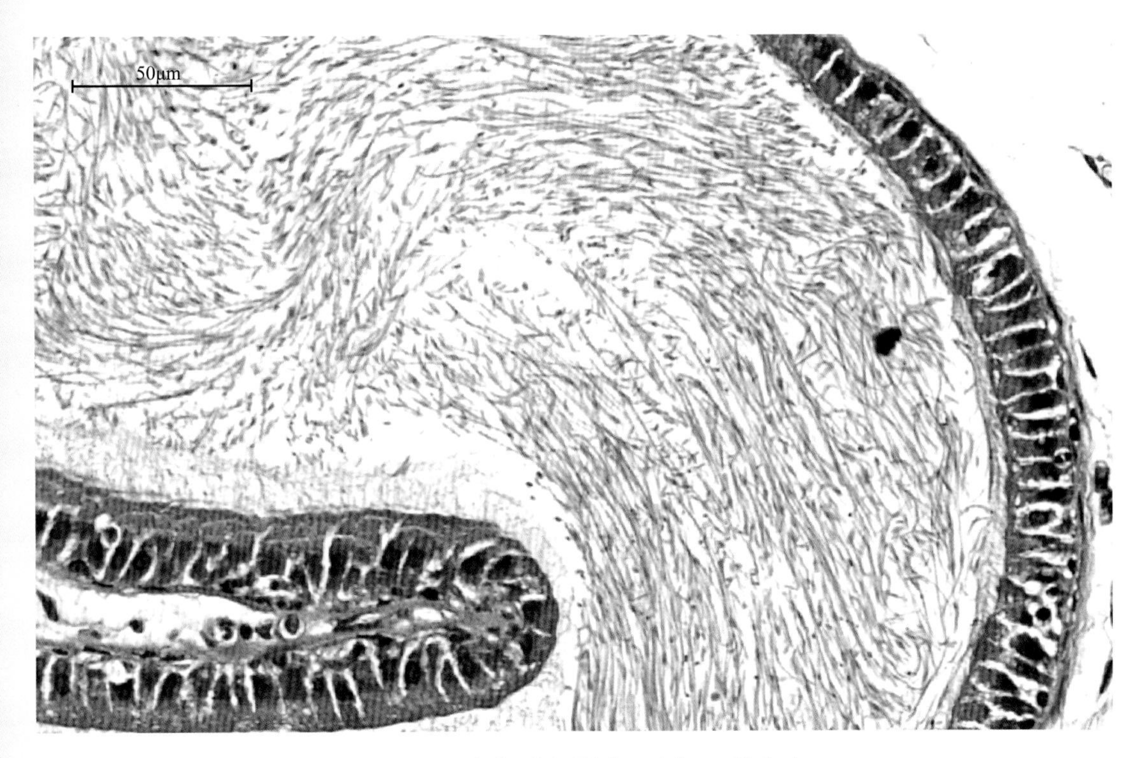

图7-24　大鼠附睾尾（八）（HE染色）

三、输精管

输精管是将精子从附睾输送到雄性尿道的细长管道，起于附睾尾部的附睾管，沿附睾和精索内侧上行，经腹股沟管入腹腔，在腹环处转折向后入盆腔，在尿生殖褶中向后行，越过输尿管腹侧，开口于尿道起始部背侧。

四、精索

精索是由睾丸血管、神经、淋巴管、输精管及平滑肌束构成的圆柱形结构，表面被以鞘膜脏层，其基部附着于睾丸和附睾，上端达鞘膜管鞘环。

大鼠的腹股沟管终生保持开放，其睾丸于40日龄时开始降下。

五、阴茎

阴茎既是雄性大鼠的交配器官，又是大鼠的排尿通道。大鼠的阴茎全长20～28mm，平均宽3.5mm，厚2.8mm。分为根、体、头三部分。后部为阴茎根，由两个阴茎脚附着于坐骨弓的腹侧面；阴茎体开始于左右脚联合处，呈背腹扁平状；阴茎头为游离端的圆柱状部分。

1.组织结构

光镜下可观察均匀分布的血窦、内皮细胞、平滑肌细胞、间质细胞、神经组织以及血管腔结构。

（1）血窦　其内可见少量红细胞。

（2）内皮细胞　内衬血窦壁，内皮细胞膜完整，细胞之间为紧密或桥粒连接。

（3）平滑肌细胞　细胞质膜完整，平滑肌之间有基膜将其相互分开。

（4）间质细胞　散在分布于组织中。

2.功能

排尿和交配。

六、副性腺

雄性大鼠生殖系统有许多高度发达的副性腺，包括精囊腺、一个尿道球腺和一个由背前叶、腹叶及背侧叶组成的前列腺。

1.精囊腺

特别发达，体积大，呈囊性，背腹扁平，位于膀胱的背外侧，为一对弯曲盲管。每侧精囊腺长17～25mm，宽8～11mm，厚5～6mm，重0.8～1.5g。排出管位于尾端，被前列腺的背侧叶包围。排出管穿行于输精管背侧，并共同开口于射精孔。精囊腺管壁上皮为假复层柱状上皮，呈乳头状排列，上皮分支多，且连接成网，腔腺内充满红色分泌物（见图7-25～图7-28）。

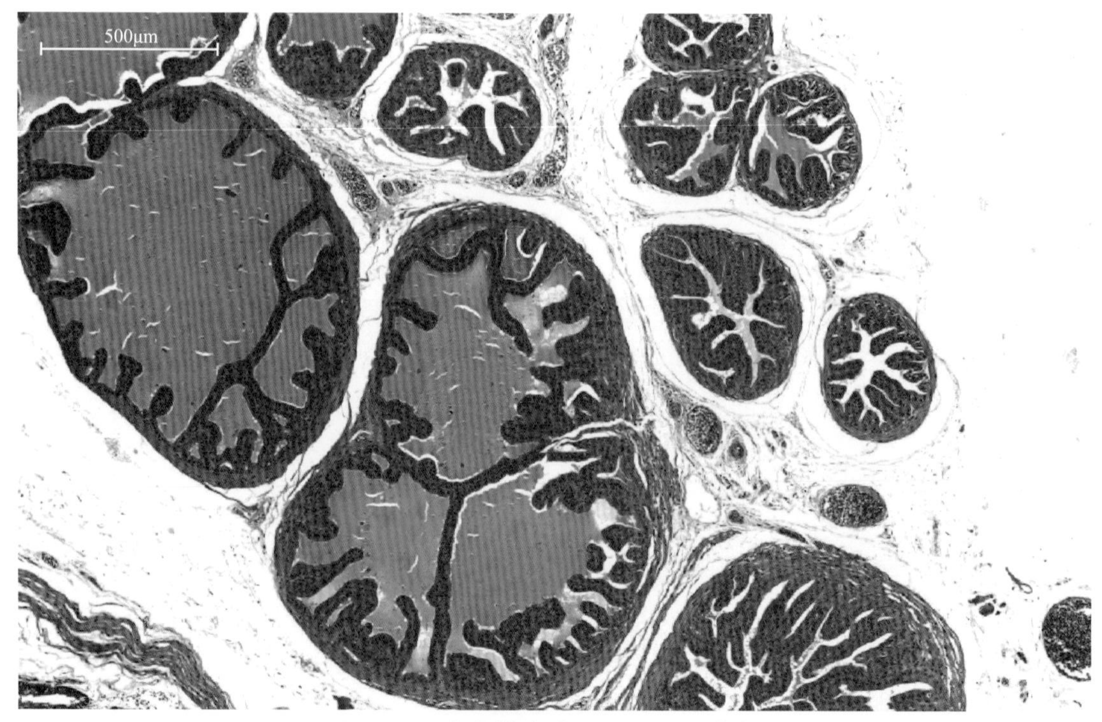

图7-25　大鼠精囊腺（一）（HE染色）

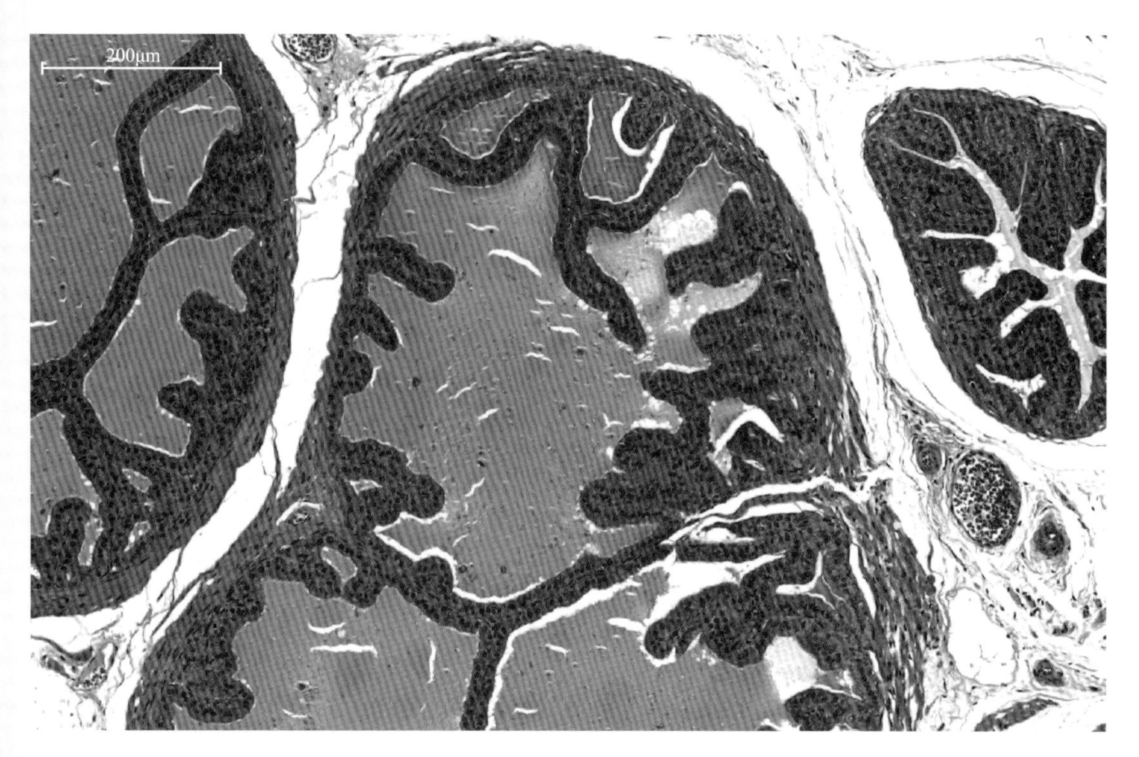

图7-26　大鼠精囊腺（二）（HE染色）

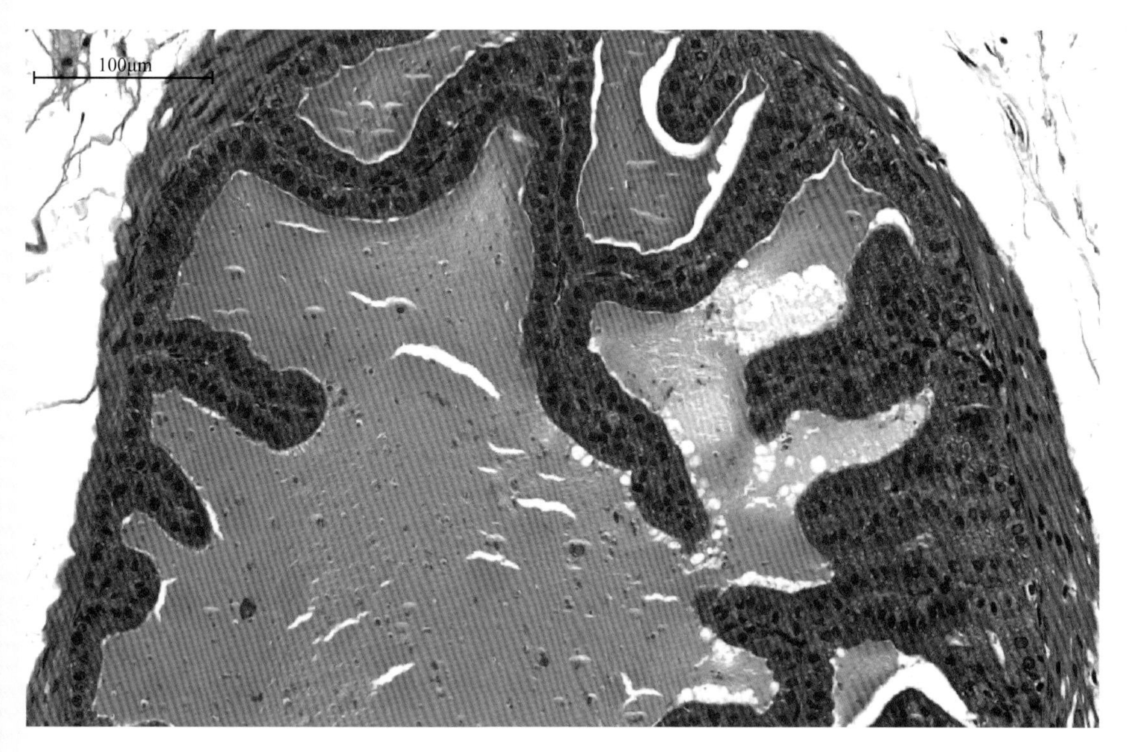

图7-27　大鼠精囊腺（三）（HE染色）

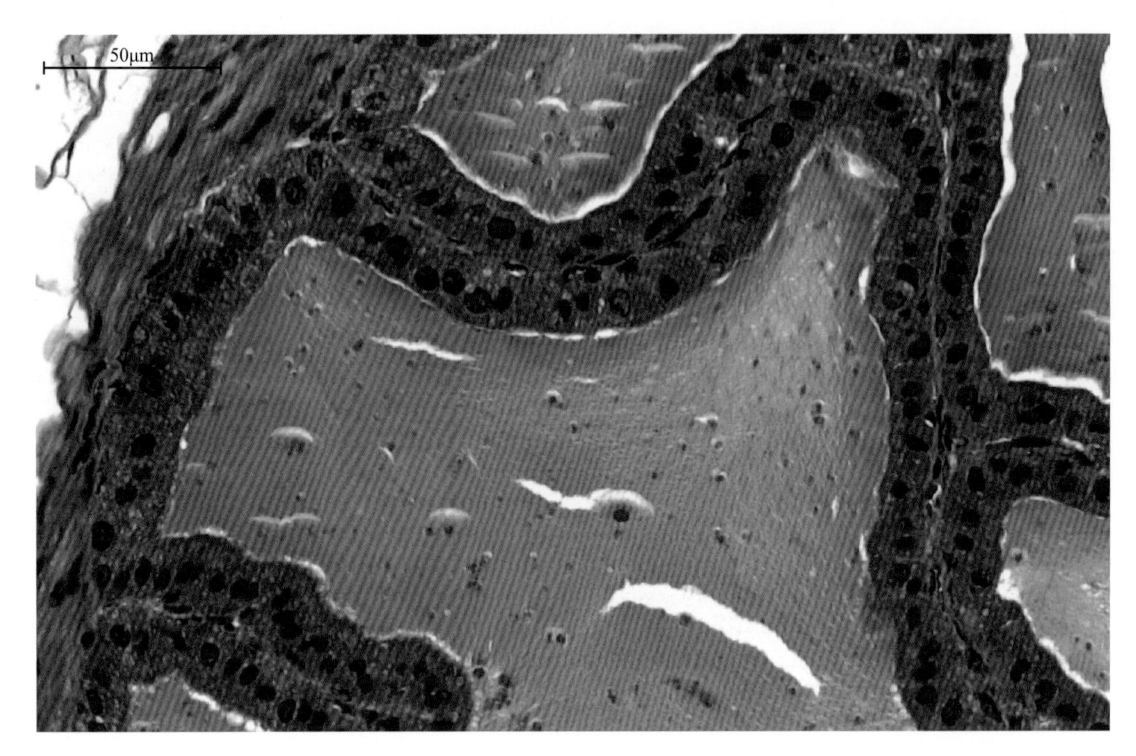

图7-28　大鼠精囊腺（四）(HE染色)

2. 前列腺

是复管泡状腺，肉眼观察可分为背前叶、背侧叶、腹侧叶。三叶腺体被共同的结缔组织鞘所包绕，腺体重40～110mg，背侧叶又称为凝集腺，位于精囊内侧凹面，腹侧叶呈灰红色，贴附于膀胱的腹外侧，成棒槌状；背侧叶盘曲在尿道近端，包裹着精囊。前列腺腺泡形态不规则，大小不一。腺上皮为单层立方、单层柱状或假复层柱状上皮，因部位不同而异。因而，试验时做前列腺组织结构对比观察时，取材部位必须一致。间质为疏松结缔组织，通常量很少，平滑肌也少见。

3. 尿道球腺

又称考伯腺，位于直肠两侧，由坐骨海绵体肌和球海绵体肌之间的结缔组织所覆盖包绕，是两对小的管泡状腺。它开口于尿道骨盆部向球部过渡部位。由结缔组织将腺实质分成许多小叶，腺体导管被覆被膜，内含有平滑肌组织。腺泡上皮为单层柱状细胞组成，腺管部分的上皮细胞由方形或扁的细胞构成，多位于细胞基部，数个腺上皮集合成腺泡。大鼠尿道球腺腺管扩张呈腔状，腔内含有小血管的结缔组织。腺管呈乳头状，周围的腺上皮细胞较高，胞质呈灰白色。

第二节 雌性生殖系统

雌性生殖系统包括卵巢、子宫、输卵管、阴道、阴道前庭和阴门，其中卵巢为生殖腺，输卵管和子宫为生殖管，阴道、阴道前庭及阴门为交配器官和产道。雌性生殖系统的副性腺为乳腺。

一、卵巢

卵巢借助卵巢系膜悬挂于肾后方的腰下部，其大小、形态与年龄及发育状况有关，性成熟大鼠卵巢呈卵圆形，淡红色，表面有结节状卵泡，卵巢重约60mg，其大小与卵巢中卵泡的发育周期、黄体的形成、退缩相关。

卵巢分为两缘、两端和两面。卵巢系膜中有神经、血管、淋巴管通过卵巢门出入卵巢。

组织结构

卵巢由被膜和实质组成。

1. 被膜

包括生殖上皮和白膜。

卵巢表面除卵巢系膜附着处以外，均被有立方或单层扁平生殖上皮，其下方是结缔组织构成的白膜。

2. 实质

分为外周的皮质和内部的髓质。

（1）皮质　位于白膜的内侧，由基质、卵泡和黄体构成。基质中主要为紧密排列的较幼稚的结缔组织细胞，呈菱形，细胞核长杆状。基质中胶原纤维较少，网状纤维较多。皮质中卵泡大小、形态各不相同，为卵泡发育的不同阶段。通常在外周的卵泡较小而多，朝向髓质的较大，有的未能发育成熟即退化而成闭锁卵泡。幼龄大鼠卵巢含有许多小的卵泡，性成熟后卵泡发育，可见到许多不同发育阶段的卵泡。

（2）髓质　位于卵巢中部，占小部分，含有较多的疏松结缔组织，还有许多较大的血管、神经及淋巴管。在近卵巢门处有少量的平滑肌，血管、神经及淋巴管由门部进入卵巢。

3. 卵泡的发育

在生长发育过程中，卵泡结构发生一系列变化，按成熟程度可分为原始卵泡、生长卵泡和成熟卵泡三个阶段。

（1）原始卵泡　位于皮质浅层，体积小、数量多，为处于静止状态的卵泡。原始卵泡呈球形，由一个大而圆的初级卵母细胞及外周单层扁平的卵泡细胞组成，在卵泡细胞外有基膜。大鼠出生前，初级卵母细胞进入最后一轮DNA合成，然后被抑制在第一次成熟分裂（减数分裂）的前期，直至性成熟排卵时才完成第一次分裂。

（2）生长卵泡　静止的原始卵泡开始生长发育，根据发育阶段不同，又可分为初级卵泡、次级卵泡。

① 初级卵泡。由原始卵泡发育而成，卵泡细胞为单层立方或柱状细胞。卵母细胞增大，卵泡细胞由单层变多层，表明卵泡开始生长发育。在卵母细胞周围和颗粒细胞之间出现一层嗜酸性、折光强的膜状结构为透明带。透明带是颗粒细胞与初级卵母细胞共同分泌形成的。

② 次级卵母。由初级卵母细胞及周围多层的卵母细胞组成。此期的卵母细胞有6～12层，称为颗粒细胞。位于基膜上的一层颗粒细胞呈柱状，其余多为四边形。颗粒细胞间出现若干充满液体的小腔隙，并逐渐融合变大。卵泡周围的结缔组织分化为界限明显的卵泡膜，中央出现一个大的新月形腔，为充满卵泡液的卵泡腔。颗粒细胞参与分泌卵泡液。由于卵泡腔的扩大及卵泡液的增多，使卵母细胞及其外周的颗粒细胞位于卵泡腔的一侧，并与周围的卵泡细胞一起突入卵泡腔，形成丘状隆起，称为卵丘。卵丘中紧贴透明带外表面的一层颗粒细胞，随卵泡发育而变为高柱状，呈放射状排列，称为放射冠。

（3）成熟卵泡　次级卵泡发育到即将排卵阶段，卵泡液及其压力激增，即为成熟卵泡。此时卵泡体积显著增大，卵泡壁变薄，并向卵巢的表面突出。由于卵泡腔扩大及卵泡颗粒细胞在成熟卵泡接近排卵时，完成第一次成熟分裂。分裂时，胞质的分裂不均等，形成大小不等的两个细胞，大的称为次级卵母细胞，其形态与初级卵母细胞相似；小的只有极少胞质，附在次级卵母细胞与透明带的间隙中，为第一极体。次级卵母细胞接着进入第二次成熟分裂，但停滞在分裂中期，直到受精才能完成第二次成熟分裂，并释放出第二极体。

（4）排卵　卵泡破裂，卵泡液将卵母细胞及其周围的透明带和放射冠、卵丘细胞自卵巢排出，排出的卵被输卵管接收。大鼠每个周期可排10～26个卵。

（5）黄体的形成和发育　排卵后，卵泡壁塌陷形成皱襞，卵泡内膜毛细血管破裂引起出血，基膜破碎，血液充满卵泡腔，形成红体。同时残留在卵泡壁的颗粒细胞和内膜细胞向腔内侵入，胞体增大，胞质内出现脂质颗粒，颗粒细胞分化成颗粒黄体细胞，而内膜细胞分化成膜性黄体细胞。黄体是内分泌腺，主要分泌孕酮及雌激素，有刺激子宫分泌和乳腺发育的作用，保证胚胎附植和胎儿在子宫内发育。黄体发育程度和存在时间完全取决于卵细胞是否受精。如母鼠未妊娠，黄体则逐渐退化，此种黄体为发情黄体或假黄体。如果母鼠已怀孕，黄体在整个妊娠期继续维持其大小和分泌功能，这种黄体称为妊娠黄体或真黄体。黄体完成其功能后即退化成为结缔组织瘢痕，成为白体。

在正常情况下，卵巢内的卵泡绝大多数都不能发育成熟，而在各发育阶段中逐渐退化为闭锁卵泡（见图7-29～图7-32）。

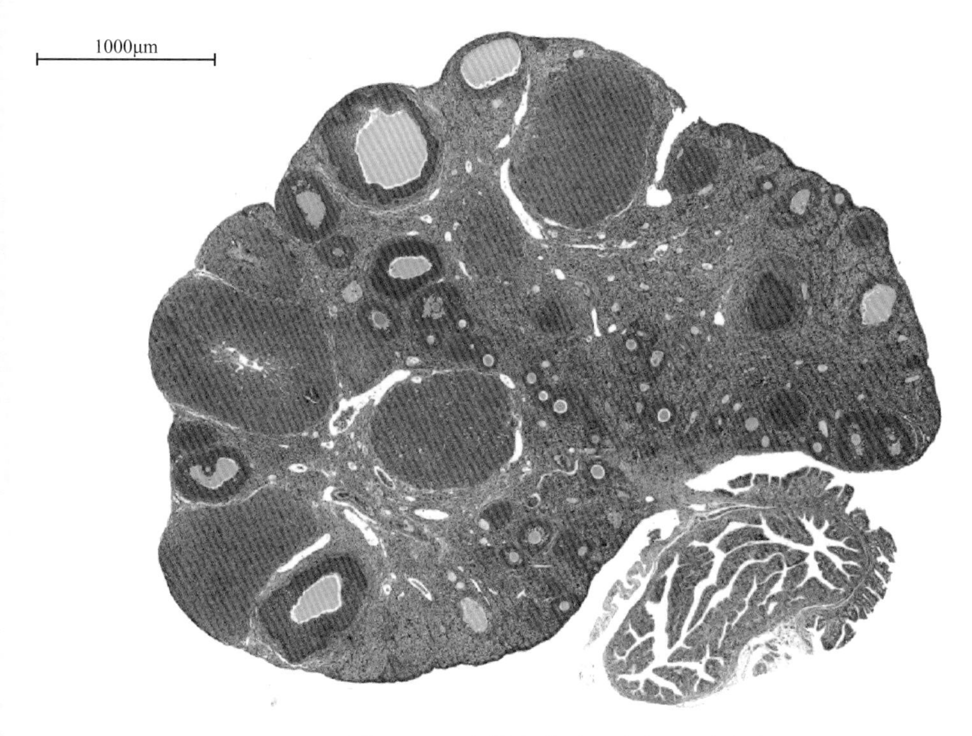

图7-29　大鼠卵巢（一）（HE染色）

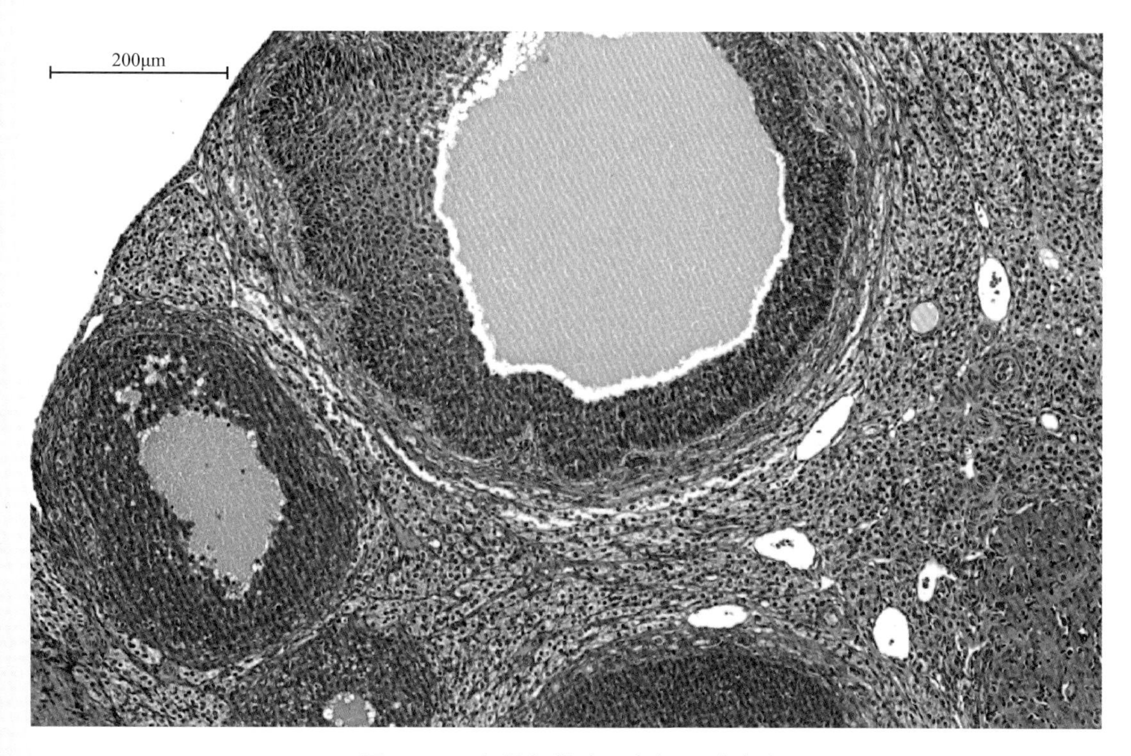

图7-30　大鼠卵巢（二）（HE染色）

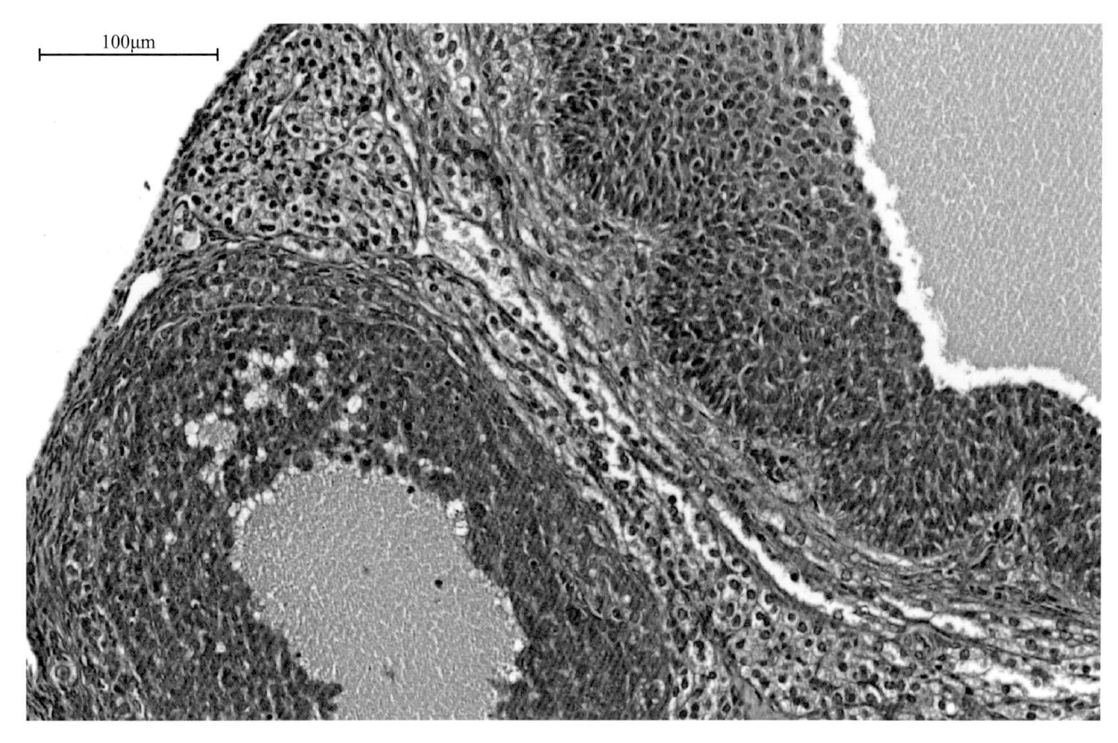

图7-31　大鼠卵巢（三）（HE染色）

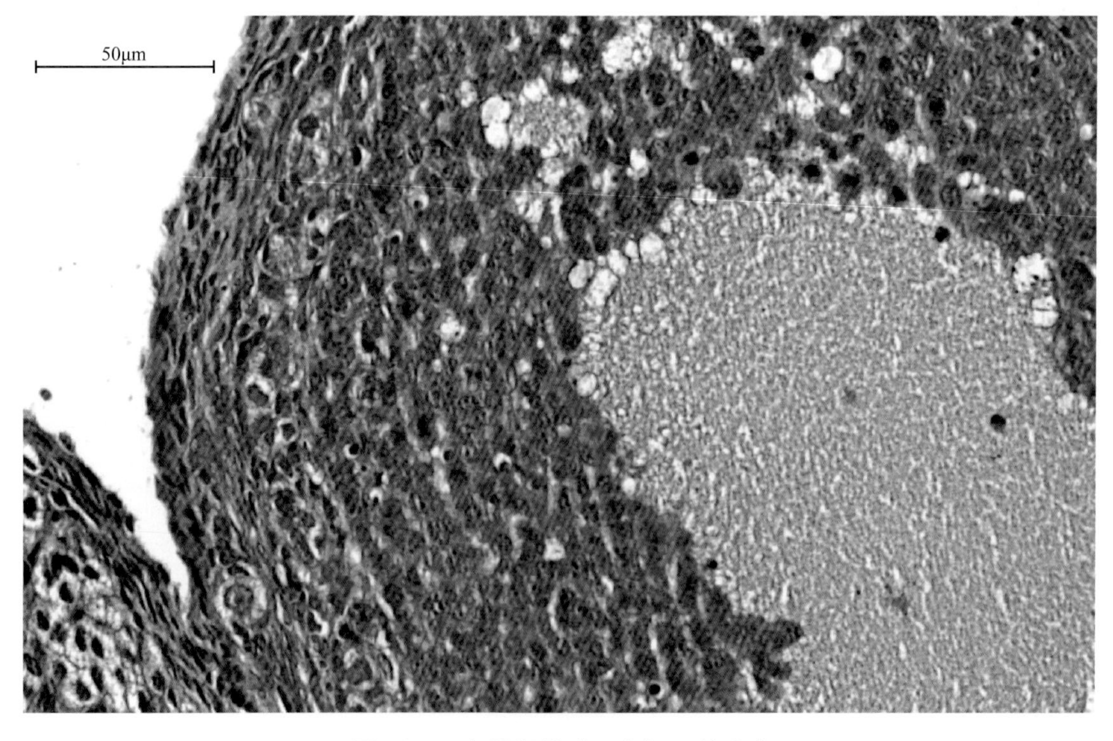

图7-32　大鼠卵巢（四）（HE染色）

二、子宫

大鼠的子宫，属双子宫型，两个子宫角的腔是完全分开的，每个子宫长约30～40mm，两个子宫不相同，都独立地开口于阴道。并深埋于突入阴道的4～5个黏膜褶内，这些黏膜褶突入阴道成为子宫部。

1.组织结构

正常子宫由内膜、肌层和外膜组成。

（1）内膜　包括单层柱状上皮及固有层，固有层内有子宫腺体、血管和淋巴管，并有少量的嗜酸性粒细胞。

（2）肌层　内层为环形肌，外层为纵行肌，两层间可见管壁较厚、直径较大的血管。

（3）外膜　为浆膜结构，包围在子宫周围。

2.子宫黏膜

形成纵行的低褶和宽大的腺窝，单管状的子宫腺位于固有膜中，分支和弯曲较少。靠近子宫体，上皮转为复层扁平上皮，与阴道上皮同样有周期性的变化（见图7-33～图7-36）。

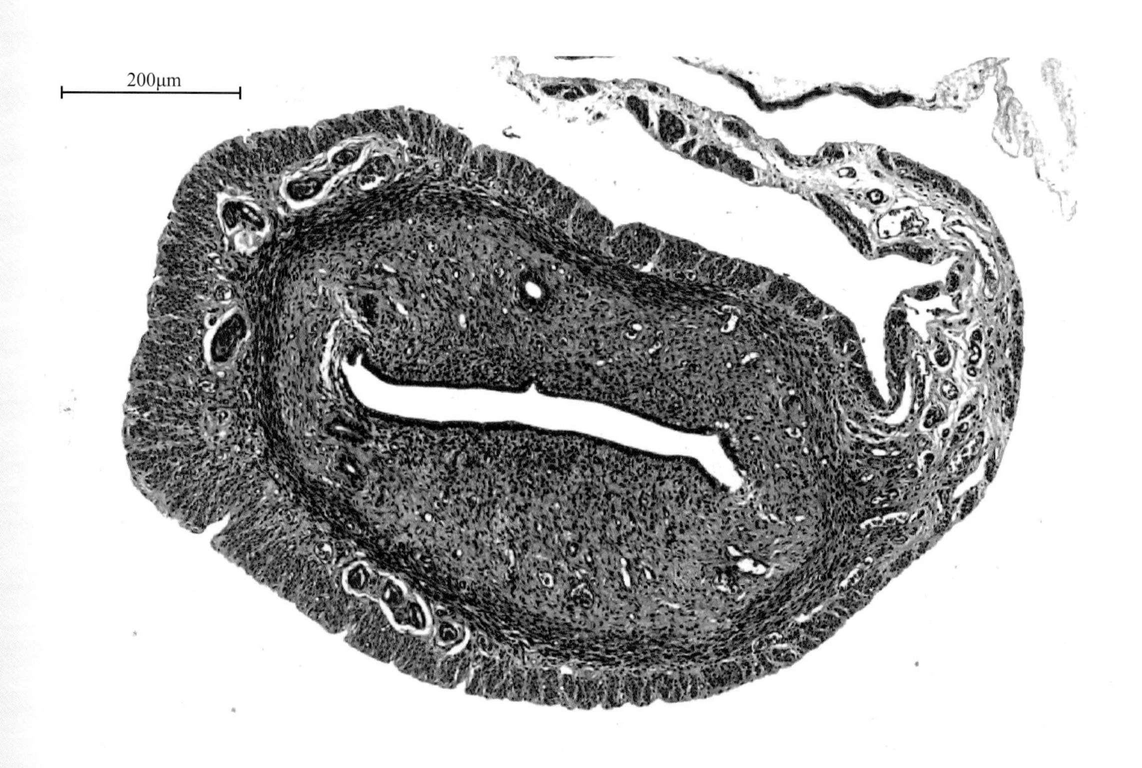

图7-33　大鼠子宫（一）（HE染色）

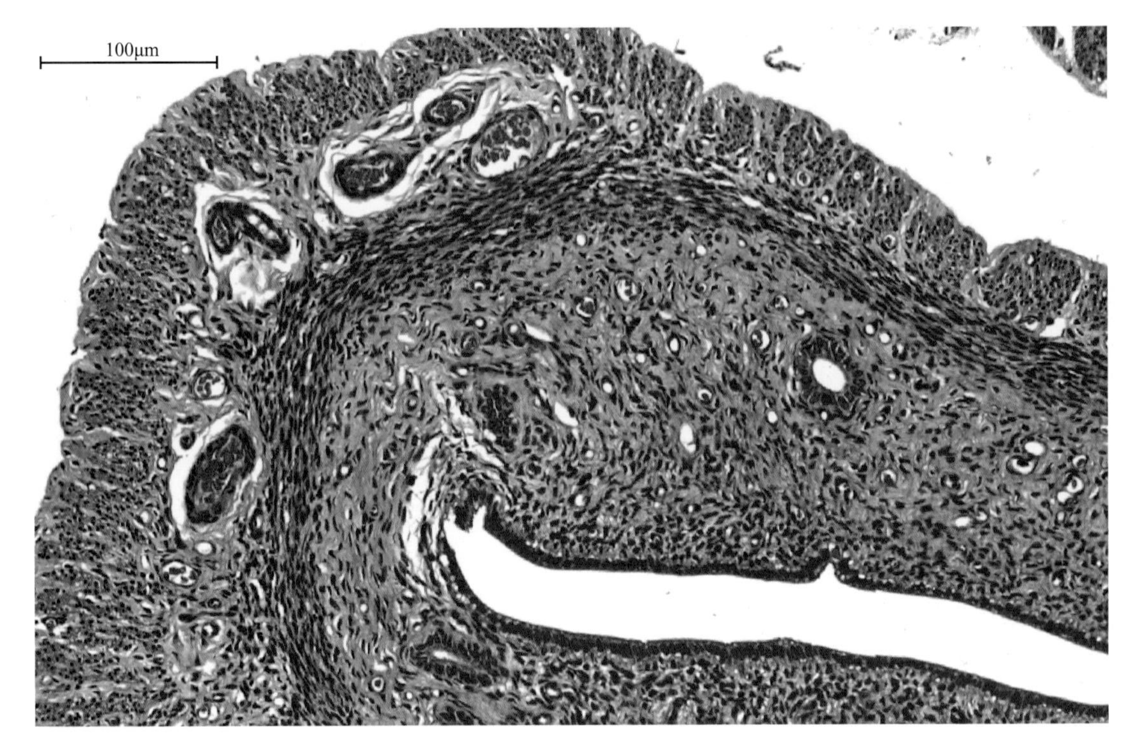

图7-34　大鼠子宫（二）（HE染色）

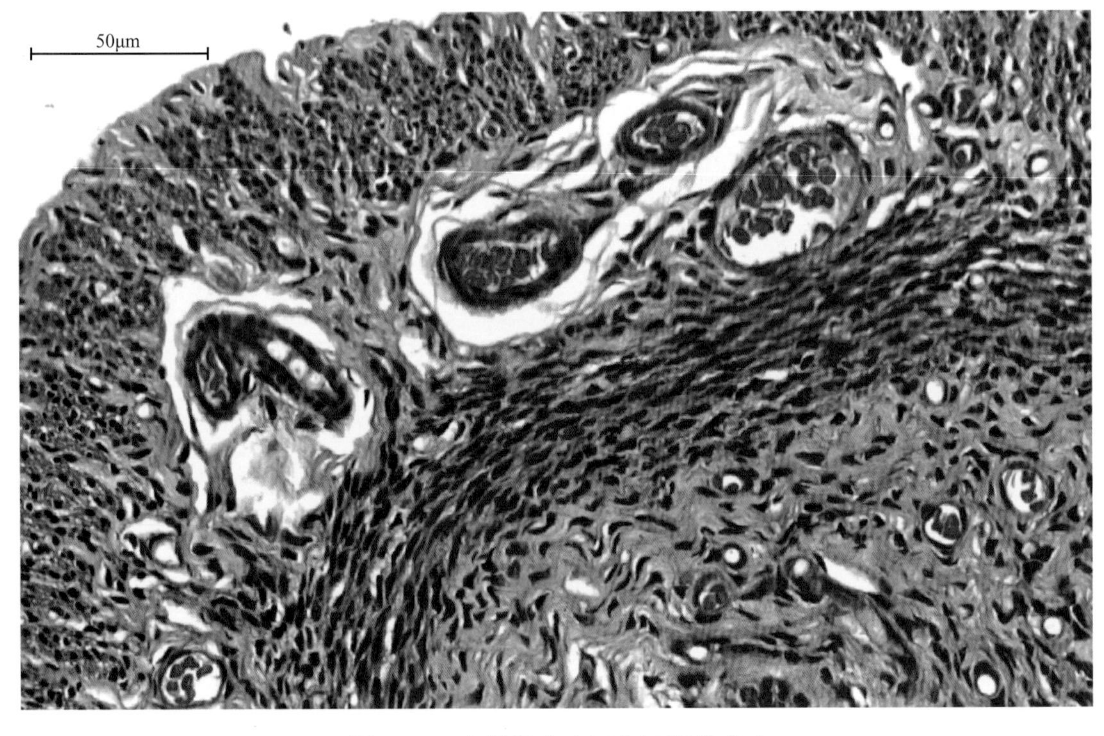

图7-35　大鼠子宫（三）（HE染色）

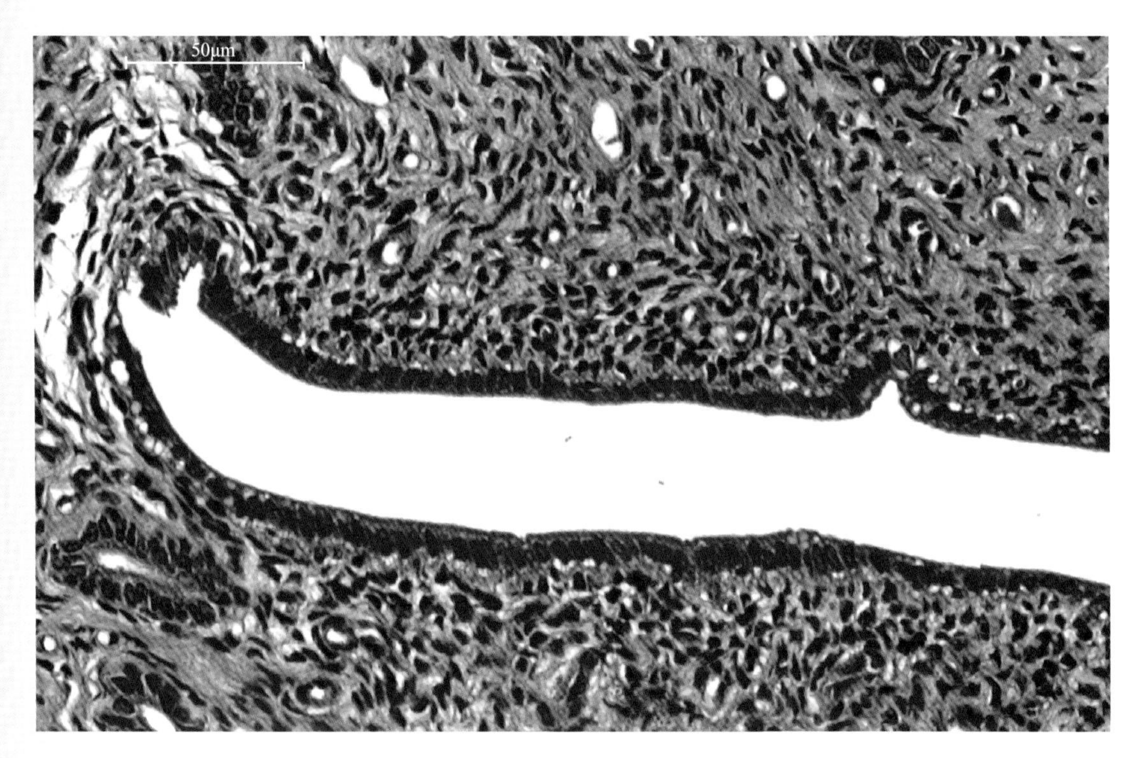

图7-36　大鼠子宫（四）（HE染色）

三、阴道

阴道由黏膜、肌层和外膜组成。阴道黏膜上皮为复层扁平上皮，表层细胞内含透明角质颗粒，黏膜常形成横行皱襞，肌层为内环状平滑肌、外层为纵行平滑肌。外膜分两层，内层为富有弹性的致密结缔组织，与阴道周围组织分界不清。阴道黏膜上皮随动情周期不同而显示出不同的组织学改变，但阴道口上皮不随动情周期而发生改变。

第八章

心血管系统

循环系统包括心血管系统和淋巴管系统。心血管系统由心脏、动脉、静脉和毛细血管构成。心脏是血液循环的动力器官；动脉是将血液由心脏运输到全身各部的血管；静脉是将血液由全身各部运输到心脏的血管；毛细血管是血液与组织液进行物质交换的场所。淋巴管系统由淋巴、淋巴结、毛细淋巴管、淋巴管、淋巴干和淋巴导管构成。

一、血液

血液是流动在机体血管和心脏中的一种红色不透明的黏稠液体。血液由血细胞和血浆组成，在生命系统组织层次中属于结缔组织范畴。血细胞为血液中的有形成分，包括红细胞、白细胞和血小板；血浆为流动相，以水分为主，约占90%，其余为蛋白质、凝血酶原及无机盐类等。

（一）血浆

包括水、血浆蛋白、脂蛋白、酶、激素、抗体、维生素、营养物质、无机盐和各种细胞代谢产物。

1. 血清

为血液自然凝固后析出的淡黄色、清凉的液体。与血浆相比，不含纤维蛋白原。

2. 溶血

当血浆渗透压降低时，过多的水分进入红细胞，导致其肿胀破裂，称为溶血。溶血发生后，细胞内成分进入到血浆中，析出后的血清颜色发红。

3. 血浆功能

运输脂类，形成渗透压，酸碱度缓冲，参与免疫，参与凝血和抗凝血等功能。

（二）血细胞

1. 白细胞

白细胞具有活跃的移动能力，可以从血管内迁移到血管外，或从血管外组织迁移到血管内。因此，白细胞除存在于血液和淋巴中，还广泛存在于血管、淋巴管以外的组织中。白细胞包括中性粒细胞、嗜酸性粒细胞、嗜碱性粒细胞、单核细胞和淋巴细胞。在血液学研究中，常制作血涂片，利用瑞氏染色法或吉姆萨染色法。根据不同细胞所处发育程度、细胞成分和pH值等不同，细胞内不同成分对染料的着色具有不同的特点，不同的白细胞呈现不同的形态结构。

（1）中性粒细胞　血液中中性粒细胞数量最多，直径10～12μm，胞质中含许多细小颗粒，核呈杆状或分叶状。

① 核左移。指杆状或幼稚粒细胞增多，常见于严重细菌感染。

② 核右移。4～5叶核增多，常见于骨髓造血功能障碍。

③ 嗜天青颗粒。浅紫色，约占20%，为溶酶体，含酸性磷酸酶和过氧化物酶。

④ 特殊颗粒。浅红色，约占80%，为分泌颗粒，含溶菌酶和吞噬素。

⑤ 功能。有趋化性和变形运动的能力，大量吞噬细菌和异物后变为脓细胞；分泌物抑制过敏反应；杀伤寄生虫。

（2）嗜酸性粒细胞　直径10～15μm，核常为2叶，胞质内充满嗜酸性颗粒，内含过氧化物酶、组胺酶及酸性磷酸酶等。

① 分泌物。分泌并释放酶类灭活组织胺和五羟色胺。

② 功能。患寄生虫时，该细胞大量增加，释放酶类灭活组胺和五羟色胺。

（3）嗜碱性粒细胞　数量最少，直径10～12μm，细胞核呈分叶状，S形或不规则形；内含大小不等、分布不均的嗜碱性颗粒。

① 分泌部。嗜碱性颗粒含肝素、组胺及嗜酸性粒细胞趋化因子等，细胞基质内有白三烯。

② 功能。参与过敏反应的发生。

（4）单核细胞　细胞体积较大，直径10～12μm，细胞核呈肾形，马蹄铁形或不规则形，染色质颗粒细而松散，着色浅；胞质弱嗜碱性，呈灰蓝色，含许多嗜天青颗粒。胞质富含游离核糖体，含溶菌酶体。单核细胞进入结缔组织后分化成巨噬细胞。

（5）淋巴细胞　淋巴细胞根据其体积大小分为大淋巴细胞、中淋巴细胞和小淋巴细胞。血液中以小淋巴细胞为主，有部分中淋巴细胞，大淋巴细胞存在于淋巴组织中。

① 大淋巴细胞。直径13～20μm，圆形或椭圆形，边缘整齐。细胞质较多，淡蓝色，有大小不等的嗜天青颗粒；细胞核椭圆形，稍偏一侧，染色质呈块状，排列紧密而均匀，染深紫色，分布在正常血液和骨髓中。

② 中淋巴细胞。直径9～12μm，胞质多，含少量嗜天青颗粒，核染色质略稀疏，着色稍浅。

③ 小淋巴细胞。直径5～8μm，胞质少，强嗜碱性，核圆有侧凹，染色质块状着色深。

④ 淋巴细胞分类。

a.胸腺依赖性淋巴细胞（T细胞）。是由胸腺内的淋巴干细胞分化而成，在淋巴细胞中数量最多，占75%，是功能最复杂的一类淋巴细胞。按其功能可分为三个亚群，即辅助性T细胞、抑制性T细胞和细胞毒性T细胞。

b.骨髓依赖性淋巴细胞（B细胞）。于骨髓产生，占10%～15%，受抗原刺激后增殖分化为浆细胞，产生抗体。

c. 自然杀伤细胞（NK细胞）。是机体重要的免疫细胞，占10%。不仅与抗肿瘤、抗病毒感染和免疫调节有关，而且在某些情况下参与超敏反应和自身免疫性疾病的发生。

d. 杀伤细胞（K细胞）。占5% ～ 7%。细胞表面具有IgG的Fc受体，当靶器官细胞与相应的IgG结合，K细胞可与结合在靶细胞上的IgG的Fc结合，从而使自身活化，释放细胞毒素，裂解靶细胞。

⑤ 功能。参与免疫应答，抵御疾病。

2. 红细胞

红细胞（RBC）是血液中数量最多的一种血细胞，红细胞总数（7.2 ～ 9.6）×10^6个/mm^3，红细胞在体内通过运送氧气，在参与机体的呼吸运动中发挥重要作用。

（1）红细胞形态与功能　直径4 ～ 7.5μm，呈双凹圆盘状，无核，无细胞器。红细胞膜上有ABO抗原，决定血型。红细胞内含有大量血红蛋白（Hb），每100毫升血液含血红蛋白12 ～ 17.5g。血红蛋白运输O_2和CO_2，即供给全身细胞所需的氧气，并带走细胞所产生的大部分二氧化碳。红细胞平均寿命120天，衰老的红细胞被脾和肝脏的巨噬细胞吞噬清除。

（2）网织红细胞　新生的红细胞从骨髓进入血液，细胞内尚残存部分核糖体，用煌焦油蓝染色呈网状，故称网织红细胞。

3. 血小板

血小板来源于骨髓聚核细胞脱落的胞质小块，是血液中的有形成分之一，是从骨髓成熟的巨核细胞胞质裂解脱落下来的具有生物活性的小块胞质，体积小，无细胞核，呈双面微凸的圆盘状。寿命7 ～ 14天。

（1）光镜结构　双凸圆盘状，直径2 ～ 4μm；受刺激后伸出突起；在血涂片上常聚集成群，分中央颗粒区和周边透明区。

（2）电镜结构　透明区含有微丝和微管；颗粒区有特殊的α颗粒、致密颗粒和少量溶酶体；有开放小管系和致密小管系。

（3）功能　特殊颗粒含血小板因子Ⅳ和血小板源性生长因子；致密颗粒含5-羟色胺和钙离子等；参与止血和凝血，促进内皮细胞增殖、修复血管。

二、心脏

心脏位于胸腔纵隔内，夹在左、右肺之间，略偏左侧。心脏呈倒圆锥形，外有心包包围。心的上部宽大为心底，与出入心的大血管相连。心的下部尖而游离为心尖。心的前缘隆凸，称右心室缘，后缘短而平直为左心室缘，右侧面称为心房面。心底由呈C形的冠状沟将心分为上部的心房和下部的心室。心室左、右侧面各有一纵沟，分别称为椎旁室间沟和窦下室间沟，为左、右心室外面的分界标志。上述沟内均含有血管、神经和脂肪。

心脏以房间隔和室间隔分为左右两半，每半上部为心房，下部为心室。因此，心脏分为左心房、左心室、右心房和右心室四部分。同侧的心房和心室经房室口相通。

（一）右心房

位于心底右前方，分为右心耳和腔静脉窦两部分。右心耳为圆锥形盲囊，其盲端伸向左侧至肺动脉干前方，内壁上有梳状肌。腔静脉窦是前、后腔静脉开口处的膨大部，前、后腔静脉分别开口于腔静脉窦的背侧壁和后壁，在两静脉开口处有发达的半月形静脉间结节。

（二）右心室

位于心房腹侧，构成心的右前部，横切面呈三角形，不达心尖部。右心室上部有两个开口，入口为右房室口，出口为肺动脉干口。右房室口略呈卵圆形，口周缘有由致密结缔组织构成的纤维环，环上附着有3片三角形瓣膜，称右房室瓣（三尖瓣）。游离缘借腱索附于心室侧壁和室间隔上的乳头肌。每片瓣膜的腱索分别连至相邻的两个乳头肌上，乳头肌为心室壁突出的锥形肌柱，有三个，其中两个位于室间隔上，另一个位于室侧壁上。当心室收缩时，室内压升高，血液将三尖瓣推向上，使其相互合拢，关闭右房室口。由于腱索的牵引，瓣膜不至于翻向右心房，以防止血液逆流回右心房。肺动脉干口位于右心室左前方，呈圆形口，周围也有纤维环，环上附着有3片半月形瓣膜，称肺动脉干瓣（半月瓣）。瓣膜呈袋状，袋口朝着肺动脉干。当心室舒张时，肺动脉干血液倒流，将半月瓣袋装满，3片半月瓣展开将肺动脉干口关闭，防止血液倒流入右心室。此外，右心室内还有隔缘肉柱（心横肌），由室间隔伸向心室侧壁，有防止心室舒张时过度扩张的作用。

（三）左心房

位于心底左后方，其构造与右心房相似。左心耳盲端向前，内有梳状肌，位于左心房背侧壁后部，左心房以左房室口通左心室。

（四）左心室

位于左心房腹侧，横切面略呈圆锥形，上部有两个开口，入口为左房室口，出口为主动脉口。左房室口呈圆形，口周围有纤维环，环上有两片瓣膜，称为左房室瓣。游离缘借腱索附着在心室侧壁的两个乳头肌上。主动脉口呈圆形，约在心底中部，口周围的纤维环上附着有3片主动脉瓣，其形态、结构和功能与肺动脉干口的半月瓣相同。

（五）组织结构

1. 心肌特点

心肌属于横纹肌，具有自动节律性，无肌卫星细胞。

（1）心肌有周期性横纹，肌原纤维位于周边，核周胞质染色浅，内含脂褐素。

（2）心肌呈不规则的短柱状，有分支，相互连接成网。

（3）心肌细胞核有1～2个，位于细胞中央。

（4）心肌细胞以闰盘连接。

2.心壁构造

心壁分3层，由内向外依次为心内膜、心肌和心外膜。

（1）心内膜由内皮、内皮下层和心内膜下层构成，心内膜下层的结缔组织中分布着具有传导功能的蒲肯野细胞。

（2）心肌最厚，分心房肌和心室肌，主要由心肌纤维构成，可分内纵、中环和外斜三层，心肌纤维之间具有闰盘结构，实际上是心肌细胞之间的特殊连接。

（3）心外膜是心包浆膜的脏层结构，外表面被覆间皮，间皮下是薄层结缔组织。

3.心包

心包为心脏外面的圆锥形纤维浆膜囊，分纤维层和浆膜层。

（1）纤维层　为心包的外层，背侧附着于心底的大血管，腹侧以胸骨心包韧带与胸骨后部连接。纤维层外面被覆纵隔胸膜。

（2）浆膜层　为心包的内层，分壁层和脏层。壁层紧贴于纤维层内面，脏层紧贴于心脏外面，构成心外膜。壁层和脏层之间的腔隙为心包腔，内含心包液，起润滑作用，可减少心搏动时的摩擦。

（六）心传导系统

心传导系统由特殊的心肌纤维所构成，能自动而有节律地产生兴奋和传导兴奋，使心房和心室交替性地收缩和舒张，包括窦房结、房室结、房室束和蒲肯野纤维。

1.窦房结

窦房结位于前腔静脉与右心耳之间的沟内，心外膜下。窦房结为正常心肌兴奋的起搏点，主要由起搏细胞和移行细胞组成。起搏细胞胞体较小，呈梭形或多边形，细胞器较少，含有少量肌原纤维和较多糖原。

2.房室结

房室结呈结节状，位于房间隔右心房侧的心内膜下，冠状窦口前下方。主要由移行细胞组成，起传递冲动的作用。

3.房室束

房室束为房室结向下的直接延伸，在室间隔上部分为左、右两脚，分别在室间隔左侧面和右侧面的心内膜下向下延伸，分支分布于室间隔，并有分支通过左、右心室的隔缘肉柱，分布于左、右心壁的外侧壁。房室束主要由移行细胞组成，起传递冲动的作用。

4.蒲肯野纤维

蒲肯野纤维位于心室的心内膜下层，为房室束的细微分支，纤维短而粗，形状不规则，且交织成网。胞质中有丰富的线粒体和糖原，肌原纤维较少，缝隙连接发达；与心室肌纤维相连，能将冲动快速传递到心室各处，引发心室肌同步收缩（见图8-1～图8-5）。

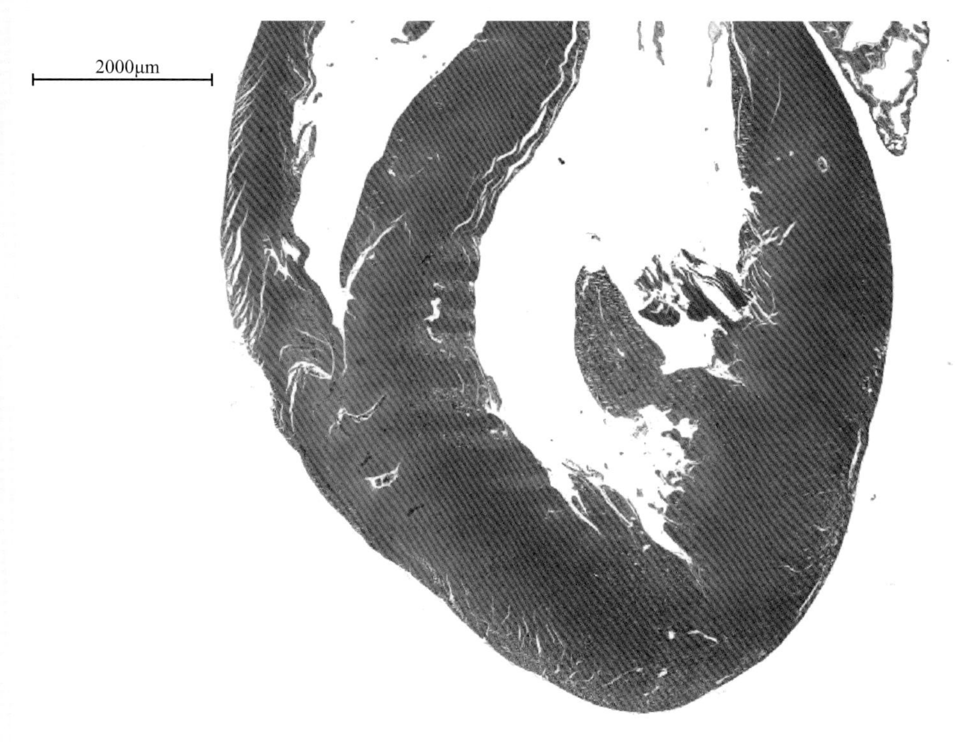

图8-1　大鼠心脏（一）（HE染色）

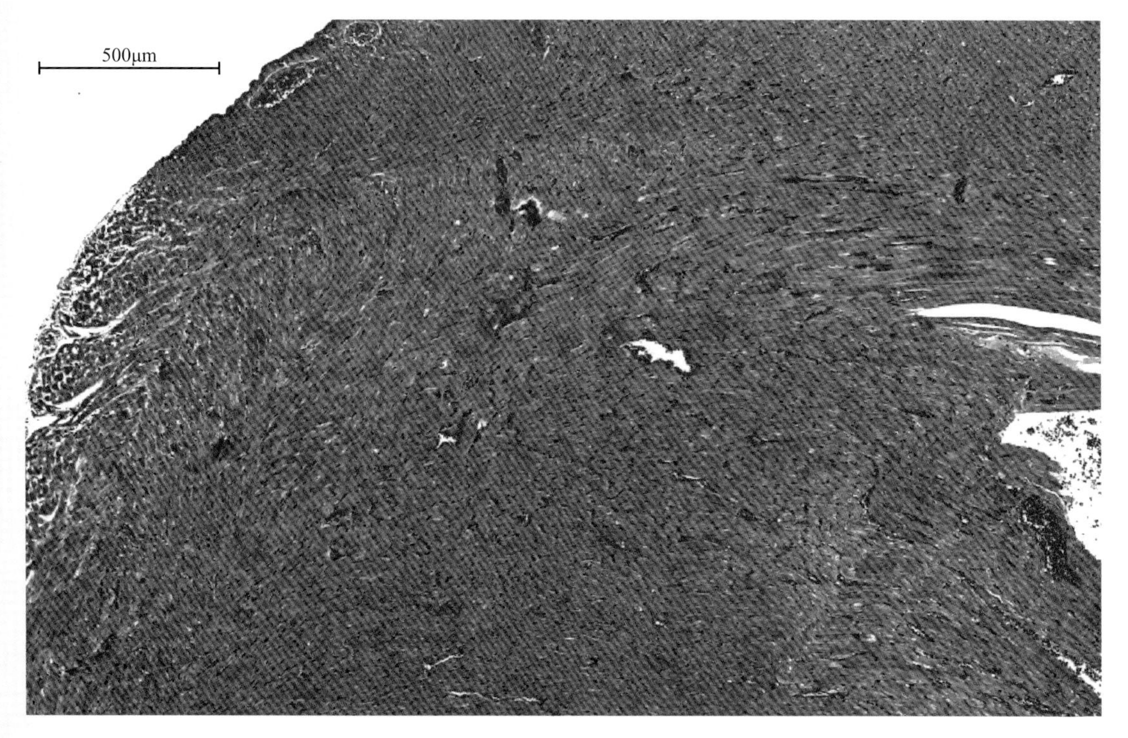

图8-2　大鼠心脏（二）（HE染色）

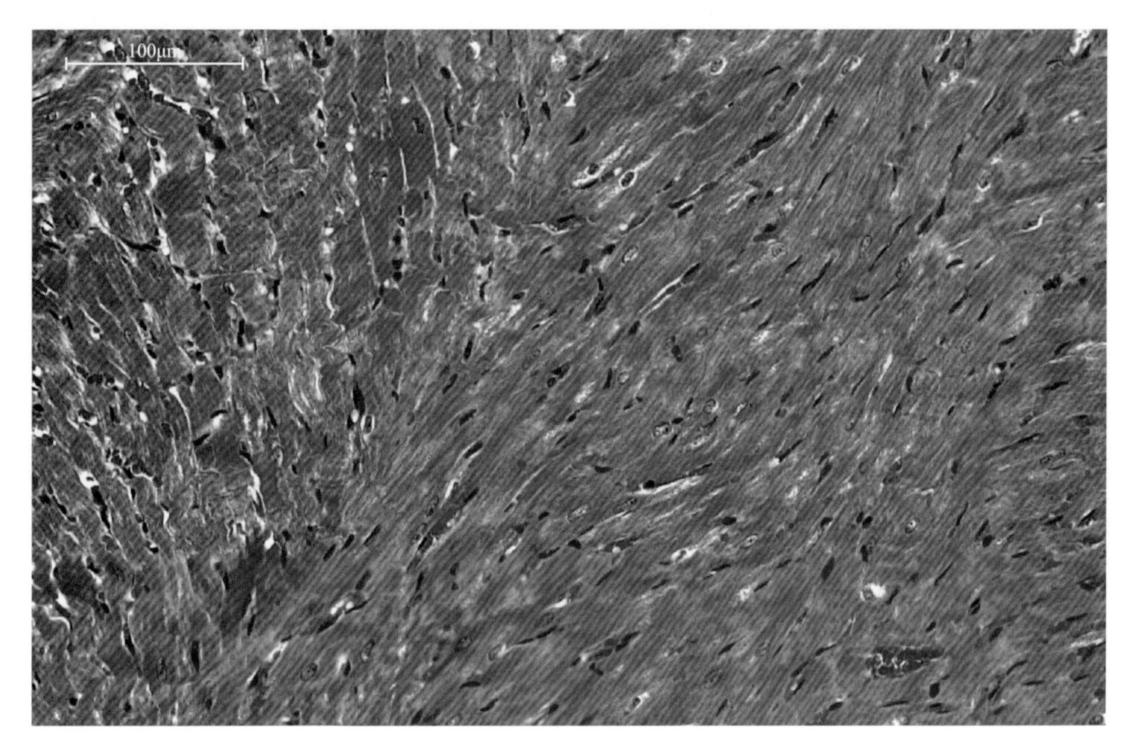

图8-3　大鼠心脏（三）（HE染色）

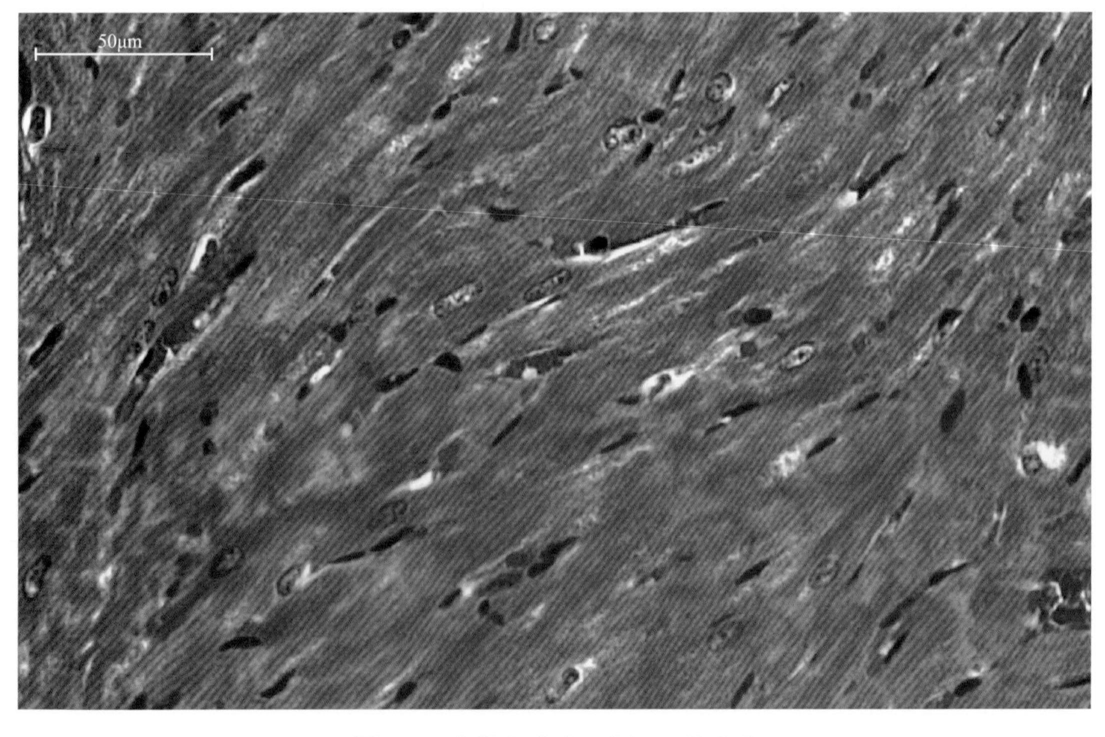

图8-4　大鼠心脏（四）（HE染色）

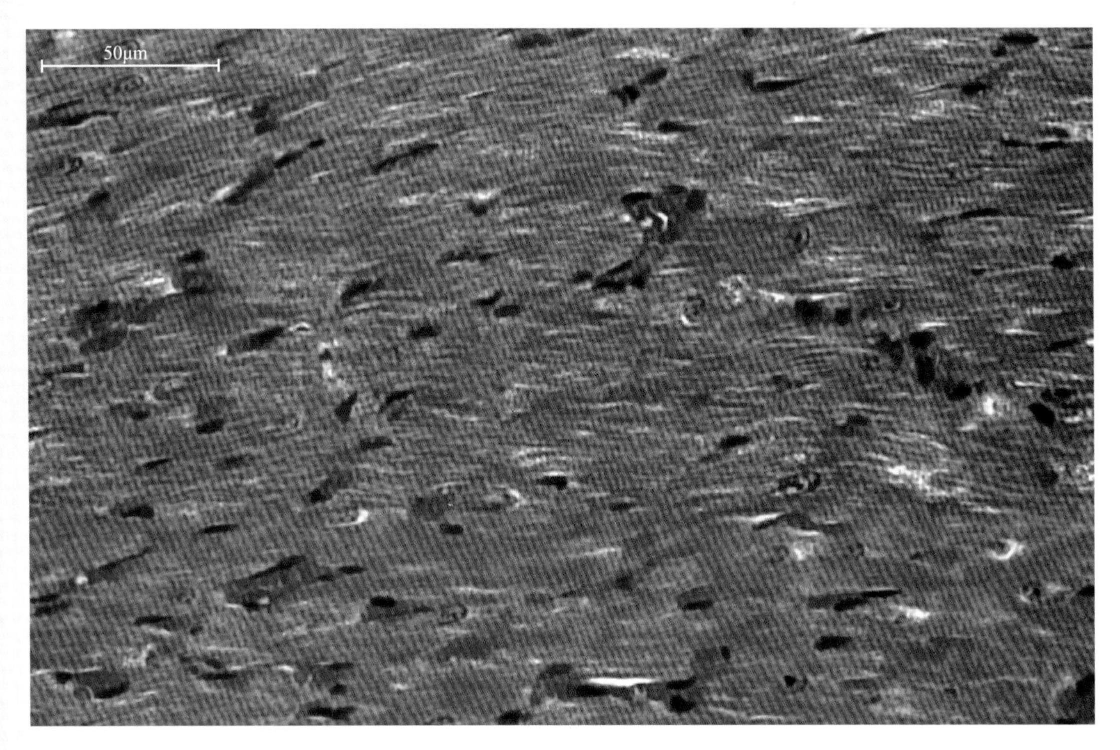

图8-5　大鼠心脏（五）（HE染色）

三、动脉

1.大动脉

大动脉的管壁中有多层弹性膜和大量弹性纤维，平滑肌较少，又称为弹性动脉。大动脉有较好的收缩和舒张能力。心脏射血时，可储存射血量的2/3，待射血后再释放，将心脏间断的射血转变为血管中持续的血流，故又称弹性储藏血管。

（1）内膜　包括内皮和内皮下层。

① 内皮。内皮细胞含特征性、长杆状的W-P小体。

② 内皮下层。薄层结缔组织，含少量平滑肌纤维。营养来自血管腔内血液渗透供给。

（2）中膜　较厚，40 ～ 70层弹性膜，膜上有窗孔，由弹性纤维连接；弹性膜之间有平滑肌细胞。

（3）外膜　为疏松结缔组织，有营养血管，分支进入中膜。

2.中动脉

中动脉为肌性动脉。在神经的支配下收缩和舒张，能显著地调节组织局部血流量和血压。中动脉有内膜、中膜和外膜三层结构。

（1）内膜　有明显的内弹性膜。

（2）中膜　较厚，10 ～ 40层平滑肌纤维组成。

（3）外膜　为疏松结缔组织，有营养血管和神经纤维；有外弹性膜。

3.小动脉

小动脉管径为0.3～1.0μm，为肌性动脉。较大的小动脉有明显的内弹性膜。中膜有几层平滑肌纤维。有较多神经纤维，可以支配小动脉收缩与舒张。

4.微动脉

微动脉管径0.3mm以下，无内弹性膜，中膜由1～2层平滑肌纤维组成（见图8-6～图8-9）。

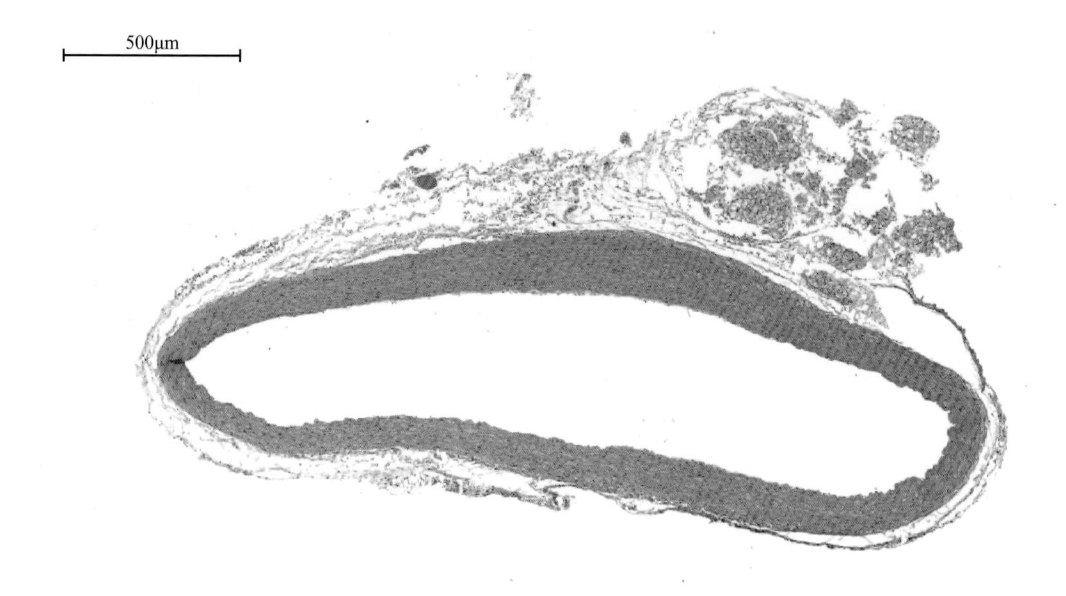

图8-6　大鼠心动脉（一）（HE染色）

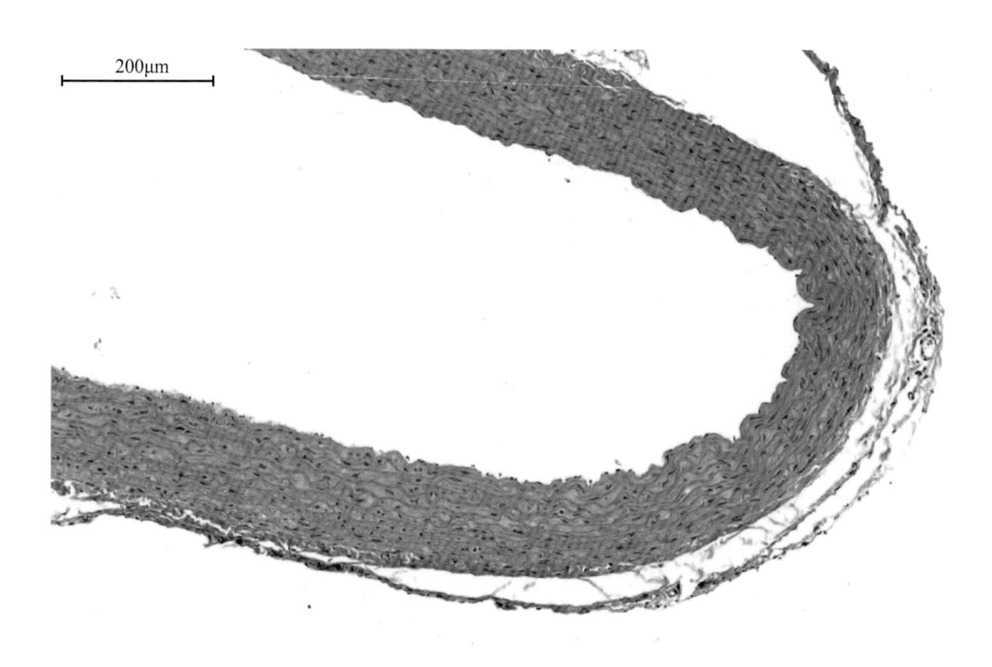

图8-7　大鼠心动脉（二）（HE染色）

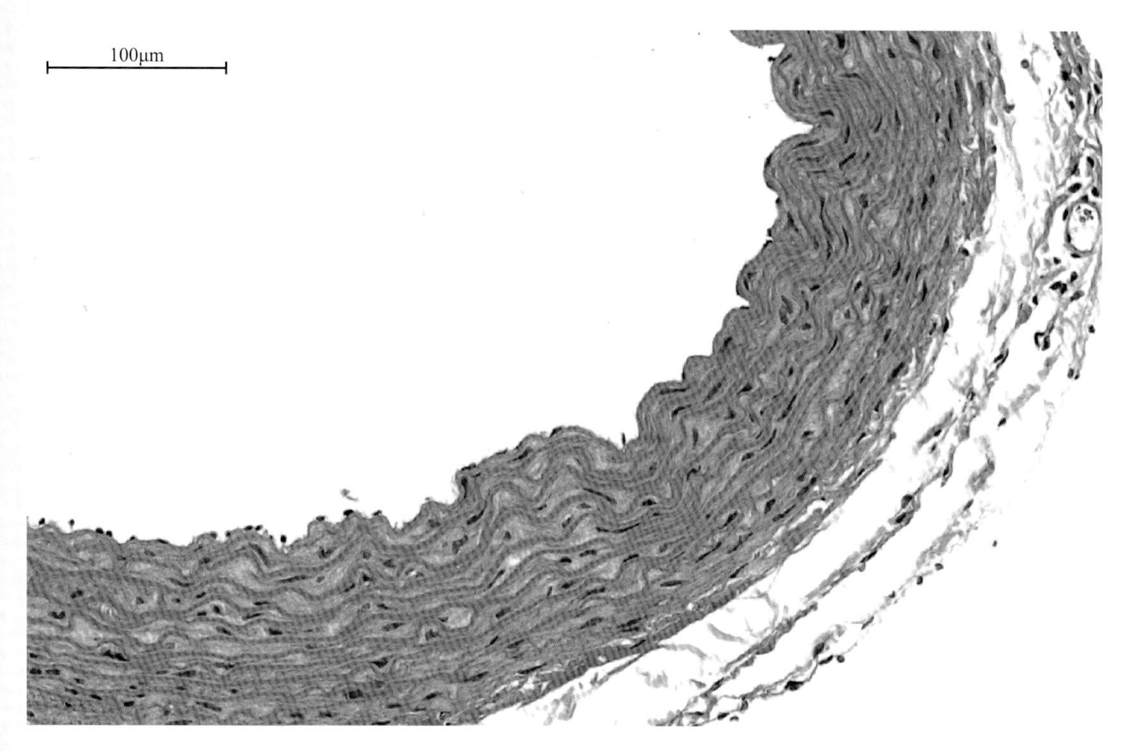

图8-8　大鼠心动脉（三）（HE染色）

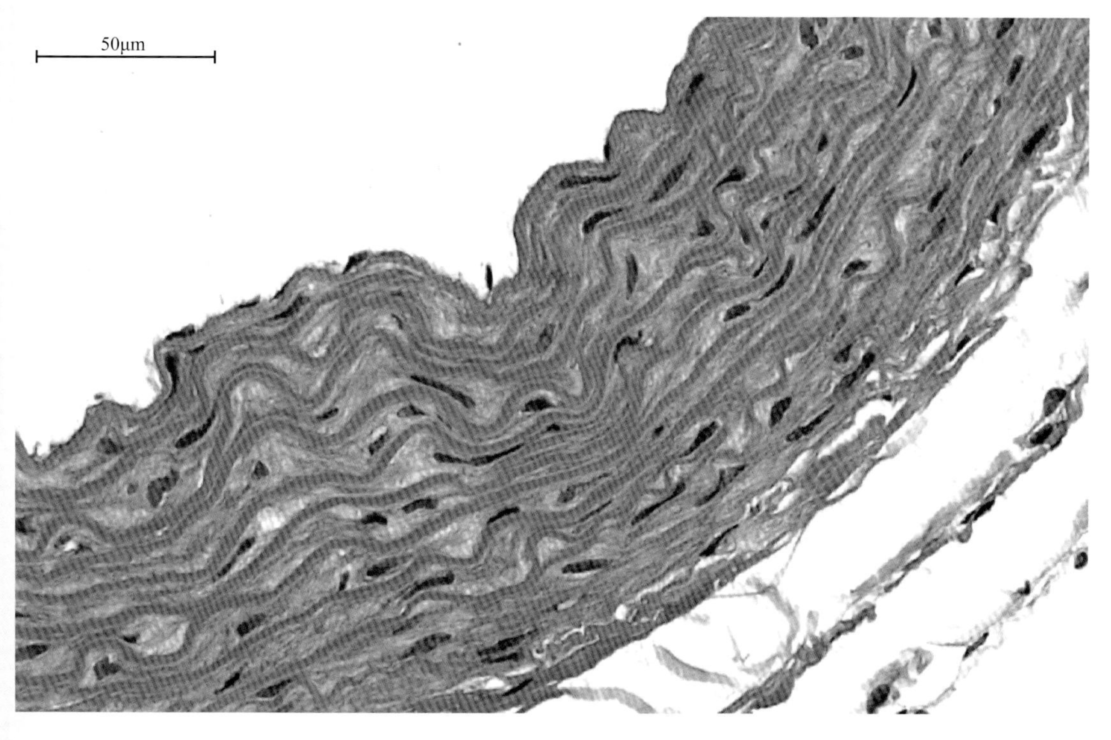

图8-9　大鼠心动脉（四）（HE染色）

四、毛细血管

毛细血管是管径最细，直径为6～9μm，分布最广泛的血管，是连接微动脉和微静脉的血管，管壁由一层内皮和基膜组成。

1. 连续毛细血管

内皮细胞有紧密连接封闭细胞间隙，无孔而连续，基膜完整，胞质内有大量吞饮小泡。连续毛细血管分布于结缔组织、肌组织、肺和中枢神经系统等部位。

2. 有孔毛细血管

内皮细胞胞质部极薄，有孔毛细血管多存在于胃肠黏膜、肾小球、某些内分泌腺等处。有孔毛细血管与通常的毛细血管具有不同的血管壁通透性。

3. 窦状毛细血管

窦状毛细血管，又称血窦。管腔较大且不规则。内皮细胞间隙较大，血细胞或大分子物质可通过细胞间隙出入血液。窦状毛细血管主要分布于肝、脾、骨髓和一些内分泌腺，不同器官内的血窦结构有较大差别。

五、静脉

静脉根据其管径和结构的不同分为微静脉、小静脉、中静脉和大静脉。

1. 微静脉

管径50～200μm，管腔不规则，内皮外基本无平滑肌。紧接毛细血管的微静脉称为毛细血管后微静脉，其结构似毛细血管，较毛细血管略粗，有些部位内皮细胞间隙较大，可以进行物质交换。

2. 小静脉

小静脉管径0.2～2mm，内皮外间有一层完整的平滑肌纤维；较大的小静脉中膜有一至数层平滑肌纤维，外膜较薄。

3. 中静脉

中静脉管径2～9mm，内膜薄，内弹性膜不明显；中膜薄，环形平滑肌纤维稀疏；外膜较中膜厚。

4. 大静脉

大静脉管径最粗，内膜薄；中膜很不发达，有几层稀疏的环形排列的平滑肌纤维，有些没有平滑肌；外膜厚，结缔组织内有较多纵行平滑肌束。内膜凸入管腔形成静脉瓣；内部为含弹性纤维的结缔组织；游离缘朝向血流方向，阻止血液逆流。

六、微循环

微循环是指微静脉到微动脉之间的血循环，是血液与组织细胞进行物质交换的场所，也是血液循环的基本功能单位。

1. 微动脉

微动脉是毛细血管前阻力血管，通过管壁平滑肌的收缩，起控制微循环总闸门的作用。

2. 毛细血管前微动脉

微动脉的分支称为毛细血管前微动脉，毛细血管前微动脉继而分支为中间微动脉，其管壁为不完整的一层平滑肌。

3. 真毛细血管

真毛细血管是指中间微动脉分支形成的相互吻合的毛细血管网，通常称之为毛细血管。毛细血管是体内分布最广，管径最小、管壁最薄的血管，仅能容纳1个红细胞通过。其管壁主要由一层内皮细胞构成，在内皮外面有一薄层结缔组织。

4. 直捷通路

血液从微动脉→后微动脉→通血毛细血管→微静脉的通路；作用为促进血液迅速回流，此通路在骨骼肌中多见。

5. 动静脉吻合

微动脉发出的、直接与微静脉相通的血管。

6. 毛细血管后微静脉

毛细血管后微静脉是紧接毛细血管的微静脉，结构似毛细血管，较毛细血管略粗，有些部位内皮细胞间隙较大，有物质交换功能。内皮外只有薄层结缔组织，但管径略粗。随着微静脉管径的增大，内皮和结缔组织之间出现稀疏的平滑肌；外膜较薄。

第九章

免疫系统

免疫系统是机体保护自身的防御性结构。免疫系统在自身功能正常的情况下对“非己”的抗原产生排斥反应，即免疫应答过程，用来发挥免疫保护作用，如抗感染免疫和抗肿瘤免疫。但在免疫失调的情况下，免疫应答可造成机体组织损伤，产生疾病。

第一节 免疫系统概述

免疫系统是由免疫器官、免疫细胞和免疫分子等多层次结构组成。免疫器官又分成中枢免疫器官和外周免疫器官。中枢免疫器官有骨髓和胸腺。外周免疫器官有脾脏、淋巴结和皮肤黏膜免疫系统等。免疫细胞包括适应性免疫组成细胞和固有免疫组成细胞。适应性免疫组成细胞有B细胞和T细胞等；固有免疫组成细胞有单核细胞、巨噬细胞、中性粒细胞、NK细胞、肥大细胞、嗜酸性粒细胞和嗜碱性粒细胞等。免疫分子可分为膜性分子和分泌性分子。膜性分子有TCR、BCR、CD分子、黏附分子、MHC等；分泌性分子有免疫球蛋白、补体分子和细胞因子。

一、免疫系统的作用

免疫系统的作用概括为免疫防御、免疫自稳和免疫监视。

1. 免疫防御

免疫防御指机体免疫系统在正常情况下，抵御病原微生物入侵，清除侵入的病原体及其他异物，以保护机体免受外来异物侵害的功能。如果防御过低，则导致免疫缺陷；如果防御过高，可引起超敏反应。

2. 免疫自稳

免疫自稳指机体免疫系统对自身成分的耐受，对体内出现的损伤及衰老细胞进行清除，以维持体内生理平衡的作用。当免疫自稳系统异常时，可导致自身免疫性疾病。

3. 免疫监视

免疫监视指免疫系统具有识别、清除体内突变细胞的作用。当免疫监视异常时，可导致肿瘤发生。

二、免疫应答

根据机体对抗原物质的作用特点及方式的不同，可将免疫应答分成固有免疫和适应性免疫两类。

1. 固有免疫

固有免疫是机体通过遗传获得的天然防御功能，是机体出生就具备的天然免疫。固有免疫构成了机体抵御微生物入侵的第一道防线。主要由机体的屏障结构、免疫细胞及体液中的抗菌物质组成。

（1）屏障结构　包括皮肤黏膜屏障、血-脑屏障和胎盘屏障等，可阻止、干扰和限制微生物的入侵、定居和繁殖。

（2）免疫细胞　免疫细胞包括吞噬细胞、树突状细胞、NK细胞和B_1细胞等固有免疫细胞，这些细胞可以在抗原进入机体的早期阶段发挥吞噬、溶菌、杀伤及清除病原菌的作用。

（3）体液中的抗菌物质　包括干扰素、溶菌酶、补体、防御素和C反应蛋白等，这些成分协助参与机体的抗感染反应，以溶解、清除病原体。

2. 适应性免疫

适应性免疫是出生后机体在抗原的诱导下产生的针对该抗原的特异性免疫，也称为特异性免疫或获得性免疫。根据参与免疫应答的细胞及产生的效应不同，可分为体液免疫和细胞免疫两类，在机体抗感染中起主导作用。

（1）体液免疫　由B淋巴细胞介导，在特异抗原的刺激下，B细胞活化、增殖，并分化为浆细胞，由浆细胞产生特异性抗体，发挥免疫效应。

（2）细胞免疫　由T淋巴细胞介导，T淋巴细胞活化、增殖，并分化为致敏T淋巴细胞，通过直接杀伤或产生细胞因子，发挥特异性免疫效应。

第二节　中枢免疫器官

又称初级免疫器官，是免疫细胞发生、分化、发育和成熟的场所。大鼠的中枢免疫器官包括胸腺和骨髓。

一、胸腺

胸腺位于胸廓前端，外形似等边三角形，灰白色，多分两叶或更多，胸腺大小与结构随年龄而变化，40 ～ 60日龄大鼠胸腺最大，以后停止生长，并逐渐退化。

（一）组织结构

胸腺表面被覆薄层结缔组织构成的被膜，被膜伸入实质内部形成小叶间隔。每一小叶分为外周的皮质和中央的髓质，由于小叶间隔不完整，相邻小叶的髓质常彼此相连。

1. 胸腺皮质

以有突起、呈网状结构的上皮性网状细胞为支架，间隙内含有大量密集的淋巴细胞和少量巨噬细胞等。

2. 胸腺髓质

髓质部胸腺细胞数量较少，染色较淡；髓质中一些上皮性网状细胞呈同心圆排列，构成特殊的胸腺小体。

（二）功能

胸腺是T细胞分化、发育和成熟的主要器官，胸腺微环境是T细胞在胸腺分化、发育和成熟的基础，主要由胸腺基质细胞、细胞外基质及细胞因子等组成。来自骨髓的前T细胞进入胸腺后，在胸腺微环境及激素的作用下，可诱导其发生各种分化抗原和各种细胞受体的表达，并通过阳性和阴性选择过程，最终形成具备合成自身MHC分子及对自身组织抗原产生耐受特性的成熟T细胞。成熟T细胞被迁移出胸腺后，经血液循环到达并定居于外周免疫器官，参与淋巴细胞再循环，执行免疫功能（见图9-1 ～图9-4）。

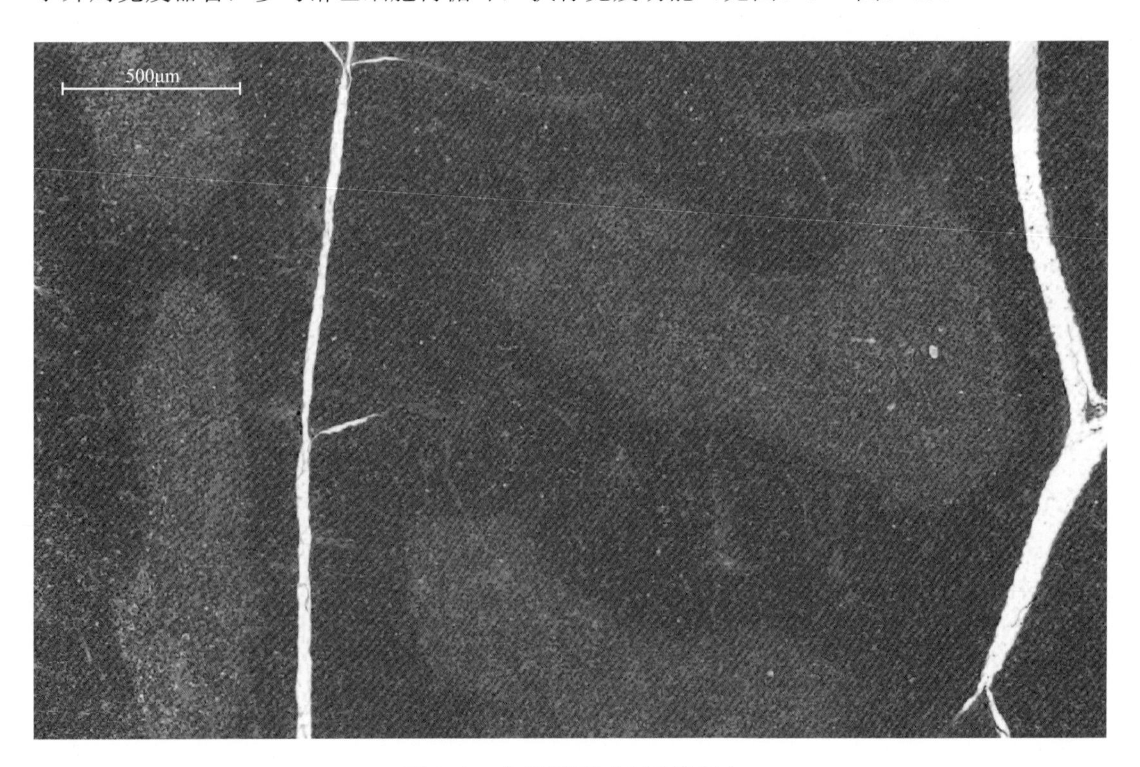

图9-1　大鼠胸腺（HE染色）

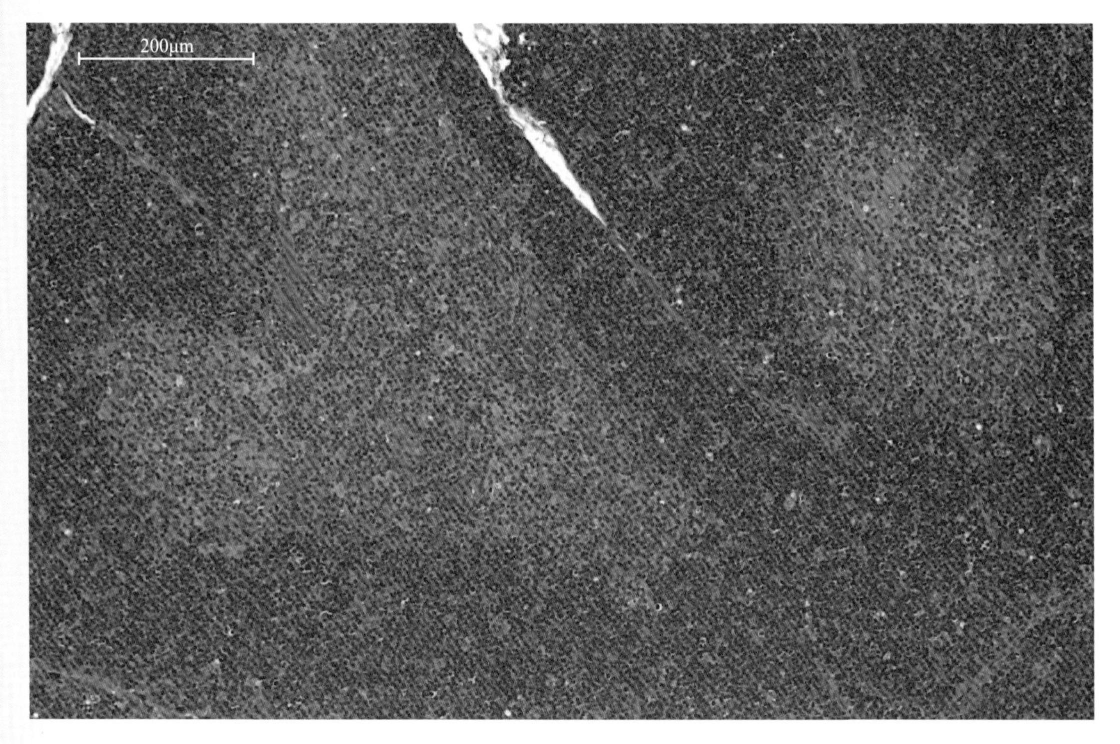

图9-2　大鼠胸腺（一）（HE染色）

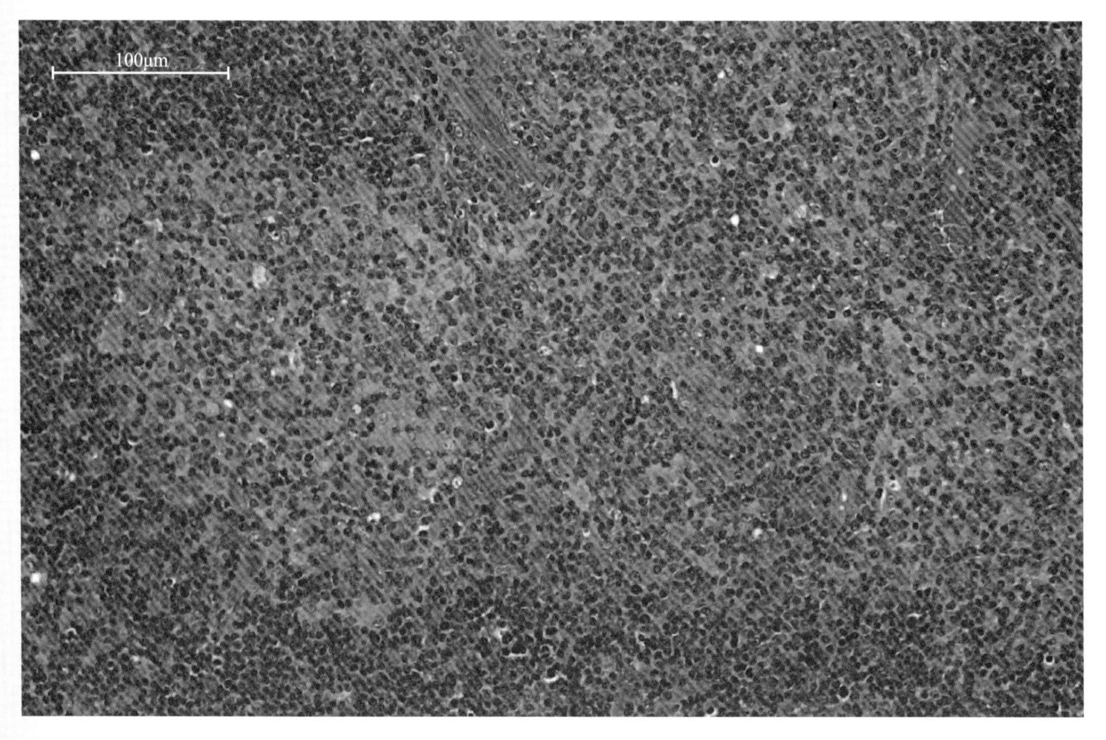

图9-3　大鼠胸腺（二）（HE染色）

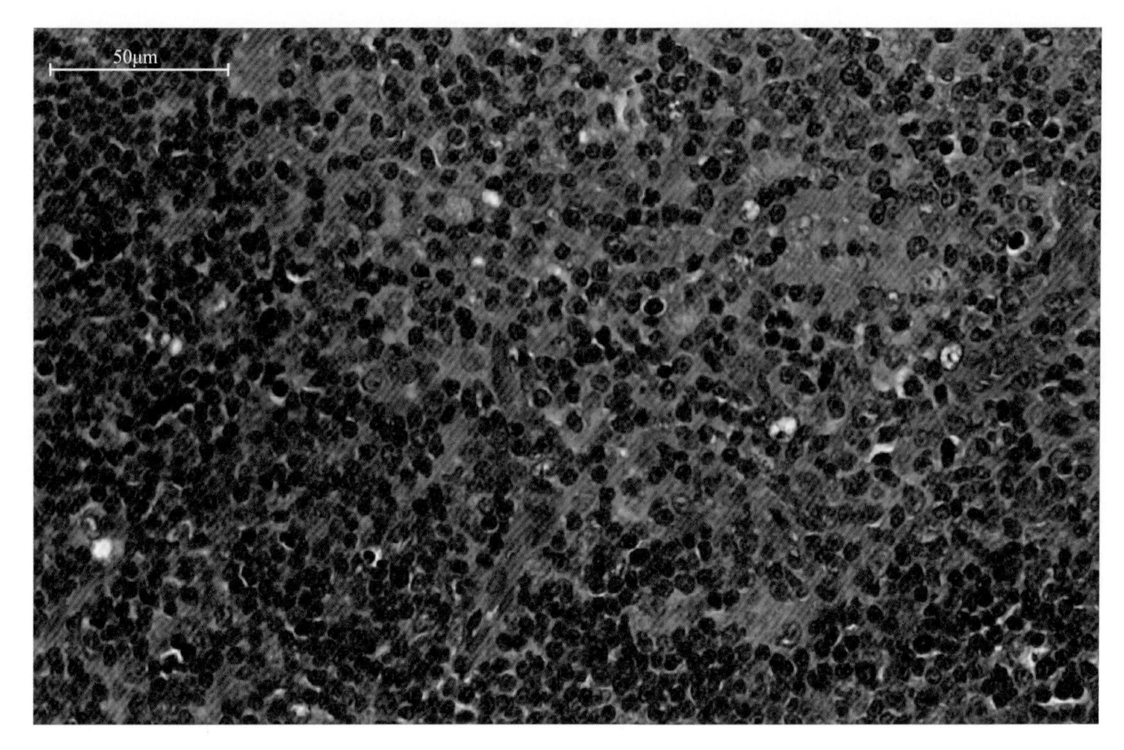

图9-4　大鼠胸腺（三）（HE染色）

二、骨髓

骨髓分为红骨髓和黄骨髓，骨髓是造血的主要器官。

1. 红骨髓

位于骨髓腔和骨松质的间隙内具有造血功能。

2. 黄骨髓

成年后，长骨骨髓腔的红骨髓被富含脂肪的黄骨髓代替，但长骨两端、短骨和扁骨的骨松质内终生保留红骨髓。

骨髓是各种血细胞和免疫细胞发生和分化的场所。在大鼠胚胎发育期，造血干细胞在肝脏、脾脏形成集落，维持胚胎期红细胞生成；胎儿发育后期，造血干细胞居于骨髓，出生后骨髓成为造血唯一场所。原始的造血干细胞是多功能造血干细胞，具有自我更新和分化的潜能，能分化为红细胞系、粒细胞系、单核-巨噬细胞系和淋巴细胞系等。骨髓微环境由骨髓基质细胞、细胞外基质及细胞因子等组成。骨髓微环境及多种激素物质是各类细胞分化、发育和成熟的基础，并诱导B淋巴细胞成熟。因此，骨髓是B淋巴细胞分化、发育和成熟的场所。

第三节 外周免疫器官

外周免疫器官又称次级淋巴器官，是成熟T细胞及B细胞等免疫细胞定居的场所，也是产生免疫应答的部位。

外周免疫器官包括淋巴结、脾、皮肤和黏膜免疫系统。

一、淋巴结

淋巴结呈圆形或椭圆形，在活体上呈浅红色。淋巴结表面的凹陷处为淋巴结门，有血管、神经和输出淋巴管出入。淋巴结分布于全身的淋巴通道上，浅淋巴结多位于体表凹陷处的皮下，深淋巴结多位于深部大血管、血管主干分叉处、器官门附近、纵隔及肠系膜等处。

淋巴结通常有固定的位置，其输入淋巴管引流附近器官或部位的淋巴，并沿一定的方向汇集，通过输出淋巴管汇入附近的淋巴结、淋巴干和淋巴导管。当某一器官或部位发生病变时，淋巴结的细胞迅速增殖，体积增大。故了解局部淋巴结的正常位置、大小、引流的方向，对临床诊断、病理剖检有重要指导意义。

淋巴结由间质与实质构成。

1. 间质

间质包括表面被覆的薄层致密结缔组织、被膜和深入实质内的网状小梁，网状小梁构成了淋巴结的支架。

2. 实质

由皮质和髓质两部分构成。皮质又包括浅皮质区和深皮质区。浅皮质区为B细胞的定居场所，称非胸腺依赖区，大量的B细胞在此聚集形成淋巴滤泡，并有初级和次级淋巴滤泡之分。初级淋巴滤泡主要含静止的初始B细胞，次级淋巴滤泡含接受抗体刺激后增殖分化的B淋巴母细胞。B淋巴母细胞移行至髓质后分化为浆细胞并产生抗体。深皮质区称为胸腺依赖区，为T细胞的定居场所，也是机体免疫系统针对抗体产生的免疫应答的场所。

3. 淋巴结的功能

（1）T、B淋巴细胞定居增殖的场所，其中T细胞约占淋巴结内淋巴细胞总数的75%，B细胞约占25%。

（2）淋巴细胞在抗原的刺激下发生免疫应答的场所。

（3）具有过滤病原微生物、毒素及其他有害异物的作用（见图9-5 ～图9-10）。

图9-5　大鼠颌淋巴结（一）（HE染色）

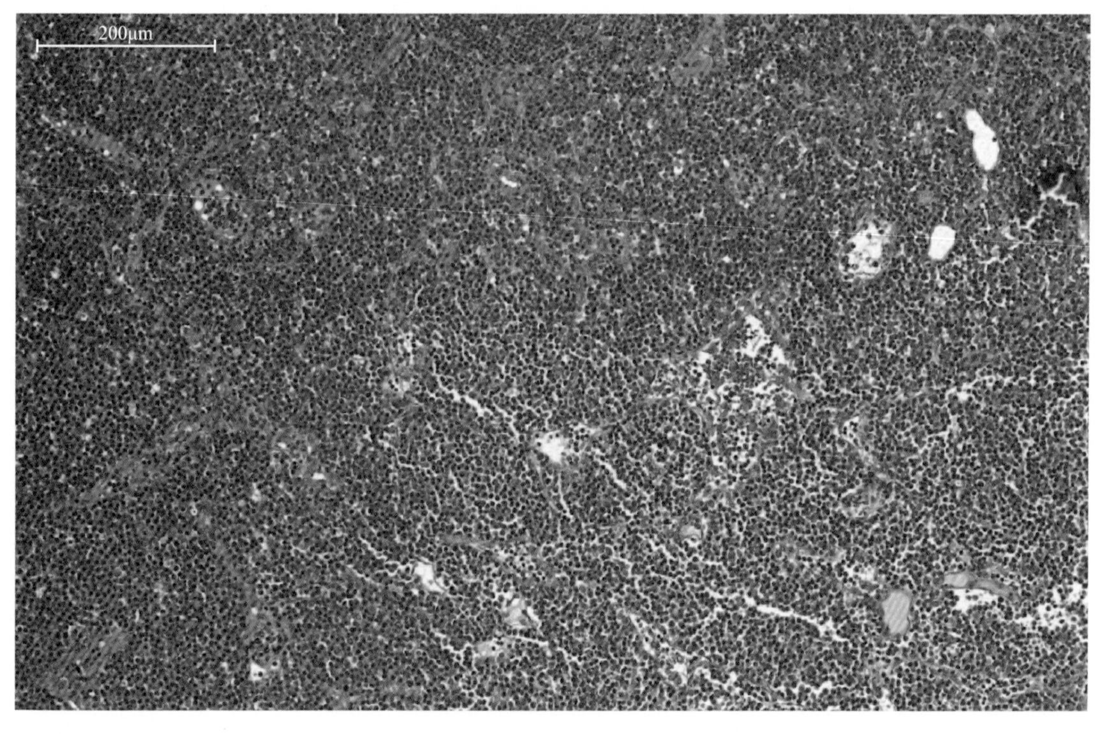

图9-6　大鼠颌淋巴结（二）（HE染色）

图9-7　大鼠颌淋巴结（三）（HE染色）

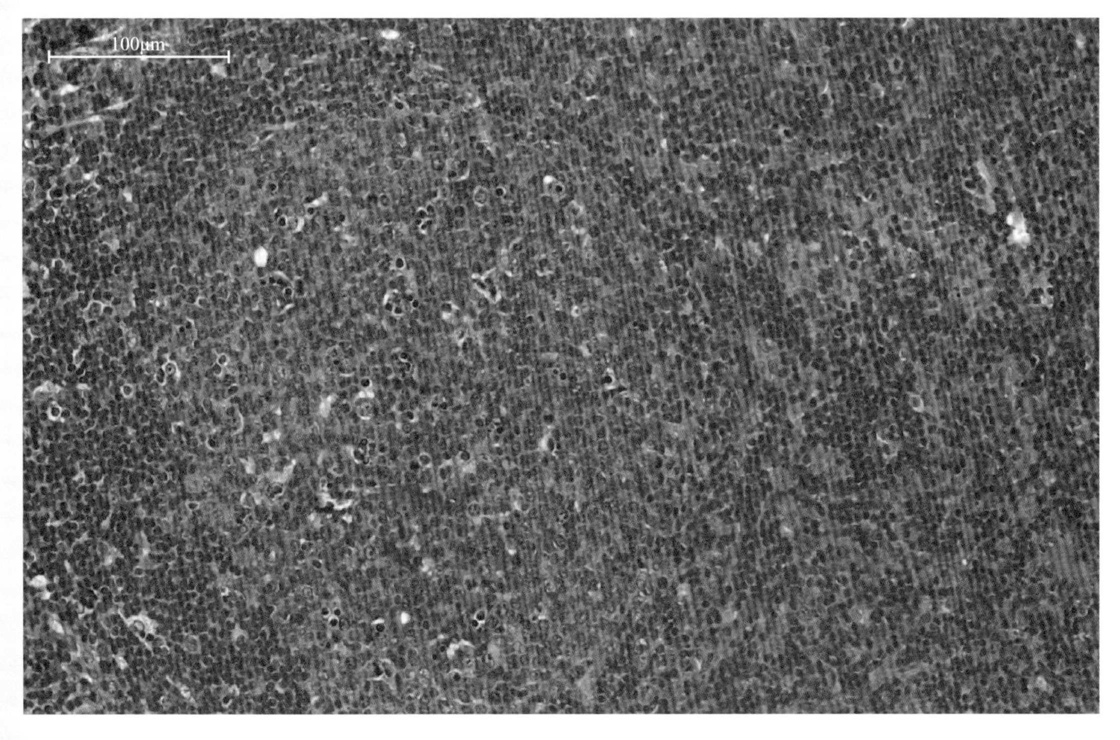

图9-8　大鼠颌淋巴结（四）（HE染色）

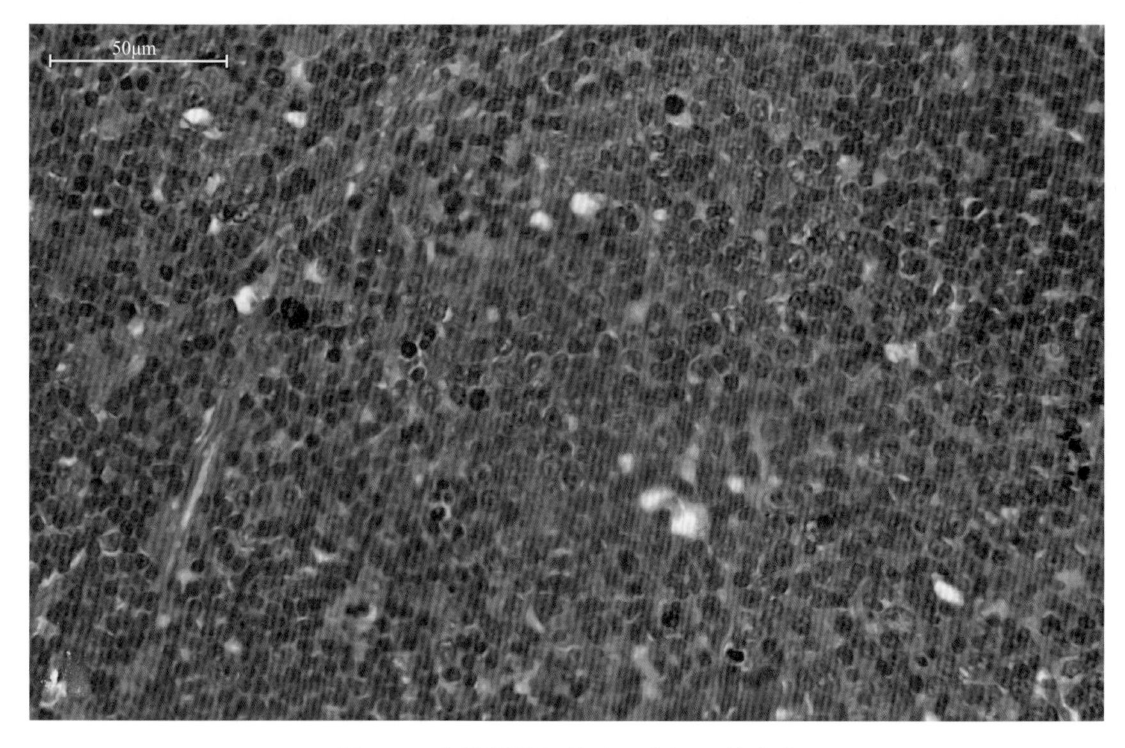

图9-9　大鼠颌淋巴结（五）（HE染色）

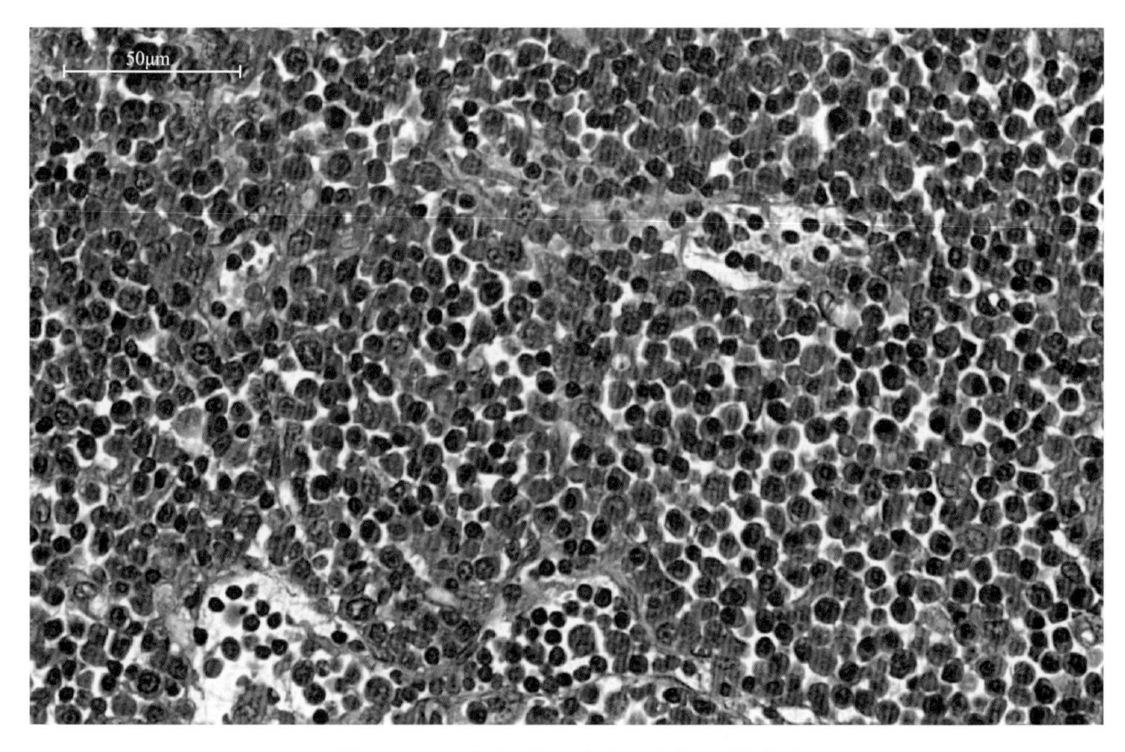

图9-10　大鼠颌淋巴结（六）（HE染色）

二、脾脏

脾脏是大鼠最大的外周免疫器官，并具有造血、滤血、灭血和储血功能。脾呈长而扁的带状，暗红色，质较软，位于腹前部、胃大弯左侧。

脾由被膜和实质构成。

1. 被膜

被膜由一层富含平滑肌和弹性纤维的结缔组织构成，表面被覆间皮。被膜的结缔组织伸入脾内形成许多分支的小梁，它们相互连接构成脾的支架。

2. 脾实质

由白髓边缘区和红髓组成。

（1）白髓　包括脾小结和动脉周围淋巴鞘。

① 脾小结。即淋巴小结，主要由B细胞构成。发育良好的脾小结也可呈现明区、暗区和小结帽，小结帽朝向红髓。健康动物脾内脾小结较少，当受到抗原刺激引起体液免疫应答时，脾小结增多、增大。

② 动脉周围淋巴鞘。是围绕中央动脉周围的厚层弥散淋巴组织，由大量T细胞、少量巨噬细胞、交错突细胞等构成，属胸腺依赖区，相当于淋巴结的深层皮质。边缘区在白髓与红髓之间，呈红色。其中淋巴细胞较白髓稀疏，但较红髓密集，主要含B细胞，也含T细胞、巨噬细胞、浆细胞和其他各种血细胞。中央动脉分支而成的一些毛细血管，其末端在白髓与边缘区之间膨大形成边缘窦，窦的附近有许多巨噬细胞，能对抗原进行处理。因此，边缘区是脾内首先捕获、识别、处理抗原和诱发免疫应答的重要部位。边缘窦是血液中淋巴细胞进入脾内淋巴组织的重要通道，脾内淋巴细胞也可经过此区转移至边缘区，参与再循环。

（2）红髓　分布于膜下、小梁周围、白髓及边缘区的外侧，因含大量血细胞，在新鲜切面上呈红色，因而得名。红髓包括脾索和脾血窦。

① 脾索。是由富含血细胞的索状淋巴组织构成的，内含T细胞、B细胞、浆细胞、巨噬细胞和其他细胞。脾索相互连接成网，与脾窦相间排列。脾索内含有各种血细胞，是滤血的主要场所。

② 脾血窦。为相互连通的不规则的静脉窦。窦壁由一层长杆状的内皮细胞呈纵向平行排列而成，细胞之间有宽的间隙，脾索内的血细胞可经此穿越进入脾窦，内皮外有不完整的基膜和环形的网状纤维围绕。因此，脾窦如同多空隙的篱笆状结构。当脾收缩时，血窦壁的孔隙变窄或消失，脾扩张时孔隙变大。脾窦外侧有较多的巨噬细胞，其突起可通过内皮间隙伸入窦腔内（见图9-11～图9-13）。

图9-11　大鼠脾脏（一）（HE染色）

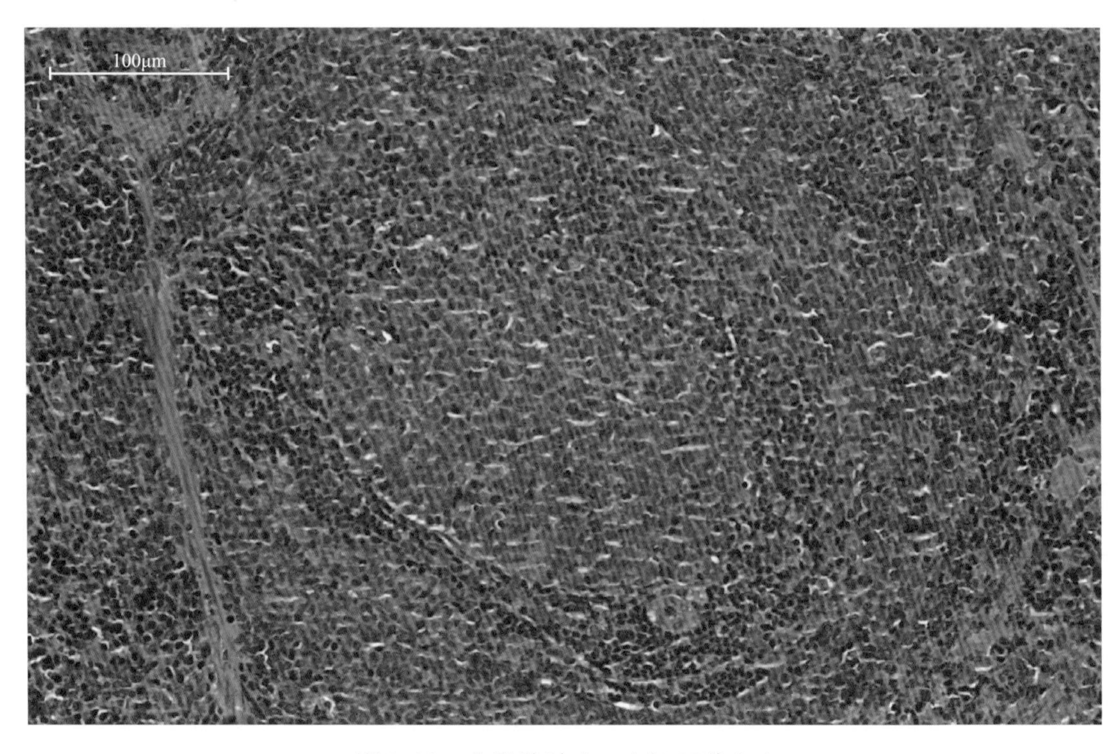

图9-12　大鼠脾脏（二）（HE染色）

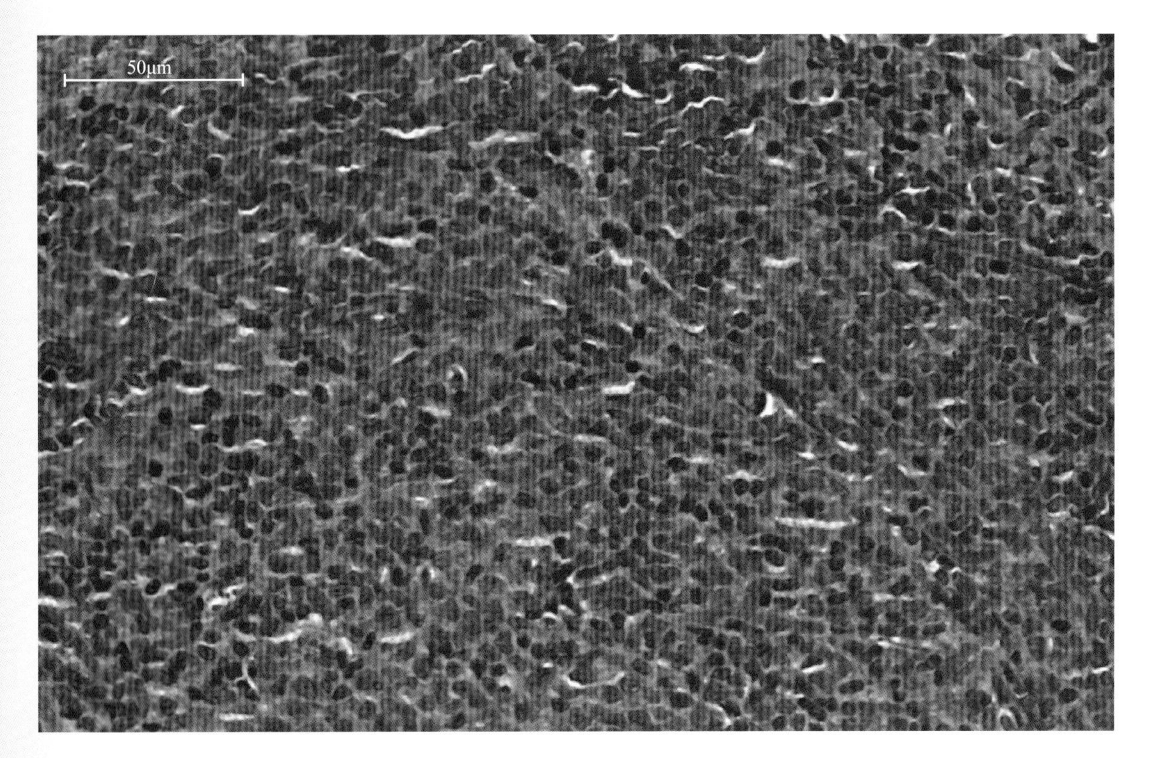

图9-13 大鼠脾脏（三）（HE染色）

第十章

神经系统

神经系统包括中枢神经和周围神经，由脑、脊髓、神经节和分布于全身的神经纤维组成，能接受来自外界及体内环境变化的各种刺激，并将刺激转化为神经冲动进行传导。一方面调节机体各器官的生理活动，保持器官之间的平衡和协调；另一方面保证机体与外界环境之间的平衡和协调一致，以适应环境的变化。因此，神经系统在大鼠机体调节中起主导作用。

第一节 中枢神经

中枢神经系包括脊髓和脑。

一、脊髓

脊髓位于椎管内，呈上下略扁的圆柱形。前端在枕骨大孔与延髓相连；后端到达荐骨中部，逐渐变细呈圆锥形，称脊髓圆锥。脊髓末端有一根细长的终丝。脊髓各段粗细不一，在颈后部和胸前部较粗，称颈膨大；在腰荐部也较粗，称腰膨大，为四肢神经发出的部位。

1. 脊髓

脊髓周围为白质，中部为灰质，灰质中央有一纵贯脊髓的中央管。

（1）灰质　灰质主要由神经元的胞体构成，横断面呈蝶形，有一对背侧角和一对腹侧角，背侧角和腹侧角之间为灰质联合。在脊髓的胸段和腰前段腹侧角基部的外侧，还有稍隆起的外侧角。腹侧角内有运动神经元的胞体，支配骨骼肌纤维。外侧角内有植物性神经节前神经元胞体，背侧角内含有各种类型的中间神经元的胞体，这些中间神经元接受脊神经节内的感觉神经元的冲动，传导至运动神经元或下一个中间神经元。

（2）白质　白质被灰质角分为左、右对称的3对索。背侧索位于背正中沟与背侧角之间，腹侧索位于腹侧角与腹正中裂之间，外侧索位于背侧角与腹侧角之间。背侧索内的纤维是由脊神经节内的感觉神经元的中枢突构成的。外侧索和腹侧索均来自背侧角的中间神经元的轴突（上行纤维束），以及来自大脑和脑干的中间神经元的轴突（下行纤维束）所组成。

2. 脊膜

为脊髓外周包有的三层结缔组织膜，由外向内依次为脊硬膜、脊蛛网膜和脊软膜。脊硬膜为厚而坚实的结缔组织膜。脊硬膜和椎管之间为硬膜外腔。脊蛛网膜位于脊硬膜与脊软膜之间。在硬膜与蛛网膜之间为硬膜下腔，向前与硬膜下腔相通。在脊蛛网膜和脊软膜之间为蛛网膜下腔，内含脑脊液。脊软膜薄而富有血管，紧贴于脊髓的表面。

二、脑

脑是神经系统中高级中枢，位于颅腔内，在枕骨大孔与脊髓相连。脑可分为大脑、小脑、间脑、中脑、脑桥及延髓6部分。通常将间脑、中脑、脑桥和延髓称为脑干。

脑的表面包有三层被膜，即硬脑膜、脑蛛网膜和软脑膜。硬脑膜紧贴颅腔骨内膜，沿大脑两半球中间纵裂伸入皱襞，形成大脑镰。同样，在大脑半球与小脑之间的横裂处伸入，形成小脑幕。脑蛛网膜和软脑膜之间有蛛网膜下腔，内含有脑脊液。

软脑膜为最内层的薄膜，紧贴脑表面，并伸入沟、裂之中，富有血管，与血管的外膜相融合，伸入脑实质（见图10-1 ～图10-4）。

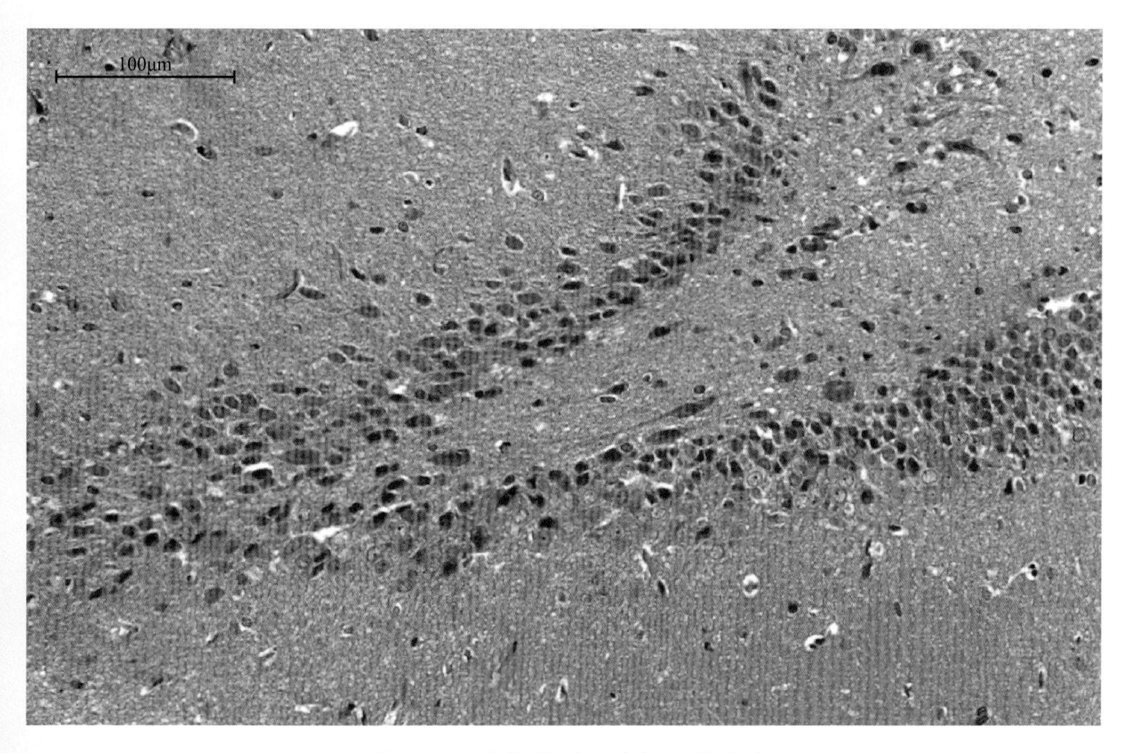

图10-1　大鼠脑（一）（HE染色）

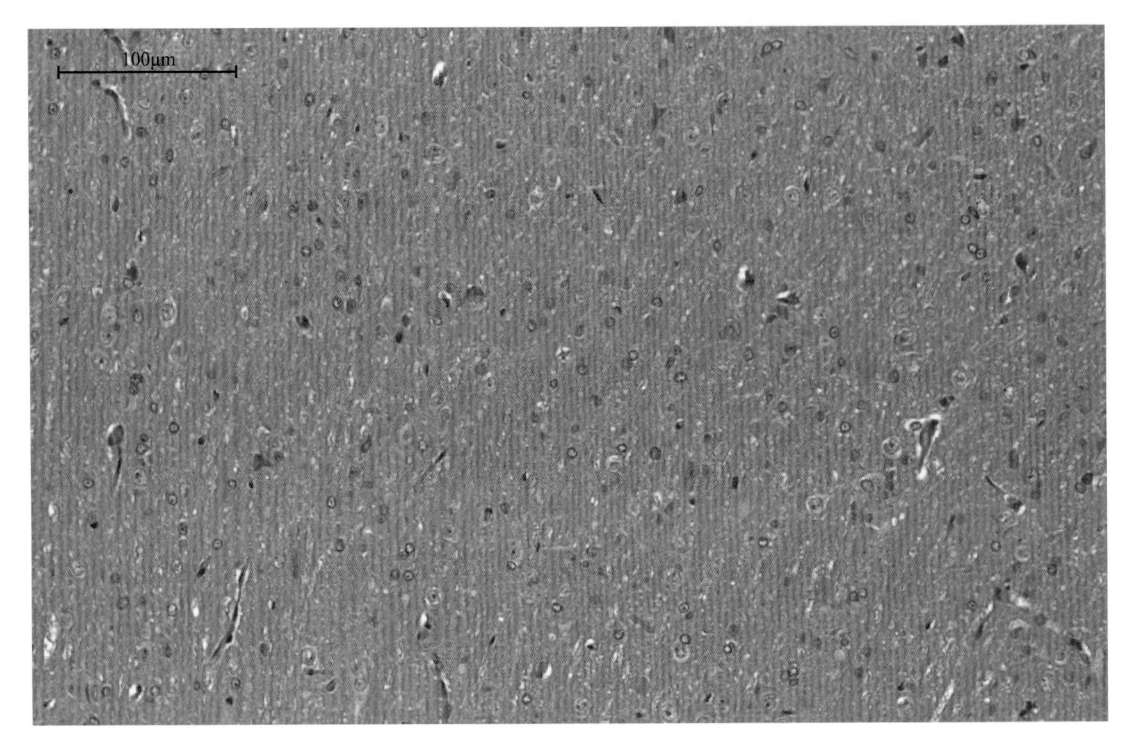

图 10-2　大鼠脑（二）(HE 染色）

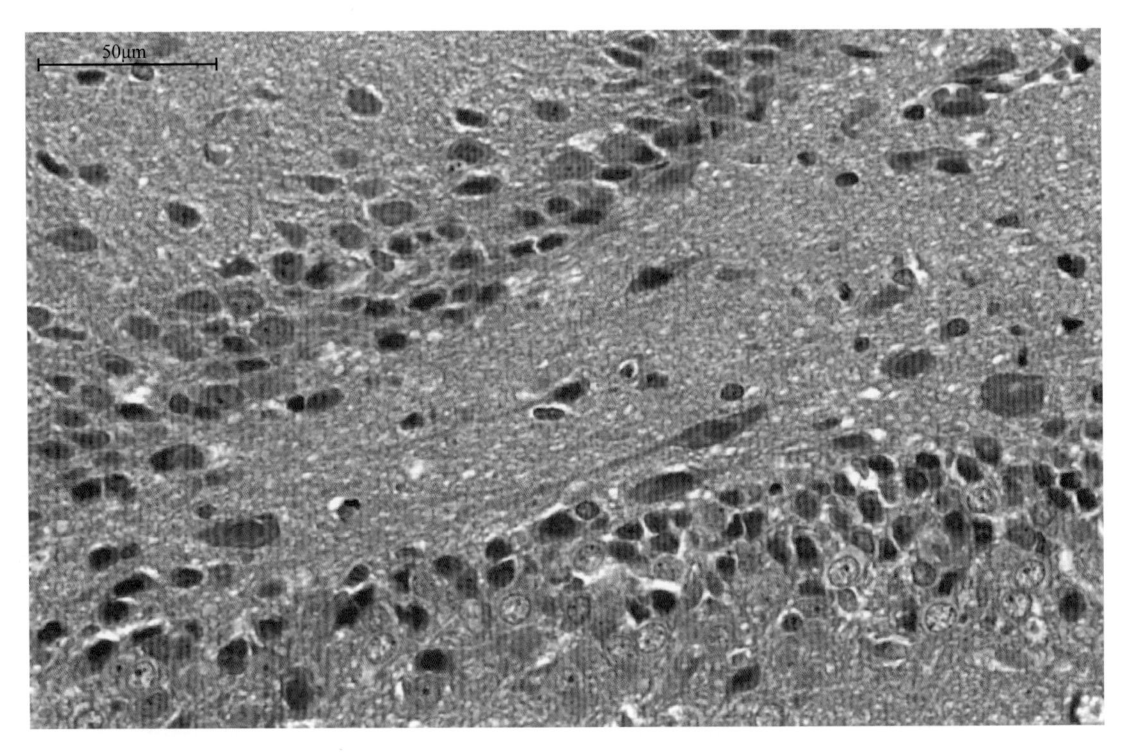

图 10-3　大鼠脑（三）(HE 染色）

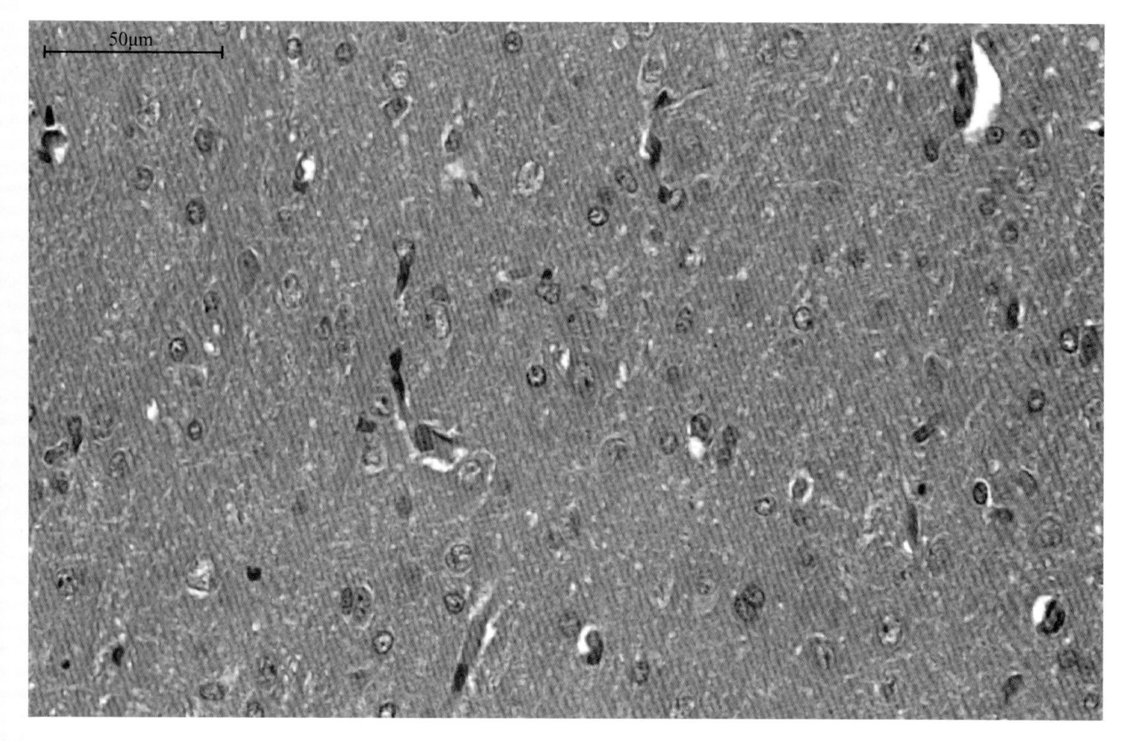

图10-4　大鼠脑（四）（HE染色）

（一）大脑

大鼠大脑位于脑干前上方，其前端有突出发达的嗅球，表面光滑，缺少沟回，处于哺乳动物中较低级水平，不像高等哺乳类有不同的分叶。

1.解剖结构

（1）从背面观察　可见整个大脑呈一尖端向前的楔形体。大脑被纵裂分为左、右两个大脑半球。

（2）从矢状切面观察　可见裂内充以硬脑膜形成的大脑镰，将两半球完全分隔开。

① 胼胝体。位于两大脑半球之间，为一宽的弧形白色神经纤维板。胼胝体前端为膝、中部为干、后部较厚为压部。由胼胝体后端呈弓形弯向下方的纤维束称为穹窿，接丘脑下部的乳头体。在穹窿消失处的前方有白色横行神经束，即前连合，其纤维连接嗅球及梨状叶。

② 侧脑室。一对，左、右侧脑室之间的正中隔称为透明隔，侧脑室内有由间脑顶伸出的前脉络丛。

③ 海马。位于侧脑室内，为一弯曲的宽带状白色隆起，由脑前内侧斜向后外侧，再转向前方接梨状叶。

④ 嗅脑。为嗅球、嗅束、梨状叶和海马等部分的统称。大脑半球后端与小脑之间为一横裂，大脑半球包括大脑皮质和白质、嗅球、基底神经核和侧脑室等结构。裂内充以硬脑膜形成的小脑幕。在大脑纵裂与横裂相交处露出一卵圆形小体，为松果体。

（3）从腹面观察　可见前端突出的嗅球，以及由嗅球发出的白色纤维带向后外侧走行，形成嗅束，其内侧与嗅结节相接。嗅束外侧为嗅沟，向后走行称为新皮层和梨状叶的分界线。梨状叶为大脑后腹部的隆起，属嗅脑部，在进化上由大脑原始的古皮层演化而来。

2.组织结构

大鼠大脑皮层包括不足一半的新皮层和超过一半的原始皮层。大鼠新皮层发育较差，覆盖着大脑背侧、外侧和背内侧的大部分。皮层由分层排列的神经细胞及穿插其间的神经纤维组成。

大脑皮层的神经细胞由表面向白质包括六层，分别为分子层、外颗粒层、锥体细胞层、内颗粒层、节细胞层和多形细胞层。新皮层的神经纤维不形成明显的纤维束，只形成三度的纤维网，穿插在神经细胞体之间。

表层　是平行皮层表面疏松排列的纤维，主要由锥体细胞顶树突末端的分支构成。皮层的纤维成分根据功能及结构可区分为联合系统、连合系统和投射系统3个系统。

① 联合系统。能够连接同一半球不同部位的皮层。

② 连合系统。可以连接相对两半球的皮层，纤维形成胼胝体，多终于对侧皮层的内颗粒层。

③ 投射系统。是连接皮层及皮层以下的结构，纤维有上行和下行两种，全部都经过内囊和丘脑辐射线中转。垂直于皮层表面。大鼠皮层的各部位都有下行传出的投射纤维，主要起于节细胞层，走向中脑的大脑脚，或下行到脑桥、延髓和脊髓颈段形成皮质脑桥束和皮质脊髓束。传入的上行纤维大量来自间脑，部分来自丘脑腹侧核、丘脑外侧核、丘脑下部和丘脑后部中枢。

④ 灰质。由位于脑底部侧脑室前腹侧大脑皮层下包埋于白质中的灰质团构成，包括尾状核、豆状核、杏仁核和屏状核。尾状核长而弯曲，卷伏在丘脑上。豆状核位于尾状核的外侧，在切面上呈三角形，又可分为2部分，即内侧的苍白球（旧纹状体）和外侧部较大的壳。尾状核和壳又合称为新纹状体。豆状核与尾状核的末端相连。屏状核位于壳的外侧，中间隔一薄层白质，称为外囊。

⑤ 内囊。为尾状核、豆状核和丘脑间的一层白质。大脑皮层的上下行纤维大都通过内囊（见图10-5～图10-17）。

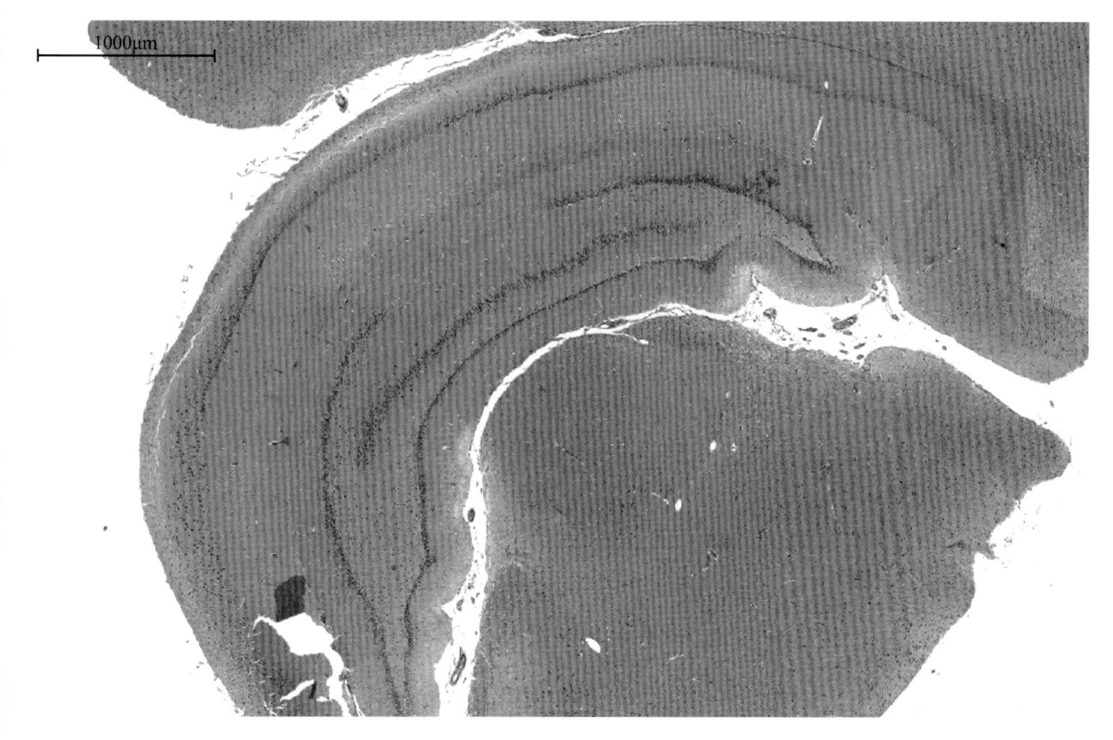

图 10-5　大鼠左脑（一）（HE 染色）

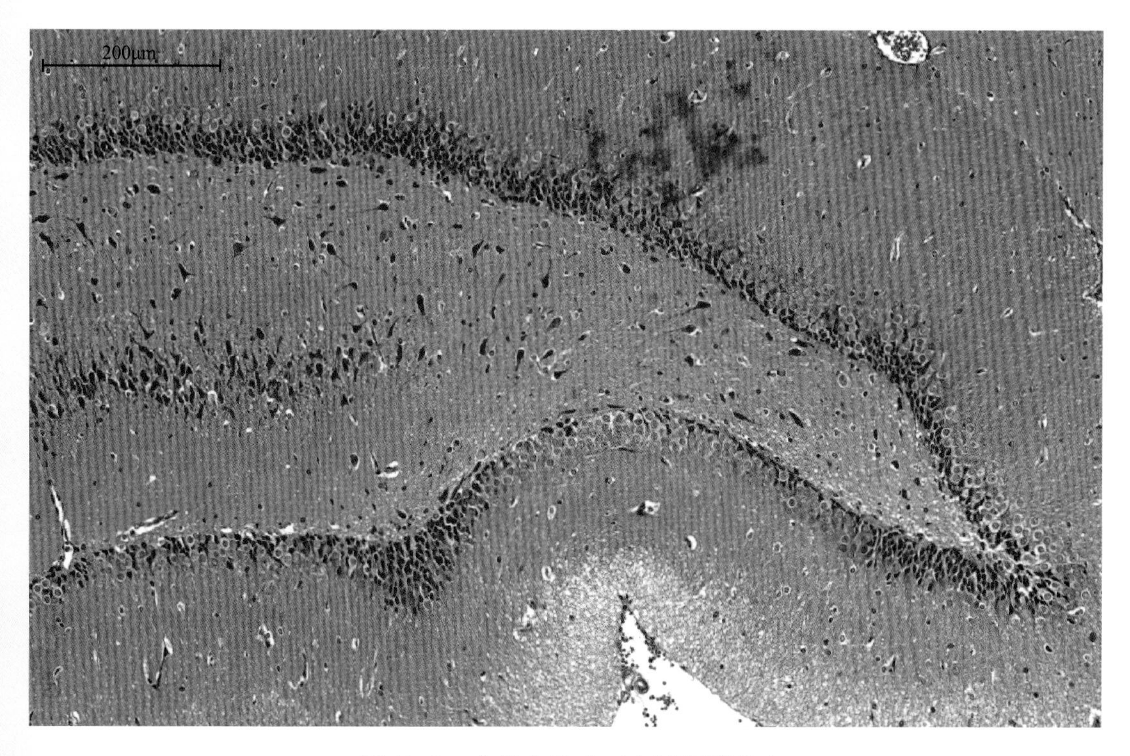

图 10-6　大鼠左脑（二）（HE 染色）

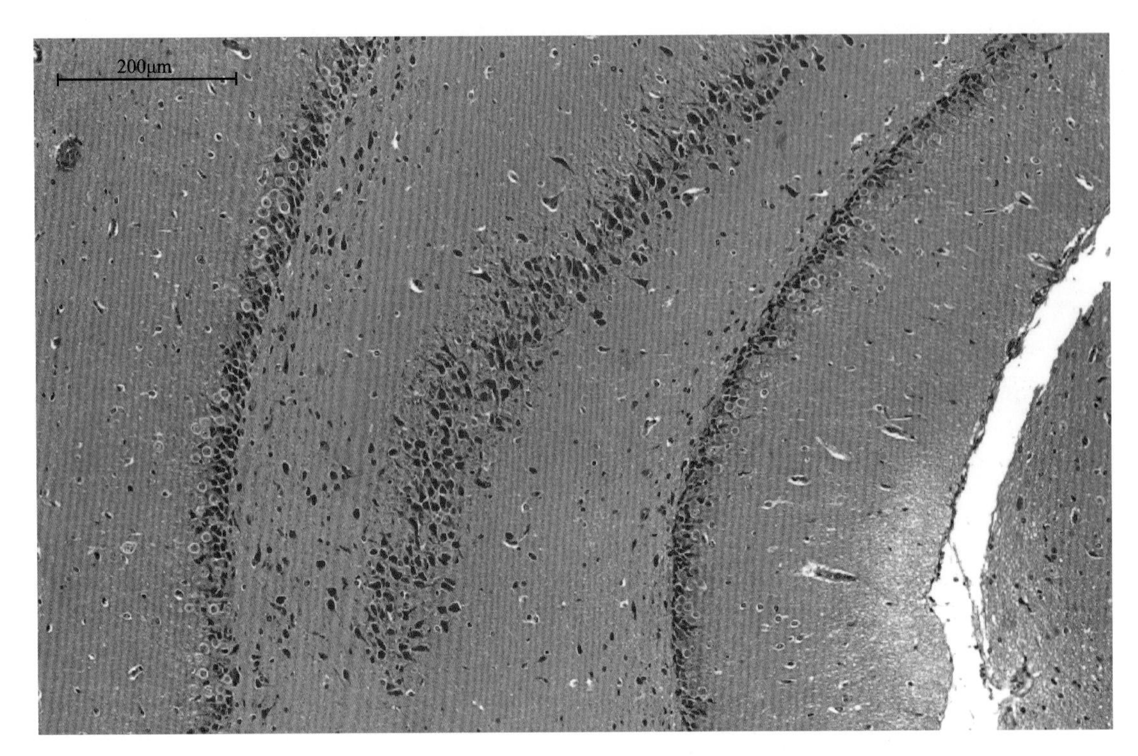

图10-7 大鼠左脑（三）（HE染色）

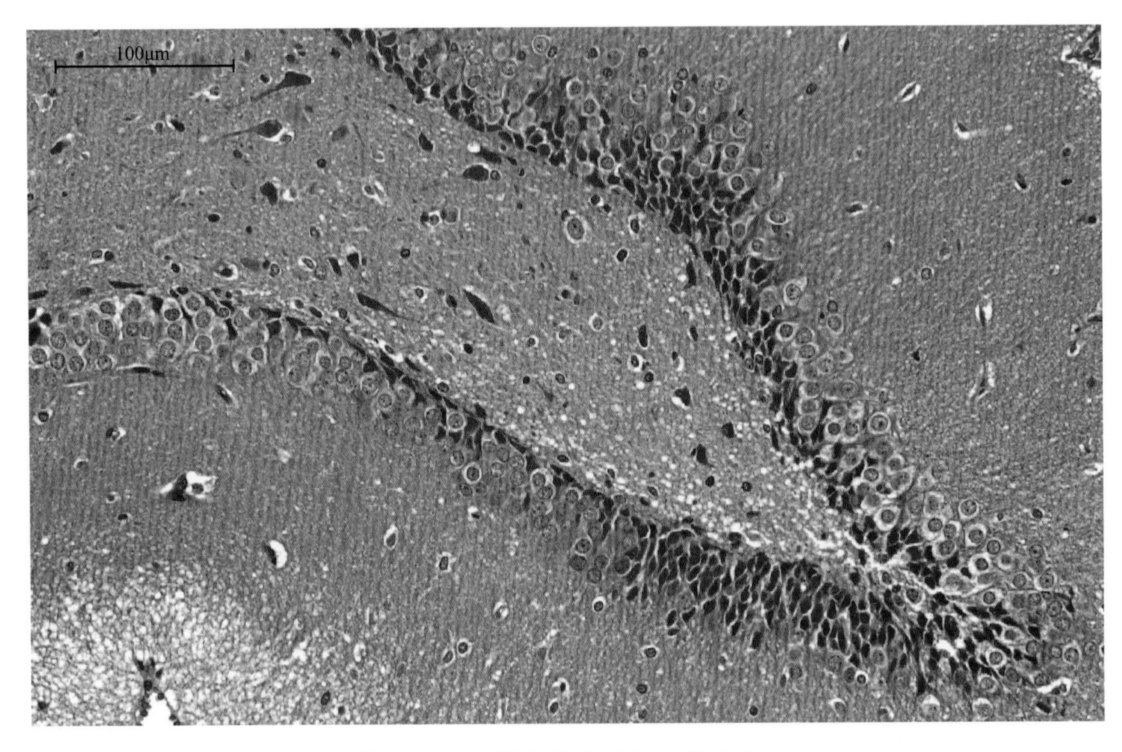

图10-8 大鼠左脑（四）（HE染色）

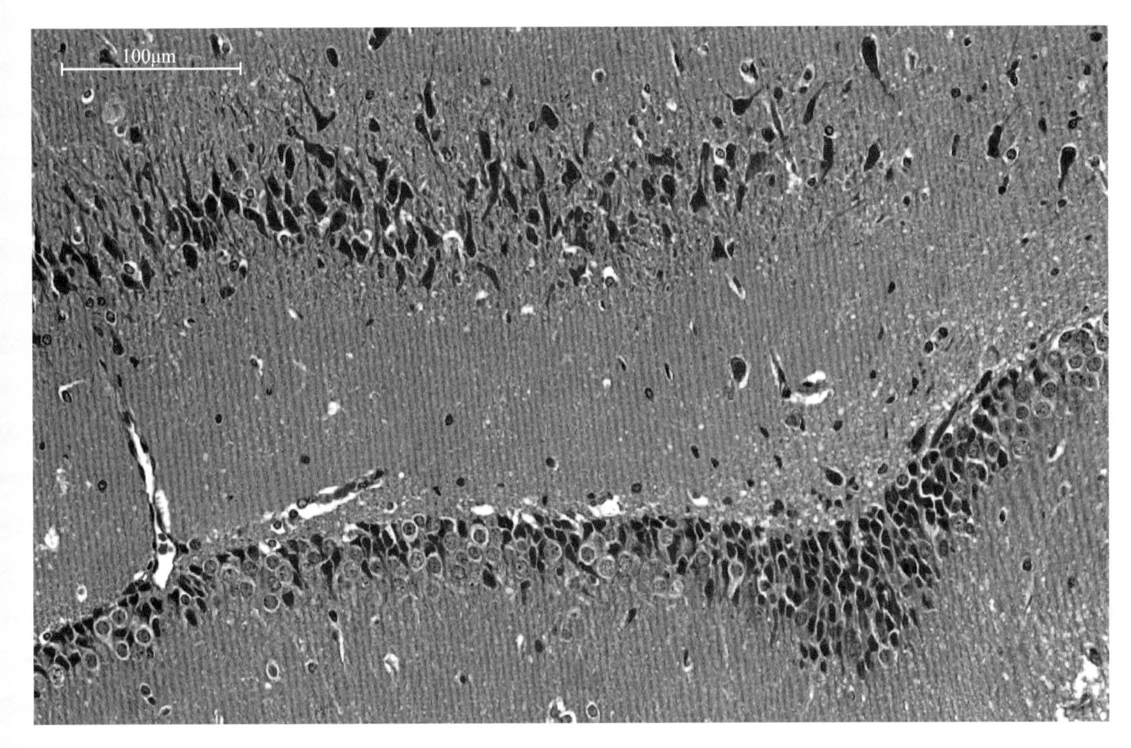

图 10-9　大鼠左脑（五）（HE 染色）

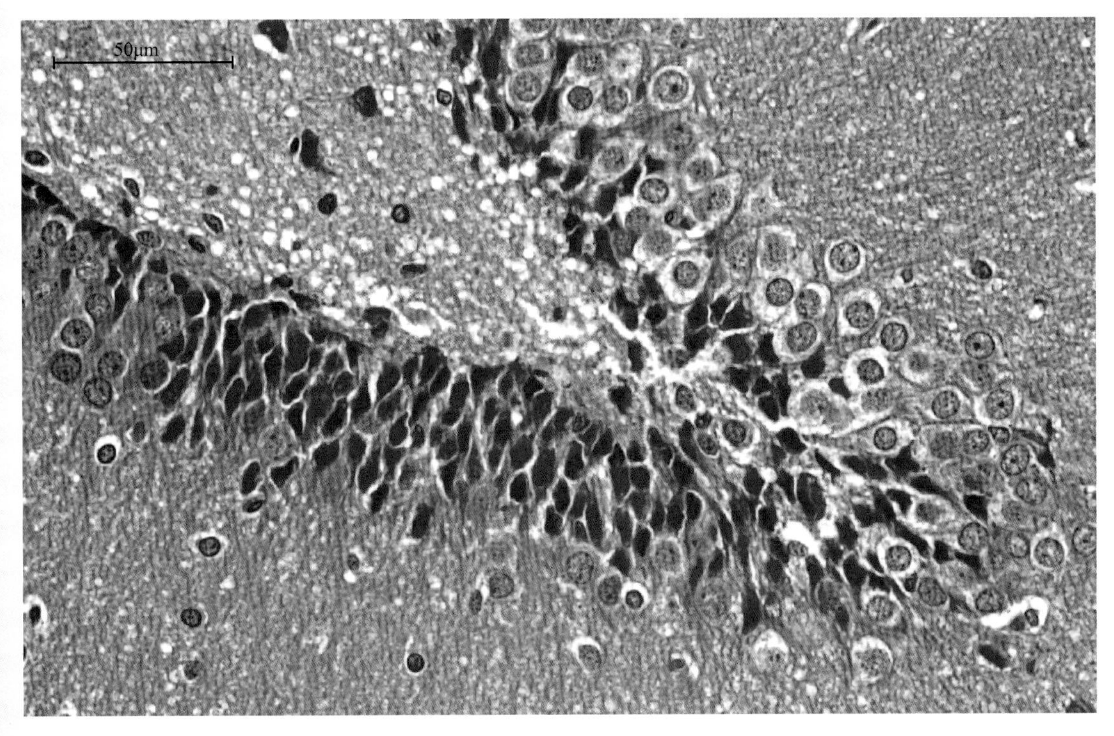

图 10-10　大鼠左脑（六）（HE 染色）

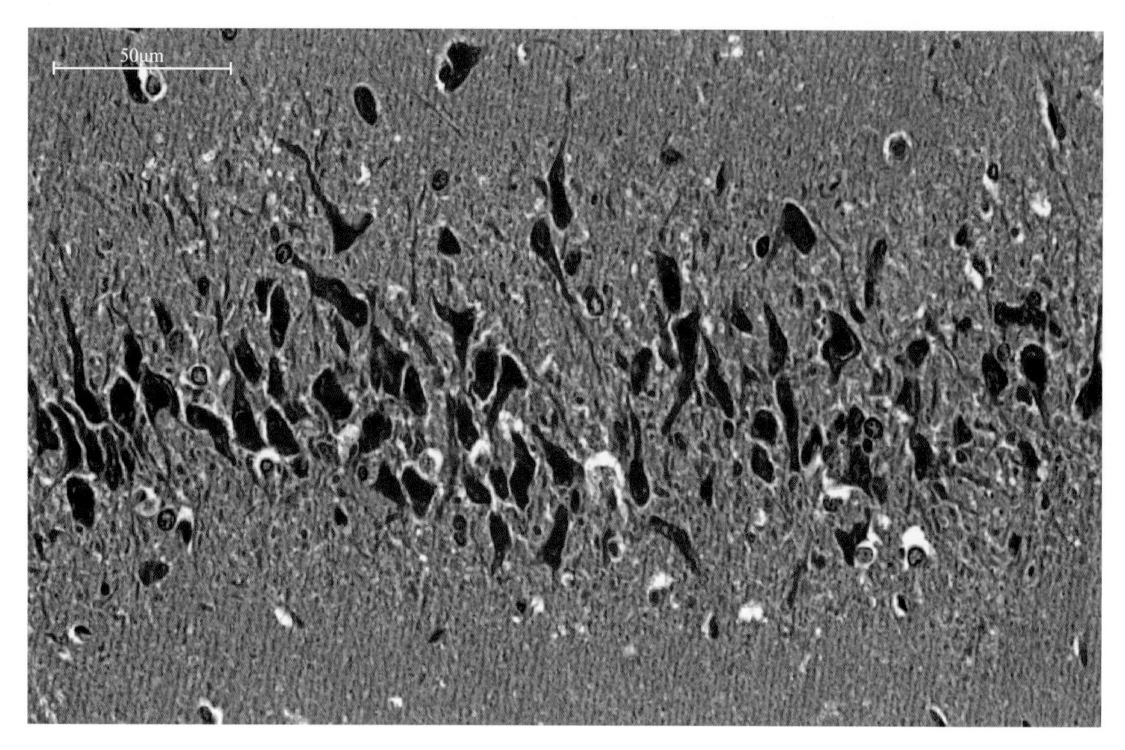

图10-11　大鼠左脑（七）（HE染色）

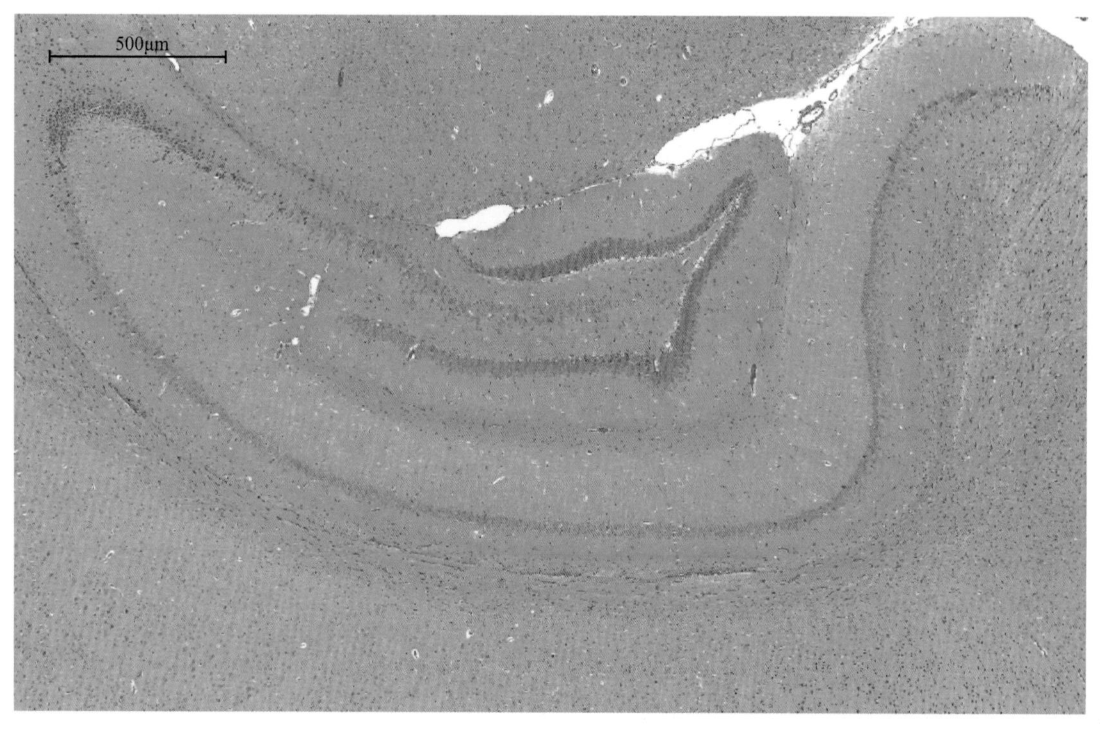

图10-12　大鼠右脑（一）（HE染色）

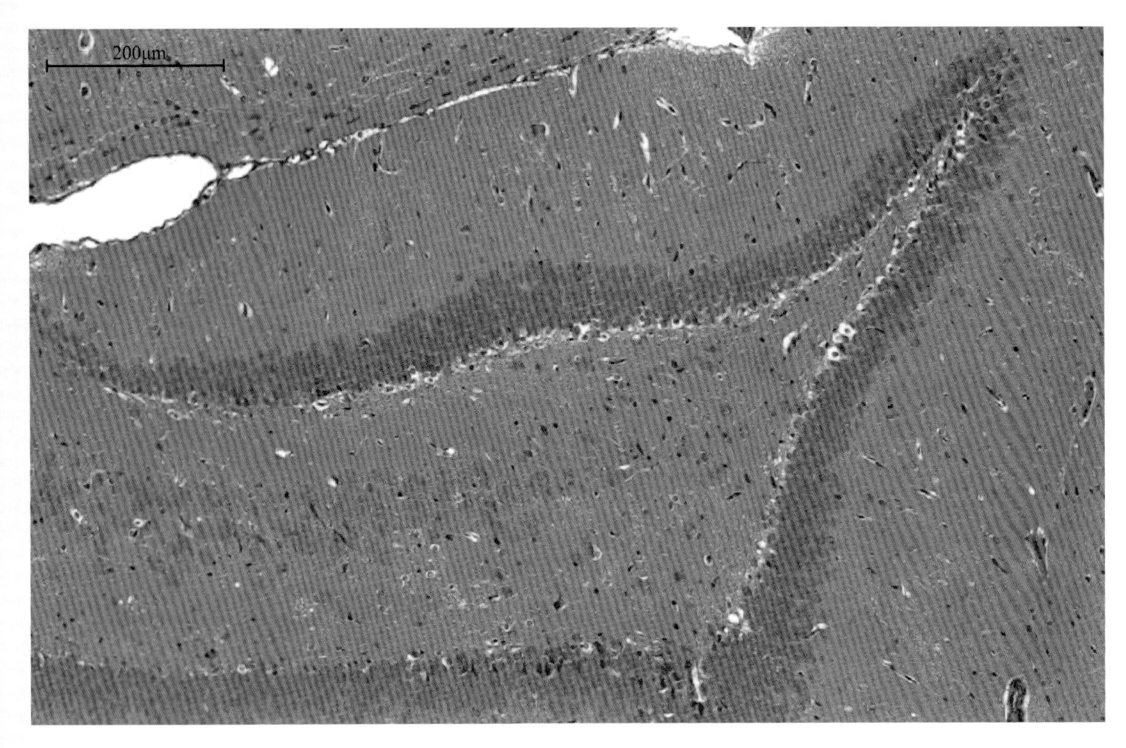

图10-13　大鼠右脑（二）（HE染色）

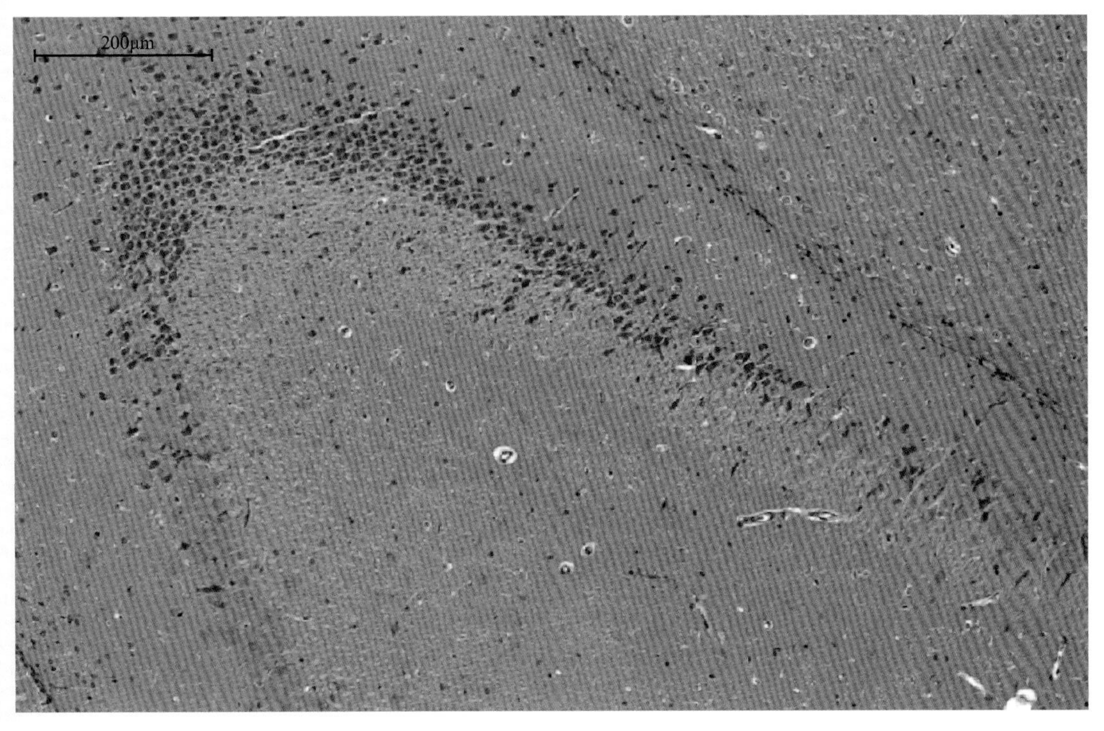

图10-14　大鼠右脑（三）（HE染色）

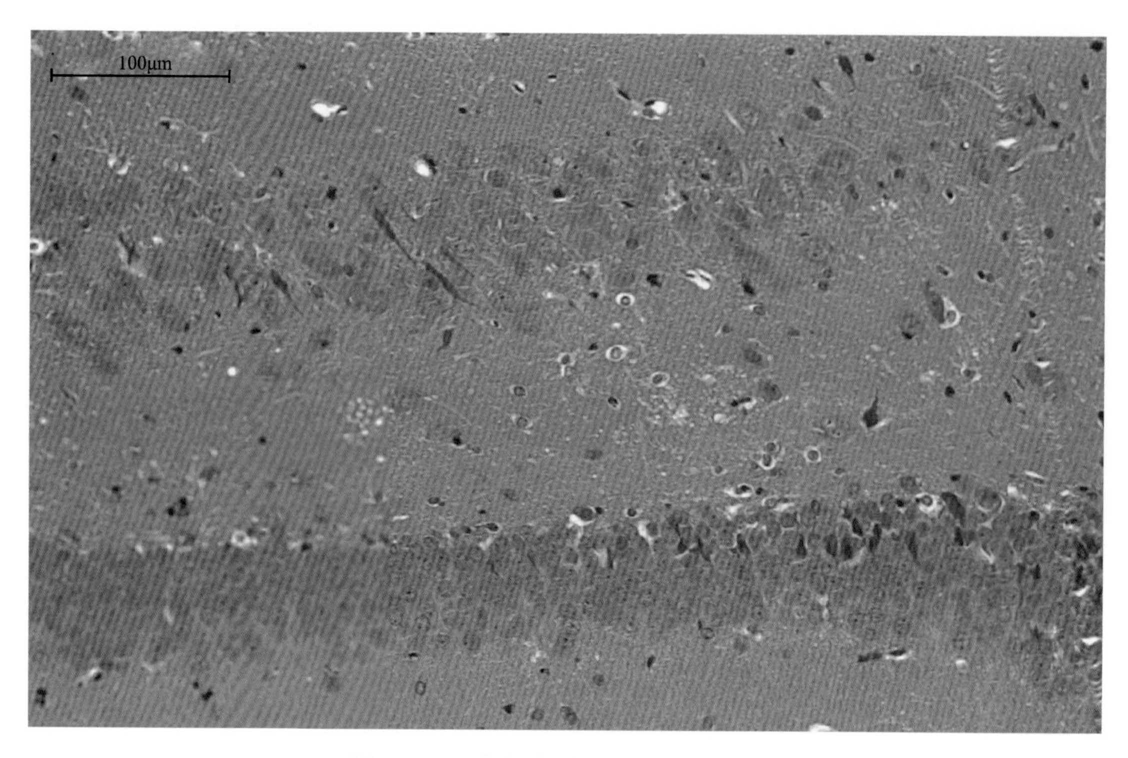

图10-15　大鼠右脑（四）（HE染色）

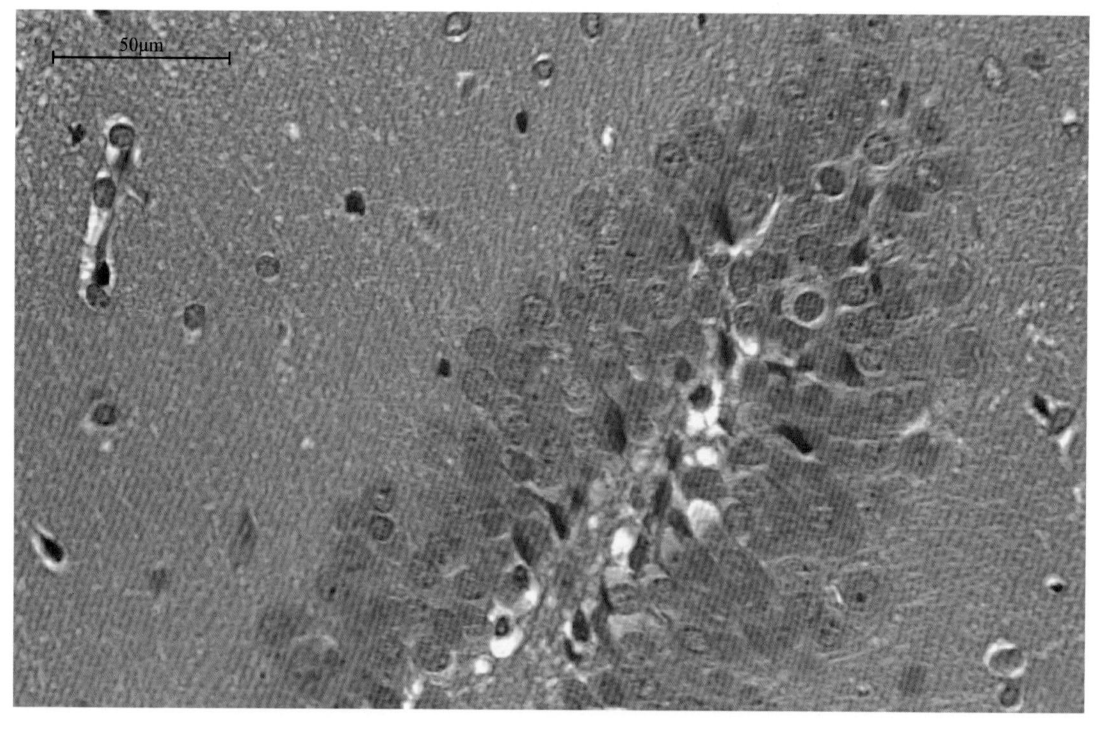

图10-16　大鼠右脑（五）（HE染色）

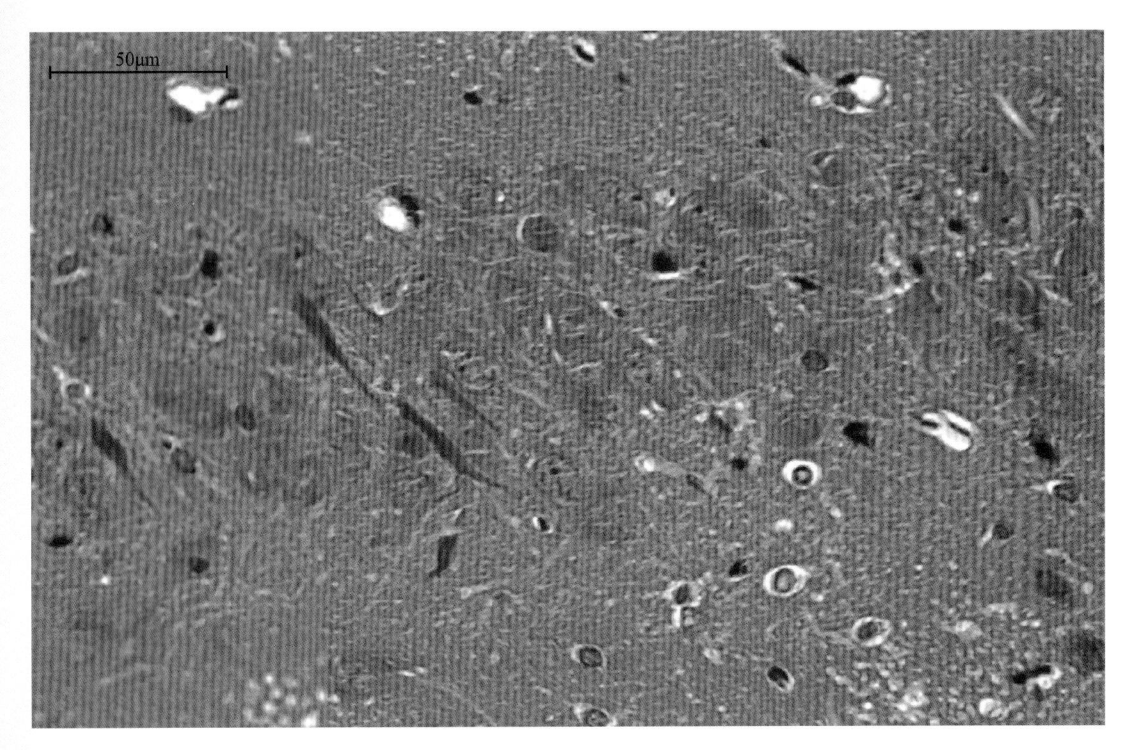

图10-17　大鼠右脑（六）（HE染色）

（二）小脑

位于颅后窝，由中央的蚓部和两侧的小脑半球组成。小脑前脚和中脑相连，中脚和脑桥相连，后脚与延髓相连。

1.组织结构

小脑两半球及蚓部均由表层的灰质和深部的白质构成。

（1）灰质　表层为分子层，深层是由大量密集的颗粒细胞组成的颗粒层，颗粒层和分子层中间是单层排列的蒲氏细胞层。

① 分子层。位于最外层，由大量树突和少量神经细胞组成的，分子层分布有贝格曼神经胶质细胞呈放射状突起。

② 颗粒层。位于蒲肯野细胞层下，起源于胚三角的神经上皮，在生后3周内先分化为外颗粒细胞，再沿软膜下矢状位移动为外颗粒层，外颗粒层细胞再沿着贝格曼神经胶质细胞的单极纤维向内侧移动，形成内颗粒细胞层。颗粒细胞核大、球形，染色深。

③ 蒲肯野细胞层。位于小脑皮层中间，为蒲肯野细胞，产生于胚胎13～16日，其移动和细胞树突生长均与贝格曼神经胶质细胞有关。贝格曼神经胶质细胞为小脑皮层中星形胶质细胞中的一种，其胞体位于蒲肯野细胞层，发出的单极纤维深入分子层并达软膜顶端。同时纤维可分支为网状而诱导蒲肯野细胞分化及突触的形成。贝格曼神经胶质细胞还参与颗粒层的形成。蒲肯野细胞排列整齐，胞体较大，呈梨形，树突分支多，轴

突伸入白质。胞质均匀，胞浆略嗜碱性；细胞核大而圆，染色质明显可见，均匀分布，核仁清晰。超微结构可见胞膜清晰，胞内线粒体丰富，嵴清晰，形状多样（杆状、柱状和圆球状）、大小不一，散布在整个胞体中。细胞核结构完整，核膜清晰，染色质均匀分布，核仁明显。

④ 小脑核。小脑灰质除分布于皮质外，还在靠近第四脑室顶部的白质中形成四对小脑核，分别为齿状核、栓状核、球状核和顶核。

（2）白质　内有神经细胞团构成小脑核群。形成小脑白质的传入纤维有两种，一种纤维较粗，末端的分支上具有苔藓状茸毛，称为苔藓纤维，该纤维直接与颗粒细胞形成突触，间接与蒲氏细胞联系；另一种起源于延脑下橄榄核，垂直于皮质的攀缘纤维，穿过颗粒层，分支与蒲氏细胞形成突触，终于分子层。白质的传出纤维发自蒲氏细胞和小脑核。蒲氏细胞的轴突短而粗，是小脑皮质中唯一的传出纤维，终止于皮质下的小脑核群。小脑核群彼此以联合纤维相连，与对侧小脑以联合纤维相连。

2.功能

小脑主要参与运动学习、平衡调控，接受大脑皮层、中脑、间脑和脊髓等部位神经纤维传入，并发出纤维投射到上述部位等过程（见图10-18～图10-21）。

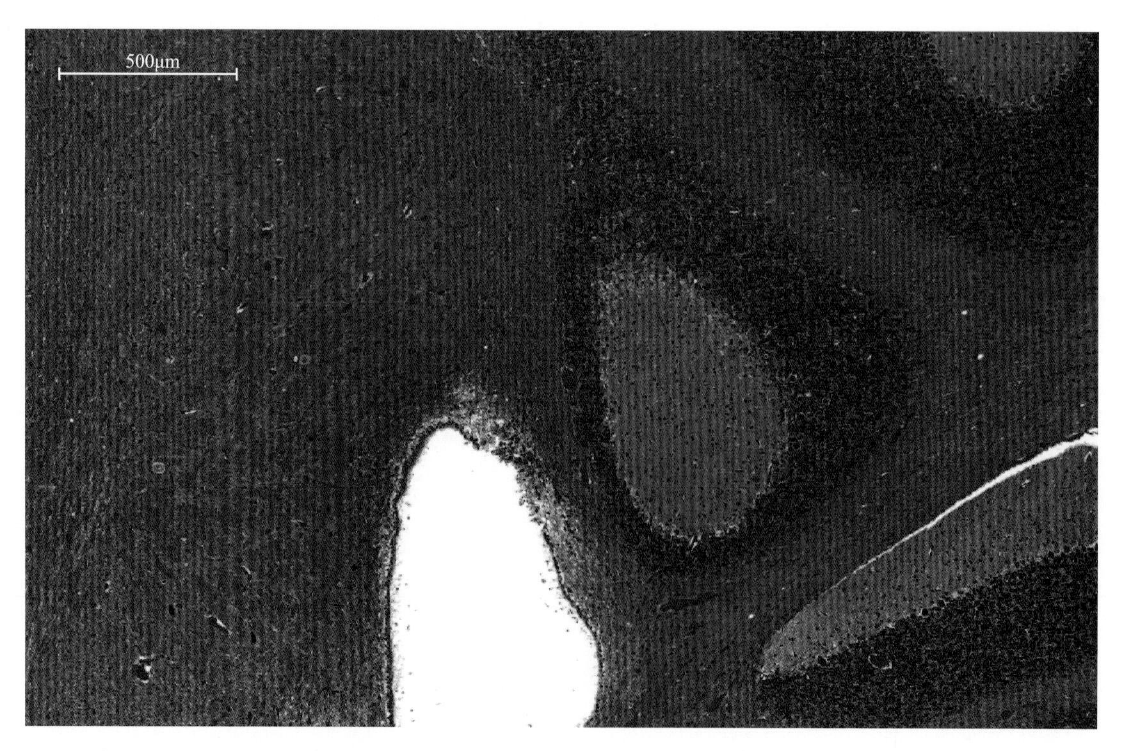

图10-18　大鼠小脑（一）（HE染色）

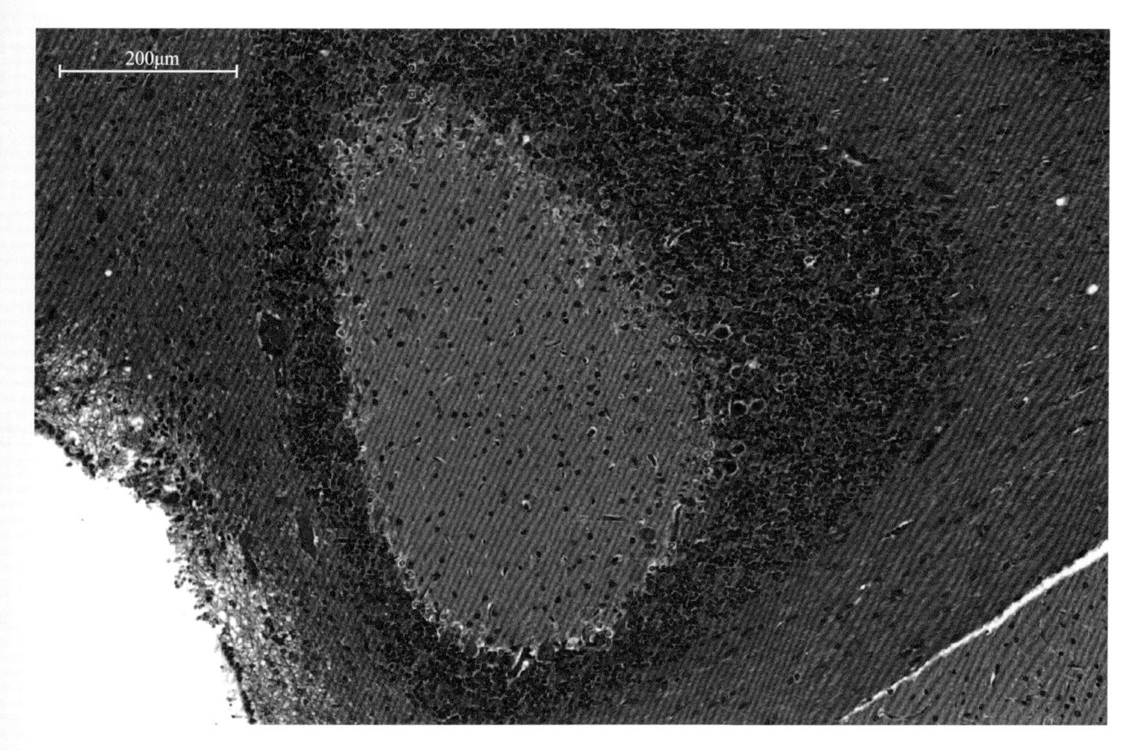

图10-19　大鼠小脑（二）（HE染色）

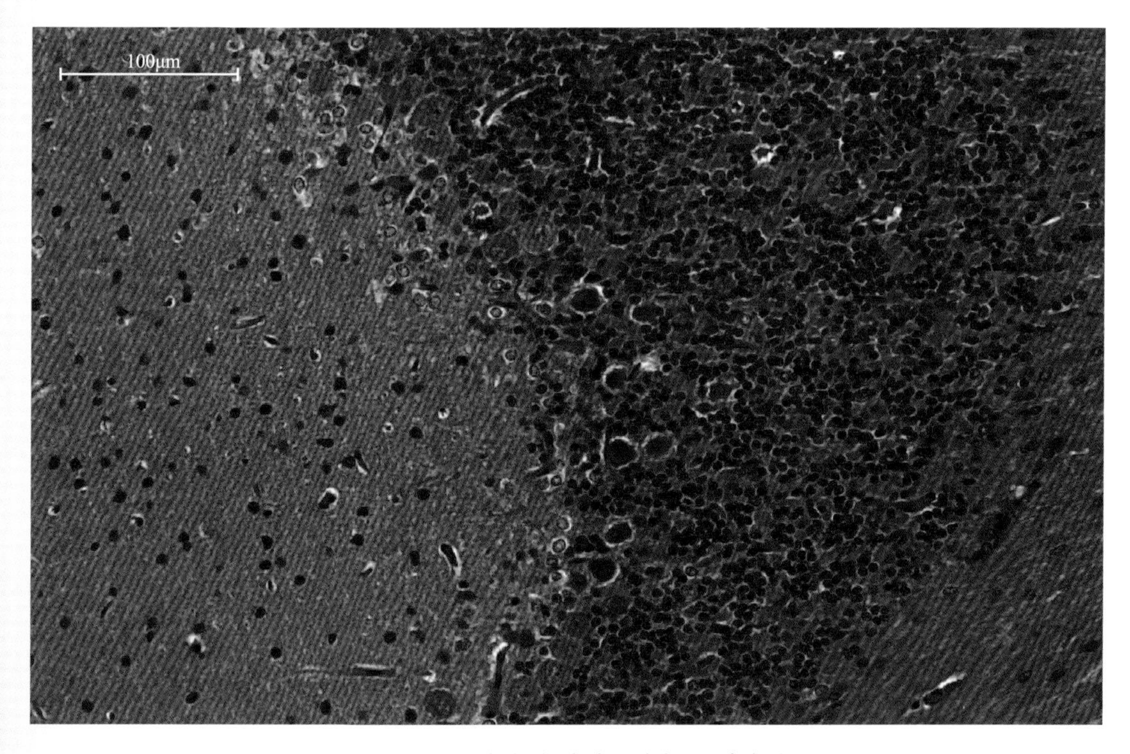

图10-20　大鼠小脑（三）（HE染色）

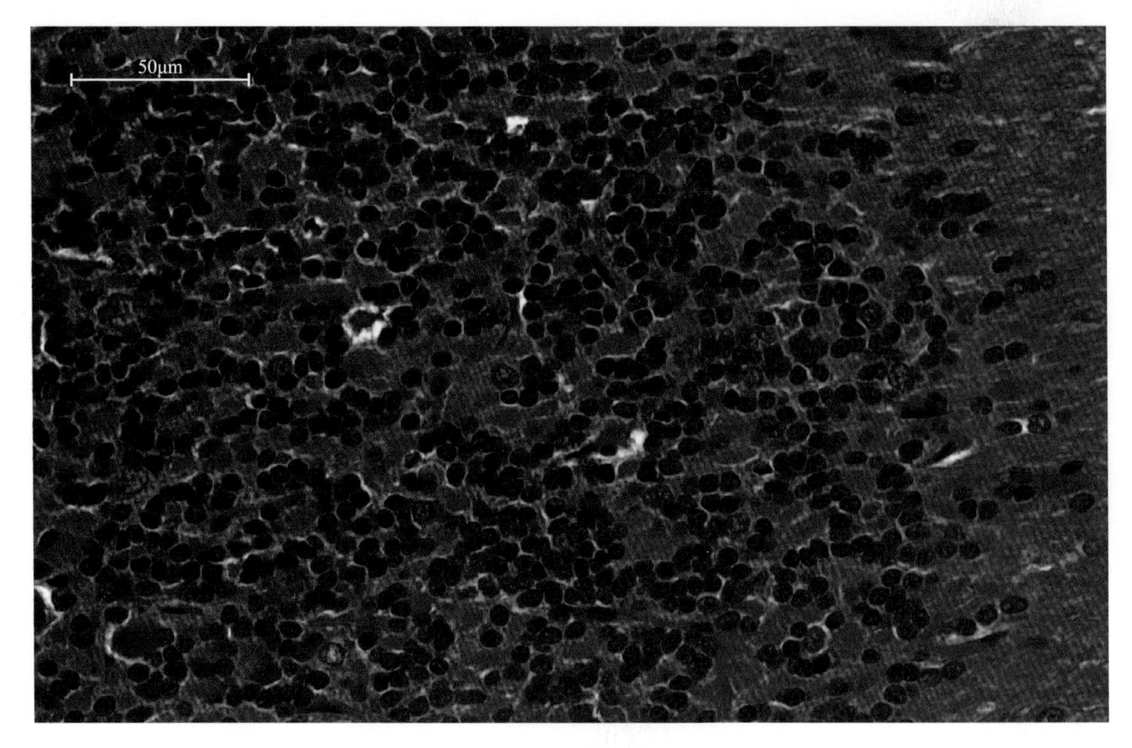

图10-21　大鼠小脑（四）（HE染色）

（三）间脑

又称丘脑，其外壁加厚，构成第三脑室的侧壁，背面被海马所覆盖。丘脑外侧隆起，称外膝状体，为接受视神经纤维的部位。丘脑的后内侧隆起，称内膝状体，与听觉联系。间脑背面称丘脑上部，壁薄，构成第三脑室的顶壁。由丘脑上部伸出一带长柄的卵圆形小体称松果体。间脑的腹部为丘脑的下部，为第三脑室的底壁，该处有视交叉、漏斗、脑下垂体、灰结节和乳头体。脑下垂体视交叉后方的垂体窝内，以一漏斗柄连接脑腹侧。丘脑下部为调节植物神经活动的中枢。

（四）中脑

分背、腹两部。背部的四叠体呈4个圆形隆起，排成前后两对，前两个隆起为前丘，为视反射中枢；后两个隆起为后丘，为听觉反射中枢。中脑的腹部加厚为大脑脚，被脚间窝所隔开。动眼神经由脚间窝的侧缘发出。中脑的内腔为大脑导水管，为第三、第四脑室的连通管。

（五）脑桥

位于斜方体前部，联系大脑和小脑的后脑的一部分，脑桥前面以浅的前横沟与大脑脚为界，其外侧缘是三叉神经根表面的发出处，在腹中线有一纵沟与基底动脉相一致，称基底动脉沟，背面被小脑所覆盖。脑桥与小脑之间以小脑中脚相连。

（六）延脑

前端接脑桥，后端在枕骨大孔处接脊髓，前端稍宽，略呈四边形。延脑的背侧构成第四脑室的底的大部，浅的背正中沟延续为脊髓的同名沟。沟的两侧有纵行的索状隆起，称绳状体，绳状体前面接小脑底面，形成小脑后脚。延脑腹面稍凸，具腹正中裂，后端与脊髓腹正中裂相延续；向前与脑桥腹正中线的沟延续，在该处有基底动脉越过。在腹正中裂的两侧是由皮质脊髓束形成的锥体，呈纵行隆起，其后端渐变扁平，形成锥体交叉，进入脊髓内部。延脑的前面以横行的纤维带斜方体为界。脑干的灰质不形成皮层，神经细胞形成核群。核与核之间有上行、下行与纵横交错的神经纤维束。

第二节　周围神经

周围神经系指由中枢发出，且受中枢神经支配的神经，包括脊神经、脑神经和植物性神经。从脑部出入的神经称脑神经；从脊髓出入的神经称脊神经；控制心肌、平滑肌和腺体活动的神经称植物性神经。植物性神经又分为交感神经和副交感神经。

一、脊神经

脊神经共34对，其中颈神经8对，胸神经13对，腰神经6对，荐神经4对，尾神经3对。每根脊神经的背根处有一小的膨大，形成脊神经节。第一颈神经的脊神经节位于寰椎翼孔中，第二颈神经节在寰椎和枢椎的夹角处，第三到第八颈神经节均包在椎管内。位于硬膜外紧贴于椎间孔内侧。在胸、腰和荐段，脊神经节位于相应的椎间孔前内侧，呈长条形。尾段的脊神经节略呈膨大。腹根上无脊神经节。背、腹两根合并为脊神经，通过相应的椎间孔穿出椎管，脊神经出椎间孔后，再分为背支和腹支。背支较短，分支到躯体背部的肌肉和皮肤。腹支在颈部、臂部及腰荐部相互吻合形成神经丛，即颈神经丛、臂神经丛和腰荐神经丛。自第二或第三胸神经到第一荐神经可见每一脊神经通过成对的交通支和交感神经节相连。

（一）组织结构

神经细胞体成群分布在纤维束之间。神经细胞一般属假单极，胞体较大，多呈球形或椭圆形，神经细胞周围有一层扁平的神经胶质细胞，称卫星细胞。神经细胞大小不等。节内神经纤维多为有髓神经纤维，排列成束。前庭神经和耳蜗神经的神经细胞属双极神经元。脊神经节的外面有结缔组织被膜，被膜伸入节内将神经纤维分隔成束。

（二）分支与分布

1. 颈神经丛

主要由前四个颈神经腹支构成，也接受来自第五颈神经的纤维，但后者主要参与形成臂神经丛。前三个颈神经也参与舌下襻和副神经外侧支的形成。颈神经丛发出一些浅支，分布于皮肤、腺体等浅表部位。如枕小神经分布于耳上及耳后的头皮和颈部皮肤；耳大神经分布于耳部及耳后皮肤、腮腺及颊下皮肤；颈皮神经穿过颈阔肌分布到颈腹侧皮肤；锁骨上神经分出3支分布于颈外侧、胸腹侧和肩部皮肤。另外，颈神经丛发出的肌支分布于胸乳突肌、锁乳突肌、锁斜方肌、锁骨提肌及肩胛提肌等肌肉。膈神经是由第四、五颈神经的分支构成，向后行跨过臂神经丛入胸腔，沿心包走行到膈，分成数支进入膈肌。

2. 臂神经丛

主要由第五至第八颈神经腹支和第一胸神经腹支吻合构成，这些神经自斜角肌之间露出，在腋部形成神经丛。臂神经丛大多分布于肩部及前肢，少数分布于胸肌。

（1）分布于肩部神经　肩胛背神经分布于肩胛提肌及菱形肌；胸长神经分布于前锯肌；锁骨下神经分布于锁骨下肌；肩胛上神经分布于冈上肌和冈下肌；肩胛下神经分布于肩胛下肌。

（2）分布于胸肌神经　胸前神经分布于胸浅肌及局部皮肤。

（3）分布于前肢神经　肌皮神经分布于喙肱短肌和肱二头肌及拇指基部的皮肤；腋神经分布于三角肌、肩关节、大圆肌及小圆肌。桡神经、正中神经和尺神经是构成臂神经丛中部的三条主要神经。

① 桡神经。是靠前面的一条，由第七、八颈神经发出，与正中神经、尺神经及锁骨下动脉一并离开腋部，行经背阔肌和皮大肌之间，到达上臂，在该处发出肌支，先到肱三头肌，接着接入肱二头肌短头及喙肱肌，随即分出前臂背侧皮神经到前臂背侧，继续贯穿前臂。在肘弯曲处，桡神经分为浅支和深支，其中，桡浅神经进入第二、三指间隙和第三、四指间隙。靠内侧的一条指背神经与肌皮神经吻合，形成第一指间隙的指背神经。而桡深神经发出的分支分布到前臂的全部伸肌。正中神经是臂神经丛中最大的一支，主要由第八颈神经和第一胸神经发出，第七颈神经也有分支加入。

② 尺神经。位于正中神经的稍后方，并与之并行一段。尺神经在抵达肘部后，跨过肘关节，行经肘肌深面至前臂，穿过腕尺侧屈肌及指深屈肌之间并有分支至该二肌，其后分为背支和掌支。背支与尺动脉一起走行于指深屈肌尺骨头与腕尺侧屈肌之间，达前臂的背面浅层，随即分成两条指背神经，其中一条分布于第五指，另一条分布于第四、五指邻侧；掌支在前臂中部分出皮支，随即与尺动脉的伴行沿豌豆骨的深面前行至前足，在该处分为二支，其中一支分布于第四、五指邻侧，另一支分布于第五指的外缘。

③ 正中神经。和桡神经及肱动脉并行至上臂，在肘窝处发出两分支，其中肌支走行于指前屈肌与指深屈肌头之间，有分支到该两肌及掌长肌；另一支为骨间掌侧神经，分布于指深屈肌的各头及旋前方肌。接着穿过前臂，与正中动脉伴行至腕处分出三支指掌

侧总神经，分别到一、二、三指间隙，每一条神经再分成两条指掌侧固有神经分布于第一、二指，第二、三指，第三、四指的相邻间隙。

3.胸神经

有13对，由胸椎的椎间孔穿出椎管，分为背、腹两支。背支分布到脊柱背侧肌肉和皮肤。腹支（肋间神经）较背侧支粗大，与肋间动、静脉相伴沿每一肋骨的后缘走行，分布于肋间肌。肋间神经与交感干神经之间有交通支相连。

4.腰荐神经丛

由六对腰神经和第一对荐神经的前支吻合而成。并经常有第十三对胸神经的一分支汇入。腰荐神经丛分出的各支分布于后肢和靠近后肢的腹壁。腰荐神经丛分支主要包括髂腹下神经、髂腹股沟神经、股生殖神经、股外侧皮神经、股神经、闭孔神经、臀前神经、臀后神经、坐骨神经、阴部神经和尾下神经干等。

（1）髂腹下神经　分布于髂骨嵴前方腹横肌和腹内斜肌之间。

（2）髂腹股沟神经　分布于腹横肌和腹内斜肌。

（3）股生殖神经　分布于睾外提肌、阴囊皮肤及大腿邻近部，在雌性该神经进入大阴唇。

（4）股外侧皮神经　分布于大腿皮肤。股神经来自第三、四腰神经，在腰小肌及髂肌之间露出，并伴髂外动、静脉在腹股沟韧带下穿行通入大腿内侧面，发出肌支入髂肌、耻骨肌以及股四头肌各部，其主干延续为隐神经。

（5）隐神经　与隐动脉及大隐静脉伴行，顺大腿和小腿的内侧表面下降，分出皮支到小腿内侧面。主干入足后分为数支，分布在脚后跟的内侧、跗部及第一跖骨处的皮肤。

（6）闭孔神经　由第三、四腰神经发出，穿过腰肌进入骨盆，和同名血管伴行穿过闭孔膜进入大腿，并在闭孔前分出前、后两支，前支除分布于髋关节外，还分布于内收长肌、耻骨肌、股薄前肌及股薄后肌，最后以皮支终于大腿内侧面。后支位于内收短肌较深处，除支配该肌外，还分布于内收大肌、股方肌及闭孔大肌。

（7）臀前神经　是由荐神经丛发出的第一分支。它穿过第一切迹的前端达臀部，在该处与同名动脉相遇并分为前、后两支。前支分布于臀中肌和臀深肌，后支分布于梨状肌、孖上肌及阔筋膜张肌和臀浅肌。

（8）臀后神经　属于坐骨神经的分支，分布于臀浅肌。

（9）坐骨神经　为全身最粗大神经，由部分第四腰神经、第五及第六腰神经的一部分组成。

（10）腓神经　起自腰荐神经干，在其到大腿的途中跨过坐骨切迹，分出股后侧皮神经，向后行分布于坐骨结节上方的皮肤。之后，先发出臀后神经，至大腿近端三分之一处分为两终支，即腓神经和胫神经。

腓神经顺小腿外侧面下行，胫神经则靠内侧面下行。由腓神经发出的小腿外侧皮神经分支分布于膝和小腿外侧皮肤，其主干在股二头肌下进入小腿，并在该处发出肌支到跗关节屈肌和趾长伸肌，再分为腓浅神经和腓深神经两支后前行，最终分布于趾相邻两侧及趾间隙。

（11）胫神经　与腓神经同时发出，穿过腘窝后，在腘脉管后部进入小腿，走行于腓肠肌外侧头和内侧头之间的深部，分出三个肌支。其中一个肌支分布于跖肌、比目鱼肌及腓肠肌的外侧头；另一肌支分布于腓肠肌的内侧头；第三肌支分布于踇长屈肌、趾长屈肌和胫后肌。其后，胫神经继续向远端走行并分支为足底外侧神经和足底内侧神经。

（12）足底外侧神经　发出分支并分布于第五趾外侧面及第四、五趾的邻侧。

（13）足底内侧神经　分支后分布于第一、二、三趾间隙，以及第一、二趾、第二、三趾、第三、四趾相邻侧。

（14）阴部神经　由第六神经的一支与第一荐神经的一支相连形成，沿坐骨的背缘向后走行，发出分支到会阴、直肠、阴茎或阴蒂、阴囊或阴门孔处。

（15）尾下神经干　由四条荐神经和第一尾神经的腹支构成，向后分布于尾部肌肉和皮肤。

二、脑神经

脑神经是指与脑相联系的外周神经，共有12对，按其与脑相连的部位先后次序以罗马数字表示为：Ⅰ嗅神经、Ⅱ视神经、Ⅲ动眼神经、Ⅳ滑车神经、Ⅴ三叉神经、Ⅵ外展神经、Ⅶ面神经、Ⅷ前庭耳蜗神经、Ⅸ舌咽神经、Ⅹ迷走神经、Ⅺ副神经、Ⅻ舌下神经。

1. 嗅神经

包含特殊内脏传入神经，属感觉神经，起自鼻腔嗅黏膜的嗅细胞，中央突集聚成嗅丝，穿经筛板上的筛孔，止于嗅球的腹面，将嗅觉冲动传入大脑，大鼠嗅球见图10-22～图10-26。

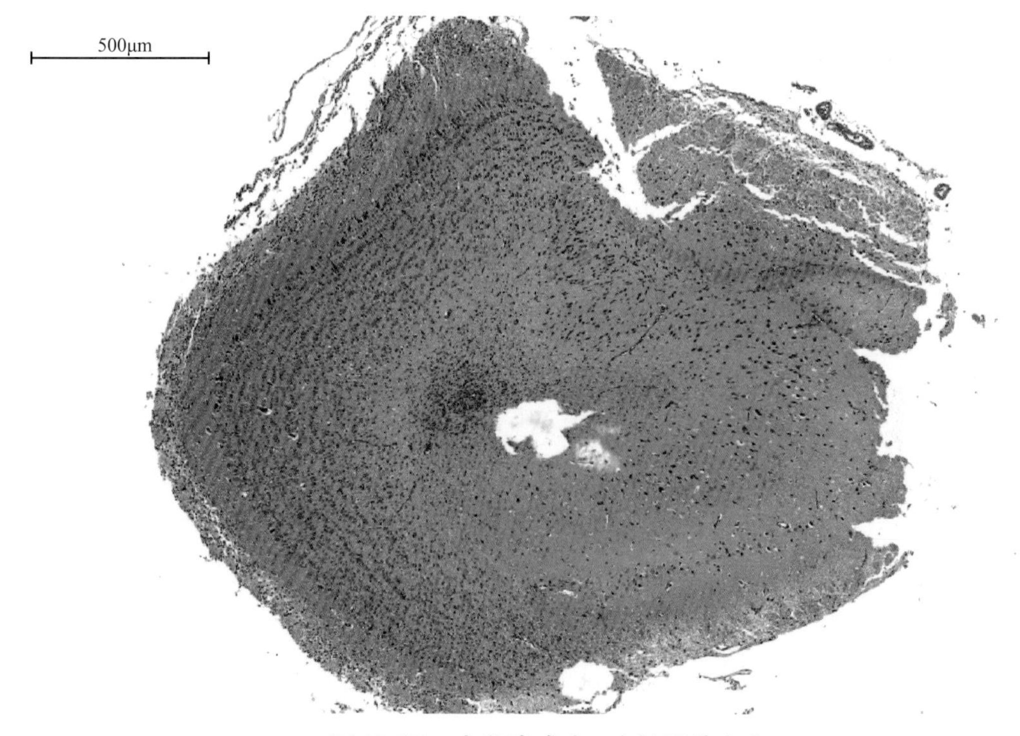

图10-22　大鼠嗅球（一）（HE染色）

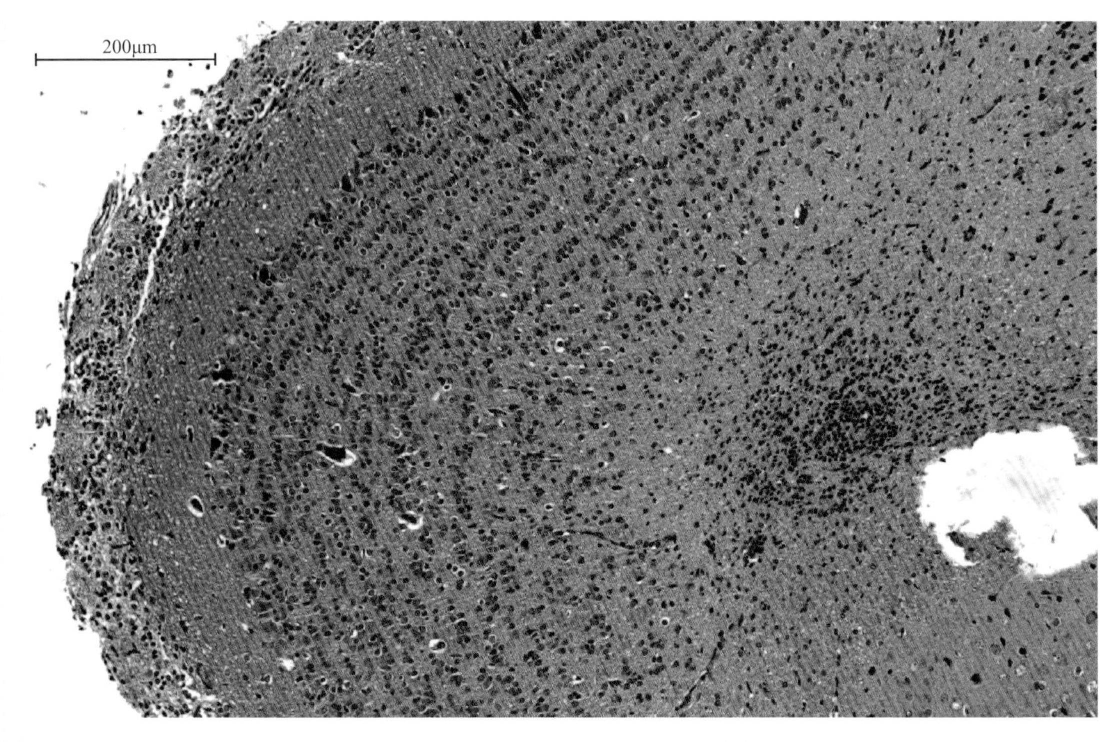

图10-23　大鼠嗅球（二）（HE染色）

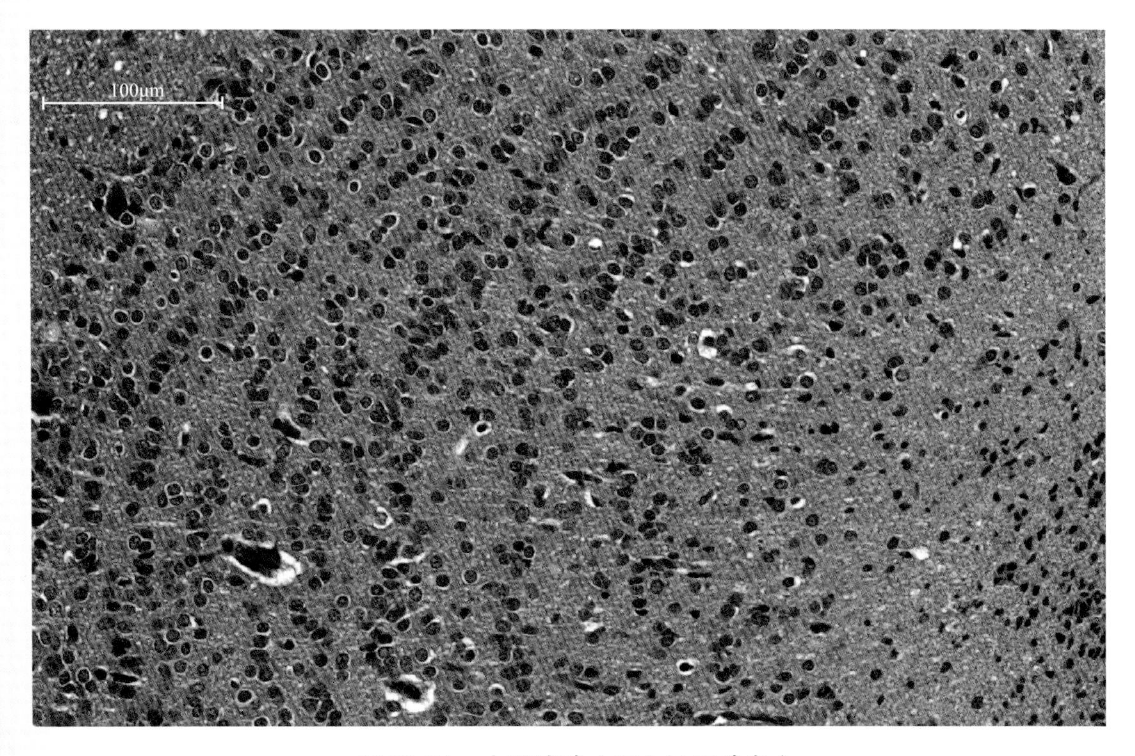

图10-24　大鼠嗅球（三）（HE染色）

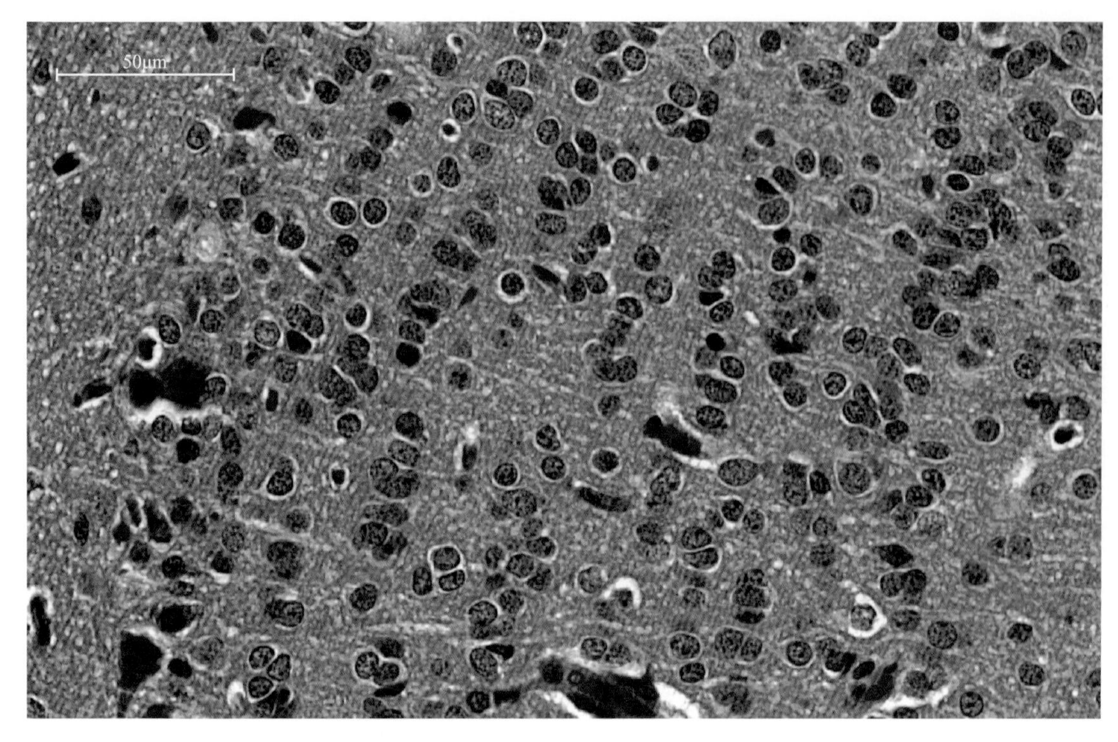

图10-25　大鼠嗅球（四）（HE染色）

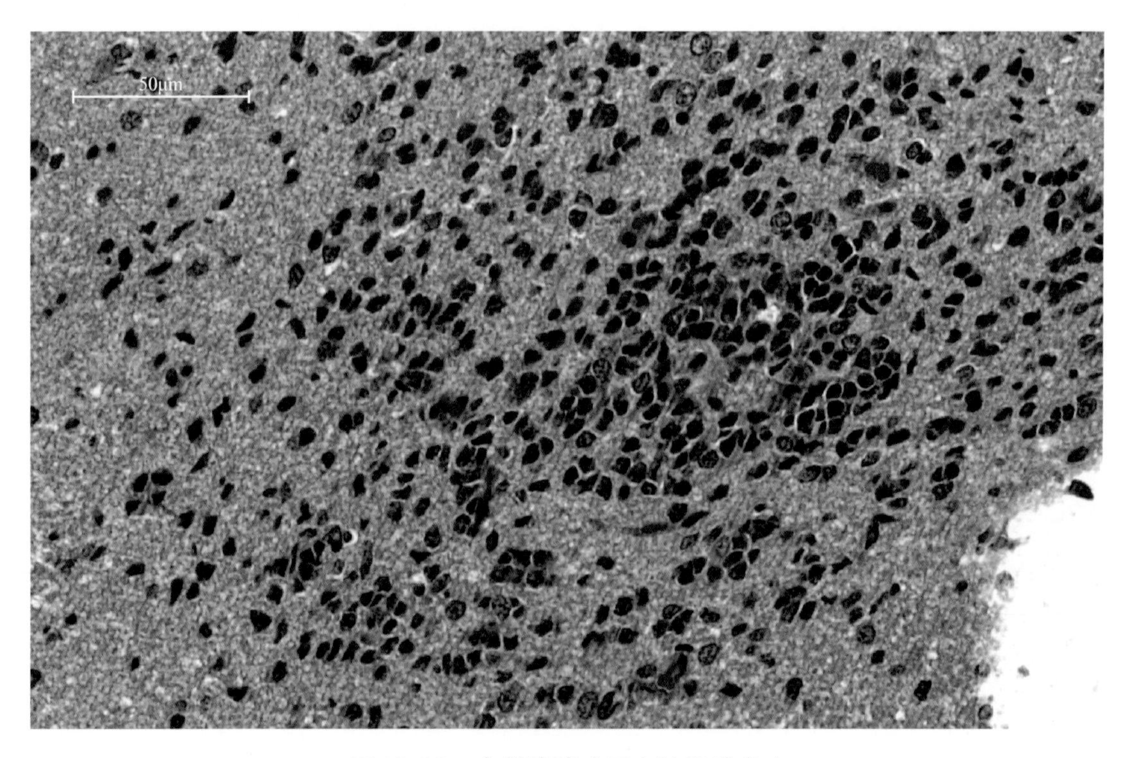

图10-26　大鼠嗅球（五）（HE染色）

2. 视神经

属感觉神经，起自视网膜内的节细胞，后集合成视神经干，经视神经孔入颅腔，两侧的视神经相连形成视交叉。视交叉位于嗅结节的内侧，灰结节的前方。在视交叉交换一部分纤维后，延续为视束，向后外侧走行，绕大脑脚入外膝状体、前丘及顶盖前区。

3. 动眼神经

属运动神经，包括躯体传出纤维和内脏传出纤维。其中躯体传出纤维始核是卵圆形的动眼神经核，此核位于四叠体后丘，动眼神经起自大脑脚内侧，穿过眶裂进入眼窝，形成分支分布于除上斜肌和外直肌以外的全部眼肌，是眼球的主要神经。内脏传出纤维（属副交感神经）的始核是艾-韦氏核，其后面与动眼神经核相连。在睫状神经节转换神经元后，其节后纤维通入瞳孔括约肌及睫状肌，控制瞳孔的收缩与扩张。

4. 滑车神经

属运动神经，其躯体传出纤维的始核是滑车神经核，小而圆，位于动眼神经核的后面，滑车神经由前髓帆背面发出，绕过大脑脚和动眼神经一道进入眼窝，分布于上斜肌。

5. 三叉神经

属混合神经，是脑神经中最粗大的，位于脑桥两侧，分感觉根和运动根两部分，感觉根包括膨大的半月神经节，躯体传入纤维的胞体集中在半月神经节内；运动根位于其内侧，躯体传出纤维的始核为三叉神经运动核。三叉神经的三个主干为眼神经、上颌神经和下颌神经。

（1）眼神经　起自感觉根，属于感觉神经，眼神经主干穿过眶裂进入眼窝，分为三支，其中泪腺神经支配眶内泪腺和结膜；额神经发出分支到上眼睑，续行分布于前额皮肤；鼻睫神经在眼眶上直肌及上斜肌的深面走行，先发出睫状长神经到睫状神经节，主干延续为筛神经穿过前筛孔进入颅腔，再向前穿过筛板进入鼻腔，并分出鼻内支到鼻黏膜。从鼻骨前缘下面露出后为鼻外支，分布于鼻翼及鼻端的皮肤。三叉神经中的第二支——上颌神经与眼神经一道通过眶裂传出头骨，沿翼额窝向前走行。在翼额窝内有翼额神经节膨大。

（2）上颌神经　穿过眶下管，再经眶下孔穿出，经眶下孔出面部后，神经分支呈扇状放射，分布于鼻侧及上、下唇。

（3）下颌神经　为三叉神经中的第三支，由感觉根和运动根组成，属于混合神经。自卵圆孔穿出后，发出第一脑膜支，再返回颅腔，分布于硬脑膜。另发出一翼内肌支，进入翼内肌内侧部，下颌神经随后分为前干和后干，前干发出的咬肌神经分布于咬肌；颞深神经分布于颞肌；颊肌神经分布于颊部黏膜；翼外肌神经分布于翼外肌外侧部。后干分出的耳颞神经分布于颞部皮肤、耳廓、外耳道、颞下颌关节及腮腺；舌神经分布于小舌下腺、口腔黏膜和舌前部；下颌齿槽神经分布于颏部皮肤、下唇黏膜、臼齿和门齿、下颌皮肤及颌舌骨和下颌横肌等。

6. 外展神经

属于运动神经，其躯体传出神经的始核为外展神经核，表面起点位于脑桥与延脑相邻靠近腹中线处，行经脑下垂体前叶的背侧面，和第三、四脑神经一道穿过眶裂进入眼窝。分布到眼球的外直肌，另有一细支分布到眼球缩肌。

7. 面神经

起源于脑桥的外侧，第八脑神经的内侧。面神经属于混合神经，包括三种主要的纤维成分。面神经分支较多，作用不一。其中岩大神经的节后纤维分布于泪腺和软腭；鼓索神经分布于舌；耳后神经分布于颈耳肌；二腹肌神经分布于二腹肌后肌腹；茎突舌骨肌神经分布于茎突舌骨肌；耳睑神经的颞支分布于耳壳前部各肌、眶外泪腺、额肌及眼轮匝肌；颧支也分布于眼轮匝肌；颊肌神经分布于面颊、鼻及上唇的浅肌层；下颌缘神经分布于下唇肌肉；颈神经分布于颈阔肌。

（1）躯体传出纤维　起于面神经核，其轴突为支配面部肌肉的运动神经。

（2）内脏传出纤维　起于前唾液核，属于副交感神经，其节后纤维分布于颌下腺、舌下腺，控制唾液的分泌。

（3）内脏传入纤维　为感觉味觉的感觉神经，其胞体位于膝神经节内，其中枢突止于孤束核，该核位于第四脑室的腹外侧，周围突分布于舌前三分之二的味蕾。

8. 位听神经

又称前庭窝神经，由前庭神经和蜗神经两部分组成。

（1）前庭神经　前庭神经与平衡觉有关，主要把平衡觉的神经冲动传入脑。前庭神经的感觉神经元胞体位于内耳前庭神经节，为双极神经元周围突分布于三半规管、椭圆囊和球状囊，中枢突聚成前庭神经，与蜗神经同行，在脑桥外缘、面神经的后面入脑，终止于前庭核。

（2）蜗神经　蜗神经司听觉。蜗神经感觉神经元胞体位于内耳螺旋神经节，周围突止于内耳螺旋器，中枢突聚成蜗神经，止于螺旋神经背、腹核。

9. 舌咽神经

发自迷走神经前面的延脑腹外侧沟，两侧神经穿经颈静脉孔，沿颈外动脉走行，发出一分支与迷走神经的舌咽支吻合成舌咽神经丛，向前分布于茎突咽肌及舌黏膜上。舌咽神经属混合神经，含有内脏传入纤维、特殊内脏传入纤维、内脏传出纤维和特殊内脏传出纤维四种纤维成分，与四个神经核相连。

（1）内脏传入纤维胞体　位于岩神经节，周围突止于咽部及舌的后部，中枢突及孤束相连并止于孤束核。

（2）特殊内脏传入纤维　也起于岩神经节，支配后三分之一舌的味蕾，中枢突及孤束相连并止于小的闰核。

（3）内脏传出纤维（属于副交感神经）　起自后唾液核，其纤维在耳神经节交换后，节后纤维分布于腮腺，支配唾液分泌。

（4）特殊内脏传出纤维　起自疑核，其轴突支配咽部肌肉。

10.迷走神经

是脑神经中最长、分布最广的混合神经，含有内脏传入纤维、特殊内脏传入纤维、内脏传出纤维、特殊内脏传出纤维和躯体传入纤维。位于第九、十一脑神经之间从延脑侧面发出，穿过颈静脉孔出颅腔。在出口处有一梭形神经节，为结状神经节，其内侧稍后方为较大的交感神经颈前神经节。较粗的迷走神经主干和较细的交感神经干相伴，紧贴颈总动脉向后走行。

（1）内脏传入纤维　胞体位于颈静脉孔外的结状神经节，周围突为感觉纤维，分布于咽、喉、气管、食管和胸、腹腔脏器，其中央突进入孤束，止于孤束核。

（2）特殊内脏传入纤维　胞体位于结状神经节，周围突止于会咽的味蕾，中枢突到孤束，止于闰核。

（3）内脏传出纤维　起自迷走神经背核，发出的纤维为副交感节前纤维，在副交感神经节内交换后，分布到颈、胸、腹部的脏器，控制平滑肌、心肌和腺体的活动。

（4）特殊内脏传出纤维　起自疑核，支配咽、喉的横纹肌。迷走神经在颈部发出咽支、喉前神经、喉返神经和心支四个分支后，继续通往胸腔。在胸腔内，两侧的迷走神经沿食管和肺根形成神经丛，并发出迷走神经背干和迷走神经腹干两个分支。迷走神经背干沿食管走行，穿过膈入腹腔，发出分支到胃背面及腹腔神经节；迷走神经背干由食管的腹侧面通入胃小弯及胃腹面，并通过腹腔神经节与交感神经丛相连。

（5）躯体传入纤维　胞体位于颈静脉神经节，中枢突止于三叉神经脊束核，周围突分布于外耳的皮肤。

11.副神经

属于运动神经，由延脑根和脊髓根两部分组成。延脑根的始核是疑核，纤维出脑后与迷走神经同行，组成副神经内侧支，加入迷走神经，支配咽喉的横纹肌。脊髓根起于第一至第五或六颈段脊髓的运动角，汇为一束，向前经枕骨大孔进入颅腔，组成副神经外侧支。副神经与迷走神经相伴，由颈神经孔出颅腔后，与枕动脉相伴经枕髁与颅骨茎突之间后行，经过肩部与来自第三、四颈神经的分支相汇。它们共同形成胸乳突神经丛及斜方下神经丛，分布于斜方肌、胸乳突肌及锁乳突肌。

12.舌下神经

属运动神经，主要由躯体传出纤维组成，始核是舌下神经核。表面起点在延脑腹面椎体外侧，分为数根发出，穿经舌下神经管出颅腔。出颅腔后走行于迷走神经与副神经之间，越过枕动脉的腹面转向前方，分为升支和降支。升支在舌骨深面前行，越过颈外动脉，在舌骨的外侧进入所支配的舌固有肌。降支向后行和来自第一至第三颈神经的分支一起形成舌下襻，由襻发出分支至胸骨舌骨肌，胸骨甲状肌、肩甲舌骨肌和二腹肌的后肌腹。

三、植物性神经

（一）交感神经

交感神经由神经干、神经节及节间支组成。交感神经节的结构同脑、脊神经节，外面有结缔组织被膜，并伸入节内形成支架，其神经细胞大小相近，散布在节内，属多极神经元。神经纤维多为无髓神经纤维，多呈交错排列。

1. 交感神经干

交感神经干一对，由位于脊柱两侧的交感干神经节及节间支相互连接构成。

2. 交感神经节

交感神经节分为两类，一类位于脊柱两旁的交感神经干上，又称椎旁节，它包括每侧颈部神经节三个、胸部神经节十个、腰部神经节六个、荐神经节四个和尾部神经节一个；另一类交感神经节称为椎前节，包括有腹腔神经节、肠系膜前神经节、肠系膜后神经节等，分别位于腹腔内同名动脉基部附近。

3. 交感神经干分布

（1）颈部交感神经干　和迷走神经相伴行，它们之间由结缔组织连接在一起，两个神经干紧贴颈总动脉的背外侧向后走行，其后转向颈总动脉的腹内侧，并在颈部形成颈前神经节、颈中神经节和颈胸神经节。

（2）胸部交感神经干　由星状神经节起向后走，位于脊柱的外侧，基本上每一肋间有一神经节。胸部交感神经节包括胸神经节、内脏大神经节、腹腔及肠系膜前神经节和内脏小神经节。

① 胸神经节。为第一、二胸神经节和颈后神经节相愈合，第三至十三是在交感干上的大小不等的神经节膨大，每个神经节均位于相应肋骨头的腹侧，神经节与相应成对的脊神经之间通过灰交通支相连，这些交通支连到每一脊神经的前支。

② 内脏大神经。由第十一至十三胸神经节和第一腰神经发出四分支相连而形成。内脏大神经穿过横膈后，沿右侧走行于后腔静脉和腹主动脉之间，终于腹腔神经节。两侧的内脏大神经之间相互有连接。

③ 腹腔及肠系膜前神经节。包括一对腹腔神经节，位于腹腔动脉和肠系膜前动脉之间；肠系膜前神经节一个，位于肠系膜前动脉后面。由神经节发出的神经呈放射状，分布到附近内脏上。

④ 内脏小神经节。由第三腰神经节发出，和腹腔神经丛相连。

（3）腰部的交感神经干　沿腹主动脉和后腔静脉的背侧向后走行，在第三或第四腰神经节处的交感神经干上发出两条神经，紧贴腹主动脉的两侧后行，两神经汇合于腹主动脉分叉处的肠系膜后神经节，由肠系膜后神经节和邻近的交感神经干神经节发出的分支以及盆神经一起构成腹下丛。交感神经和副交感神经两部分在腹下神经节处相遇，该神经节位于膀胱侧韧带处。

（二）副交感神经

副交感神经由颅部及脊髓的荐部发出。

1. 颅部副交感神经

颅部副交感神经节前纤维循第Ⅲ、Ⅶ、Ⅸ、Ⅹ对脑神经走行。

（1）自中脑发出　循第Ⅲ对脑神经到达眼球，在睫状神经节转换神经元后，节后纤维通入睫状肌及瞳孔括约肌。

（2）自延脑发出　分为四支。

① 第一分支。循第Ⅶ对脑神经经岩浅大神经达蝶腭神经节，节后纤维分布于泪腺。

② 第二分支。循第Ⅶ对脑神经鼓索神经达舌下神经节，节后纤维分布于舌下腺与颌下腺。

③ 第三分支。循第Ⅸ对脑神经走行，在耳神经节转换神经元后，节后纤维分布于腮腺。

④ 第四分支。循第Ⅹ对脑神经以多路分支通入气管、心脏、消化管各部等内脏器官，在各器官附近或本身的组织中转换神经元后，节后纤维支配平滑肌和腺体。

2. 荐部副交感神经

发自脊髓的荐段，与荐神经一起分出，延续称为盆神经，穿经腹下神经节。盆神经从发出大量分支到盆腔脏器附近或脏器壁内交换神经元，其节后纤维支配盆腔脏器。

第十一章 内分泌器官

内分泌器官包括一些独立存在的腺体，如脑垂体、肾上腺、甲状腺、甲状旁腺和松果体；另有一些具有内分泌功能的细胞则分布在其他系统的器官中，如胰腺的胰岛、卵巢的滤泡细胞和黄体、睾丸的间质细胞、肾脏的球旁器、消化道黏膜上皮中的嗜银细胞、间质细胞以及胸腺的上皮网状细胞等。

第一节 脑垂体

大鼠脑垂体呈红褐色。位于间脑腹面，视交叉后方，借垂体柄与丘脑下部相连，嵌在颅底基蝶骨的垂体窝内，外面包以背囊。背面紧贴在脑桥前方的一横沟内。大鼠脑垂体长3.0 ～ 3.6mm，宽4.4 ～ 5.5mm，高约1.5mm。雌鼠的脑垂体较雄鼠大，其有一个较大的垂体前叶，雌鼠脑垂体重量约13.5mg，而雄鼠的脑垂体重量仅有8.4mg。

（一）组织结构

脑垂体根据发生来源不同分为腺垂体和神经垂体两部分。

1. 腺垂体

腺垂体位于腹面，包括结节部、远侧部及中间部。脑垂体腔为一水平走向的裂隙，终生存在于前叶和中间部之间。

（1）结节部　结节部在腹侧沿漏斗全长延伸，在背侧位于垂体柄和乳头体前区所形成的夹角处，和第三脑室的漏斗隐窝相对。

（2）远侧部　远侧部通常也称为垂体前叶。

（3）中间部　为垂体后叶的一部分，与神经部一起构成垂体后叶。

2. 神经垂体

神经垂体位于背面，垂体前叶与后叶之间由后缘稍厚的中间部所隔开。神经垂体包括神经部和漏斗。

神经部　属于特殊的内分泌系统，有和一般内分泌器官相同的有覆盖薄膜小孔的窦状毛细血管。

① 神经分泌细胞。由胞体位于丘脑下部的神经分泌细胞合成激素，并通过轴突传递到神经部释放。

② 神经胶质细胞。为神经部的主要组成细胞，为一种特化的垂体细胞，无髓鞘神经纤维穿插其间。

3.被膜

被膜主要由富含胶原纤维和网状纤维的结缔组织构成，与硬脑膜愈合在一起，软膜仅包着漏斗柄部分。结节部和神经部由薄层结缔组织分隔开。

垂体的血液供应很丰富，前叶有宽大的血窦，后叶有无数毛细血管。中间部的血管密度稍次于神经部。

（二）组织细胞特征

1.垂体细胞

是神经胶质类型的细胞，除了基本的细胞器外，胞质中有大量的微丝、成堆的糖原粒和一些溶酶体I脂色素体。垂体细胞大小不一，有长的突起伸延到轴突、毛细血管之间，常常终止于毛细血管周围的间隙中。无髓鞘神经纤维来自丘脑下部的视上核和室旁核的神经细胞体。这些神经分泌细胞的轴突形成丘脑下部垂体束走向神经部。

2.腺垂体细胞的染色特征

用常规HE染色方法可将腺垂体细胞分为嗜酸、嗜碱和嫌色三种类型。

（1）嗜酸性细胞　呈三角形或多角形，常贴近血窦成群分布，这些细胞与分泌生长激素和分泌催乳素有关。嗜酸性细胞常单个存在，很少成群分布，细胞多角形或卵圆形，数量最少。

（2）嗜碱性细胞　与分泌促甲状腺、分泌卵泡刺激素、分泌黄体生成激素和分泌促肾上腺皮质激素有关。

（3）嫌色细胞　呈三角形，较小，数量较多，一般认为这些细胞为未分化的储备细胞。结节部形成10 ～ 15μm厚的一层细胞，特点是着色浅、细胞质少，常围成小囊泡。中间部细胞稍嗜碱，细胞球形或多边形。位于前叶与中间部之间的垂体裂在前叶后方被覆着复层上皮，其中含有胶质物和少量转移来的细胞。垂体裂的后壁被覆单层扁平或方形上皮。

（三）垂体的功能

垂体能分泌多种激素，如生长激素、促甲状腺激素、促性腺素、催产素、血管加压素、促肾上腺皮质激素、黑色细胞刺激素和催乳素等，还能够储存并释放下丘脑分泌的抗利尿激素。这些激素对机体的生长、发育、生殖和代谢等有重要作用。

第二节 松果体

松果体位于两大脑半球及小脑之间，为一淡红色或黄褐色的卵圆形小体，通过细长的柄连到间脑顶部。成年大鼠的松果体长1.5 ～ 2.0mm、宽1.2 ～ 1.8mm，在雄性重约0.5 ～ 1.0mg，在雌性重0.25 ～ 0.5mg。

组织结构

1. 被膜

覆盖在松果体外面，富含网状纤维，为薄层结缔组织。

2. 实质

松果体的实质由松果体细胞和神经胶质细胞组成，其中松果体细胞较多。

（1）小叶　被膜的结缔组织进入松果体腺实质内，形成小梁或不完全的小隔，把实质分割为许多小叶。

（2）主细胞　主细胞又称松果体细胞，在HE染色片上呈上皮样，排列成团或索状，细胞核大，核仁明显，细胞质呈弱嗜碱性。银浸染可见细胞质有许多突起，有的伸入到小叶间隔和血管周围的结缔组织中。在超微结构中，还可发现细胞质中丰富的线粒体和大量细小的颗粒物，但内质网和高尔基体不发达，有游离的核糖体。

（3）神经胶质细胞　松果体的实质中的神经胶质细胞在被膜下由纤维性星形细胞形成周围网，与小叶内分布在松果体细胞间的星形细胞相连。松果体内的星形胶质细胞比脑中的小，突起末端常附着在毛细血管和血窦壁上，此星形胶质细胞发挥着内分泌中间介体和感受器作用。进入松果体的神经大多为无髓鞘神经纤维束，在松果体内形成小神经丛，神经末端分布到实质细胞形成棒状末梢。大鼠的神经细胞有丰富的突触板。松果体的体重和结构受光照影响较大，其内分泌功能主要与光照密切相关。

3. 血液供应

松果体的动脉不与静脉伴行，静脉走行于松果体的内后侧，紧贴软脑膜的下方，在松果体边缘处汇入脑的静脉干。毛细血管网均匀致密，有许多窦状膨大。

第三节 甲状腺

甲状腺位于喉下方第四至五气管环的腹外侧，腺体的腹面覆盖有细长的胸骨甲状肌，外侧覆盖有颈长肌。腺体呈粉红色，长3.9 ～ 5.5mm、宽2.0 ～ 3.0mm，成年鼠的甲状腺重约每百克体重约7.5mg，雌性略高于雄性。

组织结构

甲状腺由被膜、腺实质以及血管、神经构成。

1. 被膜

由含有大量胶原纤维的结缔组织构成，其中有脂肪细胞及粗大的窦状血管，结缔组织进入腺实质形成滤泡间不同厚度的分隔。

2. 实质

腺实质由被膜结缔组织深入，分隔形成不同厚度、形态不一的滤泡，以球形、卵圆形和多角形为主。滤泡大小不等，当其增长时，逐渐呈球形。滤泡间隔的结缔组织有丰富的血管网与被膜的血管相通。

（1）滤泡　滤泡由单层上皮细胞构成。滤泡细胞一般呈立方形，细胞的形状随腺体的机能活动而变化。泡腔中充满滤泡上皮细胞分泌的胶体。滤泡上皮外有薄层基膜和纤细的胶原纤维网。

① 最大的滤泡。分布在腺的外周。

② 最小的滤泡。位于腺的中心部。

③ 胶体。是甲状腺素和三碘甲腺原氨酸的前身。

④ 滤泡细胞形态变化。在静息状态时，滤泡中充满胶体，滤泡细胞较扁；而高度活跃的腺体，其滤泡中胶体较少，滤泡细胞较高呈柱状。

⑤ 滤泡细胞的染色特征。在静息的腺体中为嗜酸性（HE染色时为粉红色），而在活跃的腺体中为嗜碱性。滤泡中的胶体也因腺体的机能不同呈现出染色差异。

（2）滤泡旁细胞　滤泡旁细胞又称为C细胞，它是甲状腺内的另一种内分泌细胞，散在的单个细胞插在滤泡细胞间，或2 ～ 3个成群分布在滤泡间，其细胞稍大于滤泡上皮，且细胞核较大，细胞质清明，略呈嗜碱性，HE染色呈淡灰色。超微结构下可以看到细胞底部有许多有包膜且含致密物质的颗粒。颗粒内含降钙素，分泌到毛细血管中发挥降血钙的作用。

（3）血管、神经分布　滤泡周围有丰富的毛细血管。有孔的毛细血管内皮紧贴在滤泡上皮细胞的基膜上。甲状腺的动脉由被膜随结缔组织进入腺体内，在滤泡周围形成毛细血管网，毛细血管网再汇集成静脉。淋巴管和血管并行，在滤泡周围也形成淋巴血管网。甲状腺的神经来自交感神经和迷走神经。神经纤维分支与血管并行，分布到血管的平滑肌和腺细胞，调节甲状腺的分泌活动（见图11-1 ～图11-6）。

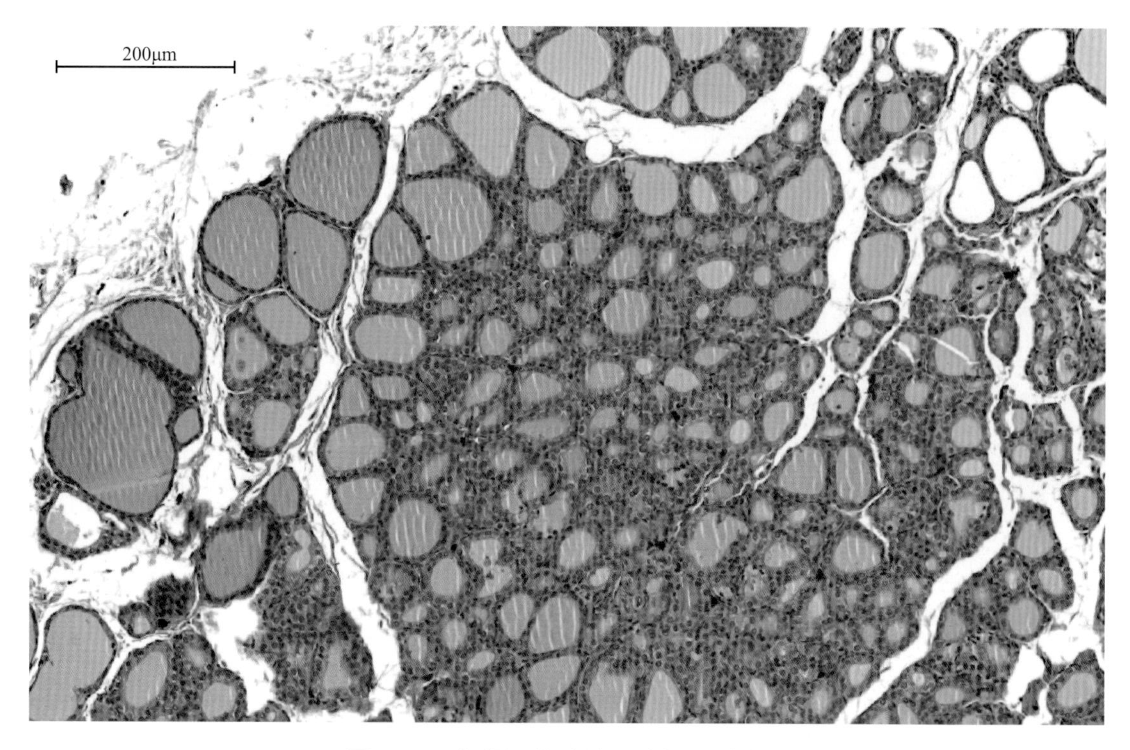

图 11-1　大鼠甲状腺（一）（HE 染色）

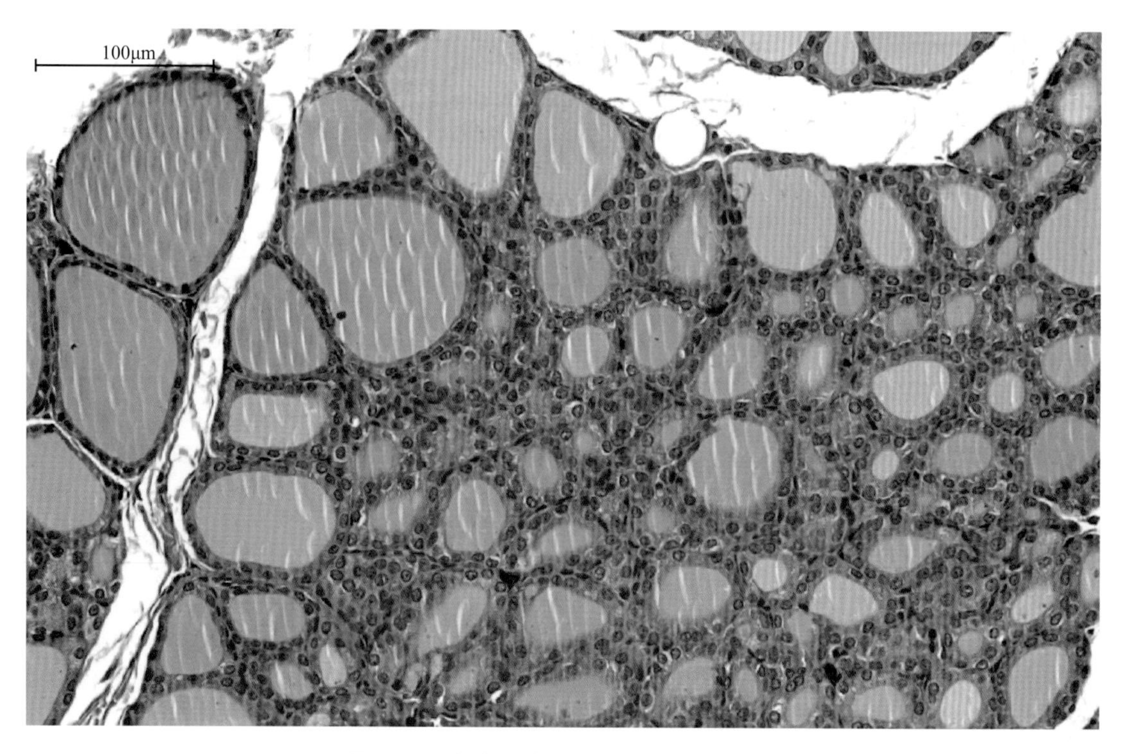

图 11-2　大鼠甲状腺（二）（HE 染色）

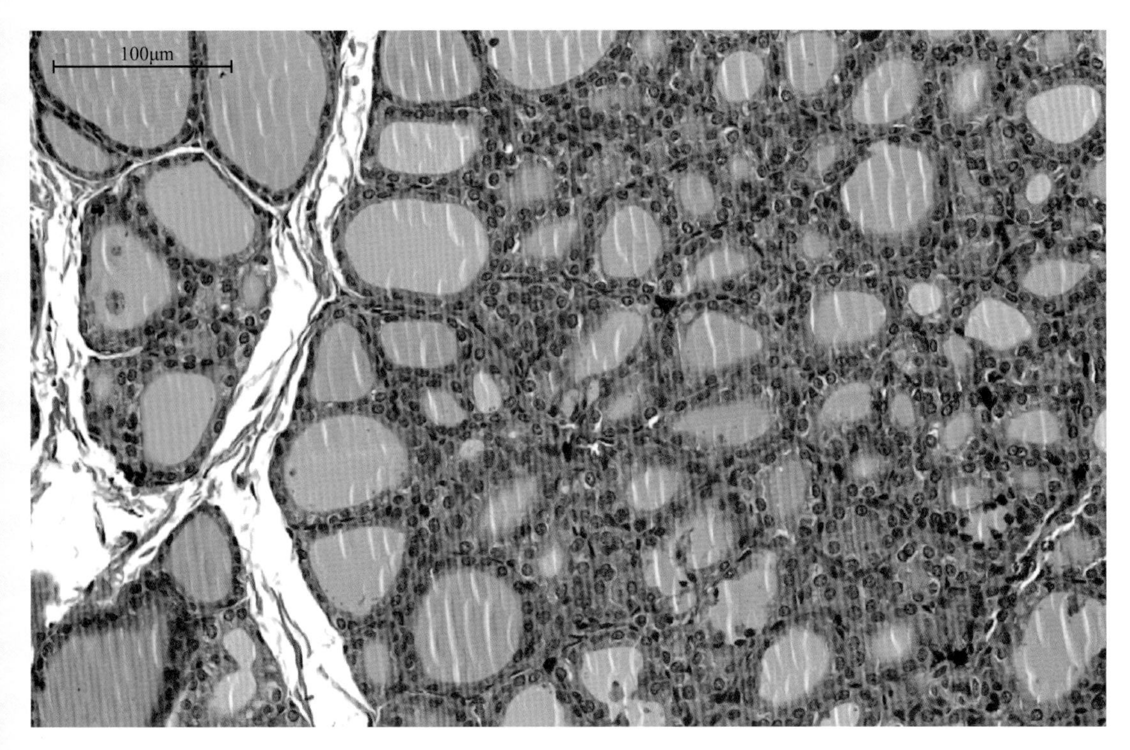

图11-3　大鼠甲状腺（三）（HE染色）

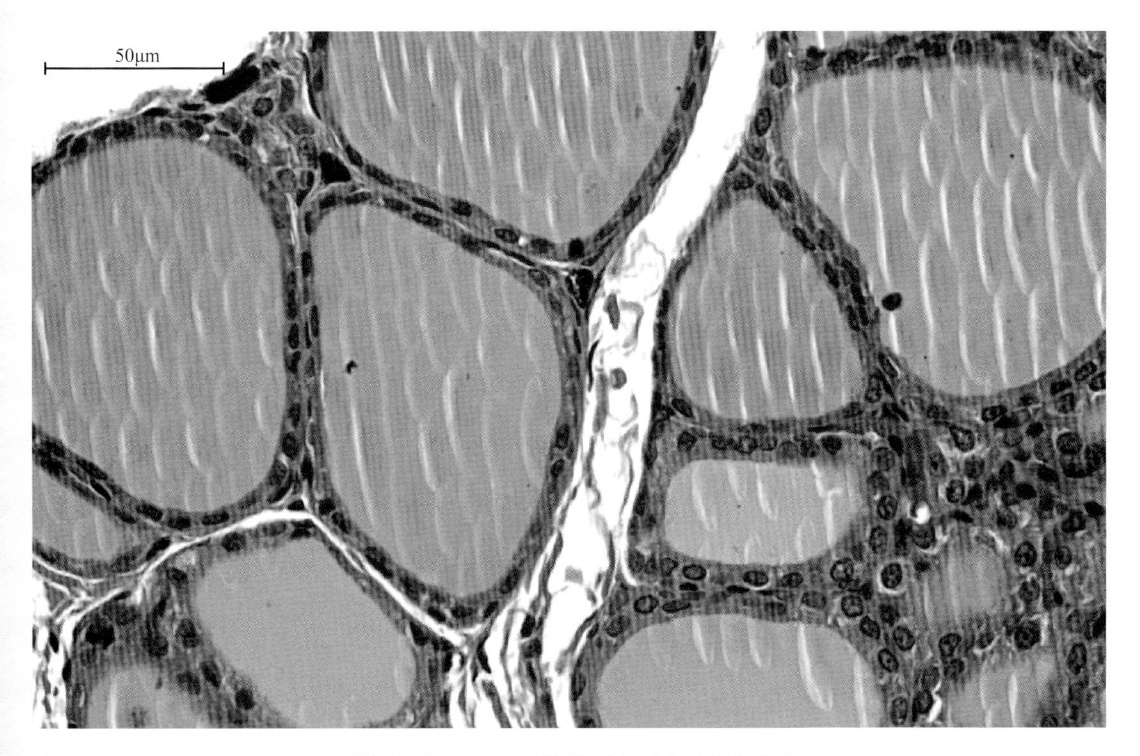

图11-4　大鼠甲状腺（四）（HE染色）

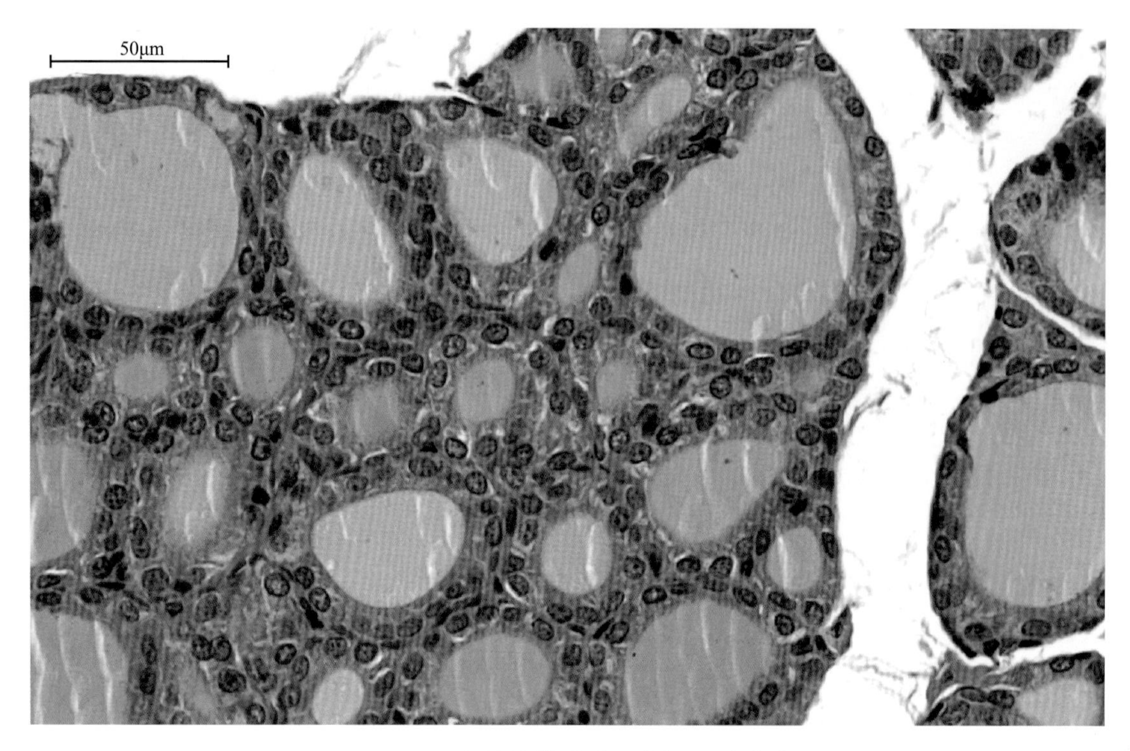

图 11-5　大鼠甲状腺（五）（HE 染色）

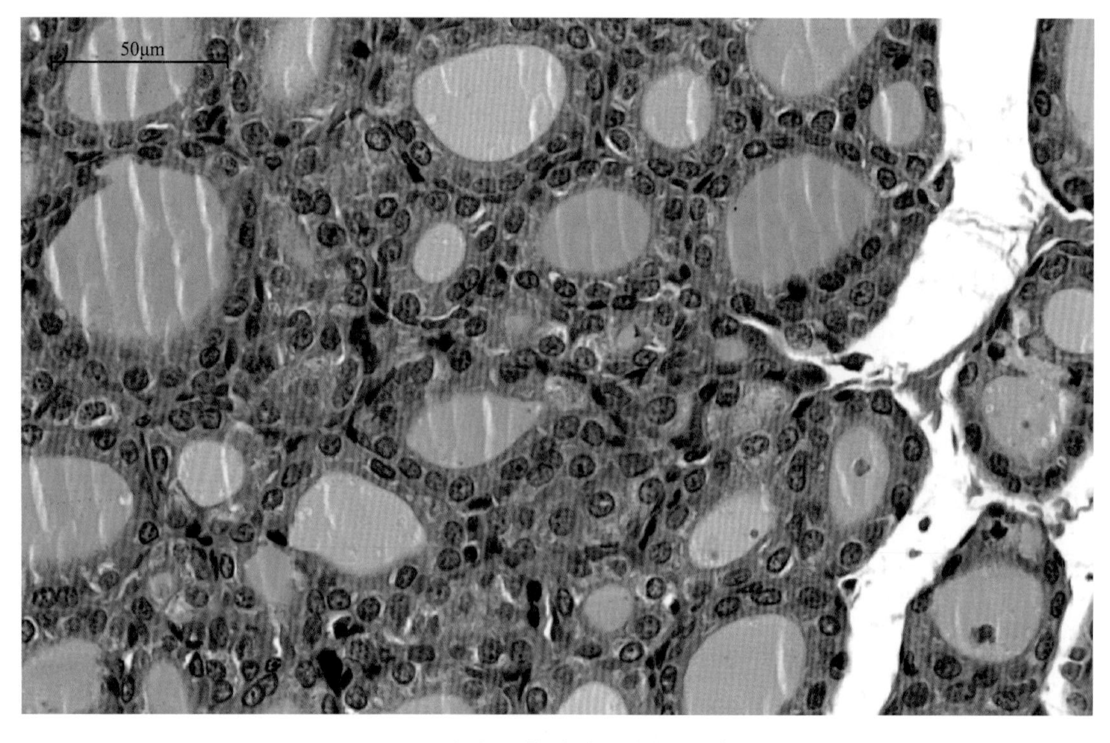

图 11-6　大鼠甲状腺（六）（HE 染色）

第四节　甲状旁腺

甲状旁腺一对，通常位于甲状腺的前面，呈梭形，长1.2 ～ 2.0mm，宽1.0 ～ 1.5mm，每个腺体重1 ～ 2mg。同龄雌鼠的甲状旁腺较雄鼠大一倍。通常有副甲状旁腺位于喉部附近食管的背外侧或胸腺旁。

一、组织结构

1. 被膜

甲状旁腺有薄层结缔组织被膜，有时部分与甲状腺的被膜合在一起。

2. 腺实质

由结缔组织分隔为细胞团或细胞索，实质细胞密集。光镜下，腺细胞可分为两种：主细胞和嗜酸性细胞。

（1）主细胞　构成腺实质的主体，呈球形或多角形，核圆，位于细胞中央，在HE染色切片中胞质着色较浅。电镜下，可以观察到胞质中含有较多的粗面内质网、高尔基复合体，以及直径200 ～ 400nm的分泌颗粒。还有一些脂滴和糖原。

（2）嗜酸性细胞　比主细胞大，核小而固缩，胞质中含有密集的嗜酸性颗粒，有较强的嗜酸性，染色较深，数量较少。常单个或成群存在于主细胞间。电镜下，嗜酸性小体为线粒体，其他细胞器均不发达，糖原与脂滴较少，且无分泌颗粒。

二、功能

细胞分泌颗粒内的甲状旁腺激素属于肽类激素，以胞吐方式释放入毛细血管内。主要功能是影响体内钙、磷的代谢。作用于骨细胞和破骨细胞，从骨动员钙，使钙盐溶解。继而引起血液中钙离子浓度含量增高。同时还作用于肠和肾小管，使钙的吸收增加，从而使血钙增高。机体在甲状旁腺激素和降钙素的共同调节下，调节钙、磷的比例，维持血钙的稳定。若甲状旁腺功能亢进，则引起骨质过度吸收，容易发生骨折；若甲状旁腺功能低下，引起血钙浓度降低，会发生手足抽搐症。

第五节　肾上腺

肾上腺为一对，褐色，质地结实。位于肾脏的前方内侧，腰下肌的腹面，右侧肾上腺距中线8～10mm，左侧肾上腺距中线4～5mm。右侧的肾上为豆形，长4.5～5.5mm，宽3.0～4.5mm，厚2.8～3.0mm，其长轴指向后内侧，平均重21.8mg（雄性）、25.7mg（雌性）。左侧的肾上腺为卵圆形，长4.5～5.5mm，宽3.2～4.5mm，厚2.5～2.8mm，其长轴指向腹外侧，平均重20.5mg（雄性）、31.6mg（雌性）。

一、组织结构

肾上腺剖面可见外黄、内褐红色的皮质和灰红色的髓质，中央有通往门部的中央静脉。

1. 被膜

被膜为覆盖于皮质外的一层结缔组织的膜性结构。其中含有胶原纤维、弹性纤维、平滑肌、血管、淋巴管和神经。被膜结缔组织深入到实质中形成网状结缔组织支架。

2. 实质

肾上腺实质包括皮质和髓质两部分。两者在发生、结构和功能上各不相同。

（1）皮质　皮质占腺体的大部分，为肾上腺的周围部分，皮质发生于体腔上皮（中胚层），在胎儿时期，皮质与髓质相互靠近，形成肾上腺器官。皮质根据细胞的形态和排列方式的不同，又被分为三个带，即球状带、束状带和网状带。

① 球状带。成年大鼠球状带一般10层左右，最多由20层多角细胞组成，细胞排列成球团状。核球形，有的偏位，细胞质泡沫状，弱嗜伊红性，球状带细胞分泌盐皮质激素。

② 束状带。是皮质中最厚的一层，细胞排列成柱状束，细胞较球状带大。细胞核大，球形位于中央，细胞质含大量脂滴，一般制片中呈空泡状。束状带细胞分泌糖皮质激素。

③ 网状带。细胞多角形，排列成网状，细胞质均匀，在肾上腺皮质细胞中嗜伊红性最强。雌、雄两性的网状带均产生雄激素和少量雌激素。皮质中一般无神经细胞。8周龄以上的大鼠皮质细胞中出现脂色素，老年动物含量较多。

（2）髓质　髓质是肾上腺的内部结构。髓质与交感神经系统相同，来源于神经冠（外胚层）。髓质细胞排列成不规则的索状，细胞索之间有血窦。肾上腺髓质中心是一条较大的髓质中央静脉。细胞呈多角形，细胞核大而圆，染色较淡。细胞质中有细小颗粒，可被固定液中的铬盐氧化成棕黄色，该细胞又称为嗜铬细胞。离开活体后，此细胞迅速崩解，所以在一般制片中不易观察到。

① 肾上腺素细胞。在髓质细胞中，占大多数，含有酸性磷酸酶，不与银反应，可产生肾上腺素。

② 去甲肾上腺素细胞。数量少，髓质中成小群散布的细胞，嗜银，不含酸性磷酸酶，能产生去甲肾上腺素。髓质中还有交感神经节细胞单个或成群分布。

3. 血管与神经

肾上腺的血液供应主要来自被膜血管，经过球状带的静脉丛，再通到皮质和髓质的血窦，由它们汇入中央静脉。被膜下的动脉丛有的终于皮质的束状带或网状带。肾上腺的神经支配由胸部的节前纤维组成，通过大小内脏神经到达腺体，进入髓质与嗜铬细胞形成突触。嗜铬细胞与交感神经节细胞同源，都由神经外胚层发生。髓质的实质细胞没有副交感神经支配。

二、功能

1. 肾上腺皮质分泌的皮质激素

肾上腺皮质分泌的皮质激素分为三类，即盐皮质激素、糖皮质激素和性激素，不同的激素发挥不同的功能。

（1）盐皮质激素　盐皮质激素由球状带细胞分泌，主要成分为醛固酮。调节电解质和水盐代谢。

（2）糖皮质激素　糖皮质激素主要由束状带细胞分泌，网状带细胞也可分泌少量，主要成分为皮质醇。主要代表为可的松和氢化可的松，调节糖、脂肪和电解质的代谢。当分泌过多的糖皮质激素时，可导致面部肥胖。

（3）性激素　性激素由网状带细胞分泌，主要成分为雌二醇和脱氢雄酮，但此带分泌的性激素量较少，在生理情况下意义不大。

2. 肾上腺髓质分泌的激素

肾上腺髓质分泌的激素包括两类，即去甲肾上腺素和肾上腺素。

（1）去甲肾上腺素　它是从交感神经的末端作为化学传递物质被分泌出来的。与肾上腺素化学结构不同的是去掉了*N*-甲基。去甲肾上腺素可以使血管收缩和发挥正性肌力的作用。作为药物使用时，常用于严重的低血压和周围血管低阻力。去甲肾上腺素经常会造成肾血管和肠系膜血管收缩。去甲肾上腺素渗漏常导致缺血性坏死和浅表组织的脱落。

（2）肾上腺素　为肾上腺髓质的主要激素，其生物合成为主要在髓质的铬细胞中首先合成去甲肾上腺素，然后进一步经苯乙胺-*N*-甲基转移酶的作用，使去甲肾上腺素甲基化形成肾上腺素，其化学本质为儿茶酚胺。肾上腺素可使心肌收缩力加强，兴奋性增高，传导加快，心输出量增加。而对于全身各部位的血管作用，不仅有作用强弱不同，而且作用还可能相反，表现为舒张或收缩。对皮肤、黏膜和肾脏的血管起收缩作用，而对于心脏的冠状动脉、肝脏、骨骼肌血管呈现为扩张作用，可以改善心脏供血，因此，可以作为一种作用效果快而强的强心药物使用。另外，肾上腺素还可以解除支气管平滑肌痉挛，缓解支气管哮喘等（见图11-7～图11-14）。

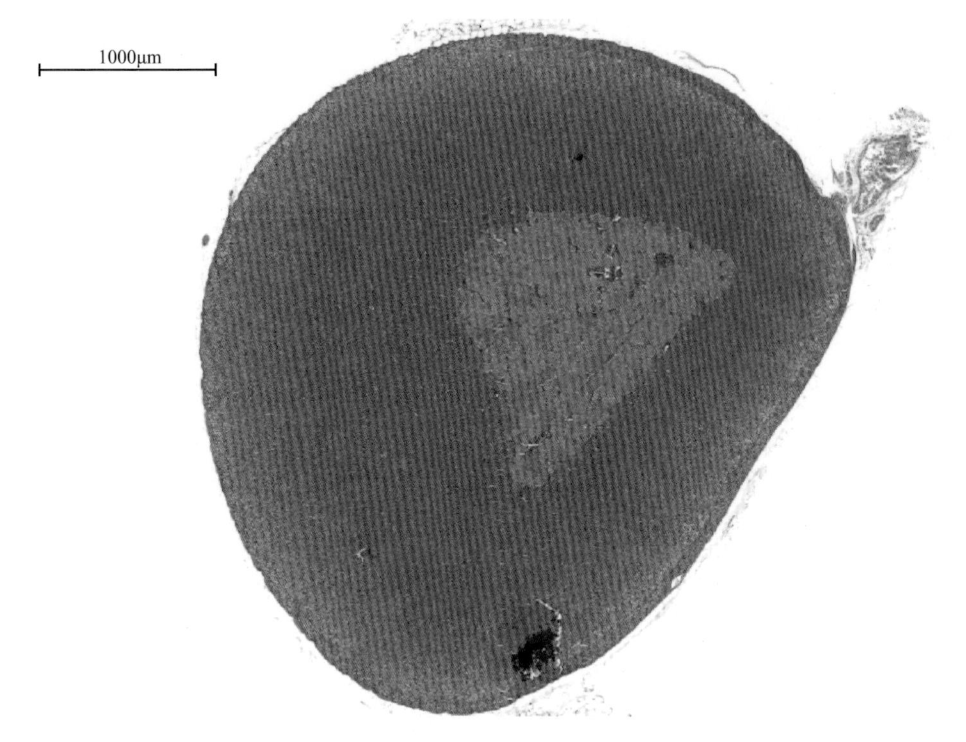

图 11-7　大鼠肾上腺（一）（HE 染色）

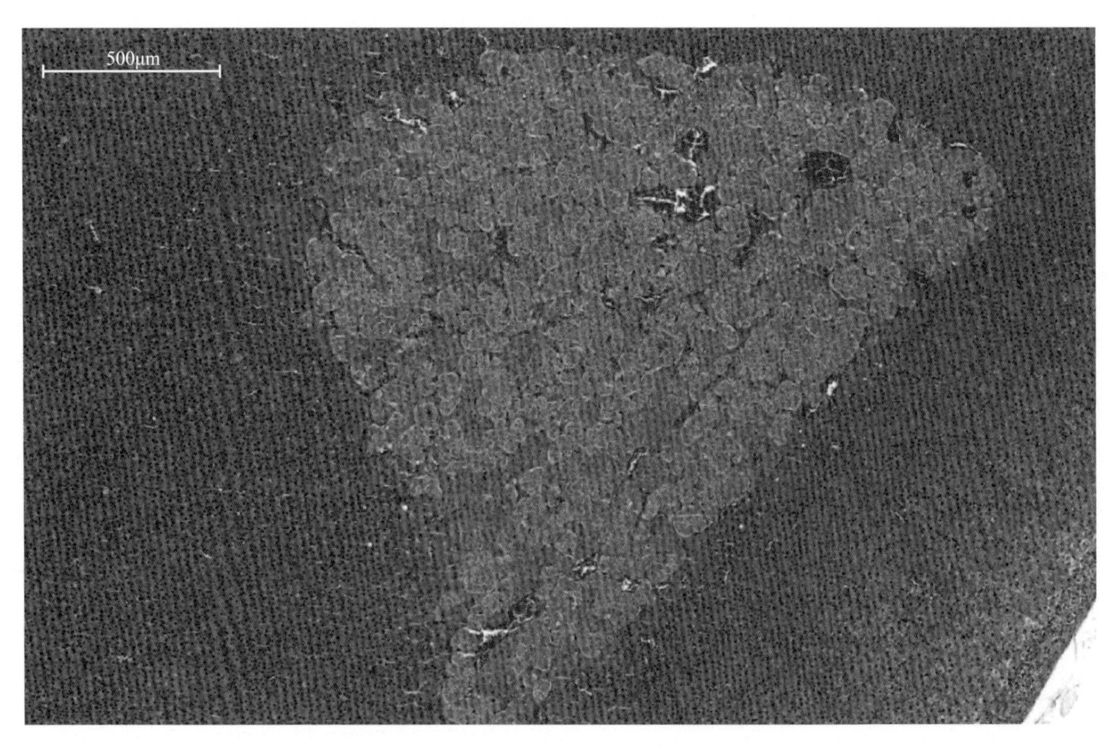

图 11-8　大鼠肾上腺（二）（HE 染色）

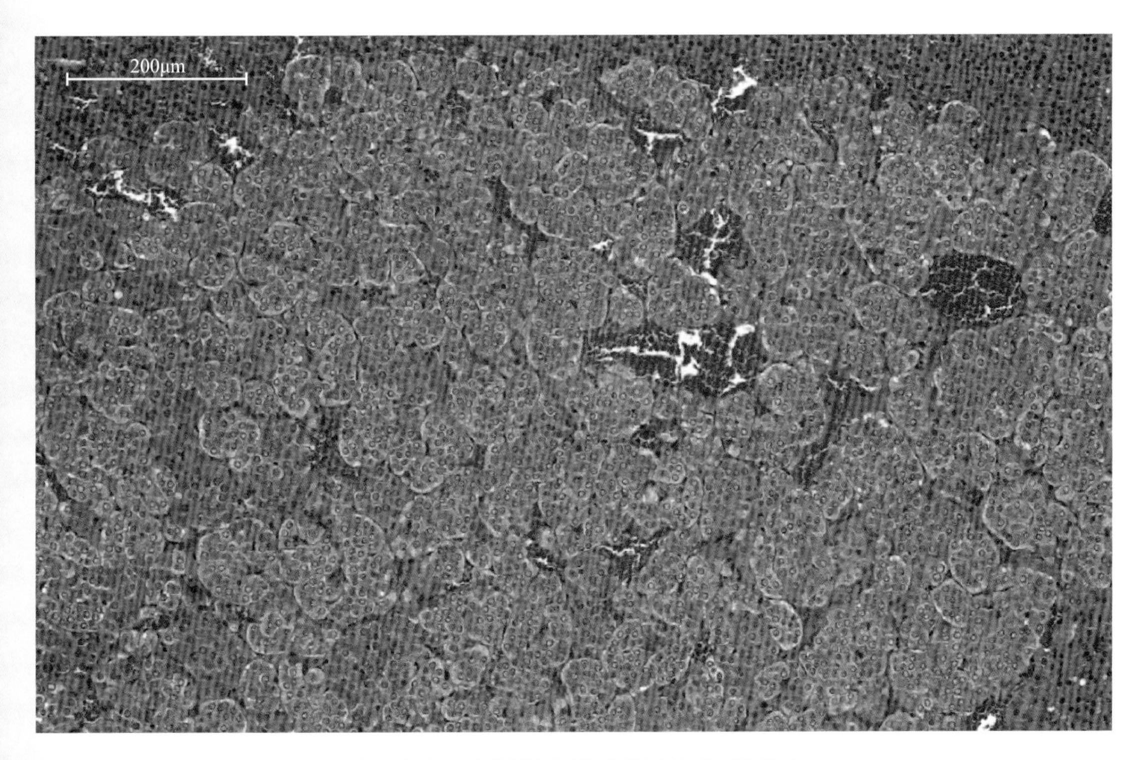

图 11-9　大鼠肾上腺（三）(HE 染色)

图 11-10　大鼠肾上腺（四）(HE 染色)

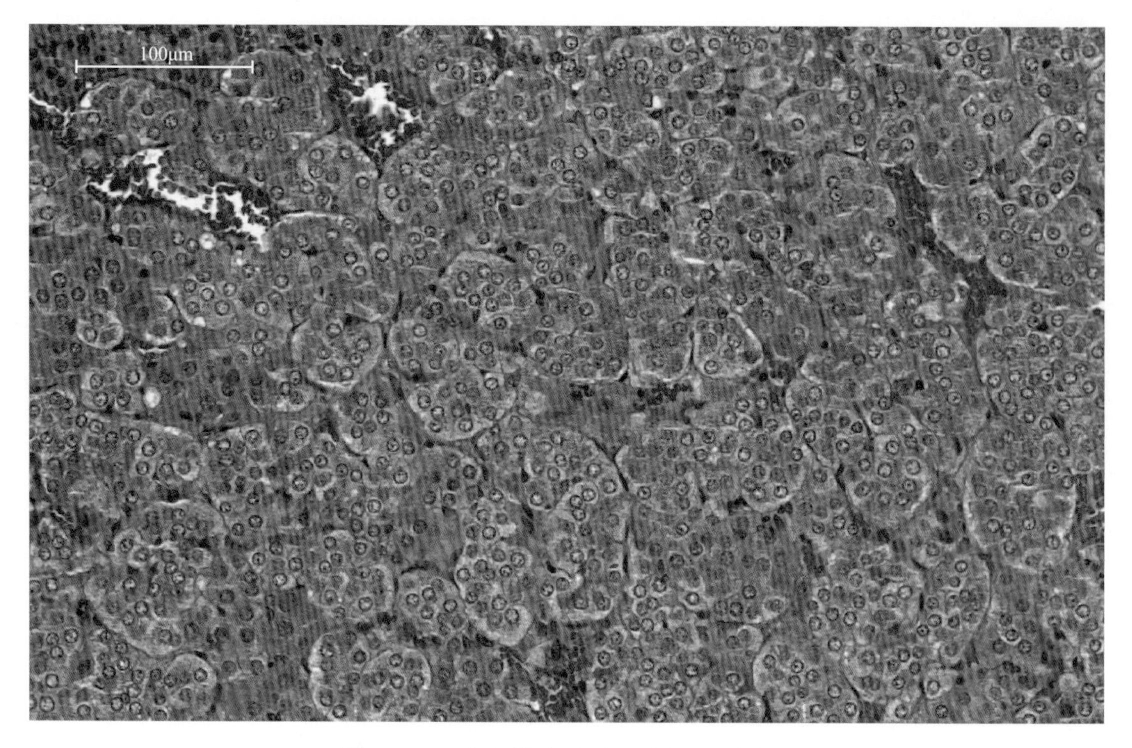

图 11-11　大鼠肾上腺（五）（HE 染色）

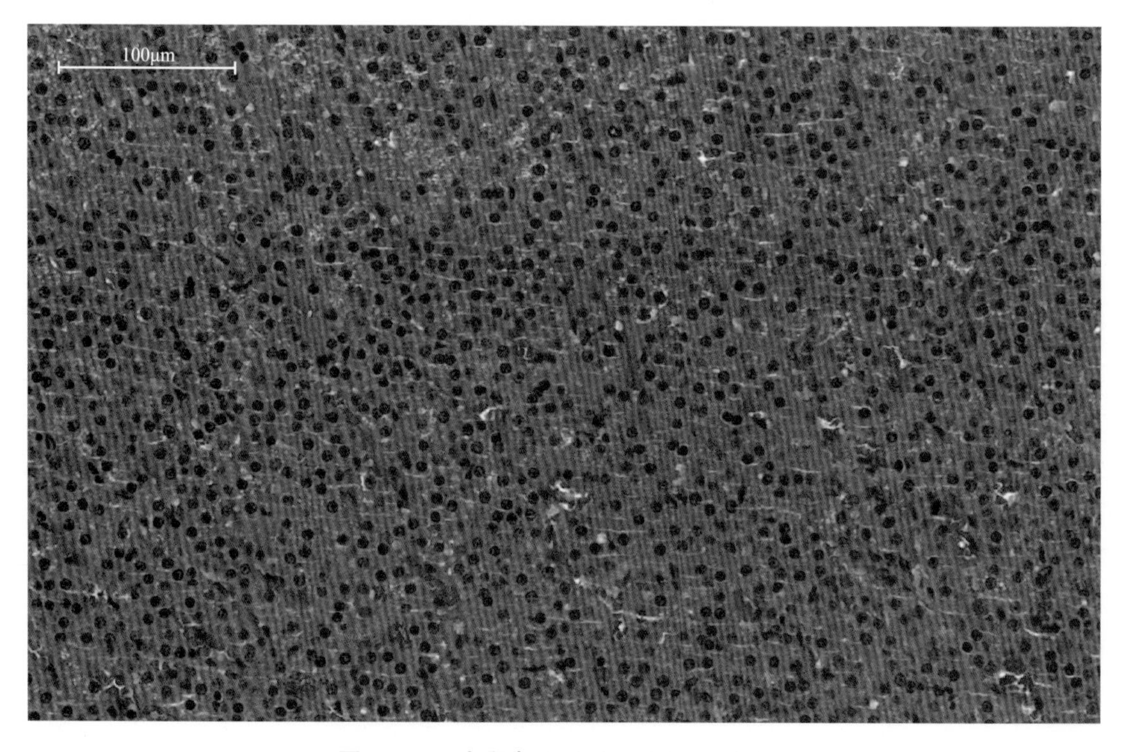

图 11-12　大鼠肾上腺（六）（HE 染色）

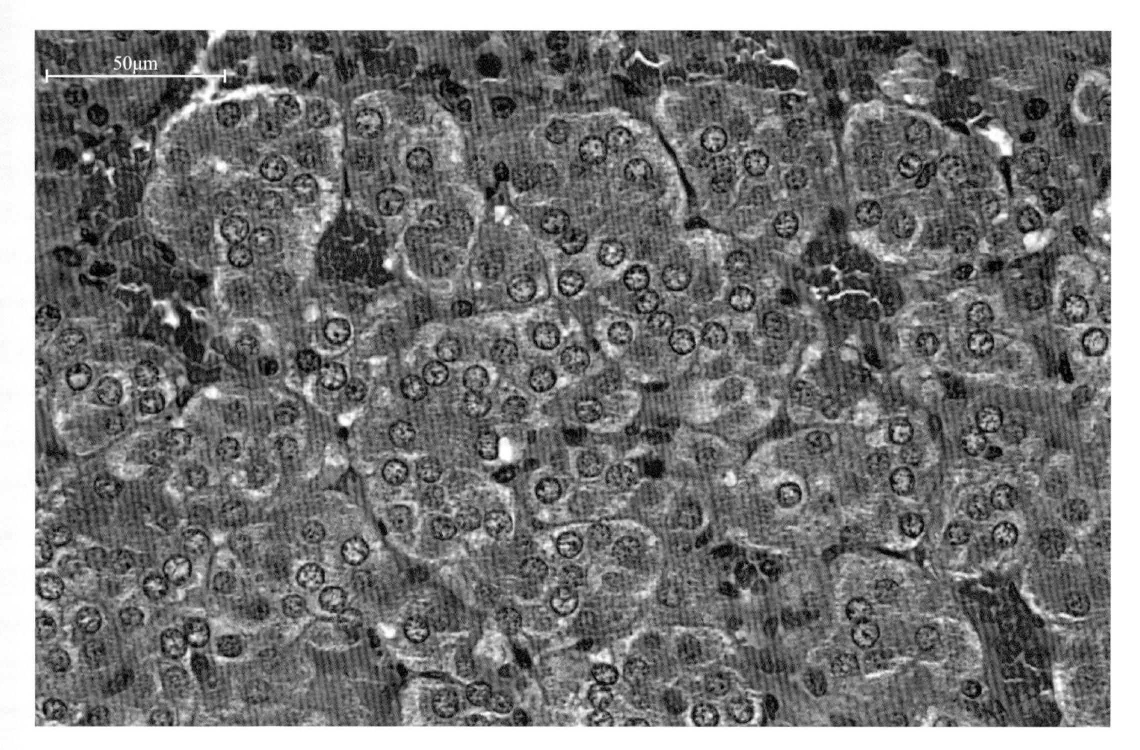

图 11-13　大鼠肾上腺（七）（HE 染色）

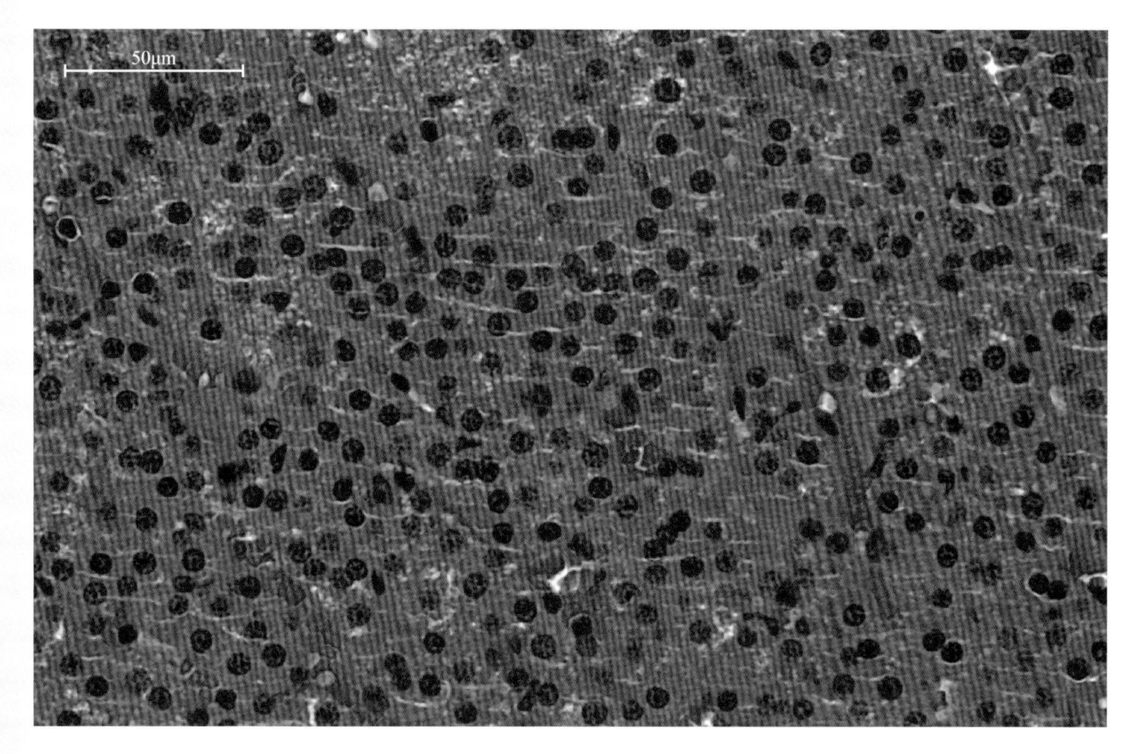

图 11-14　大鼠肾上腺（八）（HE 染色）

第十二章

感觉器官

感觉器官包括视器官、听器官、鼻、舌及皮肤。

第一节 视器官

视器官包括眼球及眼的附属装置。

一、眼的附属装置

包括眼睑、眼肌、泪器、眼的血管与神经。

1. 眼睑

包括上眼睑和下眼睑。大鼠在出生后14～17天开眼。眼睑外面有被毛，眼缘的前缘有睫毛，眼缘的后缘有睑板腺的开口。每一个眼睑有12～15个睑板腺，分泌物是脂肪和卟啉的混合物，作为眼睑周围的润滑剂。与睑板腺交错排列的是长而密集的睫毛毛囊，及开口于毛囊的皮脂腺。位于眼内角处为一半月状膜褶，称为瞬膜。它覆盖着角膜的一小部分，在其结缔组织的基质中有一块起支持作用的锚形透明软骨，在第三眼睑上面有约1mm厚的泪阜。哈氏腺围绕着眼球，呈锥体状，其尖端指向内侧，底部因受眼球的挤压变得参差不齐。眼肌和视神经挤压腺体，使其呈小叶状，各小叶的分泌物汇集成单一的腺管，开口到半月褶的外面。

2. 泪器

大鼠泪器包括泪腺、泪腺排出管和鼻泪管。

（1）泪腺　包括眶外泪腺和眶内泪腺，眶外泪腺呈扁平豆状，眶内泪腺呈三角形。眶外泪腺和眶内泪腺共同分泌泪液。泪腺是管泡状腺，由浆液腺细胞组成，细胞圆锥形，有双核细胞。腺腔窄小，有闰管伸入腺腔，导管上皮细胞为方形或稍扁。腺泡由肌上皮细胞包围着。

（2）泪腺排出管　眶外泪腺有4～5支由内侧面发出的小管，并汇集成两条排出管，它们在眼角的颞角处与从眶内泪腺来的2条排出管汇合共同形成一总输出管，并开口于结膜囊的背侧。

（3）鼻泪管　起始处是两个椭圆形的泪点，它们紧靠在眼睑的边缘，并分别位于泪阜的背腹侧。膜质的鼻泪管穿行于泪骨的外侧，通过眶内隙进入骨质的鼻泪管，在腹部则越过门齿的齿槽。在鼻腔内，鼻泪管走行于上颌鼻甲的腹板和门齿骨所形成的管道中。在上颌鼻甲的前端鼻泪管经过鼻软骨的侧壁，在鼻孔近处进入鼻前庭。

3.眼肌

包括眼球运动肌肉和眼睑运动肌肉。眼球运动肌肉有四个直肌、两个斜肌和一个缩肌。

眼球退缩肌起于蝶骨体的侧面，止于视神经孔的周围，为视束所穿透。四条直肌为上直肌、下直肌、内直肌、外直肌，它们都起于眼眶深处视神经孔的腹侧，向前行分别以短腱附着在眼球巩膜赤道的上、下、内、外侧方。下斜肌与眼的纵轴成横位方向起于眶的内侧角，靠近泪骨的边缘，穿过哈氏腺的鼻腹侧边缘，止于眼球的腹外侧部的巩膜上。上斜肌起于眶的内侧部，然后沿着眶的鼻侧和背侧前行，在靠近泪骨颞缘以细腱穿过滑车，转向眼球的背外侧，止于巩膜上。

支配眼睑运动的肌肉包括上睑提肌和平滑肌（上睑肌、下睑肌和眶肌）。其中上睑提肌起于眶的内侧角，靠近泪骨的边缘，紧贴上直肌并放射进入上眼睑的腱膜。上睑肌伸展于上睑提肌的前部和上睑板的后部之间；下睑肌穿行于下直肌腱到下睑板；眶肌起于眶的后部，止于下斜肌腱。

4.血管与神经

眼的神经支配来自多个脑神经。其中外直肌和眼球缩肌来自外展神经；上斜肌来自滑车神经；上直肌、下直肌、内直肌和下斜肌以及上睑提肌都来自动眼神经。眼窝中各器官的感觉神经是经过泪神经，沿眼窝外侧走行，并发出分支到眼睑裂的内角、眶内泪腺和眼结膜，以及鼻睫神经。由睫长神经发出的睫长支在视神经的鼻腹侧进入眼球，和它伴行的有从海绵丛来的交感神经纤维。与动眼神经伴行的副交感神经纤维进入眼睫神经，进入眼睫神经节，该神经节位于动眼神经分叉处。从此发出3～4个节后神经纤维在视神经的鼻侧进入眼球。供应眼窝的其他结构的副交感神经来自蝶腭神经节。

二、眼球

大鼠的眼球形状近似球形，大鼠眼球的大小与其年龄、脑重成正比例生长，而与其体重无关。成年大鼠的眼球平均重量约110mg。

眼球的结构

眼球的外层由三层膜构成，即纤维膜、血管膜和视网膜。

（1）纤维膜　是眼球最外层的一层被膜，分为前、后两部分。

① 角膜。角膜位于纤维膜的前方，它是一个没有血管的无色透明膜。角膜分为四层结构，角膜上皮为复层扁平上皮，细胞不含色素，具有厚0.3μm的基膜；角膜固有层是最

厚的一层，主要由平行排列的胶原纤维束组成，相邻的纤维束中纤维的走行几乎成直角，纤维和原纤维都包埋在透明质酸中，纤维间有扁平的纤维细胞，无血管。纤维排列规则，丰富透明质酸的粘合以及角膜内皮等对角膜含水量的调节都与这层膜特有的透明度有关；后基膜厚约为3.3μm，无前基膜，角膜内皮由交叉的指状细胞构成。

② 巩膜。是纤维膜后不透明的部分，巩膜由致密胶原纤维束构成，其间杂有少量弹性纤维。巩膜血管很少，它们来自巩膜上血管丛，在巩膜内形成极稀疏的毛细血管网。

（2）血管膜　眼球的血管膜共包括脉络膜、睫状体和虹膜三部分。

① 脉络膜。位于巩膜和视网膜之间，疏松地附着在巩膜内面。血管层是由1～2层密集而曲折的静脉组成。血液的供应中部分来自2～6条睫后短动脉，另一部分来自两条睫长动脉。有4条涡状静脉把血液带走。脉络膜的毛细血管板由浓密的毛细血管所构成，位于透明膜的下面。睫状体呈环形，连接于脉络膜和虹膜周缘之间，其内表面光滑。

② 睫状体。睫状体的前部由密集的睫状突构成。

③ 虹膜。是一肌质环板，围在圆形瞳孔周围，在通常的光线下，瞳孔的直径为0.5～1mm。虹膜的肌组织包括瞳孔括约肌和瞳孔开张肌两种，前者环绕在瞳孔的周围并与色素上皮紧紧相连接。大鼠的虹膜色素上皮缺乏色素。后者起自括约肌呈放射状走向睫状缘。

（3）视网膜　视网膜的视部或神经部约占眼球圆周的175度。视网膜主要由三层神经元（感光细胞，即视锥细胞和视杆细胞）和色素上皮层四层细胞组成，此外还有少量神经胶质细胞。

① 视杆细胞。大鼠的主要感光细胞，多数是在夜间或黑暗处起作用，只感受弱光，不感受强光和颜色。

② 视锥细胞。大鼠的感光细胞，仅占感光细胞的1%～3%。

③ 视网膜光镜结构。视网膜由内向外可分为10层，即内界膜、视神经纤维层、节细胞层、内网层、内核层、外网层、外核层、外界膜、视锥视杆层和色素上皮层。各层的厚度由中心向边缘逐渐减薄，没有明显的中央凹和黄斑。视神经纤维穿过巩膜筛板形成视神经在大脑的腹面形成视交叉。

（4）眼球的光学折射系统　晶状体、眼前房和玻璃体共同构成了眼球的光学折射系统。

① 晶状体。是一个近似球形的透明体，前面与虹膜相接，周缘与睫状体相连。其前面的球面凸度半径为2.5mm，后面的球面凸度半径为2.4mm。幼年大鼠的晶状体占眼球体积的四分之一，而成年大鼠的晶状体占眼球体积的三分之一。晶状体由晶状体囊、晶状体上皮和晶状体质组成，晶状体系带不发达，因此大鼠眼睛调节能力较差。

② 眼前房。由角膜、虹膜和晶状体围成的不完整的球状体，眼前房中充满透明的水样液，即房水。

③ 玻璃体。位于晶状体与视网膜之间，近似球形，由清凉的凝胶状物质构成，表面覆盖透明结构的玻璃膜。

（5）眼球血液供应　大鼠眼球的血液供应几乎都来自翼腭动脉，它经视神经孔进入眼眶，再分为眼动脉和泪腺动脉。在靠近眼球肌起点处，眼动脉分为六支，前四支和第六支供应眼球肌、眼窝内的腺体和上眼睑；而第五支沿视柄通到眼球，在巩膜内再分为睫动脉和视网膜中央动脉。眶外泪腺、眶内泪腺及下眼睑等其他眶内结构由面血管供应。眼的静脉包括眼静脉和面静脉，收集眼球及眼窝内各部的静脉血，眼静脉具有较多的吻合支，且眶静脉窦不发达（见图12-1 ～图12-4）。

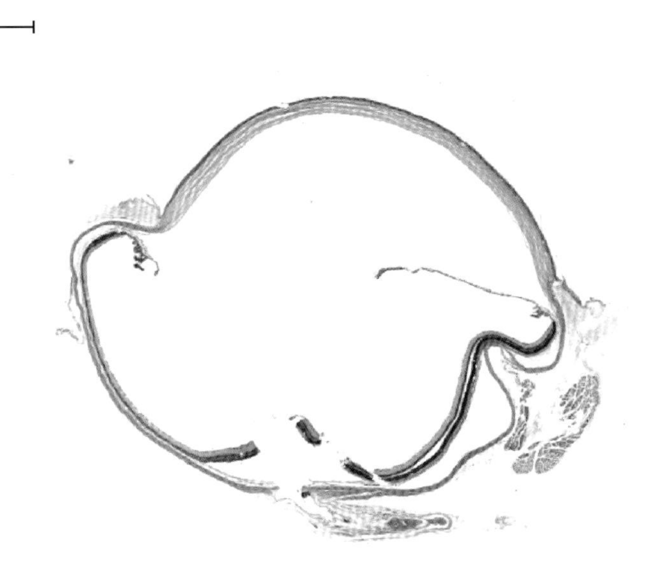

图12-1　大鼠眼球（一）(HE染色)

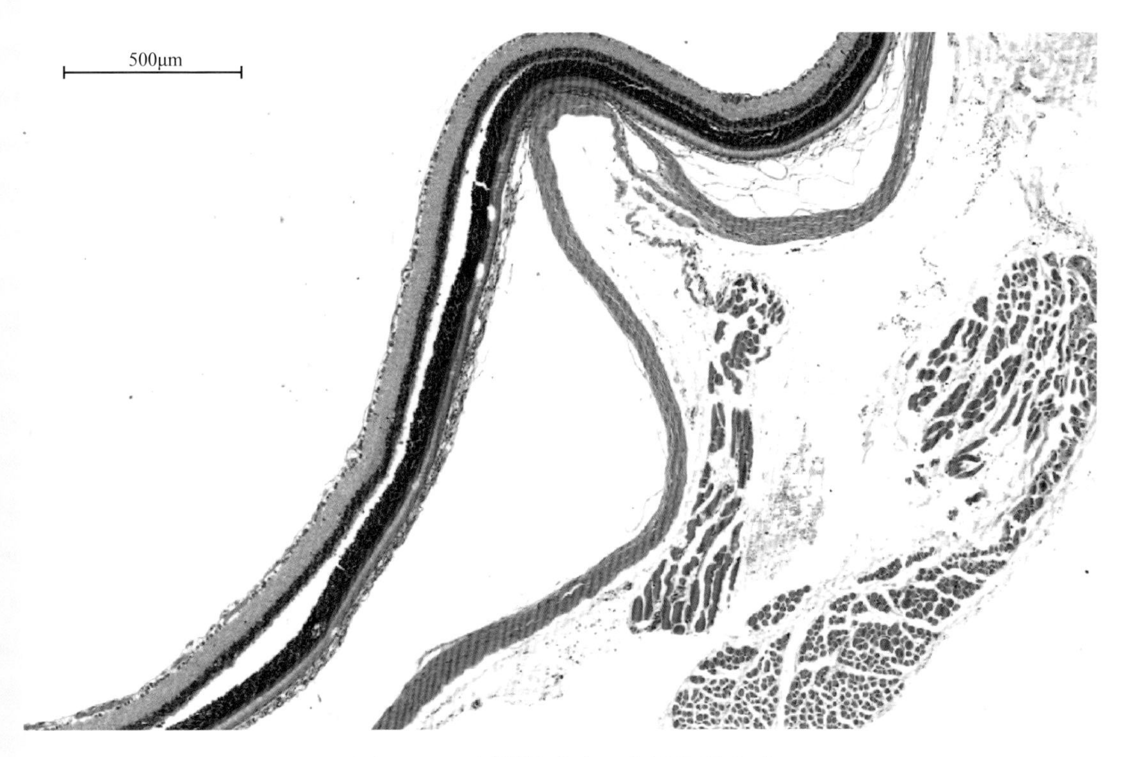

图12-2　大鼠眼球（二）(HE染色)

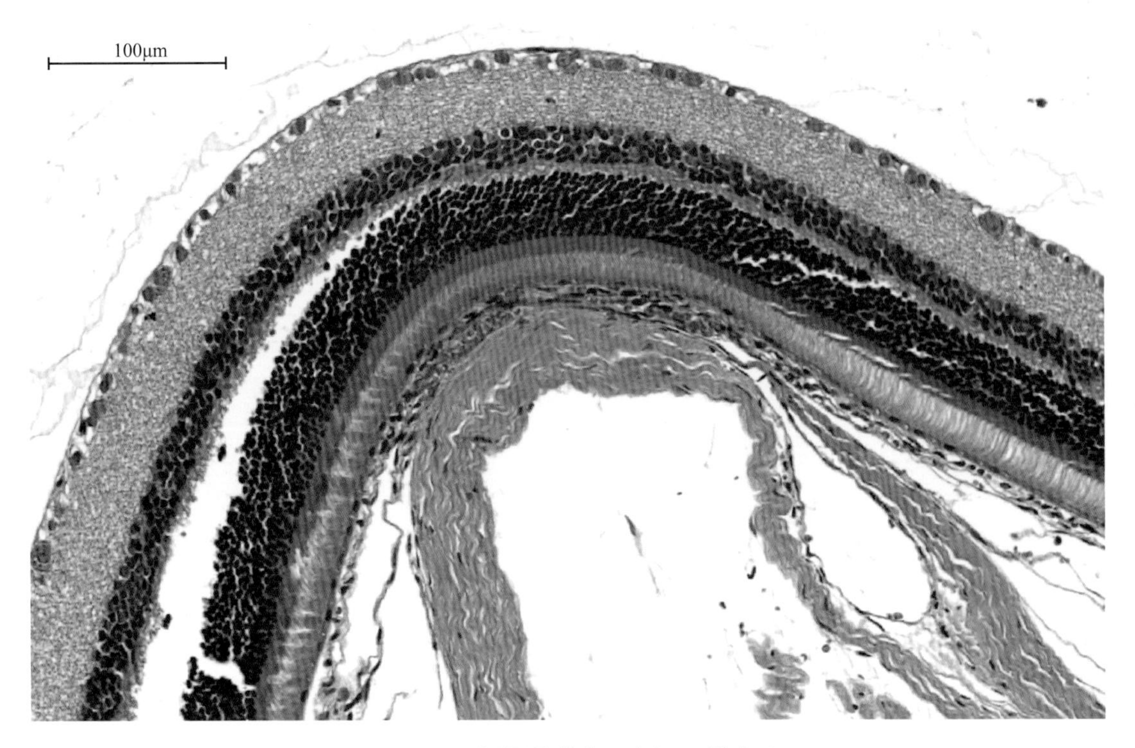

图12-3　大鼠眼球（三）（HE染色）

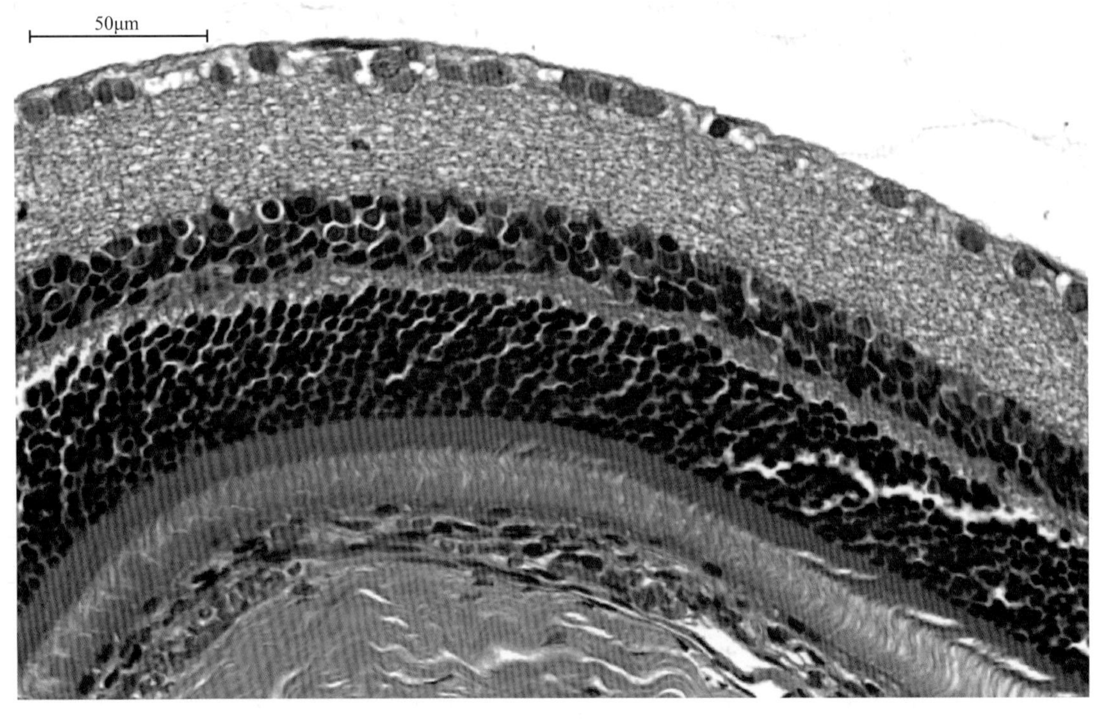

图12-4　大鼠眼球（四）（HE染色）

第二节 听器官

听器官分为外耳、中耳和内耳。

一、外耳

包括耳廓和外耳道。

1. 耳廓

外为短毛覆盖的皮肤，内有弹性软骨所支持。

2. 外耳道

包括软骨部和骨质部两部分。它的外部为软骨性外耳道，在此处的管壁上有一些分叶的皮脂腺；外耳道的骨质部是颞骨的外耳突（见图12-5～图12-8）。

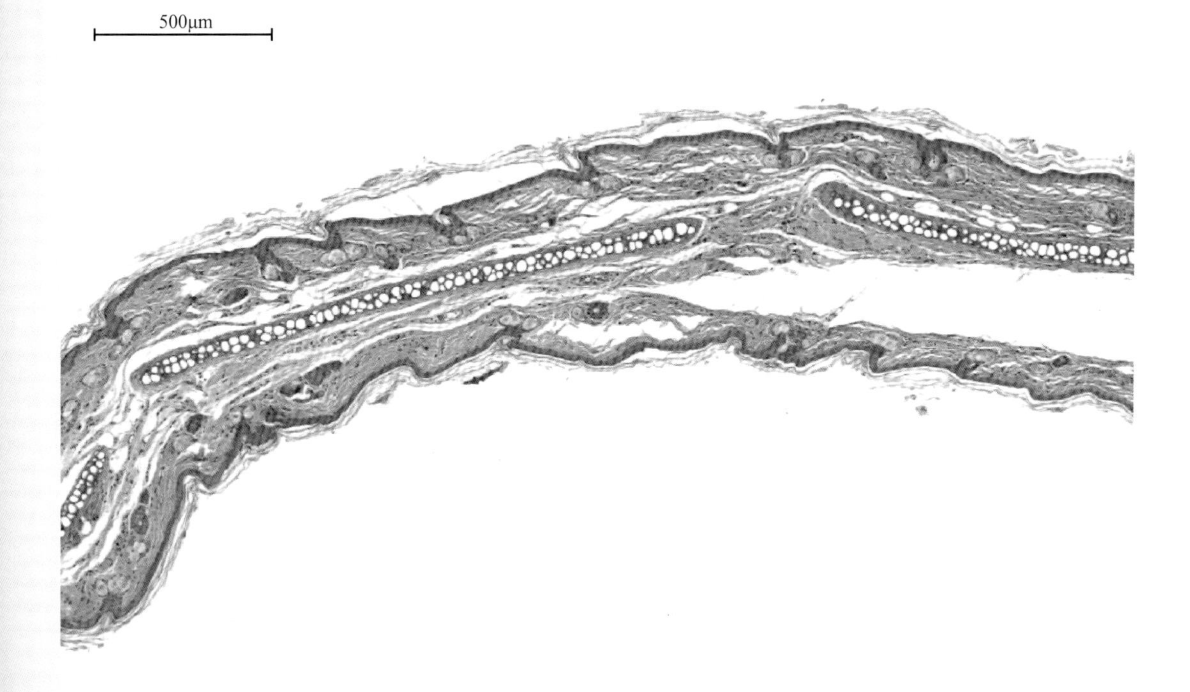

图12-5　大鼠耳缘（一）（HE染色）

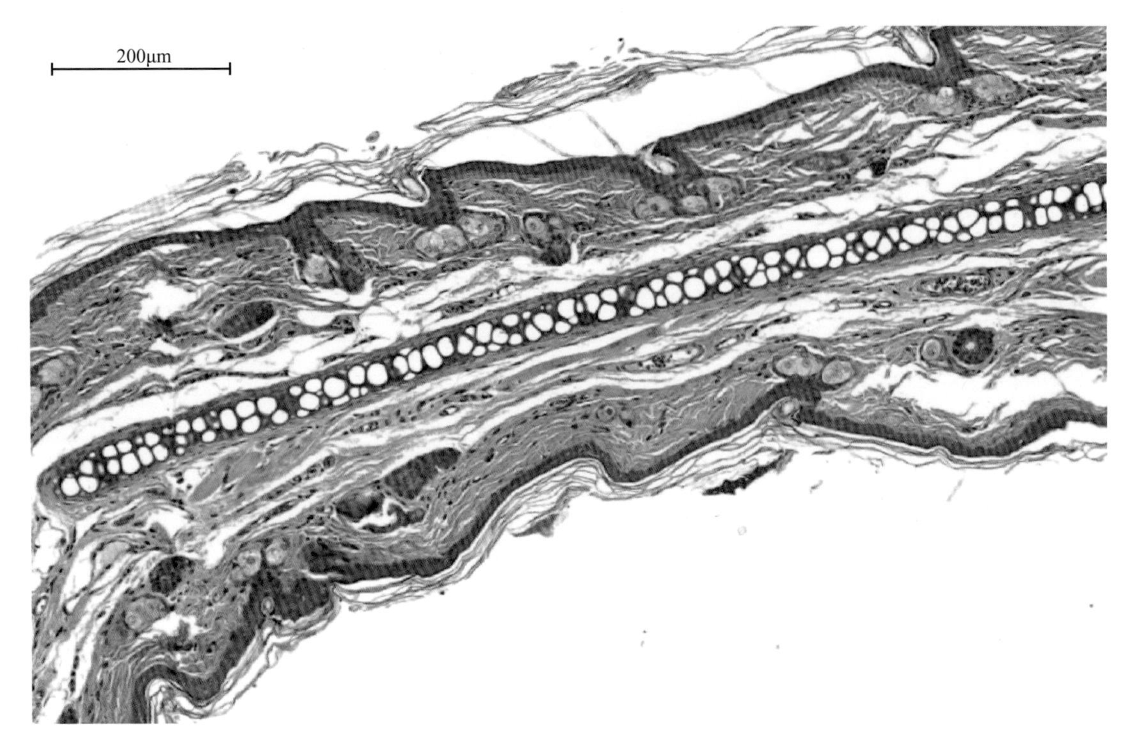

图 12-6　大鼠耳缘（二）（HE 染色）

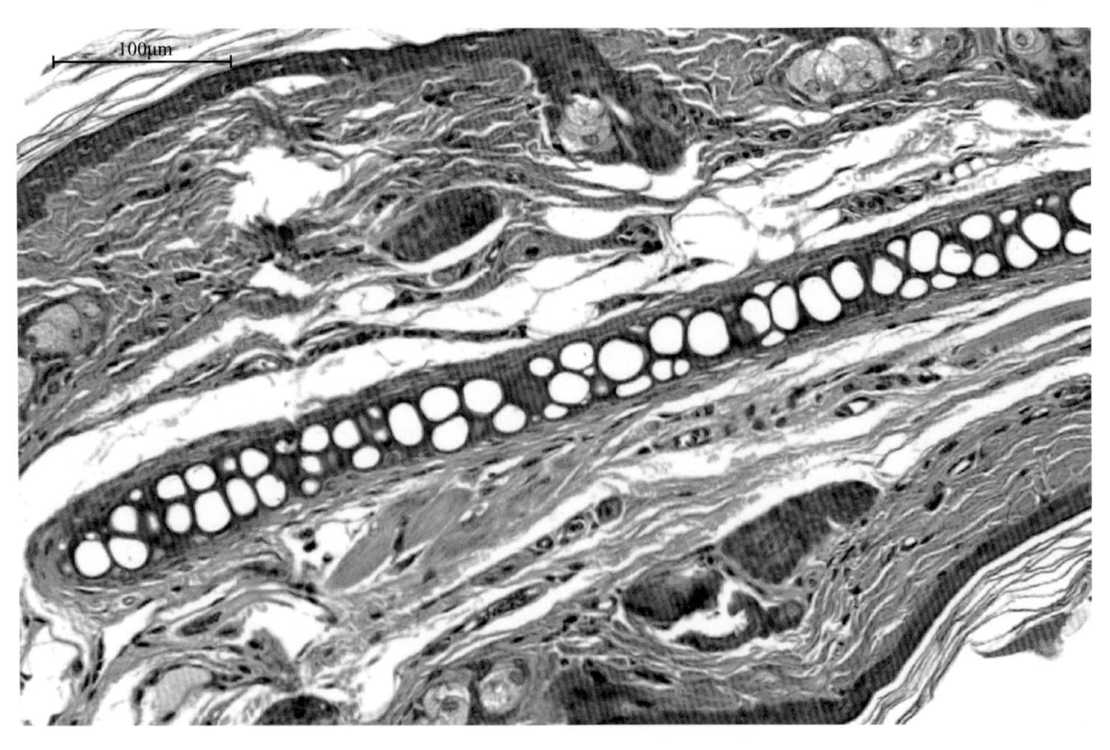

图 12-7　大鼠耳缘（三）（HE 染色）

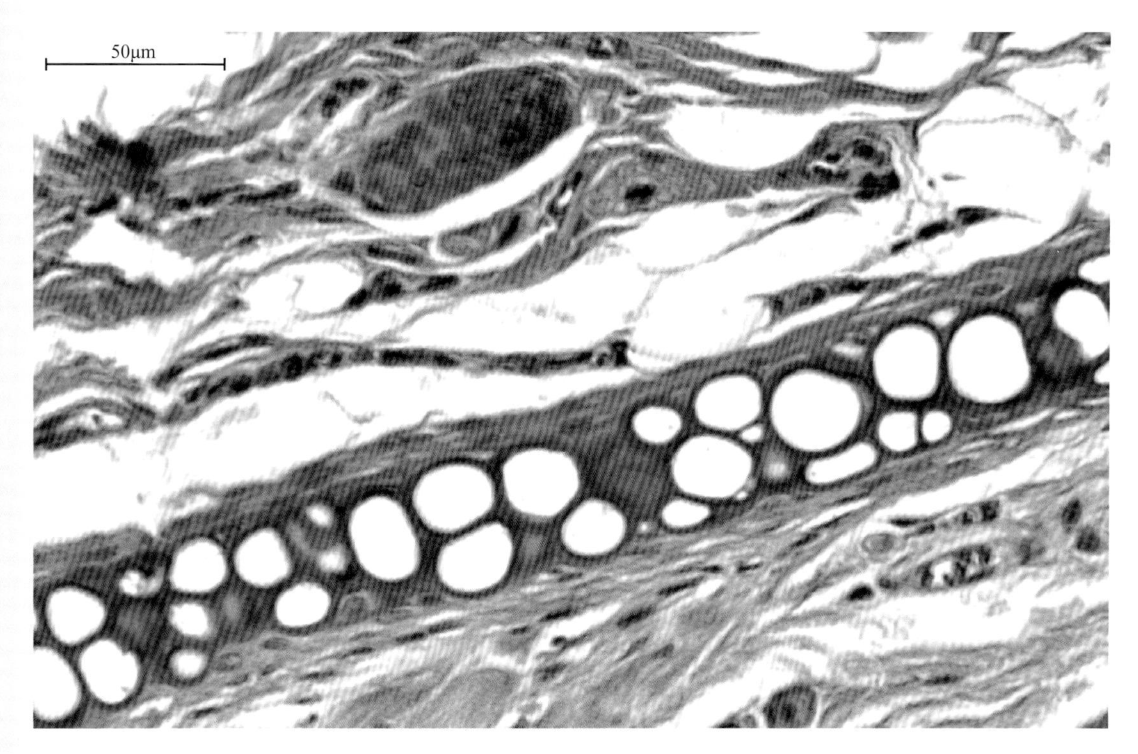

图12-8　大鼠耳缘（四）（HE染色）

二、中耳

包括鼓膜、鼓室和三块听小骨。

1.鼓膜

鼓膜将外耳道与鼓室隔开，是一个椭圆形、半透明、背面凹入的浅漏斗状、厚度约为5μm的薄膜。鼓膜外表面覆以单层扁平上皮；中层是纤维性固有膜；外周部位的纤维辐射排列进入固定在鼓室沟骨膜上的纤维环。鼓膜边缘与外耳道的表皮相连续，内皮面也被覆单层扁平上皮。

2.鼓室

为颞骨岩部的一个充气小腔，位于鼓膜和内耳之间。鼓室的表面衬以黏膜，这里的黏膜经耳咽管与咽部黏膜相连。大鼠有一个较大的鼓室下腔，此腔的前段有一个通耳咽管的孔，弯曲的鼓室上腔被一个由后面凸出的骨质嵴所分隔。在鼓室的内侧壁上可见到耳蜗管向前突出的轮廓。

3.听小骨

听小骨由锤骨、砧骨和镫骨三块相互连接的骨构成，将鼓膜的振动传入内耳。

（1）锤骨　是听小骨中最大的一块，可分头、颈及柄等部。锤骨柄呈刀片状，附着在鼓膜的内侧面，锤骨颈是锤骨柄的延伸，为锤骨头下方的缩细部位。从颈部发出一个薄薄的刀形突起，指向鼓室腔顶；由颈部相内侧发出一短脚，成为鼓膜张肌的附着处。

锤骨是弯曲的，锤骨颈的末端膨大部分位于鼓室上腔中。它与砧骨之间的关节是活动关节。

（2）砧骨　包括砧骨体及一长一短的两个突，长突与镫骨相关，短突以一小韧带附着于鼓室上腔的顶部。

（3）镫骨　形似马镫，可分为镫骨体、两个脚和镫骨底三部。听小骨有两条肌肉，其一是鼓膜张肌，起自咽鼓管背侧一个深的肌质沟内，止于锤骨的肌突上。其二为镫骨肌是一薄形的梭形肌，起自鼓室后壁的一个窄沟，止于镫骨的一个不明显的肌突上（见图12-9 ～图12-18）。

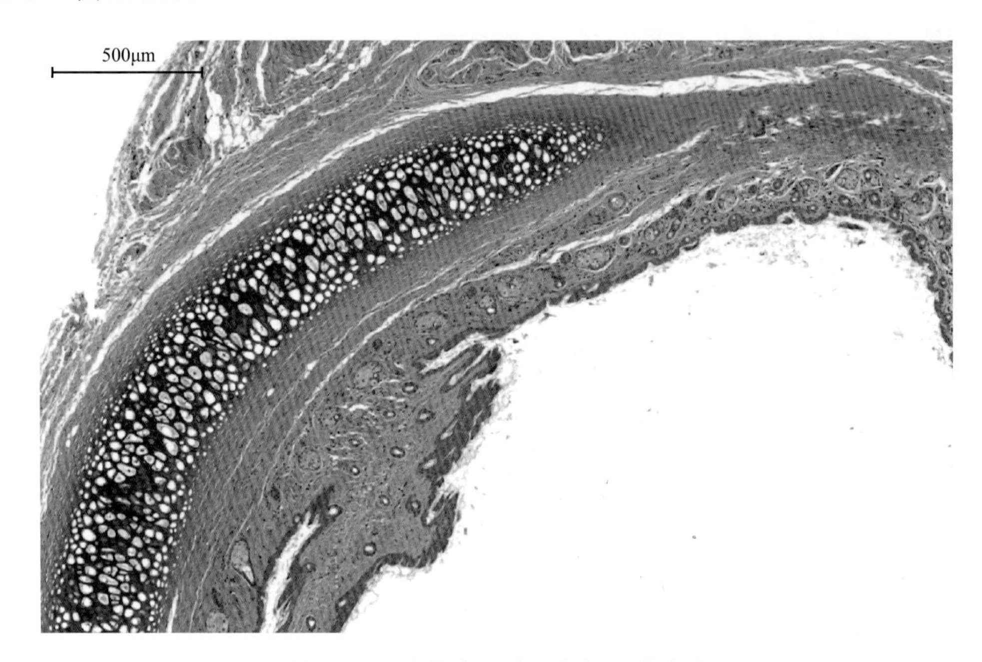

图12-9　大鼠中耳（一）（HE染色）

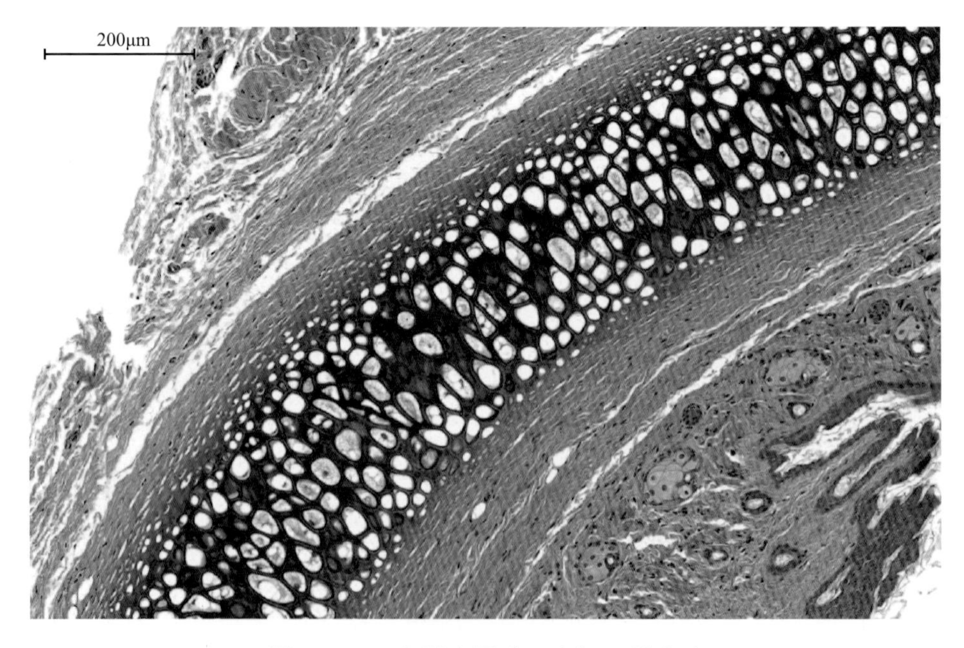

图12-10　大鼠中耳（二）（HE染色）

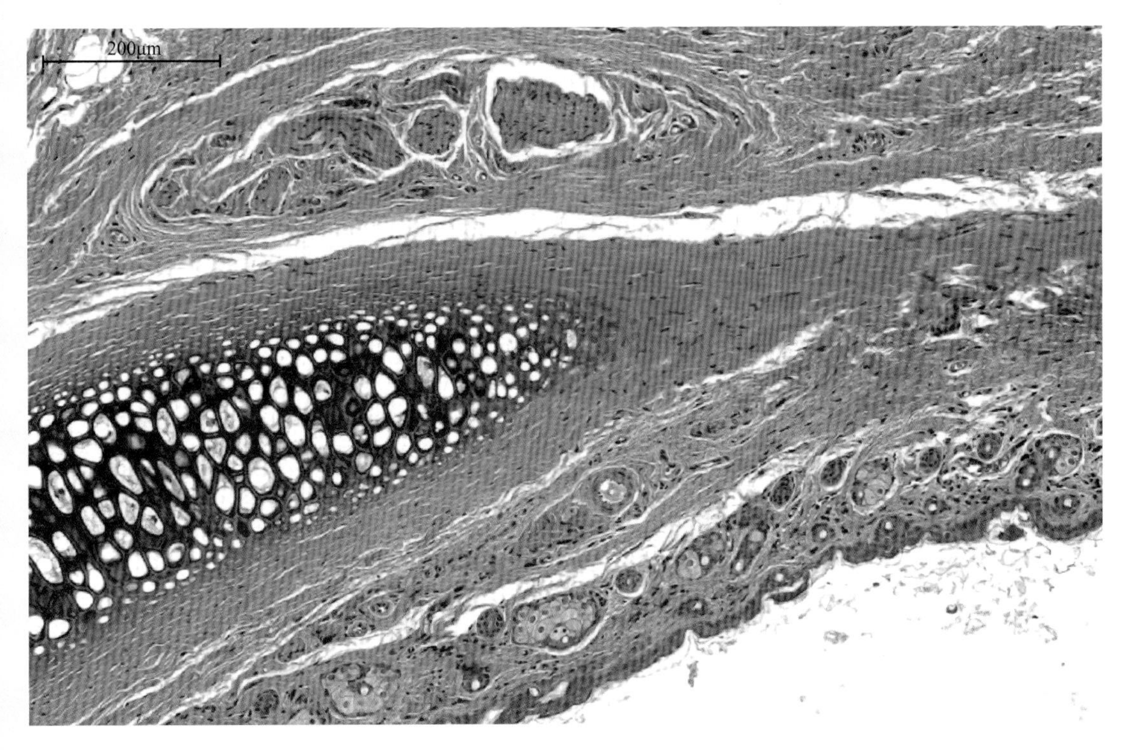

图12-11　大鼠中耳（三）（HE染色）

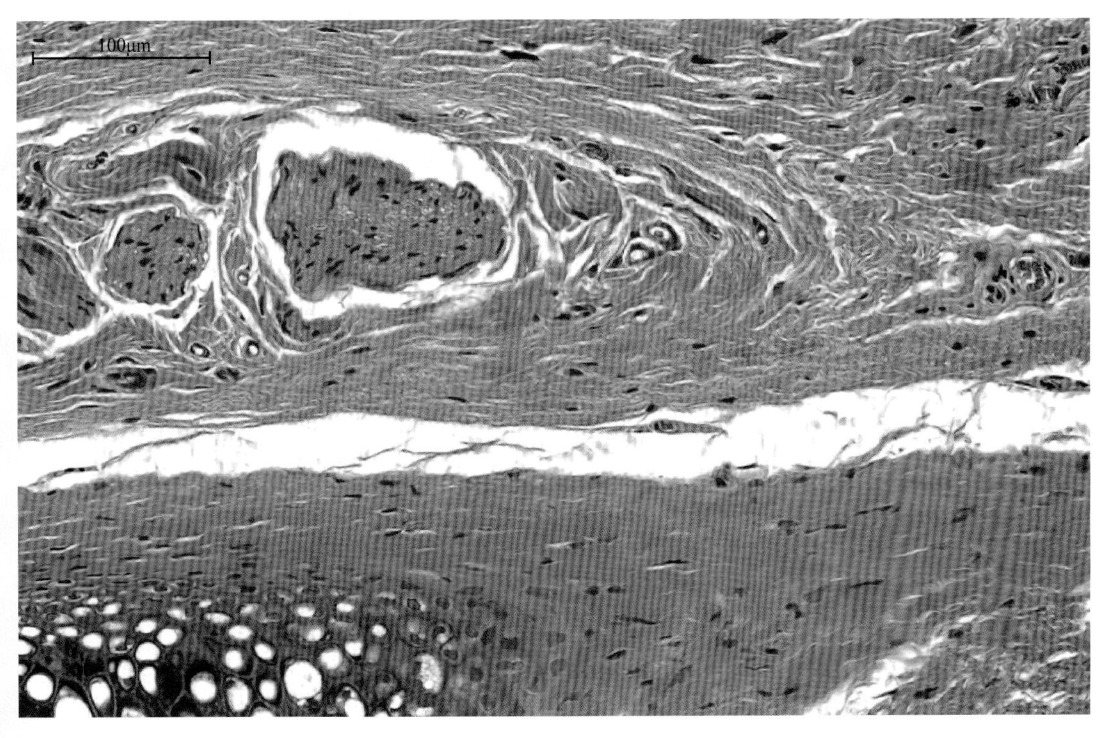

图12-12　大鼠中耳（四）（HE染色）

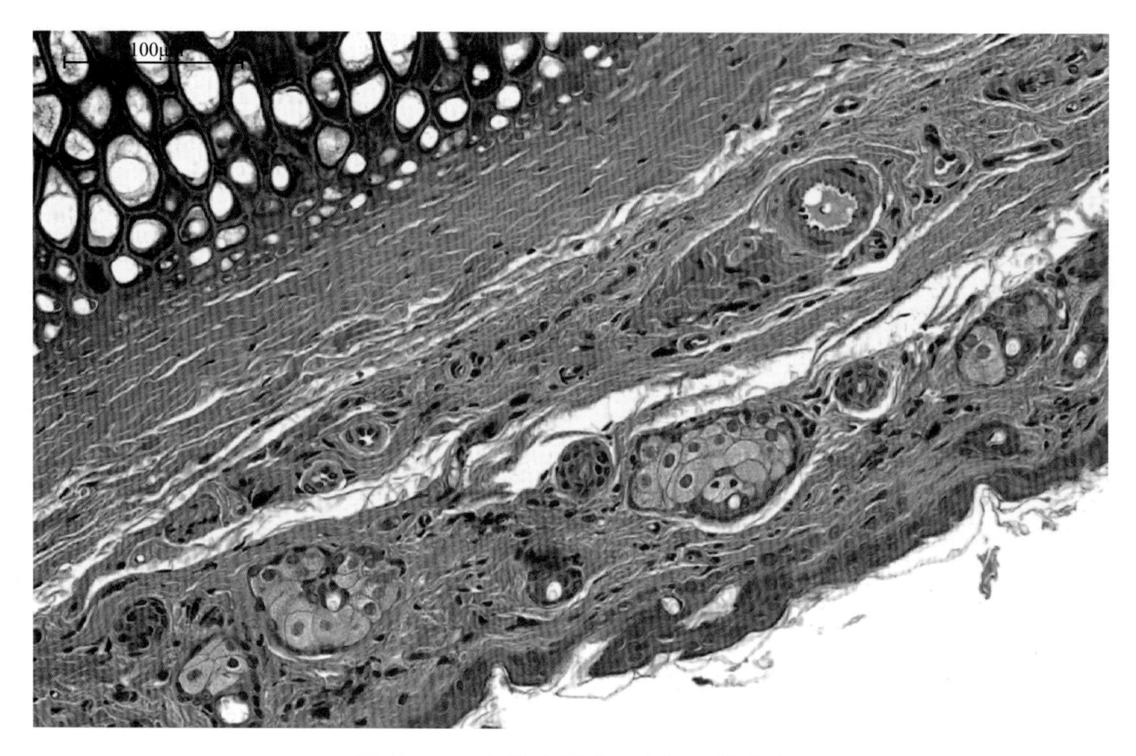

图12-13　大鼠中耳（五）（HE染色）

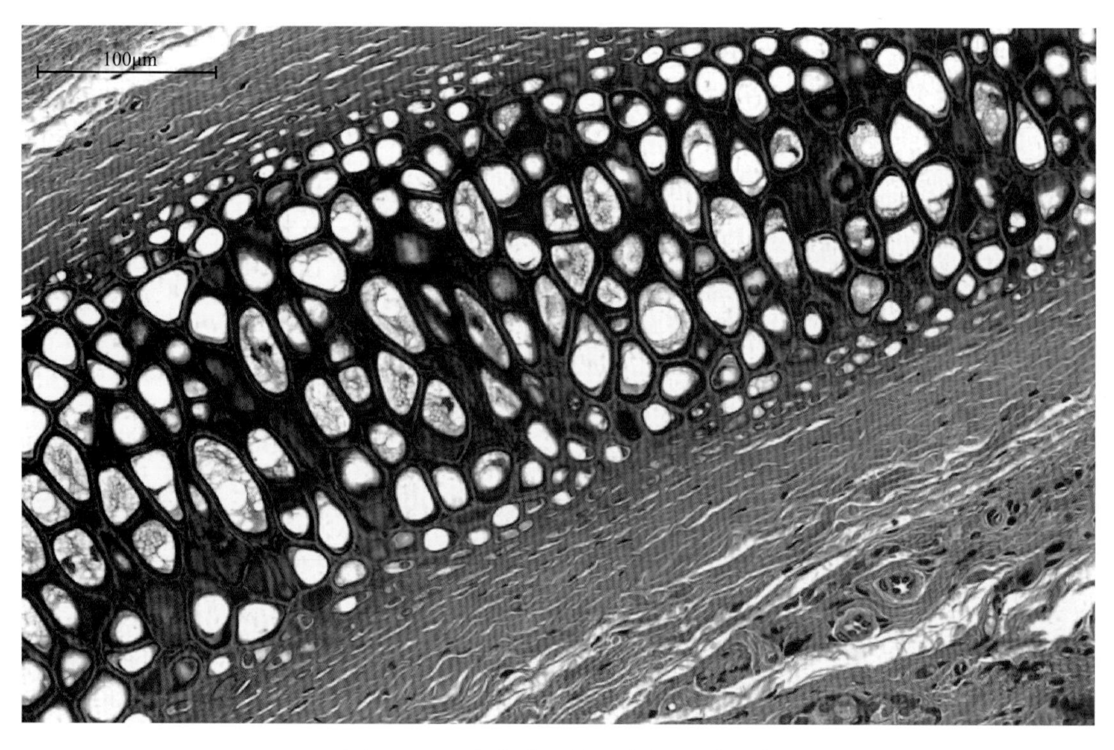

图12-14　大鼠中耳（六）（HE染色）

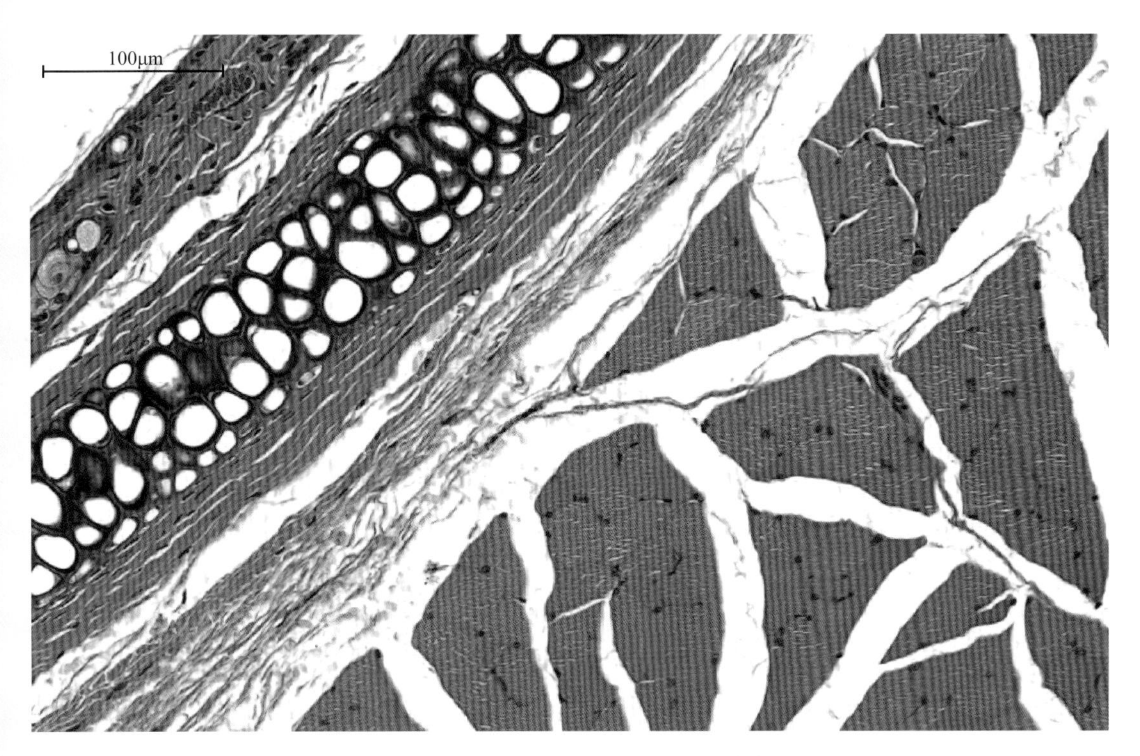

图12-15　大鼠中耳（七）（HE染色）

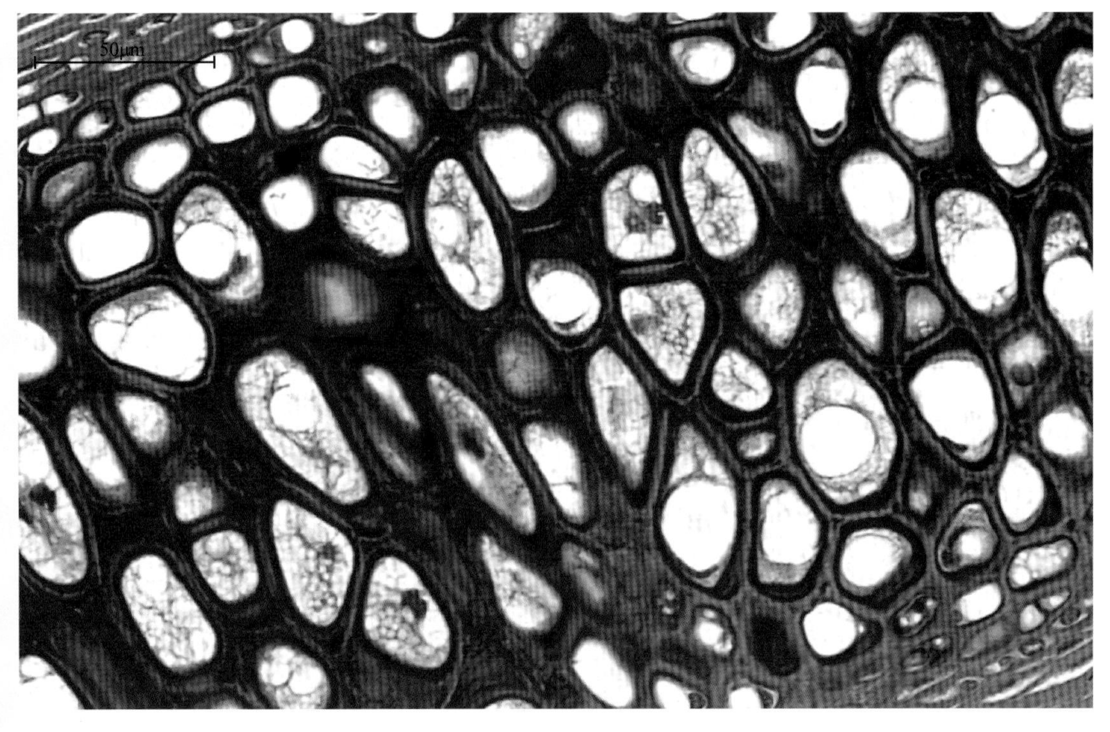

图12-16　大鼠中耳（八）（HE染色）

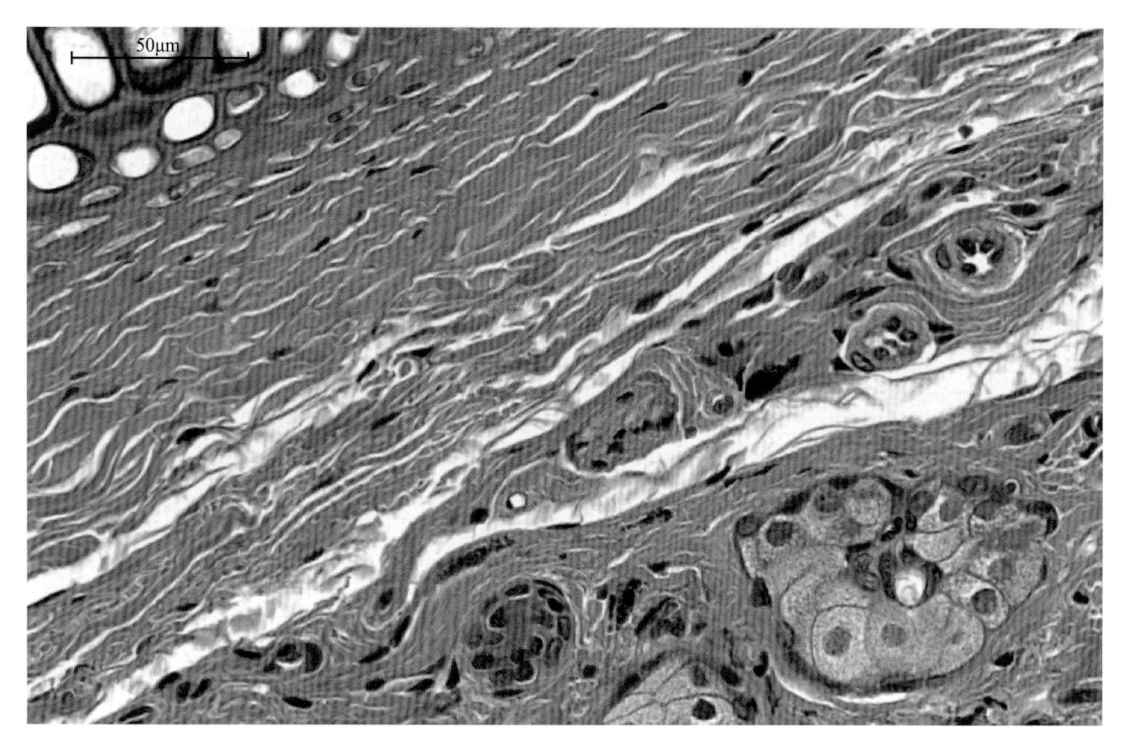

图12-17　大鼠中耳（九）（HE染色）

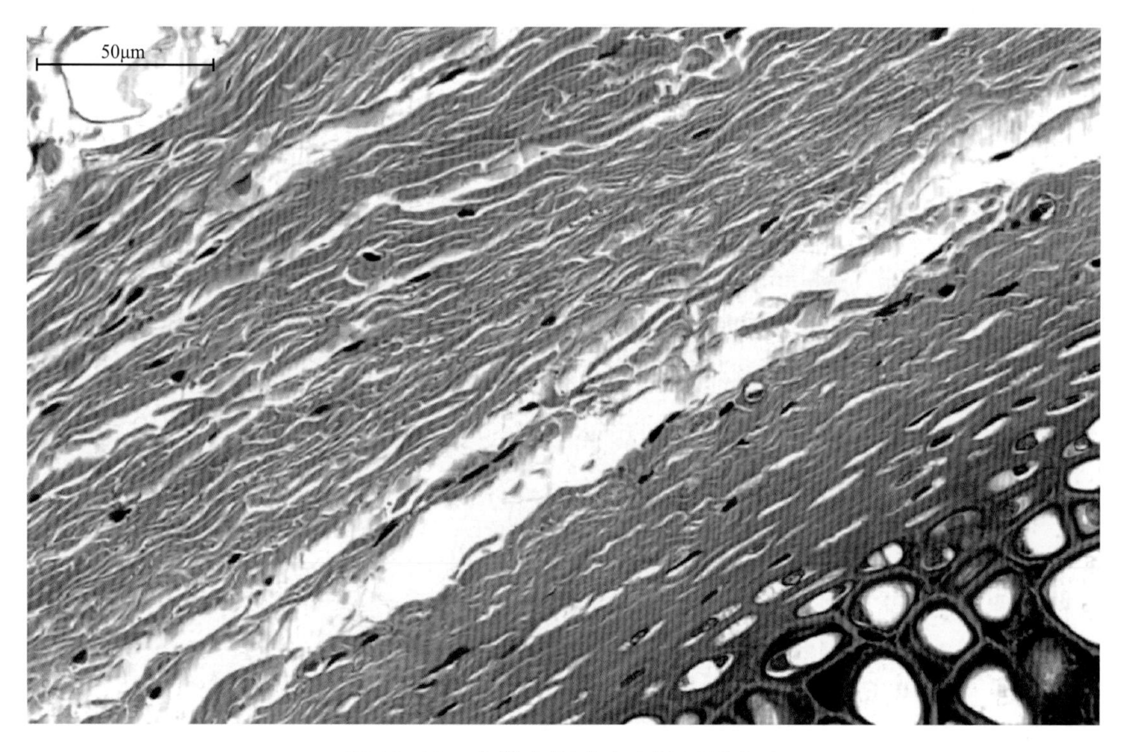

图12-18　大鼠中耳（十）（HE染色）

三、内耳

内耳由平衡器和听器两部分组成。内耳位于岩骨部内，鼓室的内侧，是构造复杂的膜室囊腔。

1.膜迷路

含有位听细胞和神经纤维，其中含有内淋巴，构成膜迷路。

2.骨迷路

膜迷路被包在相应的骨腔内，此腔称为骨迷路，在骨迷路和膜迷路之间充满外淋巴。内、外淋巴互不相同。骨迷路包括半规管、蜗管及前庭。

（1）半规管　半规管有三个，分别为前半规管、后半规管和外半规管。前半规管的顶端朝向背外侧，膨大的壶腹肌朝向后背后方；后半规管的顶端朝向后外侧方，壶腹肌的游离缘指向后背方；外半规管弯向外侧，壶腹朝向后方。

（2）蜗管　为位于骨性迷路前部的螺旋管，此管绕蜗轴旋转约两周半，是一个长约12mm的盲管。膜性蜗管位于骨性蜗管内，上壁为前庭膜，外壁为螺旋韧带，下壁为骨性螺旋板和基底膜。膜性螺旋板的蜗管面有多种细胞组成的听觉感受器（螺旋器）。螺旋器是由毛细胞和支持细胞组成的一条窄带，与膜性蜗管等长。毛细胞表面有听毛，是听觉感受细胞，能将外界传来的机械能转化为神经冲动的电能，再传到听神经。毛细胞分内、外两组规则地排列成行。每个毛细胞的毛数，毛的长度和最大直径从蜗底到蜗顶都有变化。

（3）前庭　为位于骨迷路中部近似椭圆形的空腔。其前部连通耳蜗，后部通过小孔与半规管相通。前庭的外侧壁即鼓室的内侧壁（见图12-19～图12-24）。

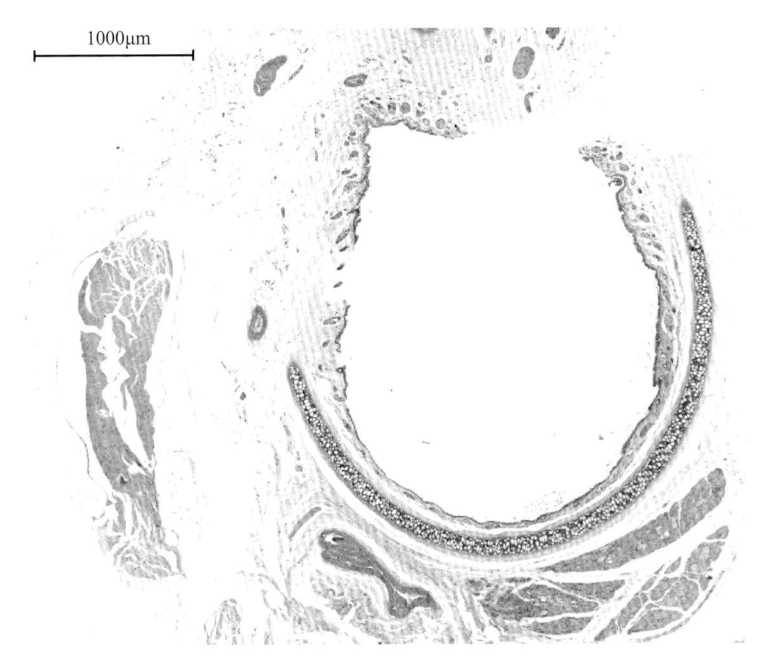

图12-19　大鼠内耳（一）（HE染色）

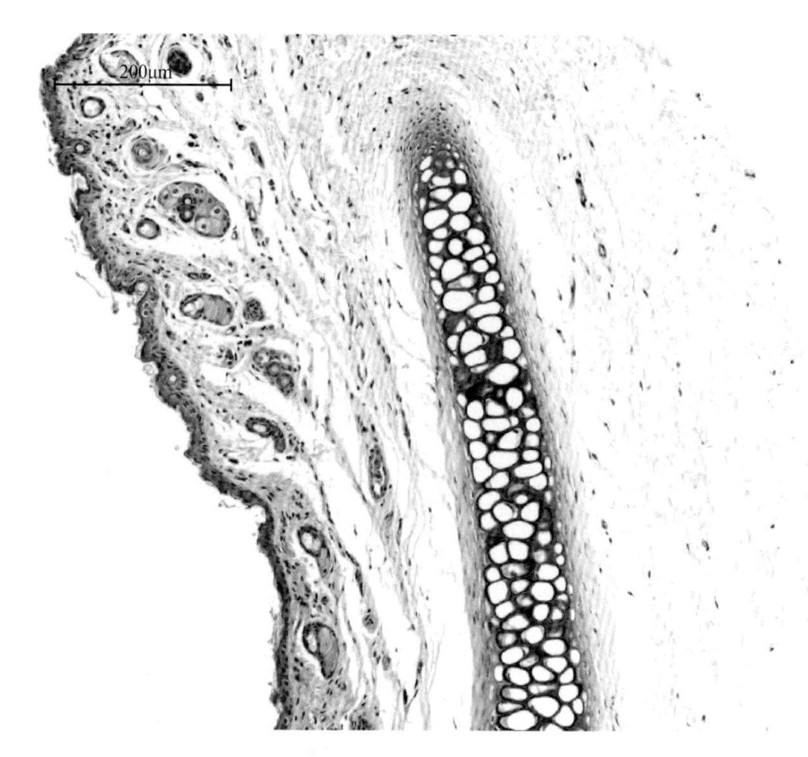

图12-20　大鼠内耳（二）(HE染色)

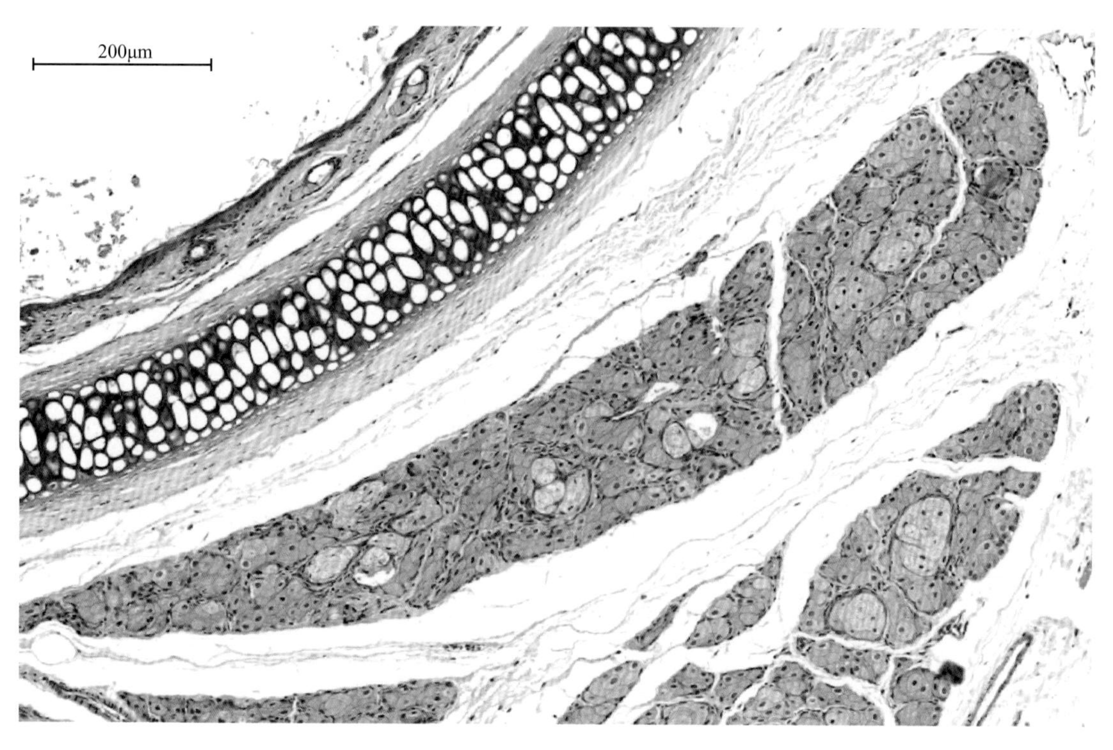

图12-21　大鼠内耳（三）(HE染色)

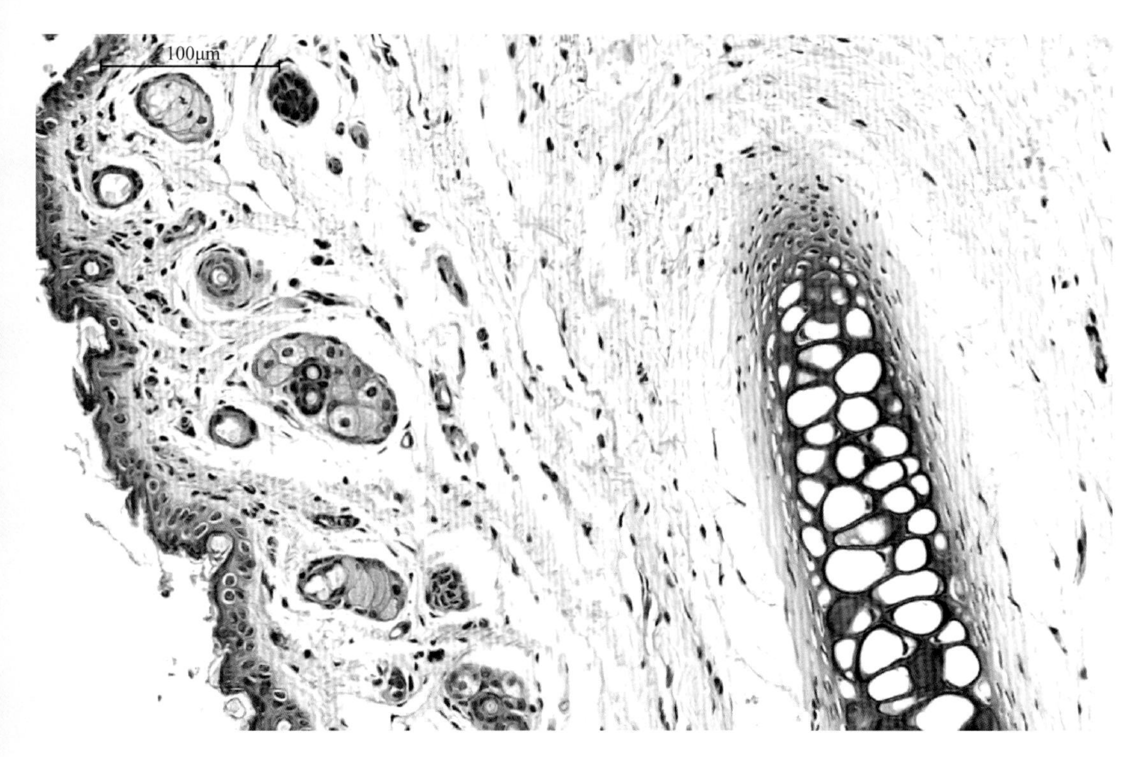

图12-22　大鼠内耳（四）（HE染色）

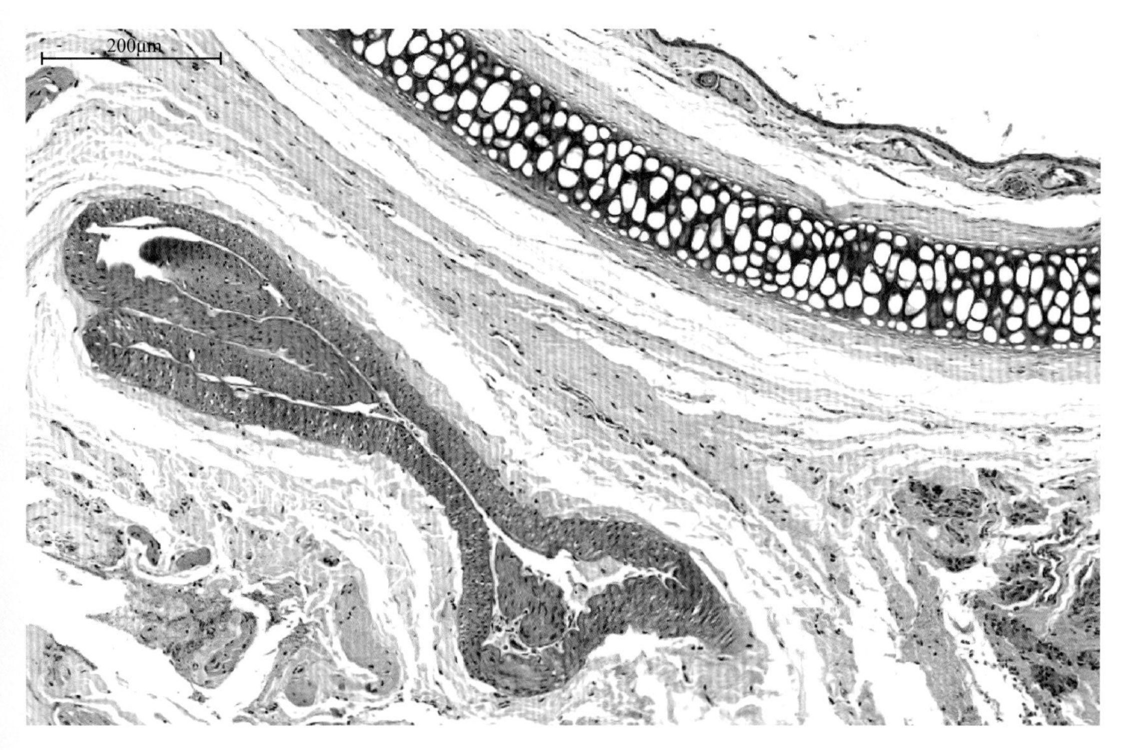

图12-23　大鼠内耳（五）（HE染色）

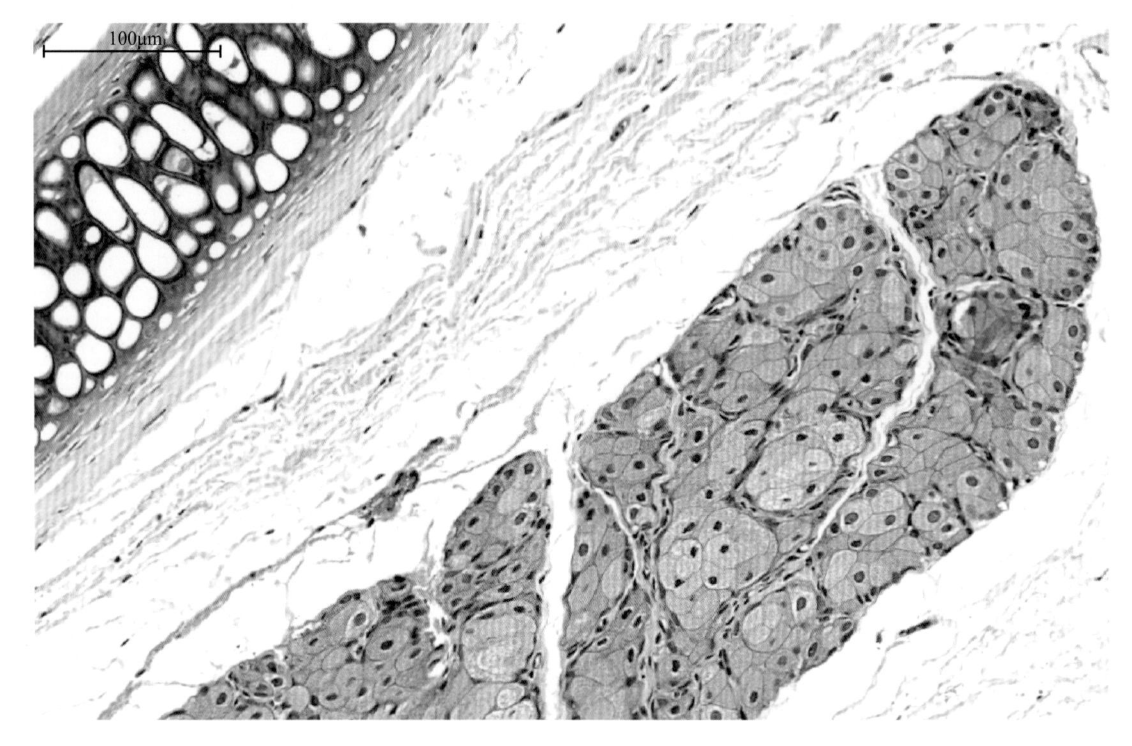

图12-24　大鼠内耳（六）(HE染色)

参考文献

[1] 杨安峰等. 大鼠解剖和组织. 北京：科学出版社，1985.
[2] 杨增涛等. WISTAR大鼠解剖图谱. 济南：山东科学技术出版社，2009.
[3] 周变华等. 山羊解剖组织彩色图谱. 北京：化学工业出版社，2017.
[4] 陈耀星等. 动物解剖学彩色图谱. 北京：中国农业出版社，2013.
[5] 陈耀星等. 家畜兽医解剖学教程与彩色图谱. 第三版. 北京：中国农业出版社，2010.
[6] 陈耀星等. 畜禽解剖学. 北京：中国农业出版社，2010.
[7] 李健等. 犬解剖组织彩色图谱. 北京：化学工业出版社，2014.
[8] 郭光文等. 人体解剖彩色图谱. 第二版. 北京：人民卫生出版社，2008.
[9] 马仲华. 家畜解剖学及组织胚胎学. 第三版. 北京：中国农业出版社，2010.
[10] 杨倩. 动物组织学与胚胎学. 北京：中国农业大学出版社，2008.
[11] 高英茂. 组织学与胚胎学. 北京：科学出版社，2005.
[12] 成令忠等. 组织学彩色图鉴. 北京：人民卫生出版社，2000.
[13] 雷亚宁. 实用组织学与胚胎学. 杭州：浙江大学出版社，2005.
[14] 沈霞芬. 家畜组织学与胚胎学. 第三版. 北京：中国农业出版社，2001.
[15] 刘恒兴等. 全彩人体解剖学图谱. 第二版. 北京：军事医学科学出版社，2007.
[16] 李健等. 实验鼠解剖组织彩色图谱. 北京：化学工业出版社，2016.